한국해양전략연구소 총서 93

미·중 패권경쟁과 해군력

US-China
Hegemonic Competition
and Naval Powers

정호섭 지음

박영사

책머리에

이 책은 한국과학기술원(KAIST) 문술미래전략대학원에서 2년 동안 석사·박사과정 학생들을 대상으로 하는 '미·중 해양 패권경쟁'이라는 과목의 강의내용을 1권의 책으로 정리한 것이다. 강의를 하면서 학생들이 국가안보, 특히 미·중 패권경쟁과 한반도 주변을 둘러싼 해양안보에 많은 관심을 갖고 있다는 점을 깨닫고 우리의 희망인 젊은이들과 또 국가안보에 관심을 가진 국민들과 함께 저자의 지식과 해군장교로서의 경험을 공유하고자 하는 소망에서 이 책을 쓰게 되었다.

이 책은 제2차 세계대전 종전 이후 중국이 오랜 내전 끝에 공산국가로 출범하면서 미·중 양국관계가 개입정책(engagement policy)을 통해 세력전이, 그리고 패권경쟁으로 발전하는 과정과 그 속에서 양국의 해군력이 수행한 역할을 다룬 내용이다. 이를 위한 분석의 틀로 양국의 지정학(地政學)적 특성, 대립관계의 기원, UN 해양법 협약, 그리고 국제정치 이론 등을 참고하였다. 이를 통해 현재 진행 중인 미·중간의 패권경쟁을 동맹국 미국의 관점뿐만 아니라 좀더 객관적인 입장에서 이해함으로써 우리가 처한 안보상황을 보다 냉정하고 현실적으로 인식하고 무역국가 한국이 생존하고 번영하기 위해 지향하고 나아갈 방향에 대한 통찰력을 기르는 것이 이 책의 목적이다.

집필을 하는 동안 그동안 모르고 지냈던 많은 사실과 지식을 접하고 다시 연구를 한 후 보완하는 작업이 수없이 반복되었다. 특히 과거 '치욕의 세기'와 오랜 내전을 거쳐 가난하고 분열된 공산국가로 출범했던 중국이 오늘날 초강대국 반열에 오르며 '중화민족의 부흥'이라는 대전략을 추진하며 미국의 패권질서에 도전하는 모습, 그리고 유명무실한 상태에서 출범한 중국해군이 중국몽(中國夢)의 구현 주체로서 우뚝 서기까지 그 전략적 토대를 놓은 류화칭(劉華淸)의 해양전략과 중국해군의 성장과정 등 … 국가들이 안보와 국력을 극대화하기 위해 무한경쟁을 펼치는 무정부상태의 국제무대에서 중국이라는 하나의 후발적(後發的) 국가주체가 이룩한 엄청난 성과라고 평가하지 않을 수 없다.

　　반면, 냉전이 종식된 후 사실상 세계 패권국가로 등장한 미국이 자유 국제주의를 확산하기 위하여 과도하게 팽창하고 특히 2001년 9·11 테러사건의 여파로 중동에서의 대(對)테러 및 지상전에 개입한 후 근 20년간 엄청난 국력을 탕진하며 결국 중국·러시아 등 강대국의 도전에 직면하고 있는 모습은 마치 역사에 수없이 점철된 초강대국의 흥망성쇠라는 생생한 단면(斷面)을 보는 것과 같다. 특히 냉전에서 승리한후 전(全) 세계해양을 통제하게 된 미 해군이 해양에서 경쟁자가 없어짐으로써 오히려 냉전 승리의 최대 피해자로 전락하는 과정은 매우 역설적이다. 냉전 종식 후 미해군이 스스로 선택한 전방현시(forward presence) 임무에 몰입하여 해상에서의 전투준비 태세를 소홀히 하고 강대국 간 미래전쟁에 대비한 전략적 역량을 스스로 위축시키는 소위 '일탈(逸脫)의 정상화' 과정은 오랫동안 미 해군을 주목해 온 저자에게도 적지 않은 충격이었다. 그 결과, 미 해군력이 쇠퇴하면서 서태평양에서 미국이 주도해온 법과 규정에 기반한 해양질서가 흔들리고 패권국 미국의 힘과 영향력은 지속적으로 감소하고 있다.

　　이러한 미·중간의 힘의 전이(轉移)는 남·북한간의 군사대치가 계속되고 미·중패권경쟁이 심화되고 있는 안보환경 속에서 국방력과 전쟁억제력을 축적하고 관리해야 하는 국가지휘부나 국방정책결정자들이 반드시 숙지해야 할 경계(警戒)적인 내용이다. 또한 이는 9.19 남북 군사합의로 군사적 긴장이 잠시 소강상태로 유지되는 가운데 언제 또 다시 북한의 도발이 발생할지 전혀 예측할 수 없는 상황 속에서 특히 우리 군 지휘관·참모들에게 실전적 교육·훈련, 완벽한 전비태세의 유지, 미래전쟁에 대한 대비, 그리고 효율적 전쟁역량의 준비가 갖는 전략적 의미 등에 대한 통찰력과 교훈을 제공한다. 군(軍)의 전투준비태세는 저절로 만들어지는 것이 아니다. 만일의 경우를 대비하여 군대는 늘 전투력을 갈고 닦아야 한다. 주위에서 어떤 일이 벌어지더라도 오직 전쟁만을 생각하고 준비하는 것이 군 본연의 임무이자 존재이유이다. 이것이 이 땅의 평화 정착을 힘으로 지원하는 것이다.

　　이와 함께 이 책은 미국이 서태평양에서 급증하는 중국의 힘과 영향력을 차단하고자 추진하고 있는 '해양압박(maritime pressure)' 전략과 현재 미 육군·해군·공군, 해병대 및 해안경비대가 역점적으로 추진하고 있는 전비태세의 조정 방향을 자세하게 다루고 있어 이를 정확하게 이해함으로써 향후 장기간 지속될 것으로 예측되는 미·중 전략적 경쟁 과정 속에서 국가의 생존과 번영을 모색해 나가고 한·미동맹을 시대 요구에 맞게 진화해 나가는 데 참고가 될 것으로 기대한다.

이 책이 나오기까지 많은 분의 도움과 격려가 있었다. 먼저 졸저(拙著)의 출판을 기꺼이 지원해주신 한국해양전략연구소(KIMS) 鄭義昇 이사장께 감사드린다. 그리고 해양전략 및 해양안보에 관한 저자의 지식과 경험을 젊은 학생들과 공유하도록 기회를 준 KAIST 문술미래전략대학원과 권오정 교수(한국국방경영분석학회장)께 감사한다. 그리고 평생 군인이던 노학의 서투른 강의를 높이 평가하고 수업에 적극 참여하며 격려해 준 학생들께도 이 자리를 빌려 진심으로 감사한다. 또 저자가 지난 40년 동안 해군장교로서 근무하는 동안 성원해 준 수많은 선·후배들과 특히 평생 스승으로서 權丁植, 安炳泰, 尹光雄, 宋根浩, 尹淵, 金鍾敏, 朴仁鎔 선배님과 집필을 격려해 준 강의구, 권호성, 윤석봉, 박승수 학형(學兄)께도 심심한 감사의 말씀을 전한다.

그리고 이 순간에도 하늘과 땅, 바다, 그리고 저 어두운 심해 속에서 나라를 지키기 위해 부여된 임무를 묵묵히 수행하고 있는 국군장병과 경찰들에게 국민의 한 사람으로서 진심으로 감사와 경의를 표하며 그들의 앞날에 건강과 승리가 늘 함께 하기를 기원한다. 마지막으로 저자가 평생 군인으로서 길을 걷도록 옆에서 지켜준 아내(安美姬)에게 감사하고, 지금도 국가와 바다를 지키기 위해 헌신하고 있는 두 아들(大方, 大勳)을 자랑스럽게 여기는 마음을 여기에 새긴다.

2021년 8월 금강 기슭에서

정 호 섭

차   례

제2부 미·중 개입정책

제3부 미·중 해양 패권경쟁

서 론

　　요즈음 미·중 패권경쟁이 그 어느 때보다도 뜨거운 이슈가 되고 있다. 중국의 힘과 영향력이 무섭게 확장하며 제2차 세계대전 종전 이래 유지되어 왔던 미국의 패권질서를 흔들고 있다. 미국은 바이든(Joseph R. Biden) 행정부 출범이래 중국의 팽창을 견제하기 위하여 그 동안 소원했던 NATO와의 관계를 다시 정상화하고 인도·태평양지역에서 일본, 호주, 인도와의 Quad를 중심으로 동맹 및 파트너와의 안보 네트워크를 강화하고 있다. 중국도 미국의 봉쇄에 맞서 러시아와 사실상의 군사동맹 수준으로 전략적 연대를 강화하는 한편, 일대일로(一帶一路)를 통해 유라시아 대륙의 경제통합을 도모하며 자국의 힘과 영향력을 크게 확장하면서 미국 중심의 패권질서에 도전하고 있다. 세계질서를 뒤흔드는 강대국 간의 힘의 전이(轉移)와 지정학적 대(大) 변혁이 현재 진행되고 있는 것이다.

　　지금으로부터 70여 년 전(前) 1949년 중국은 중국대륙에서 치러진 오랜 내전의 상처를 입고 가난하고 취약한 신생 공산국가로 출범했다. 중국은 출범 전에 있었던 서구 열강 및 일본에 의한 점령과 수탈에 시달렸던 '치욕의 세기'로부터의 교훈으로 외부세계와는 가능한 단절한 채 국가를 단합하고 피폐해진 경제를 되살리는 것이 급선무였다. 그러한 중국이 오늘날 미국의 패권에 도전하는 초강대국으로 부상한 과정은 실로 경이롭고 흥미롭기 짝이 없다. 특히 중국의 부상(浮上)이 지난 40여 년간 추진되었던 미국의 개입정책에 힘입어 달성된 것이라는 점은 과히 역설적이라 하지 않을 수가 없다.

한편 미·중 패권경쟁 과정에서 양국의 해군력이 국가정책 수단으로서 중요한 역할을 수행하고 있다. 특히 제2차 세계대전 종전이후 구축된 미국의 패권질서를 수호하고 지원하는 주역은 세계최강 미 해군이었다. 한편 중국해군은 전통적 대륙국가 중국이 출범하기 직전 창설되었지만, 이렇다 할 전력(戰力)이 거의 존재하지 않는 유명무실한 존재였다. 이러한 중국해군이 중국의 경제발전에 따라 성장을 거듭하며 이제 서태평양에서 세계최강 미 해군의 주도권(naval primacy)에 도전하며 양국 간 패권경쟁의 선봉에 우뚝 서있다.

반면에 세계최강 미 해군은 냉전이 종식된 후 사실상 전(全) 세계해양을 통제하며 해양에서 경쟁자가 없어짐으로써 함대 규모가 급감하고 장거리 정밀 화력을 스스로 포기하는 한편, 대잠(ASW)임무를 경시하는 등 전투역량을 자해적(自害的)으로 감축함으로써 오히려 냉전 승리의 최대 피해자가 되었다. 특히 2001년 9·11 테러사건의 여파로 미국이 중동에서 대(對)테러전쟁 및 지상전의 수렁에 빠져 있는 동안 막대한 전비(戰費)로 인해 미 해군에 대한 투자가 위축된 결과, 해상에서의 전투준비 태세가 손상되고 긴급증강(Surge) 역량과 전략 해상수송(strategic sealift) 능력 등 강대국 간 미래전쟁에 대비한 전략적 역량을 스스로 위축시키는 소위 '일탈(逸脫)의 정상화' 과정은 상당히 충격적이다.

당시 미국이 중동 지상전에 개입되어 있는 동안 미 해군은 수행할 이렇다 할 역할이 없는 가운데 미 해군 지휘부는 강대국 간의 미래전쟁에 대비하여 해상 전비태세의 향상이나 전투수행 방식의 발전보다는 Ford급 항공모함, 차세대 구축함(DD−21), 연안전투함(LCS) 등 미래 지향적 첨단기술의 우위를 추구함으로써 중국·러시아의 잠재적 도전을 따돌리겠다는 의도였다. 그러나 첨단기술을 구현하는 이러한 전력건설이 진전 없이 난관에 빠지면서 해군력이 크게 쇠퇴하는 결과를 초래하고 이로 인해 미국의 주도적 패권질서가 흔들리고 미국의 힘과 영향력은 지속적으로 위축되는 결과를 초래한 것이다.

이 책에서 다루는 내용은 지난 75년간 미·중 관계가 개입(engagement), 세력전이, 패권경쟁으로 발전해 나가는 과정 속에 양국의 해군력이 국가정책 수단으로서 어떤 역할을 하고 어떻게 발전해 왔는가?를 살펴보는 것이다. 이를 통해 향후 미·중 해양 패권경쟁이 어떻게 진전될 것인가?, 특히 중국의 거센 도전에 미국이 어떻게 대응하는지?, 과연 아·태지역에서의 법에 기반한 해양질서와 미 해군의 해양주도(naval primacy)는 계속될 수 있는지?에 대한 단서를 도출해내고자 한다. 그리고 양국 간의 패권경쟁 속에 한·미동맹이 나아갈 방향을 진단하고 미·중간 '샌드위치 딜레마'에 빠진 한국이 향후 어떻게 생존과 번영을 모색해 나가야 하는가?, 특히 중국해군이 미 해군을 대체하여 지역 내 핵심 해상교역로의 통제를 달성할 수도 있는 상황에서 무역국으로서 한국의 해양안보는 어떻게 해결해 나가야 하는가? 등에 관한 문제를 다룬다.

이 책을 쓰는 과정에서 지정학, 미·중 적대관계의 기원, 그리고 UN 해양법 협약을 토대로 다음과 같은 3명의 국제정치학자 이론이 참고가 되었다. 첫째, William H. Riker의 *The Theory of Political Coalitions*(Yale University Press, 1962)에서는 국내정치에서 정권을 잡기 위한 이합집산(離合集散)의 과정이 정치연합의 원칙이라는 Riker의 이론을 국제정치에서 특히 아·태지역에서의 국가 간 연대의 형성 및 해체 과정에 적용할 수 있는지 참고하였다.

두 번째는 Kenneth N. Waltz의 *Theory of International Politics*(Cambridge University Press, 1979)으로 국제정치 체계의 근원적 질서 원칙인 무정부상태(anarchy)에서 국가는 다른 목표보다도 안보를 먼저 추구하며 강국의 주도적인 야망에 저항하고 이에 대해 타국과 동맹을 맺음으로써 균형을 취하며 이는 지속적인 세력균형의 형성(formation of balances of power)으로 유도한다는 이론이다. 이러한 이론적 틀에 기반하여 저자는 힘의 배분이 변화하는 가운데 미국·중국·구(舊) 소련(나중에는 러시아) 간의 전략적 연대의 성립과 해체 등을 분석해 보았다.

특히 Waltz의 세력균형 논리는 국제체제의 구조 측면에서 동·서 냉전체제가 종식된 후 유일 초강대국 미국이 패권국으로 부상하고 이에 대응하여 중국·러시아가 전략적 연대를 형성함으로써 강대국 간의 경쟁 시대가 출현하고 궁극적으로 미·중 패권경쟁이라는 또 다른 양극체제가 출현하는 동아시아 질서의 특성을 이해하는데 매우 유용하였다. 뿐만 아니라 강대국 간의 패권 경쟁이 일국(一國)의 야욕 때문이 아니며 오직 무정부 상태라는 국제정치의 구조적 상황에서 비롯된다는 점에서 미·중 패권경쟁의 본질을 이해하고 또 향후 양국 간 전략적 경쟁의 향방을 예측하는 데 참고하였다.

마지막으로 Stephen. M. Walt의 *The Origin of Alliance*(Ithaca: Cornell University Press, 1987)에서는 국제정치에서 국가들이 위협에 직면하여 힘의 균형을 유지하기 위

해 균형(balancing, 압도적인 위협에 직면하여 타국과 동맹), 또는 편승(band-wagoning, 위협의 원천과 연대)한다는 이론에서 강대국과 동맹 및 파트너 간의 안보협력, 역학관계, 의사결정 등을 이해하는데 참고하였다.

이 책의 구성과 주요 내용은 다음과 같다.

제1부에서 제2차 세계대전 종전 이후 발전해온 미·중 관계를 분석하는 토대(초석)로서 세 가지, 즉 양국의 지정학적 특성, 양국 관계가 적대관계로 발전하게 된 기원, 그리고 국제법적 기준으로서 UN 해양법 협약을 살펴본다. 이에 따라 제1장에서는 양국의 상반된 지정학적 특성을 비교 검토하고 이를 통해 서태평양에서 전개되고 있는 미·중 해양패권 경쟁의 배경과 지상·해양 복합강국으로서 중국의 지정학적 딜레마 등을 살펴보았다. 이 과정에서 특히 대륙세력 구(舊)소련과 러시아, 중국, 그리고 해양세력 미국의 전통적 전략개념과 아·태지역 전략태세를 이해하는데 맥킨더(Halford Mackinder)의 심장부(Heartland) 이론과 스파이크맨(Nicholas Spykman)의 주변부(Rimland) 이론이 주로 고려되었다.

더 나아가 지정학과 연계된 해양전략 측면에서는 마한(Alfred T. Mahan)의 해양력(Sea Power) 사상과 콜벳(Julian S. Corbett)의 해양전략(Maritime Strategy) 이론이 미·중 해군의 역할, 해양전략, 전력발전을 이해하는데 참고가 되었다. 특히 마한의 해양력 사상은 미 해군의 이론적 기반으로 자리잡고 있는 가운데 중국도 그의 이론을 중시하며 중국해군의 전력증강을 추진하는 등 미·중 해양 패권경쟁에서 중요한 역할을 하고 있다.

한편 콜벳이 제시한 제한된 해양전략, 즉 역외균형(off-shore balancing) 전략은 해양강국 미국에게도 똑같이 적용되고 있는 기본적 개념이다. 특히 대영(大英)제국이 불필요하고 해서는 안 될 유럽대륙에서의 지상전 수행으로 타격을 받고 수백만 명의 인명을 손상시키고 세계역사에서 가장 성공적인 경제를 파탄시켰다고 비판한 콜벳의 분석은 냉전 종식 후 미국이 중동에서의 대(對)테러 및 지상전의 수렁에 빠지면서 세계최강 미 해군의 전비태세가 손상되고 서태평양에서 발생할 수 있는 강대국 간의 미래전쟁을 위한 전략적 역량을 부식시키는 전략적 일탈(逸脫)을 유도했다는 점에서 아주 중요하고 흥미로운 분석의 틀을 제공한다.

제2장에서는 미·중 관계가 적대관계로 발전하게 된 배경으로서 양국이 경험한 역사적 교류에서 그 근원(根源)을 찾으려고 노력했다. 즉, 중국의 대미(對美) 정책의

기원으로서 과거 '치욕의 세기'가 현재 중국의 대외정책에 어떤 영향을 미치고 있는 가를 검토하고, 이와 연계하여 시진핑 사상으로 불리는 '중국 특색의 사회주의'의 본질을 분석하고 이것이 중국의 통치체제 및 대외정책, 특히 미국과의 대립(對立)에 미치는 의미를 살펴보았다.

한편 미국의 대중(對中) 정책의 기원으로서 미국의 전통적인 고립주의(孤立主義) 대외정책 기조 아래 실시된 19세기 중반 통상(通商) 목적의 중국과의 교류, 20세기 초 문호개방(Open Door) 정책, 제2차 세계대전 이전 중국의 항일(抗日) 투쟁에 대한 미국의 지원, 그리고 지난 40여 년간 추진된 대중(對中) 개입정책의 배경 등이 검토되었다.

그리고 제3장에서는 미·중 관계를 분석하면서 현재 서태평양에서 진행되고 있는 미·중간 해양갈등의 원인으로서 EEZ에서의 외국의 군사활동, 남중국해에서 중국의 해양팽창과 기정사실화, 그리고 이를 견제하기 위한 미국의 '항행의 자유 작전(FONOPs)' 등을 UN 해양법적 측면에서 분석하였다. 이를 통해 국제법적 관점에서 미·중간의 이견을 식별하고 이를 남중국해 상황을 이해하는데 활용하였다.

이러한 기초작업을 토대로 제2부에서 미국이 추진한 대중(對中) 개입정책을 좀더 살펴본다. 제4장에서 태평양전쟁 종전 후 냉전의 부상으로 미·중간 대립이 시작되고 이념갈등으로 중·소 분쟁이 발생하기까지 기간을 다룬다. 제5장에서는 이를 이용하여 미국 닉슨 행정부가 중국과의 데탕트를 추진하며 개입정책을 추진하는 과정과 천안문(天安門) 사태가 발생하면서 개입정책에 막대한 난관이 발생하는 과정을 검토한다. 제6장에서 냉전의 종식으로 미·중 개입정책의 존재이유가 사라지면서 제3차 대만해협 위기를 통해 미·중 양국이 다시금 적대관계로 복귀하는 과정과 미국의 대중(對中) 개입정책이 실패하게 된 근본적인 원인 등을 살펴본다.

한편 제7장에서는 냉전이 종식된 후 특히 2008년 세계 금융위기를 계기로 중국이 경제·군사 초강대국으로 등장하면서 러시아와 전략적 연대를 체결한 가운데 보다 적극적·일방적 대외정책을 추진하기 시작하는 반면, 미국은 중동에서의 대(對)테러 및 지상전에 뛰어들면서 막대한 국력을 소비한 결과, 미국의 패권질서를 수호하고 지원하는 가장 강력한 정책수단으로서 미 해군의 함대 규모가 급감하고 전방현시에 전념하면서 해상에서의 전투준비태세가 손상되고 장거리 정밀타격 능력을 스스로 제한하는 등 냉전 승리의 최대 피해자가 되는 과정을 추적한다. 제8장에서는 중국의 등장으로 흔들리는 미국의 패권질서를 보강하고자 도입된 아·태지역 재균형, 공·해전투

(AirSea Battle) 개념을 다루고 이에 추가하여 당시 미국의 대중(對中)전략으로 거론되던 세 가지 대(大)전략 구상, 즉 연안통제(봉쇄), 역외균형, 최소노출 전략개념을 소개한다.

제3부에서는 본격적인 미·중간의 해양 패권경쟁 단계를 다룬다. 제9장에서 중국의 시진핑 주석이 등장한 이후 국가통치 이념으로서 중국몽(中國夢)을 천명하고 2014년 러시아가 우크라이나를 침공할 때와 유사한 형태로 기정사실화 전략을 구사할 가능성 등 중국의 힘과 영향력은 나날이 뻗어나가는 시점에서 전비태세가 실종되고 유사에 대비한 긴급증강(surge) 능력과 전략 해상수송(strategic sealift) 능력의 부식(腐蝕) 등 미래전쟁 준비가 소홀해진 미 해군의 전략적 일탈(逸脫) 현상을 분석한다. 제10장에서는 미국이 급부상하는 중국의 힘과 영향력을 봉쇄하고자 추진 중인 인도·태평양 전략과 서태평양에서 중국의 A2AD 능력과 기정사실화 기도를 차단하는 거부적 억제 개념으로서 '해양압박(maritime pressure) 전략'을 분석하고 현재 미 육군·해군·공군, 해병대 및 해안경비대가 역점적으로 추진하고 있는 전비태세의 조정 노력을 살펴본다.

한편 제11장에서는 중국의 팽창을 억제하기 위해 미국이 동맹 및 파트너와의 안보 네트워크를 강화하는 노력을 추적한다. 제12장에서는 나날이 심화되는 중·러 전략적 연대의 특징과 장애요인, 더 나아가 중국의 일대일로가 유라시아 대륙을 연결하며 미국이 우려하는 유라시아의 통합 및 잠재적 적대세력의 출현 가능성을 살펴본 후 제13장에서 결론을 맺었다. 마지막 제14장은 이제까지 다룬 미·중 해양 패권경쟁을 통해 한·미동맹 및 한국의 해양안보에 미치는 영향을 나름대로 정리한 후 한국이 향후 나아갈 방향을 제시해 보았다.

앞으로 미국의 패권질서가 유지될 것인지, 아니면 새로운 중국의 치세(Pax Sinica)가 펼쳐질 것인지 아직 속단하기는 이르다. 하지만, 미·중 패권경쟁은 북한 핵·미사일 위협과 함께 한국의 생존과 번영을 위태롭게 하며 한반도의 평화와 안정에 부정적인 영향을 미칠 것이다.

국가 간 힘과 영향력을 극대화하기 위해 무한경쟁이 벌어지는 냉혹한 국제무대에서 국가의 생존과 발전을 모색해 나가는 국가지도자와 군 지휘관, 그리고 사회 각계의 지도자들이 안보현실을 냉정하게 이해하고 현실(reality)에 기반한 정책·전략 마인드를 갖추어 미래를 대비하는데 있어서 이 책이 하나의 입문서(入門書)가 되는 것이 저자의 바램이다. 이 책을 만드는 과정에서 자료는 한글과 영어로 된 문헌을 주로 활용하였고 이에 추가하여 일본어로 된 자료를 참고하였다. 가용자료의 제한으로 중문 (中文) 원전은 많이 참고하지 못했으나, 저자의 실무경험과 지식을 토대로 가능한 있는 그대로의 사실을 제3자의 객관적 시각에서 독자에게 전달한다는 자세로 저술했음을 밝힌다.

제1부

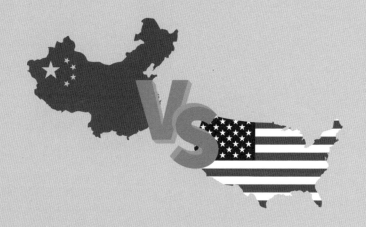

초석(楚石)

제1장

미국, 중국의 지정학적 특성

국가 간 복잡한 관계를 설명하는 핵심 개념들이 지정학(地政學)에서 대두되었다. 영향권(sphere of influence), 세력균형(balance of power), 동맹(alliance) 등이 그 예이다. 이들은 국제질서를 이해하거나 구축하는데 필요한 가장 견고한 주춧돌로 존재한다. 특히 영향권은 지정학의 중심 특성으로 위치, 지리적 범위를 초월하는 개념이다.

대표적인 현대 지정학자인 미어샤이머(John J. Mearsheimer) 시카고대학교 교수는 세상을 우리가 원하는 대로가 아닌, 있는 그대로 보는 것이 중요하다고 하면서, "국제정치는 늘 냉혹하고 위험한 것으로 폴란드와 한국이 지정학적으로 세계에서 가장 불행한 나라"라고 언급한 바 있다.[1]

이 장에서는 미국과 중국의 지정학적 특성을 각각 개관하고 이를 통해 서태평양에서 전개되고 있는 미·중 해양패권 경쟁의 배경과 중·러의 전략적 연대, 유라시아 통합 가능성, 지상·해양 복합강국으로서 중국의 지정학적 딜레마 등을 살펴보고자 한다.

---

1) 『조선일보』, 2018년 3월 22일, A33면(오피니언).

1. 지정학2)이란?

지정학(geopolitics)이란 그리스어 'ge(지구)＋politike(정치)'에서 기인하며 지리학이 국제정치·관계에 미치는 영향에 대한 연구이다. 즉 모든 국제관계가 지리와 힘사이의 상호작용에 기반한 것이라는 가정 하에3) 한 나라의 대외정책과 관련된 위치, 지형, 인구, 경제(자원과 기술 등), 규모, 기후 등 지리적 요소와 국제정치와의 관계를 분석하는 학문이 지정학이다. 따라서 지정학은 권력정치와 지리적 공간(지리) 간의 관계를 연구하며 세계역사에서 지상력과 해양력의 중요성에 기반한 특정 전략적 구상을 시험하는 사상체(思想體)라고 여겨질 수 있다.

지정학에서는 다음과 같은 요소들이 중요한 변수로 여겨진다: 지리적 위치(geographic location), 규모(size), 지역의 기후(climate of the region), 경작가능 토지, 접근로 등 지형(landscape), 인구(demography), 가용 천연자원(natural resources available). 산업혁명 후에는 새로운 기술이 세계정치에 미친 영향 등을 고려하여 기술적 발전(technological development)이 중요한 변수로 추가되었다. 특히 국가의 지리적 위치는 대륙국가 또는 해양국가의 형태로 그 나라의 지정학적 성향에 심대한 영향을 미친다.

한편 지정학은 단순 지리, 정치학, 국제관계뿐 아니라 역사도 포함한 학문으로이 학문의 한 분파가 나치 독일의 팽창을 정당화하는 유사 과학적 근거로 사용되기도하였다. 그 결과로 1970년대 중반까지 지정학의 침체기가 오기도 하였다.4) 지정학을공부함으로써 지리와 힘에 대한 깊은 이해는 우리에게 다음 두 가지를 가능하도록 한다: 첫째, 국제정치를 형성하는 힘들과 이들이 어떻게 그런 일을 하는지를 이해하고, 둘째, 이를 통해 무엇이 중요하고 중요하지 않은지를 식별할 수 있게 해준다.

다음은 이 책이 주로 참고한 현대 국제정치 및 해양전략 연구에서 가장 많이 언급되는 지정학자들이다.

---

2) Colin Dueck, "The Return of Geopolitics," Foreign Policy Research Institute, July 27, 2013.

3) George Friedman and Jacob L. Shapiro, "The Geopolitics of 2017 in 4 Maps," *This Week in Geopolitics*, January 16, 2017.

4) Bertil Haggman, "Geopolitics: Classical and Modern," http://www.oocities.org/eurasia_uk/geo.html

가. 맥킨더(Halford Mackinder, 1861-1947)

영국 지리학자로서 맥킨더는 1904년 심장부 이론(Heartland Theory)이라 불리는 교리를 발전시켰으며, 지상 수송수단(land transport)이 통제와 힘의 핵심이라고 강조했다.[5] 그는 세계는 각자 수행할 특별한 기능을 갖는 고립지역으로 분리되어 있다는 생각에 기반하여 세계역사 과정을 이해했으며 지구상의 지리가 2개 지역으로 구분되어 있다고 보았다.

먼저 가장 중요한 곳은 유라시아와 아프리카로 구성된 세계도서 또는 핵심(the World Island or Core)으로 세계 자원의 대부분이 이곳에 존재하며 이곳에는 러시아제국과 같은 전형적인 대륙세력이 위치한다. 다른 하나는 미주 대륙, 오세아니아로 구성된 주변부(the Periphery)로서 이곳은 바다로부터 방해 없이 접근 가능하여 대영제국과 같은 해양세력이 존재한다.

그는 세계에서 가장 유리한 위치가 우크라이나와 러시아가 위치하는 유라시아 심장부(Eurasian Heartland)로서 심장부는 주위가 접근 불가한 바다와 강, 그리고 북극의 얼음 등 지리적 장애물로 둘러싸여 대영제국과 같은 해양세력이 접근할 수 없는 가장 훌륭한 천연요새라고 분석했다. 특히 그는 마한(Alfred T. Mahan)의 해양력 이론이 최고인기를 얻고 있을 때 세계 강대국의 진정한 축(pivot)은 대륙에 있으며 대륙세력의 기술 발전, 즉 철도, 도로, 공항 등 교통이 구비되면서 해상무역과 해군력의 중요성이 약화되었다고 주장했다.

또한 그는 역사는 대륙세력과 해양세력 간의 끊임없는 싸움으로 궁극적으로 지상력이 승리할 것이라 예측했다. 따라서 심장부를 통제할 수 있는 국가가 궁극적으로 세계도서를 통제하는 지정학적·경제적 잠재력을 갖게 된다고 인식하며 '심장부를 정복하는 자, 세계도서를 정복하며, 세계도서를 정복하는 자, 전(全) 세계를 정복한다'고 그는 예측하였다. 그가 활동하던 당시 대영제국이 해상수송의 이점으로 세계 패권을 차지했지만, 지상 수송수단이 발전하면 힘의 균형이 대륙세력, 특히 유라시아 심장부로 옮겨진다고 그는 경고하였다.

---

5) Halford Mackinder, "The Geographical Pivot of History," *The Geographical Journal*, Vol. 23, No. 4 (April 1904), pp. 421–437.

그는 심장부 이론을 통해 제1차 세계대전이 종료된 후 대영제국과 미국 등 해양 세력의 역할은 심장부의 통제를 놓고 경쟁하는 대륙 강대국 사이에서 균형을 보전하는 것이며 심장부의 핵심인 독일과 러시아를 분리할 수 있는 독립적인 완충국가들을 만들어야 한다고 제안했다. 그의 이론은 후에 미국이 자국의 패권질서를 유지하기 위하여 유라시아 대륙에서 주도적인 적대국 또는 적대세력의 출현을 예방하는 안보정책으로 발전하였다.

맥킨더의 심장부6)

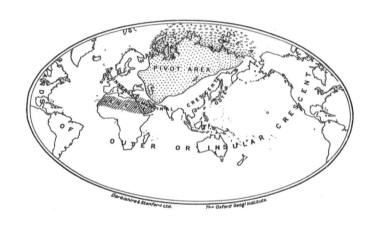

나. 스파이크맨(Nicholas Spykman, 1893-1943)

스파이크맨은 20세기 미국의 대표적인 지정학자로서 제2차 세계대전 중인 1940년대 저작 *The Geography of the Peace*(1944)을 통해 맥킨더(Halford Mackinder)가 심장부(Heartland)를 너무 강조했다고 비판하며 지상세력과 해양세력 간의 광대한 완충지역으로서 유라시아 주변부가 세계지배의 핵심이라는 '주변부(Rimland) 이론'을 주창하였다.

스파이크맨은 맥킨더의 지리적 개념을 대부분 수용했지만, 중요한 지전략적 지역은 유라시아의 심장부가 아니라 맥킨더가 내부 또는 주변 반달지역(inner or marginal crescent)이라 부르던 유라시아 연안지역, 즉 주변부라고 주장했다. 인구, 자

---

6) Mackinder, 상게서, p. 435.

원이 풍부한 서유럽, 아라비아, 아시아 농업지대(monsoon Asia)가 여기에 해당된다.

한편 그는 미주대륙, 호주, 일본, 영국을 '해외도서 및 대륙(off-shore islands and continents)'이라 부르며 이들 해양세력의 해군력이 극히 중요하며 전력투사의 주(主) 수단이라고 인식하였다. 그러나 스파이크맨은 지리적 다양성(계급, 인종, 문화 등)으로 일국(一國)이 주변부 전체를 통제하는 것은 불가하다고 주장하였다.

그는 대륙세력과 해양세력이 주변부를 통제하기 위하여 경쟁하는데 이곳을 통제하는 세력이 세계를 통제할 수 있으며 제1, 2차 세계대전은 이 주변부를 통제하기 위한 전쟁이었다고 해석하며 "주변부를 통제하는 자, 유라시아를 통제하고, 유라시아를 통제하는 자, 세계의 운명을 통제한다"고 결론 맺었다.

그는 대륙세력은 어느 핵심 통제점 주변의 연속된 지표면(continuous surfaces surrounding a central point of control) 차원에서 공간을 인식하는데 반해, 해양세력은 광대한 영역을 주도하는 점들과 연결선(points and connecting lines dominating an immense territory)이라는 차원에서 공간을 이해하는 경향이 있다고 주장하였다.7)

Spykman의 주변부8)

7) Nicholas J. Spykman, "Geography and Foreign Policy II," *American Political Science Review*, vol. 32, no. 2 (April 1938), p. 224.

그의 유라시아 주변부 이론은 오늘날에도 정치적·지정학적으로 매우 유용하게 응용되고 있다. 제2차 세계대전 이후 맥킨더의 심장부 이론과 함께 스파이크맨의 주변부 이론은 소련 공산주의에 대한 미국의 봉쇄(containment)정책으로 유도하여 유라시아 주변부에 NATO, CENTO, SEATO 등 동맹체계를 구축하고 군사력의 전방현시를 통해 소련(최초에는 중공 포함)의 영향력이 주변부로 확장하는 것을 예방하도록 기여했다고 평가된다.

1959년 미국의 소련봉쇄 동맹9)

- U.S. and allies
- U.S. influence
- Colonies of U.S. allies
- Soviet Union and allies
- Soviet influence

한편 국가권력의 원천 또는 경로를 과거 아테네, 카르타고, 스페인, 포르투갈, 그리고 대영제국의 영화(榮華), 즉 해상교역과 해양력에서 찾고자 하는 시도로서 마한(Mahan)과 콜벳(Corbett)이 거론된다.

---

8) https://defensestatecraft.blogspot.com/2014/03/putin−and−geopolitics.html

9) Humboldt State University, http://users.humboldt.edu/ogayle/sed741/ SEDColdWar.html

다. 마한(Alfred T. Mahan, 1840-1914)

미 해군 예비역제독인 마한은 저서 *The Influence of Sea Power upon History, 1660-1783*(1890년)을 통해 해양력이 그 어떤 요소보다 인류역사 진로에 영향을 미쳤으며 세계 강대국의 위상으로 핵심조건은 해양에 대한 효과적 통제(effective control of the seas)라고 주장한다. 10)

마한은 해상을 통한 이동(travel)과 교통(traffic)은 지상보다 항상 용이하고 저렴하다고 지적하면서 국가의 힘은 국가 부(富)의 기능으로서 부의 창출은 교역에서 기인한다고 주장하였다. 따라서 바다로의 접근은 국가 부(富)에 필수적이고 바다로의 접근을 보장하기 위해 강력한 해군이 필요하다고 설명하였다.

그는 광활한 고속도로, 드넓은 공통교량으로서 해양을 지배하는 국가는 교역(trade)을 통해 엄청난 이득을 얻을 수 있다며 해양력의 6개 기본요소로서 지리적 위치, 물리적 형태, 영토 크기, 인구 규모, 민족성, 정치 지도력과 정책을 제시하였다. 더 나아가 그는 세계에서 통제와 힘을 행사하기 위해 해양력과 해상교통로의 통제를 강조하며 교역(commerce), 기지(bases), 선박 특히 전함(battleships)의 중요성을 주창한다.11)

더 나아가 그는 해군은 해상교역을 보호하기 위해 존재하며 전쟁은 해상에서 적(敵)을 경제적으로 교살(絞殺)함으로써 승리하며 자국의 경제적 교살을 예방하지 못함으로써 전쟁에서 패한다며 제해권을 통한 해상교역의 통제는 해군의 가장 주(主)된 기능이라고 주장하였다.

특히 마한은 대륙세력인 러시아는 해양세력 영국에 의해 봉쇄당할 수 있고, 영국은 소(小)도서국임에도 불구하고 지리적 위치로 유리하다며 영국과 유사한 미국이 향후 영국을 대체하여 세계강국으로 도약할 것이라 예측하며 미 해군력의 증강을 주창하였다. 특히 그는 미국은 파나마 운하를 건설하면 대서양·태평양으로 공(共)히 접

---

10) Benjamin F. Armstrong (ed.), *21st Century Mahan, Sound Military Conclusions for the Modern Era*, (Annapolis, MD: Naval Institute Press, 2013) 참고.
11) Alfred T. Mahan, *Mahan on Naval Strategy: Selections from the Writings of Rear Admiral Alfred Thayer Mahan*, (Annapolis, MD: US Naval Institute, 1991) Chapter 2, pp. 27-96.

근 가능하여 교역과 안보를 강화할 수 있다고 제안하였다.

그의 이론은 미국뿐 아니라 전 세계적으로 광범위하게 취급되고 적용되었다. 그의 이론은 1898년 미국·스페인 전쟁 이후 미 해군력의 증강에 결정적 영향을 미쳤다. 독일의 빌헬름 2세는 마한의 저서를 탐독한 후 당시 제국 해군성 장관이던 터피츠 제독에게 최대한 많은 수의 전함을 건조하도록 지시하여 영국과 독일 간의 전함건조 경쟁에 불을 붙였다. 일본은 마한의 저서를 해군·육군대학 교재로 채택하고 1941년 12월 진주만 기습을 구상하는데 적용함으로써 그의 이론이 태평양전쟁 계획 수립에 결정적인 영향을 미쳤다고 전해진다.[12] 오늘날 중국도 마한의 사상을 중시하며 해군력 증강을 추진하며 미국의 해군주도(naval primacy)에 도전하는 등 그의 해양력 사상은 지금도 지속적으로 유효하다고 볼 수 있다.

라. 콜벳(Julian S. Corbett, 1854~1922)

콜벳은 영국의 변호사이며 영국 국가교리 지침서(national doctrine primer)로서 1911년 *Some Principles of Maritime Strategy*[13]를 저술하며 오늘날까지 마한과 함께 가장 유명한 해양전략 사상가로 평가된다.

콜벳은 해양력을 지상력의 지원요소로 인식하며 유럽 전쟁에서 영국의 역할을 분석하면서 해전을 통해 전쟁에서 승리할 수는 없지만, 지상의 육군을 지원하는 해상교통로가 차단되면 전쟁에서 패배할 수 있다고 주장한다. 따라서 해군은 결국, 우군의 해상교통로를 보호하고 적(敵)의 그것은 거부하고 우군 지상군에 직접 화력지원을 제공하기 위해 존재한다고 주장한다.[14]

특히 전 세계에 분산된 대영제국에 대한 위협은 영토에 대한 직접공격보다 사활

---

12) Sadao Asada, *From Mahan to Pearl Harbor: The Imperial Japanese Navy and the United States*, (Annapolis, MD: US Naval Institute, 2006).

13) Julian S. Corbett 저, 김종민, 정호섭 공역, 『해양전략론(*Some Principles of Maritime Strategy*)』, (서울: 한국해양전략연구소, 2009) 참고.

14) Andrew Lambert (ed.), *21st Century Corbett: Maritime Strategy and Naval Policy for the Modern Era*, (Annapolis, MD: Naval Institute Press, 2017), p. 9.

적인 제국의 병참·보급선에 대한 공격이었고 대영제국이 해군력에 의해 지속되는 해양통제(sea control)에 의존하였다고 그는 분석한다. 결국 '제해권'이란 상업적 또는 군사적 목적의 해상병참선의 통제일 뿐이며 이는 절대적인 것이 아니고 상대적인 개념, 즉 한정된 시간과 장소에서만 달성 가능한 것이며 해상병참선의 통제 획득은 결전(決戰), 적(敵) 군함이나 상선의 파괴 또는 나포, 해군봉쇄(naval blockade)로 달성되며 이 개념이 바로 해양통제로 정의된다고 그는 주장하였다.

한편, 그는 당시 영국이 유럽대륙의 군사강국, 특히 독일처럼 대규모 육군을 유지하거나 프랑스 육군과 연합이 필요하다는 주장은 영국의 국익과 자유주의적 정치에 정반대(antithetical)가 되는 전략의 편향(deflection)라고 비판하였다. 그는 또한 전략은 모든 국력 요소를 통합해야 하며 개별 군종(軍種)의 행동노선(agenda)에 기여하면 안 된다고 지적하며 당시 영국 육군은 국가민간지도부의 전쟁지도가 부진한 틈을 이용하여, 대규모 징집육군을 창설하고 대륙에 투입하여 인명과 막대한 재정이 소모되는 전쟁을 치른 결과, 정작 필요하여 대륙에 상륙작전을 실시할 때 투입할 군대가 없게 되었다고 주장하였다.

즉, 영국은 불필요한, 해서는 안 될 전쟁수행으로 타격을 받고 수백만의 인명을 손상시키고 세계역사에서 가장 성공적인 경제를 파탄시켰다고 그는 비판하였다. 이로 인해 영국의 위상 및 국력손상은 타국으로부터의 압력에 취약하도록 만들고 특히 당시 신생 미국은 대영제국의 경제, 정치적 영향력을 약화시키는 수단으로 영국의 해양력을 무장 해제시키려 시도했다고 분석하였다.

또한 콜벳은 영국역사는 영국이 유럽대륙에서의 대규모 지상전쟁에 개입해서는 안 된다는 점을 교훈으로 가르친다며 영국의 경제전쟁이 대륙국가에 대항하는 해양전략의 주(主)수단이며 제해권의 목적은 주도적인 영국해군이 적(敵) 연안에 직접적인 군사압력을 가하는 것을 허용하는 것이라 주장하였다. 이러한 배경에서 그는 영국의 국가전략으로 제한된 해양전략(limited maritime strategy)을 제시하며 육군은 대륙의 동맹국을 지원하기 위해, 즉 원정작전이 필요할 때 투입하는 개념이고 영국의 해양력을 보장하기 위해 소규모의 자원(自願) 육군을 전개하고 동맹국이 범(汎)유럽의 패권 야망에 저항하는 임무를 분담할 때까지 기다리는 것이 보다 현명하다고 주장하였다. 오늘날의 전형적인 역외균형(off-shore balancing) 전략개념이다.

이상 살펴본 전통적 지정학적 분석은 오늘날에도 다음과 같은 몇 가지 지속되는 진실을 포함하는 것으로 평가된다.[15] 국제체제는 강대국들이 안보, 자원, 위상과 영향력을 위해 투쟁하며 불균형적 역할을 수행하는 무대이다. 군사력이 그 영향력의 중요한 지수(指數)이자 기본이다. 강대국의 필수적인 자율성을 고려할 때, 국가들은 타국에 의한 포위(包圍)를 두려워하고 대(對)포위 전략을 통해 이를 돌파하려고 시도한다. 지리와 물적(物的) 능력은 지도자들이 무시할 수 없는 명확한 속박(束縛, constraints)을 설정한다. 그러나 인간 기구나 정치지도부가 기교, 용기, 성공으로 이러한 속박에 대응하고 쓸 만한 가치를 방어하는 상당한 여지는 있다. 기술 발전, 제도적 변화에도 불구, 이러한 지정학적 특성에 기반한 세계정치의 본질은 거의 변하지 않는다. 변화하는 것은 국제체계 내에서 힘의 세부적인 분배(specific distribution of power)뿐이다. 이러한 진실 때문에 정치가나 군사지도자는 역사를 공부해야 한다고 볼 수 있다.

2. 미국의 지정학적 특성

미국의 지정학 연구기관인 Stratfor는 미국의 지정학적 다섯 가지 핵심이익으로 다음을 거론한다[16]:

- 미시시피 강 유역(the Greater Mississippi Basin)을 주도하라.
- 미시시피 강 유역에 대한 모든 지상위협을 제거하라
- 북미 대륙으로의 대양 접근로를 통제하라
- 전 세계의 대양을 통제하라
- 어떠한 잠재적 도전세력이라도 부상하는 것을 예방하라.

이 중 처음 두 가지 항목은 국내정치와 관련된 것이기에 생략하고 나머지 세 가지 항목을 좀더 살펴보자.

---

15) Colin Dueck, "The Return of Geopolitics," 전게서.
16) The Geopolitics of the United States, Part 1: The Inevitable Empire, *Stratfor*, July 4, 2016. https://worldview.stratfor.com/article/geopolitics－united－states－part－1－inevitable－empire

가. 북미(北美)로의 대양(大洋) 접근로 통제

먼저 북미대륙의 도서국가 미국은 주변국가들이 사실상 미국에 도전하지 못하면서 육상국경이 안전해지자 미 정부의 관심은 잠재적 위협, 즉 바다로부터의 침공을 제거하는 일이었다. 특히 독립 이전, 한 세기 이상 대영(大英)제국에 경제적으로 통합된 상태에서 미 국민들은 해양력의 중요성과 유럽에서 도래한 해군함정이 신생 미국의 지상전력을 압도하고 공격할 수 있다는 사실을 잘 이해하고 있었다. 즉, 신생 미국에게는 대영제국 해군이 최대의 안보위협이었던 것이다. 한편 스페인도 캐리브해 도서지역에서 노예무역을 하며 북미대륙으로의 진출을 호시탐탐 노리고 있었다. 한편 1821년 알래스카를 지배하던 러시아가 캘리포니아로 계속 남하를 추진하면서 당시 국경선이 불명확하던 북서연안 오리곤(Oregon) 지역에 대한 영유권 주장을 공식화(해안선 100nm 이내 선박 접근금지 선언)하고 나섰다.[17]

미국의 위치

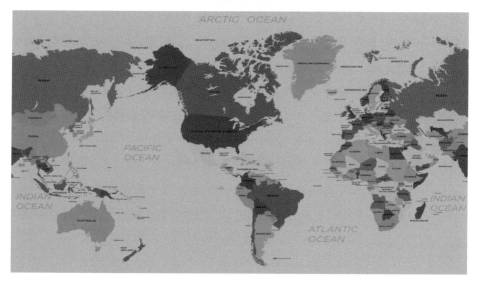

---

17) 1812년 러시아는 샌프란시스코灣에서 북쪽 160km 지점에 전초기지(Fort Ross)를 창설하였다. 1821년 러시아는 남쪽으로 북위 51도선(밴쿠버 섬 북단)까지 영유권을 주장하였으나 미국과 영국의 저항으로 협상 끝에 북위 54도 40분선으로 국경이 결정되었고 결국 1842년 Fort Ross를 미국에 매각하게 된다. 러시아의 영유권 주장은 미주 식민화를 위한 지역 식량보급소 확보 노력으로 해석되었다.

이러한 영국, 스페인 등 서구 열강의 침공 위협과 러시아의 도전, 그리고 여러 가지 지정학적 필요에 대응하여 미국은 1823년 Monroe Doctrine을 선포하였다. 그 요지는 서구 열강이 미주대륙에 식민지를 새로 설치하는 것을 불용(不容)하고 서구제 국이 기존의 식민지를 상실할 경우, 미국이 힘으로 그들의 재진입을 예방할 것이란 점이었다. 종전까지 미국에 대한 주 위협인 유럽이 대서양에 의해 분리되어 있고, 서 반구에서는 식민 종주국, 즉 서구 열강의 영향력이 다소 잔존하고 있으나 이제 미국 이 주도적인 국가가 되었고 앞으로 그러한 주도권을 더욱 철저하게 지켜나가겠다는 의도의 표현이었다. 이는 일종의 엄포정책(a policy of bluff)이었지만, 서반구가 더 이 상 유럽의 영토가 아니라는 사실을 천명하는 토대가 되었고 시간이 경과함에 따라 미 국의 단호한 입장으로서 점점 더 신뢰성을 확보하게 되었다.[18]

그 후 미국은 외교와 급증하는 경제적 영향력을 이용하여 확장하였다. 1867년 미국은 러시아로부터 알래스카 영토를 구입[19]함으로써 서반구에서의 러시아의 영향 력을 제거하는 동시에, 북미대륙 북서연안으로부터 아시아로의 접근로를 장악하였다. 1898년 미국은 하와이 병합조약을 체결하여 태평양 전역에서 가장 중요한 보급소일 뿐만 아니라 아시아로부터 북미대륙 서해안으로의 해상침공 경로상의 마지막 육지를 확보하게 되었다. 이제 태평양에는 소수의 도서가 그것도 하와이 서쪽에 위치하여 미 국으로서는 완충지역 확보가 비교적 용이하게 되었다.

하지만, 대서양은 훨씬 문제가 많았다. 대서양은 많은 서구 열강의 영토가 미(美) 연안 인근에 위치하였다. 영국은 캐나다와 바하마 군도를 보유했고 캐리비안 군도는 서구 열강이 분할 지배하며 미국의 내전기간 중 남부연합(the Confederacy)과 대규모 교역을 실시하였다. 스페인은 미주대륙에서는 1820년대에 완전 방출되었지만 쿠바, 푸에르토리코, Hispaniola(현대 도미니카 공화국)의 동쪽 반쪽을 보유하고 있었다. 이들 모두가 신생공화국 미국에 문제가 되었지만 그 중에서 쿠바가 가장 복잡한 이슈였다.

---

18) 그 후 먼로주의는 1840년대에는 서반구에서의 미국의 세력 확장을 정당화하는 주장의 근거로 서 이용되었다. 또한 19세기 말부터 20세기 초에는 미국이 서반구에서의 자국의 정치적 우월 성을 유럽에 대해 주장하고, 미국만이 질서유지를 위해 간섭할 수 있다는 입장의 근거가 되 는 등 새로운 의미가 부여되었다.
19) 당시 러시아는 황무지 알래스카를 소유하였지만, 본토로부터 너무 원거리에 있어 외국, 특히 캐나다에 있는 British Columbia가 침공 시 무단으로 탈취당하기 쉽다고 판단하여 미국정부에 720만 달러라는 헐값에 매각하였다.

쿠바는 Yucatan이나 Florida에서 New Orleans로의 접근로를 감시하는 요충이었다. 쿠바 내 어느 세력도 미국을 직접 위협할 만큼 강하지는 않았지만, 쿠바는 캐나다처럼 서반구 외부세력의 공격 발진장소(a launching point)로 활용 가능한 장소였다. 19세기 말 당시 스페인 영토로서 북미대륙에는 쿠바만 남았고, 스페인은 유럽에서 일련의 전쟁으로 인해 주로 남서유럽에 한정된 2등급 지역국가로 전락하였다.

북미대륙과 쿠바20)

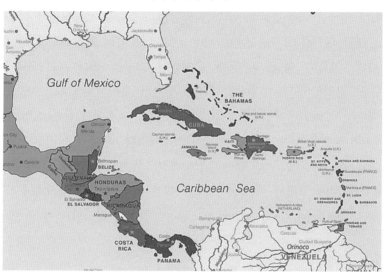

  1898년 미국·스페인전쟁에서 미국은 상륙기습, 장거리 보급선, 해군지원 등으로 유명해진 사상 최초의 원정작전을 감행하였다. 비록 단기전이지만 범세계적 영향력을 미친 이 전쟁에서 미국은 쿠바를 포함, 스페인의 모든 해외 도서영토를 장악하였다. 많은 서구 열강이 서반구에 식민영토를 유지하였지만, 미국이 쿠바를 확고하게 통제하면서 미국의 위치를 위협할 수 있는 유일한 곳 즉 New Orleans를 쉽게 공략할 수 없게 된 것이다. 그 후 쿠바는 1959년 공산혁명 이전까지 사실상 미국의 영토로 남았고 1962년 서반구 외부세력인 소련이 미사일기지를 설치하며 교두보를 확보하려 시도했으나 미국이 핵전쟁 위험을 불사하며 이를 좌절시켰다. 이는 미국이 지정학적 요충지로서 쿠바를 얼마나 중요시 하였는가의 반증이었다. 탈냉전 후 쿠바는 외부 지

---

20) "The Geopolitics of the United States, Part 1: The Inevitable Empire," 전게서.

원세력이 없어지면서 더 이상 미국에 대한 안보위험으로 인식되고 있지 않고 있다.

한편, 미국·스페인전쟁 후 미국은 기회가 닿는 대로 해외영토를 확보하는 팽창정책에 나섰다. 제2차 세계대전으로 가는 길목에서 1941년 무기대여법(Lend-Lease program)[21])의 결과로 생긴 영토병합이 가장 대표적인 사례였다. 제2차 세계대전 개전 초 유럽대륙이 나치독일 통제 하에 들어가자, 영국은 모든 해군자산을 대륙에 대한 봉쇄유지에 투입할 수밖에 없게 되었다. 독일의 무제한 잠수함전은 이러한 봉쇄의 강도와 영국의 해상보급로 유지 능력을 위협함으로써 영국은 더 많은 함정이 필요하게 되었다. 이때 미국은 치장(置裝)해 두었던 50척의 구축함을 제공하겠다고 나섰다. 미국이 이에 대한 대가를 요구하였는바 바로 서반구에 있는 모든 영국 해군기지였다.

그 결과, 영국이 협상 후 끝내 유지했던 항구는 캐나다의 Nova Scotia와 Bahamas 군도뿐이었다. 무기대여법 이후 유럽에서 북미대륙으로의 해군 접근로는 포르투갈령(領) Azores와 아이슬란드뿐이었다. 제2차 세계대전 참전 선언 후 미국이 실시한 최초의 작전은 이 두 영토를 점령하는 것이었다. 종전 후 덴마크령(領) 아이슬란드가 NATO에 포함되었고 그 방위책임도 전적으로 미 국방부에 귀속되었다. 대서양과 태평양에 의해 고립된 북미대륙으로의 대양 접근로 상 핵심거점에 대한 통제(Control the Ocean Approaches to North America)가 완성된 것이다.

나. 전(全) 세계 대양의 통제

대서양과 태평양 사이에 위치한 대륙 도서국가(island state) 미국의 지리적 위치를 고려할 때, 세계 대양, 특히 북대서양과 서태평양에 대한 통제는 미국의 지정학적 안보의 초석이다.[22]) 또 세계 해양영역에서 주도적인 미 해군의 현시(顯示)는 미국이

---

21) 무기대여법은 1941년 3월(제2차 세계대전으로 발전하는 과정) 미국이 입법한 것으로 영국, 소련, 프랑스, 중국, 호주, 뉴질랜드 등 동맹국에 대해 식량, 탄약, 보급품, 차량, 항공기 등 장비·무기를 전쟁 후 현금 지불 또는 무기로 반납하는 조건으로 원조하는 법안이다. 그 중 60%가 영국에 지원되었고 결론적으로 총 금액의 1/6 이하만 회수되었는데 미국은 회수할 시 동맹국의 식민지 영토로 양도하거나 레이다, 제트 항공기, 핵 연구 등에 관한 로열티 권한을 포기하도록 요구하였다. 이는 지원받은 동맹국으로서는 혹독한 미국의 조치였으나 한편으로는 생존하기 위해 치러야 할 대가였다. "In praise of... lend-lease," *Guardian*, May 5, 2006. https://www.theguardian.com/commentisfree/2006/may/05/second worldwar.comment

22) "Naval Dominance and the Importance of Oceans," *Stratfor*, August 5, 2008.

주도하는 자유로운 국제질서의 핵심요소이다. 1890년 마한(Alfred T. Mahan)은 저서 *The Influence of Sea Power Upon History, 1660-1783*에서 지정학적 경쟁과 분쟁에서 해양력이 수행한 결정적 역할을 설명하면서 전·평시 대양의 통제는 결정적이며 군사, 경제, 지정학적으로 아주 장기적인 영향을 미친다고 주장하였다. 해양국가 미국은 인류공공재인 대양에서 항행의 자유가 보장된 가운데 상품의 자유로운 이동과 전세계 시장으로의 접근을 통해 번영한다. 군사적으로는 제1, 2차 세계대전을 치르면서 미국은 병력과 전쟁 물자를 유럽이나 서태평양 전선으로 수송하며 원정 해군작전 능력을 구비하였다. 모항으로부터 지구 반대편에서 국가정책을 구현하는 미 해군의 능력은 인류역사 상 전례가 없는 것이었고 대영(大英)제국의 해양력을 능가하는 것이었다.

21세기 세계화 시대에서도 마한의 해양력 사상은 유효하다. 세계화로 범국가적 테러와 사이버 공간이 존재하고 항공, 대륙간 탄도탄, 위성, 인터넷 등으로 세계의 상호작용과 전투수행 방식이 근본적으로 변화하고 있지만, 세계화는 해상교역을 오히려 증가시켰다. 세계적 해군 주도국으로서 미국은 유류, 천연가스 등 범세계적 에너지 수송로 및 해상교역의 주(主) 통로에 대한 결정적 영향력을 행사하고 있다. 미국이 세계최강 해군과 세계최대의 경제를 동시에 가진 것은 우연이 아니다. 이것이 미국 주도의 국제체계의 핵심요소인 것이다.

군사적 관점에서 서반구에서 미국이 치른 가장 마지막 전쟁은 1898년 미국·스페인전쟁이었다. 이 전쟁의 결과, 19세기 말 마지막 서구 열강을 서반구에서 몰아낸 것이다. 그 후 1세기 이상 미국은 해외에서 전쟁을 치렀고 본토에 대한 오직 유일한 위협은 구(舊) 소련과 중국의 핵무기였다. 세계를 주도하는 해군력의 근본적 중요성은 1962년 쿠바 위기에서 명확해졌다. 쿠바 위기에서 미 정부는 핵전쟁을 불사하며 서구세력 소련이 다시금 서반구에 교두보를 확보하는 것을 용납하지 않았다. 위기당시 소련 해군은 쿠바 근해까지 진출하여 지속적인 작전을 수행할 만한 능력이 없었고 미 해군이 대양을 주도했기 때문에 결국 미국에 굴복할 수밖에 없었다.

오늘날 무정부 상태의 국제체계 속에서 국가들은 여전히 안보를 위해 매일 매일 이웃국가와 투쟁하고 있다. 인도와 중국은 지리안보의 핵심인 Kashmir를 두고 싸우며, 러시아는 자국이 처한 불리한 지리적 특성을 보상하기 위해 유럽과 코카서스(Caucasus)지역에 완충지역을 재확립하기 위해 투쟁 중이다. 이러한 국제무대에서 미국은 유라시아를 분리하여 세계현안에 대해 어느 일국(一國)이 주도하지 못하도록 영향력을 제한하는 지정학적 목표를 견지하고 있다. 이를 위해 미국은 유라시아의 주변부, 즉 대서양에서는 NATO 동맹을 창설하였고 서태평양에서는 한국, 일본, 호주, 뉴질랜드 등과 일련의 동맹관계(hub-and-spokes)를 맺었다. 이러한 분리의 궁극적인 목표는 미국에 대한 잠재적 도전세력이 출현하는 것을 예방하는 것이다. 다시 말해 어느 일국(一國) 또는 하나의 적대세력의 지정학적 위치가 너무 안정되어 대서양이나 태평양을 건너 북미대륙 미국의 전략적 안보에 도전하는 데 필요한 자원, 특히 해군력을 축적할 수 있는 잠재적 적대세력의 출현을 예방한다는 의미이다.

결국, 미국의 해군주도(naval dominance)는 유라시아 주변의 동맹 및 파트너국가와 협력을 통해 적대세력이 세계대양을 너머 군사력을 투사하는 비용을 감당하지 못할 정도로 높게 만드는 것이다. 유라시아 대륙 내 지역 국가들이 자기들의 지역 내에서 다른 국가의 주도적 위치에 지정학적으로 도전하되 미국에게는 감히 도전할 수 없게 만드는 것이 목표이다.

그렇다고 위협이 전혀 존재하지 않는 것은 아니다. 테러범에 의한 비행기 납치, 탄도 미사일, 해상수송 컨테이너의 밀수, 사이버범죄 등 다양한 위협이 존재한다. 그러나 이들은 미국의 지정학적 위치를 흔드는 전략적 안보위협은 아니다. 미 해군이 유라시아의 주변에서 오늘도 전방현시(前方顯示)작전을 하며 이러한 위협에 대한 방호작전을 펼치고 있다. 중동에서 정세가 불안해지면 미국은 제일 먼저 항모전투단을 급파하여 위기를 예방하고 전쟁을 억제한다. 미 해군의 평시 현시작전이 대서양과 태평양이라는 대양에 의해 고립된 미국의 안보정책 및 군사전략의 근본적 수단임을 대변한다. 결국 대양(大洋)에 대한 통제라는 전략적 핵심 이익이 미국의 대외정책은 물론, 군사력의 운용방식을 결정한 것이다.

대서양과 태평양으로 고립된 해양국가 미국의 지정학적 여건은 미국으로 하여금 범세계적 해군주도와 동맹 및 파트너와의 협력을 기반으로 하는 해양전략을 견지하고 법과 규정에 기반한 현재의 해양질서를 수호하는 것을 필수적으로 만든다.

다. 잠재적 도전국의 부상(浮上) 예방

따라서 미국의 마지막 지정학적 핵심 요건은 유라시아에서 어느 나라이든 패권

국으로 출현하는 것을 허용할 수 없다는 것이다. 미국은 기능적 관점에서 미 대륙의
모든 국가들을 사실상 통제하였다. 미국이 캐나다와 멕시코 간 발전시킨 안보관계는
양국이 미국의 주도에 어떤 위협도 부여할 수 없게 만들었다. 남미 국가들은 하나의
패권국으로 통합될 만한 구심력이 부족하다. 모든 위협은 미주대륙 외부에서 올 수밖
에 없었다. 미국만한 대륙규모(continental in scope)의 힘을 보유한 국가만이 미국을 위
협할 수 있다는 의미였다.

　　최근까지 국제체계에서 그러한 국가는 부재했다. 그렇게 부상할 만한 국가도 없
었다. 거의 모든 세계가 그 정도의 심각한 위협을 제기할 정도로 통합되기에는 지리
환경이 적대적이었다. 실제로 북미 외부에서 미국에 견줄 만한 곳은 오직 한 군데, 즉
유라시아뿐이었다. 유라시아는 극도로 다양한 지형으로 인해 통합이 매우 어렵지만,
미국과 비슷한 대륙규모의 경쟁국 또는 국가연합체가 부상할 수 있는 곳이었다. 특히
유라시아에서도 북부 유라시아(유럽, 舊 소련, 중국)가 의미 있는 반미(反美) 연합의 후
보지였다. 지난 2세기 동안의 러시아의 대외정책은 이 같은 초대형 제국을 형성하기
위해 중국 또는 주요 유럽 국가를 주도하거나 연합하려고 시도하는 것이었다.

　　따라서 제2차 세계대전 기간 중, 그리고 종전 직후 발전된 미국의 지정학적 시각
및 대전략(grand strategy)은 결국 유라시아에서 지역 내 패권세력이 출현하는 것을 예
방하는 것[23]이었다. 유라시아의 인구 수, 자원, 경제활동 등을 고려 시, 이곳에서의
패권세력은 미국의 핵심이익을 위협할 수 있는 충분한 힘의 집중을 가져올 것이다.
그러므로 미국의 입장에서는 유라시아를 가능한 다수의 상호 적대적인 국가로 분리,
유지하는 것이 최상의 위험분산 전략이었다. 이를 통해 유라시아의 핵심지역이 특정
국가의 지배 밑에 들어가는 것과 하나의 영향권 세계(a spheres of influence world)가
등장하는 것을 예방하는 일이 목적이었다.

　　미국은 이를 위해 두 가지 방식을 채택하였다. 먼저 미국은 군사적으로 유라시
아 주변지역에 일련의 동맹 체제를 결성하고 동맹에 미군을 전방 전개함으로써 적대
국가나 국가연합이 유라시아를 주도하는 것을 막고, 동맹이나 주변국가들이 강대국
에 의해 흡수되는 것을 예방하려고 계획하였다. 이를 통해 위험에 처한 동맹으로 하
여금 미국의 적(敵)에 대항해야 할 이유를 제공하였다. 그 결과로 소련의 팽창에 대항

---

23) Congressional Research Service, "Defense Primer: Geography, Strategy, and U.S. Force
　　Design," *In Focus report*, November. 5, 2020.

하여 NATO가 창설되었고 극동에서도 한국, 일본, 필리핀, 태국 등과 동맹을 체결함으로써 이들이 반미 쪽으로 경사되는 것을 무력화시켜 왔다. 이외에도 미국은 지역 강국에 의해 위협을 받고 있다고 평가된 다수의 국가들과 일련의 호혜관계를 유지하고 있다. 가능한 많은 국가에 이득을 제공하여 이들이 미국에 적대적인 동맹체계에 가입하지 않도록 하려는 것이었다.

유라시아를 분리, 유지하기 위한 두 번째 전략은 미국의 원정군으로 필요 시, 해외상황에 직접 개입하는 능력을 구비하는 것이었다. 제2차 세계대전 종전 후 미국의 해양지배가 추가시킨 요소로서 미국은 전 세계 어느 곳이든 군사적으로 개입할 능력을 보유하였다. 역사적으로 유라시아 대륙에서 미국의 반복된 군사개입은 하나의 패권세력이 출현하는 과정을 예방하기 위해 군사적 균형을 구축하거나 유지하기 위해 기도된 것이었다. 과거 두 차례의 세계대전에서도 독일의 패권을 예방하고 냉전기간 중에는 소련의 패권 완성을 예방하기 위해 서유럽을 강화하고자 참전하거나 개입한 것이었다. 비슷하게 한국전과 월남전은 소련·중공의 힘과 영향력의 팽창을 제한하고자 미국이 참전한 것이었다.

미국은 세계 모든 지역이 하나의 적대세력에 의해 지배되지 않도록 보장하기 위해 미군이 대서양과 태평양을 건너 유라시아 또는 유라시아 주변 해역·공역에 전개된 후 도착하자마자 지속된, 대규모 작전을 수행하도록 전력구조를 설계하였다. 그 결과, 상당수의 장거리 전략폭격기, 장거리 감시항공기, 공중 재급유기로 구성된 공군과 다수의 항공모함, 핵추진 공격 잠수함, 대형 수상전투함, 대형 상륙함, 해상보급함으로 구성된 해군, 그리고 지상군 병력과 장비, 보급품을 장거리에 걸쳐 신속하게 수송하는 상당수의 공중수송 및 해상수송 전력을 갖추고 있다. 동시에 미국은 상당규모의 전력과 보급품을 유럽, 페르시아만(灣), 인도·태평양지역 전방기지에 사전 배치하고 있다.

한 가지 주지해야 할 사실은 미국은 제2차 세계대전이든 이라크전쟁이든 유라시아에 개입하면서 상당히 불리한 위치에 서게 된다는 점이다. 비록 세계에서 가장 부유하고 비옥한 영토를 점유하지만 미국의 인구는 전 세계의 5%에 불과하다. 거기에다, 비록 해상수송에 기반한 미 원정군이 거의 세계 어느 곳이든 최단시간 내 개입할 수 있지만, 이는 해당 병력이 항상 창끝에서 비상 대기하고 목적지 도착 시 불가피하게 수적 열세로 싸워야 한다는 점을 의미한다. 이것이 미국으로 하여금 가능하면 동맹 및 파트너와 협력하거나 이상적으로 동맹을 통해 기능하고 미 군사력은 가능한 사용하지 않되, 최종 승리카드로서 투입하도록 유도하는 이유이다. 동맹을 보루(堡壘)로 사용하는 전략은 미국에게 탈냉전 후 오늘날에도 지역 패권세력의 출현 가능성을 감소하는데 기여하고 있다.

그런데 탈냉전 후 미국은 해양전략이라는 대(大)전략에서 이탈, 과도하게 확장을 도모하며 중동에서 대(對)테러와의 전쟁과 지상전이라는 수렁에 빠져 국력이 쇠퇴하게 된 것이다. 이러한 가운데 서태평양에서 경제적 초강대국으로 성장한 중국이 러시아와 연대하며 유라시아 대륙의 통합을 주도하며 해양세력 미국의 패권질서에 도전하고 있는 것이다.

3. 중국의 지정학적 특성

역사를 통해 지리, 경제, 정치, 안보 및 사회의 상호작용에 의해 부과된 중국의 3대 지정학적 핵심요소는 다음과 같이 언급된다: 한족(漢族) 근거지에서의 내적 통일 유지, 완충지역의 통제 유지, 연안을 외부 침공(침해)으로부터 방호.[24]

중국과 주변지역

---

24) Rodger Baker, "Revisiting the Geopolitics of China," *Stratfor*, March 15, 2016,

가. 3개의 핵심요소

첫째, 한족(漢族) 근거지에서의 내적 통일 유지이다. 한족 국가인 중국의 핵심기반은 대륙의 심장부인 황하(黃河), 양자강(揚子江)을 따라 위치한다. 이 지역은 인구 밀집, 중국의 대다수 농업 및 산업 활동의 본거지로서 핵심 한족의 통합을 보장하는 것이 중국 전체의 결집과 영원한 권력으로서 중국 공산당의 안보에 핵심이다. 그러나 핵심 한족조차 문화, 지리, 경제적으로 극도로 복잡하고 다양하다. 이러한 차이를 균형 맞추는 것은 중앙에서 정교한 통치술이 요구되는 어려운 일이다.

둘째, 완충지역의 통제 유지이다. 역사적으로 농경, 정체된 한족 문명이 직면했던 한 가지 도전요소는 북, 서쪽에 유목민족, 산악지역 및 남쪽 산림지역에는 수시로 변화하는 국경과 인구로 둘러 싸였다는 점이다. 한족 핵심을 지키기 위하여 중국은 역사적으로 주변국과 싸우고 '중화정책(中華, a Middle Kingdom policy)'을 수립함으로써 '명목상의 조공체계(a nominal tributary system)'를 통해 실질적으로는 최소의 영향력과 통제를 필요로 하는 가운데 주변국의 접근을 막아 왔다. 현재 중국은 동북 만주에서 내(內)몽고, 신장, 티베트, 연안 및 남쪽 산맥을 따라 일련의 완충지역을 통합하면서 하나의 통일된 대국으로 존재한다. 이들 영토는 전략종심을 제공하지만, 내부 인종정책이나 단합 차원에서 주변국들로부터의 도전을 받아왔다. 오늘날 중국의 신장 위구르족이나 티베트 지역 소수민족 문제가 바로 이에 해당한다.

셋째, 연안을 외부 침공(침해)으로부터 방호하는 것이다. 중국 역사의 대부분은 천연자원에 있어서 자급자족해 왔다. 추가로 필요로 하는 귀중품이나 자원은 서쪽으로 뻗어나간 실크로드를 통해 공급 가능했다. 그 결과, 해안지역은 내선의 방대함과 인종적 다양함 속에 종종 해적활동으로 고통받고 국제적 침공을 당해 왔다. 중국은 해군력에 대해서는 거의 관심 없이 연안방어에 집중하고 연안이동의 대체수단으로 대운하체계(Grand Canal system)에 집중했다. 명(明)나라 시대 정화(鄭和)함대도 군사력의 진정한 행사이기 보다는 일종의 상업적 활동(frivolities)이었다. 무역상이나 어부들도 중앙정부의 최소 방어 속에 바다를 항해하였고 최근까지 중국의 해군력 증강정책도 원래는 주로 연안방어를 보충하려고 설계된 것이었다. 따라서 외세의 침공으로부터 연안지역을 방호하는 것이 중국에게 있어서 전통적으로 중요한 전략적 고려요소이다.25)

나. 또 하나의 필수소요: 해상교역로의 보호

이 같은 세 가지 지정학적 핵심요소에 추가하여 중국의 경제 성공은 새로운 핵심이익을 창조하였다. 중국의 전략적 교역로, 자원, 시장을 외국의 간섭으로부터 방호하는 것이었다. 이는 중국으로 하여금 거의 자급자족 능력에 있던 종전 상태에서 탈피하여 국제개입에 취약하도록 만들었다. 중국이 자국경제를 내수모델(a domestic consumption model)로 개조하려 노력하고 있지만, 대외교역은 여전히 중국 경제활동의 핵심적인 부분이다. 또한 중국의 대외투자(outbound investments)는 시장, 자원뿐만 아니라 기술과 기량에의 접근을 제공한다. 따라서 중국의 경제성장은 중국으로 하여금 취약한 공급망의 안전보장 방안을 강구하고 해양에서의 존재감(maritime presence)을 확장하며 국제 재정·정치 위상을 제고하도록 강요하고 있다.

중국이 전통적 대륙국가에서 탈피하여 지(地)·해(海) 복합형국가(composite land-sea power)[26]로 변모하면서 등장하는 이 같은 새로운 핵심 이익이 중국과 지역 내 주변국가와의 관계에서 격변을 가져오고 이제까지 패권질서를 유지해 온 미국의 두 가지 핵심 이익, 즉 전 세계의 대양 통제와 유라시아에서 어떠한 잠재적 도전세력이라도 부상하는 것을 예방하는 것과 충돌한다. 즉, 경제성공과 세계통합에 의해 동기화된 중국은 자국의 미래 경제안정은 물론, 전략적 비전이 세계 해양안보를 주도하고 있는 미 해군에 의해 잠재적으로 도전받을 것이라고 인식하게 된 것이다. 중국은 동·남중국해 소위 연안 근해에서 미(美) 개입을 억제하기 위한 군사력(A2AD)을 건설함으로써 미국도 이제 위협받으며 이들 해역에서 미 해군의 항행의 자유가 보장되지 않을 수도 있다는 경고신호를 미국에 보내고 있다. 중국은 이러한 행동을 패권적인 미국에 대한 방어적인 행동이라고 주장하고 있다.

반면에 미국은 부상하고 있는 중국과 확장 중인 중국해군을 기본적으로 미국의 안보전략에 대한 직접적 도전요인으로 인식하게 되었다. 미국은 잠재적 지역패권국의 등장을 예방하거나 자국 연안에서 멀리 떨어진 해역에서 압도적 군사작전을 수행

---

25) George Friedman, "The People's Republic of China at 70: Of Opium and 5G," *Geopolitical Futures*, October 1, 2019.
26) Toshi Yoshihara, "China as a Composite Land-Sea Power: A Geo-strategic Concept Revisited," *CIMSEC*, January 6, 2021.

하기 위해 해양에서 방해받지 않는 접근이 필요하다. 그런데 중국이 서태평양에서 미해군의 주도권에 도전하는 거부전력을 건설하고 남중국해에서 해양팽창을 시도하고 있다. 특히 중국의 해군력 증강, 대함(對艦) 미사일 능력의 증진, 남중국해 도서나 암초에서의 공격적 매립 및 군사화 작업은 미국 입장에서는 미국의 해양통제에 도전하는 행동으로 인식된다. 또한 중국의 인도양과 아덴만(灣)으로의 진출, '진주목걸이(string of pearls)' 항구 개발, 군사력 현대화는 이러한 미국의 우려를 더욱 가중시키고 있다. 그래서 미국은 인도·태평양전략으로 중국의 영향력 확장을 상쇄(counterbalance)하려고 하며 중국은 이것을 자국에 대한 봉쇄(contain)로 인식하고 이를 다시 상쇄하려는 것이다.

이와 관련, 미 해군대학의 요시하라(Toshi Yoshihara) 교수는 중국이 지·해 복합국가로서 지상국경에의 특별한 위협부담이 없게 되면서 해양과 항공우주 능력에 대규모 국가자원을 집중 투자하며 중국군을 강력한 전력으로 탈바꿈시키면서 현대사에 전례 없이 유리한 안보환경을 맞고 있지만, 또 다른 한편으로 중국의 부상하는 해양력이 해군 주도국 미국을 자극하고 지상과 바다의 주변국으로부터의 저항, 즉 쌍중압력(双重压力)을 유발하여 중국의 부상을 실패로 만들 수 있다고 지적하며 중국의 입장에서 최선의 위험 분산책(hedging)은 지상 국경선을 공유하는 러시아와 좋은 관계를 유지해야 해양방향에서의 압력을 버텨낼 수 있다고 주장하였다.[27]

다. 새로운 지정학적 게임: 유라시아 통합 가능성

한편 중국의 세계적 경제 강국으로의 부상과 공세적인 대외정책 추진은 미국의 가장 중요한 지정학적 핵심 이익, 즉 유라시아에서 적대적 패권세력의 등장을 예방하는 것에 심각한 도전요인으로 부상하고 있다. 2014년 러시아의 우크라이나 침공 문제로 서방관계가 붕괴되면서 중·러 전략적 파트너십이 나날이 강화되고 있다. 더 나아가 중국의 일대일로(一帶一路)는 러시아의 막대한 에너지자원과 독일·중국의 거대한 기술 노하우의 공조 속에 중국, 러시아, 독일 등 유라시아 주도국가로 구성된 경제그룹의 출현으로 발전할 잠재력도 있다.[28]

---

27) 그는 중국이 인도와의 국경분쟁은 심각한 상태로 확전하여 중국의 남쪽에 새로운 전선을 형성할 수 있다고 경고한다. Yoshihara, 상게서.

러시아는 2014년 크리미아 침공 후 서방의 제재로 '아시아로의 재균형(Pivot to Asia)' 전략을 추구하고 있다. 러시아는 경제성장을 달성하는데 기술과 자본이 필요하므로 중국과의 협력을 핵심 요소로 간주하며, 특히 중국의 국가자본주의(state capitalism)를 참고로 하여 자국 경제에 대한 국가의 영향력을 확대하고 국민의 생활수준을 향상시키려 의도하고 있다.29) 러시아 푸틴 대통령은 이것을 정권 생존에 핵심적인 것으로 인식하고 있다.30)

한편 중국은 러시아와의 전략적 파트너십을 이용하여 미국의 봉쇄에 대항하는 한편, 확장하는 자국 경제에 필요한 자연자원의 안정적 공급원을 확보하여 해양교통로에 대한 의존(소위 말라카 딜레마)을 경감하면서 러시아 시장에 소비재 수출을 확대하고 있다. 즉, 중국과 러시아는 공통의 적(敵) 미국에 대항하고 미국 주도의 국제질서에 도전하기 위해 전략적으로 연대하며 기능적인 군사동맹 관계를 유지하고 있다. 여기에 추가하여 중동에서의 지정학적 요충에 자리잡은 이란이 중국과 러시아편에 가세하면서 새로운 실크로드로서 일대일로(一帶一路)는 동아시아, 중앙아시아, 이란, 이라크, 시리아, 동(東)지중해, 유럽까지 연결된 광범위한 경제통합체로 발전시키는 역사적 게임 체인저(a historical game-changer)가 될 수 있다.31)

미국이 우려하는 유라시아에서의 하나의 잠재적 도전세력이 등장할 가능성이 제기되고 있는 것이다. 이는 단순한 미국 대(對) 중국, 러시아, 이란이라는 대결구조뿐만 아니라 놀랄 만한 심장부의 재출현으로 유라시아에서 새로운 지정학적 게임, 즉 미국, 영국 등 해양강국에 대한 심장부의 복수가 시작되는 것이라고 보는 시각도 있다. 또 혹자는 이 새로운 블록이 현재의 패권적 대서양 블록(current, hegemonic

---

28) 독일 경제계는 세계적 수출중심국으로서 독일의 역할을 공고히 하는 길은 유라시아의 밀접한 사업 파트너가 되는 것임을 잘 알고 있다. Graham Allison, "The New Spheres of Influence: Sharing the Globe With Other Great Powers," *Foreign Affairs*, vol. 99, no. 2 (March/April 2020), pp. 30-40.

29) Paul Stronski and Nicole Ng, "Cooperation and Competition: Russia and China in Central Asia, the Russian Far East, and the Arctic," *Carnegie Endowment for International Peace*, February 28, 2018.

30) MK Bhadrakumar, "Geopolitical forces pushing Russia, China closer together," *Asia Times*, October 4, 2020.

31) Pepe Escobar, "Why the New Silk Roads are a 'threat' to US bloc: The Middle East is the key to wide-ranging, economic, interlinked integration, and peace," *Asia Times*, January 24, 2020.

Atlanticist bloc)을 초월하는 역사적 연결점에 있는 것이 될 수 있으며[32] 이는 지정학적 햇불이 해양제국으로부터 유라시아 심장부로 확실하게 다시 이전하는 것이라 인식하기도 한다.[33] 그러나 지정학적으로 유리한 여건이 절대 영원한 것은 아니다. 적대적 강대국들이 만약 중국에 대항하여 연합하면 중국의 부상은 좌절될 수 있다.[34]

미·중간 지정학적 핵심이익이 충돌하면서 군사, 경제, 정치 분야에서 양국 간의 경쟁이 날로 심화되고 있다. 중국은 나날이 힘과 영향력이 팽창하고 있고 그동안 미국이 주도해 온 기존질서나 국제체계 내에서 자신들의 역할을 단순히 수용할 것이라고 예측하기는 곤란하다. 중국은 일본-류구열도-대만-필리핀을 연결하는 제1도련 내 자국이익을 방어할 수 있는 능력을 상당 수준으로 건설하여 미국이 제2차 세계대전 이후 향유해온 서태평양에서 미국의 전통적 해·공군의 우세에 도전하고 있다. 이는 궁극적으로 미국을 서태평양에서 몰아내고 지역 패권을 장악하려는 의도이다.

한편, 미국도 날로 심각해지는 중국의 도전과 세계무대로 팽창하는 중국의 힘과 영향력을 보면서 미국 중심의 세계질서가 쉽게 유지될 것이라고 단순하게 희망하지는 않을 것이다. 특히 중국이 러시아와 연대하여 미국에 대항하는 동시에, 일대일로를 통해 유라시아에서 미국에 적대적인 단일 패권세력이 등장할 가능성에 대해 미국은 예민하게 대응하고 있다.

미국의 인도·태평양전략은 결국 중국을 봉쇄(containment of China)하려는 것이라 볼 수 있다. 미국으로서는 이는 사실 '죽느냐 사느냐의 전투(an existential battle)'라 할 수 있다. 즉 유라시아 전체의 통합 가능성, 일대일로(一帶一路), 중·러 전략적 동반자 관계, 중국, 러시아의 극초음속 무기의 등장 속에서 미국의 군사, 정치, 경제력의 몰

---

32) Escobar, 상게서.
33) Pepe Escobar, "Definitive Eurasian Alliance Is Closer Than You Think," *Asia Times*, August 31, 2020.
34) 따라서 미국은 중·러, 중·인도관계를 복잡하게 만들 기회를 도모할 필요가 있으며 해양영역에서 더욱 압박을 가함으로써 중국으로 하여금 양쪽 전선에서 더욱 열심히 경쟁하도록 강요함으로써 중국의 힘을 더욱 약화시킬 수도 있다고 제안한다. Yoshihara, "China as a Composite Land-Sea Power: A Geo-strategic Concept Revisited," 전게서.

락 징조에 대항하여 미국이 기존의 패권적 질서를 유지하고자 사활을 걸고 벌이고 있는 전쟁이 현재의 미·중 패권경쟁인 것이다.

제2장

미·중 적대관계의 기원

이 장에서는 중국이 미국에 대해 적대적인 정책을 추진하게 된 역사적·사상적 배경을 살펴본다. 중국은 대외정책을 추진함에 있어서 과거 19세기 중반부터 있었던 '치욕의 세기'를 교훈으로 삼아 다시는 영국, 미국 등 서구 열강과 일본의 희생이 되지 않을 것이며 중국의 힘과 영향력을 극대화하여 과거 세계의 중심으로서 중화(中華) 국가를 재현하겠다는 것이 목표이다. 시진핑 주석이 표방하는 '중국몽(中國夢)'과 '중국 특색의 사회주의'도 여기에 기반하고 있다.

중국은 중국공산당(CCP) 일당 통치 및 마르크스-레닌주의 국가로서 최우선 관심사는 공산당의 절대권력 유지와 전체주의 체계 유지 및 확장을 통해 중국의 힘과 영향력을 극대화하는 것이다. 그런데 이를 방해하고 중국의 정치 자유화를 목표로 추진된 것이 미국의 개입정책이다.

특히 중국몽의 목표는 미국이 개입정책을 통해 희망하는 국제사회에서 '책임 있는 이해당사자'가 아니고 과거 '중화제국의 영광 재현,' 즉 부흥이다. 중국지도자들은 미국은 쇠퇴하고 있고 중국이 금세기에 전(全) 세계의 주도국, 즉 패권국이 될 운명에 있다고 믿는 것으로 전해진다. 이는 자연스럽게 미국 주도의 세계질서와 충돌하며 적대관계로 유도한다.

1. 중국의 대미(對美) 정책 기원

중국의 대미(對美) 정책의 기원으로 여러 가지를 거론할 수 있지만, 가장 핵심적인 요소로 과거 '치욕의 세기(Century of Humiliation, 百年國恥)' 때 중국이 치렀던 경험과 현재 시진핑 국가주석이 취임한 이래 추진하고 있는 '중국몽'의 기본사상인 '중국특색의 사회주의'에서 찾을 수 있다.

가. 치욕의 세기

중국의 '치욕의 세기'는 1839년 아편전쟁으로부터 1949년 중국 내전에서 공산당이 승리하기까지의 기간을 지칭한다. 과거 복속, 수치(shame of subjugation and humiliation)의 경험으로 점철된 치욕의 세기는 현재도 중국 정체성의 일부로서 존재하며 '과거의 부끄러움을 결코 잊지 말자!(never forgetting, 勿忘)'라는 의미로 사용된다. 특히 치욕의 세기는 중국지도부가 필요 시, 민족주의를 조장하고 지향하는 통치도구로서, 또한 중국을 세계 강대국으로 우뚝 세운 중국공산당(CCP)을 찬양하며 중국의 정체(政體)를 정당화하는 '상실과 복수(a narrative of loss and redemption)'의 소재로 주로 사용된다. 중국지도부는 1989년 천안문 사태 이후 미국 주도의 제재에 맞서서 민족주의를 고양하고 공산당 정부에 대한 인민들의 지원을 유도하고 필요시에는 반(反)외세 감정을 자극하고 국제무대에서 중국의 공격적 행동을 정당화하는 데 치욕의 세기를 활용했다.[1]

특히 중국지도자들은 타국과 어떻게 행동할 것인가에 대한 견해의 출발점으로써 '치욕의 세기'를 꺼낸다.[2] 그들은 국제경쟁의 특성, 국가의 성패(成敗) 이유, 장기적

---

1) 2012년 9월 일본정부가 센카쿠 열도 중 일부를 국유화 시도하자 중국은 이를 자국의 자부심과 위상에 또 하나의 깊은 상처를 주는 행동으로 인식되면서 과거 '치욕의 세기'에서 서구 열강과 함께 중국을 약탈한 주역으로서 일본에 강경하게 대응하였다. Merriden Varrall, "Chinese World views and China's Foreign Policy," *Lowy Institute*, November 26, 2015.

2) 이 점에 대해서는 주로 Alison Adcock Kaufman, "The 'Century of Humiliation,' Then and Now: Chinese Perceptions of the International Order," *Pacific Focus*, Vol. 25, Issue 1 (April 2010), pp. 1–33를 참고했음.

세계평화 및 협력에 대한 토론에서 '치욕의 시기'의 경험을 활용한다. 뿐만 아니라 이들은 '치욕의 세기'에서 현대 및 미래 세계무대에서 중국이 수행해야 할 역할에 대한 교훈을 도출하기도 한다.

(1) 자연적 질서의 일환으로서 복속

치욕의 세기는 1839-42년 영국정부가 중국에 아편무역을 위해 개항(開港)을 강요하면서 시작되었다. 이 시기에 중국은 서구 열강 및 일본의 무력침략에 의해 반(半)식민상태(semi-colonial position)로 전락하며 양자강, 만주, 홍콩, 대만 등 영토의 많은 부분을 외세에 빼앗겼다. 19세기에 걸쳐 중국 전역에서 청(淸) 정부가 외세의 침공에 굴복하는 것에 대해 저항하는 내전과 반란이 빈발하여 1911년 청(淸) 제국이 붕괴하고 정치, 사회 혼란기간으로 연결되었다. 그 후 1910~20년대에 티베트, 몽고의 독립운동과 일본의 만주 진출로 중국은 약탈의 희생물이 되고 내전 상태로 전락하며 영토의 1/3을 외세에 강탈당했다. 중국역사 상 돌이킬 수 없는 이변으로서 중국은 종전 아시아의 종주국의 위상에서 외세에 의해 영토가 멜론처럼 잘라지는 아시아의 병자(sick man of Asia)로 전락했다.

이런 쓰라린 경험을 통해 중국지도자들은 힘의 정치(power politics)가 특성인 국제체제에서 중국의 통제범위 외곽인 동적(動的) 변화에 의해 중국의 운명이 결정되었다는 사실을 뼈아프게 인식하게 되었다. 특히 치욕의 세기 당시 중국의 몰락에 관한 두 가지 논리, 첫째, 중국의 내부 모순으로 황제를 중심으로 하는 군주제가 정치, 사회, 철학, 윤리, 문화적으로 몰락함으로써 주변국에 대한 도덕적 주도권을 상실했다는 점, 둘째, 국제관계의 특성으로 현대 국가들은 중국이 잘 몰랐던 법에 따라 타국과 상호작용을 한다는 점이 중국 내에서 주로 거론되었다. 다시 말해 인간 역사가 경쟁적인 동적 관계(a competitive dynamic)로 추진되듯이 역사는 스스로의 운명을 개척하며 주도적 위치로 전진하는 국가에 의해 진보해 왔다는 점을 중국지도자들이 뒤늦게 인식한 것이다.

이는 문명의 흥망성쇠는 통제범위 밖의 문제라는 잘못된 가정에 기반한 중국문화의 '운명주의(fatalism)'와 상이한 개념이었다. 따라서 이러한 동력학을 이해하고 포용하며 세계에서 주도적인 위치를 점한 국가는 타국과의 개입조건(terms of engagement)을 주도할 수 있고, 반대로 약소국은 경쟁에서 빠져나오거나 생존을 기대할 수 없다는 점이 중국지도자들에 의해 인식되었다. 결과적으로 유럽과 일본이 앞서가는 동안 중국은 뒤처지고 모든 문명에 적용된 자연적 흥망성쇠의 법칙에 따라 중국이 먹잇감으로 전락했다는 의미였다.

치욕의 세기에 대한 통렬한 성찰을 통해 중국지도자들은 현대 국제체제의 특성과 그 안에서 중국의 역할, 그리고 향후 무엇이 기대될 수 있는지에 대해 심층 고민하였다. 그 결과, 국제체제는 국가 간 근원적인 불평등에 기반하여 전적으로 분쟁적이고 영합적(a zero-sum) 무대로서 어느 국가가 흥하면 다른 국가는 망한다고 인식되었다. '치욕의 세기' 당시 세상의 흐름에 우둔했던 중국을 약탈했던 서구 열강 및 일본 제국주의와 중국 간 불평등한 관계가 이를 대변하였다. 따라서 중국지도자들은 '치욕의 세기'에 외세에 의해 강요된 치욕은 혐오스럽지만 현대 세계질서에서 하나의 자연적 질서의 일환(subjugation as part of the natural order)이었다고 해석하였다.[3]

(2) 1949년 중국 출범 이후: 세계와 어떻게 상호작용할 것인가?

중국 내에서 '치욕의 세기'에 대한 자기성찰(自己省察)의 결과, 국제체제와 중국의 역할에 대한 모든 견해가 '오늘날 국제체계가 본질적으로 19세기로부터 변화하지 않았고 세계는 국제정치 무대에서 주도권을 놓고 경쟁하는 강자(强者)와 약자(弱者)로 구성된다'라는 가정에서 시작한다. 이러한 특성의 국제체계 속에서 과연 중국은 어떤 역할을 모색해야 하는지? 등에서 다음과 같은 세 가지 견해로 표현되었다.[4]

(가) 주의(注意)론

첫 번째는 주의(注意)론(a cautionary tale)이다. 현재의 국제체계가 아직도 약국(弱國)을 복속하거나 능멸하기 위한 서구(西歐) 열강의 이익을 중심으로 하며 '치욕의 세기'에 중국이 경험한 바가 이 체계의 위험성을 주의시킨다고 주장하는 교훈적 담화이다. 이는 주로 건국 초기 중국이 아직 약하고 내부 단합을 공고화하지 못하던 당시 나오던 경계적 시각이었다. 1949년 내전에서 공산당의 승리가 확실시 되자 모택동은 내전(분열)뿐만 아니라 '치욕의 세기', 인민들의 고통의 종식을 선언했다. 중국 내부의 통합과 질서의 확립은 이제 중국이 국제무대에서 지위 재건에 집중할 수 있다는 의미

---

3) Kaufman, 상게서, pp. 4-10.
4) Kaufman, 상게서, pp. 12-26.

였다. 과거 복속과 치욕의 세기는 신생 중국에게 타국과의 교류를 신중히 하도록 유도하였다. 이는 국제체제는 불평등한 상태의 국가 간 경쟁적·대립적·동력적 특성으로 신생 중국에 해롭다는 인식과 국제관계는 항상 '경쟁과 천하통치(heavenly mandates), 적자생존(survival of the fittest)'의 체계를 포함하고 권력정치에서 힘의 원천은 항상 이기적인 것이라는 피해자로서 방어적 인식 때문이었다.

따라서 중국정부는 여타 가치보다 주권을 최상위에 위치시키고, 이를 침해하는 것으로 여겨진 국제적 행위에 불참하는 기반으로 '국내문제 불간섭' 원칙, 즉 내정 불간섭주의를 천명하게 된다.[5] 그 후 수십 년간 중국지도자들은 영토주권을 우선시하며 다양한 다국적 활동에 불참하거나 UN 안보리 결의에서 반대나 기권을 하게 된다. 내정 불간섭주의는 1953년 주은래(周恩來) 수상이 평화 5원칙[6]의 하나로 발표하였고 1982년 중국헌법에도 반영되었다. 이는 미국과 서구 열강이 중국과 평등한 입장에서 교류하지 않는다는 인식 하에서 상호작용을 스스로 제한한 것이다. 그 후 중국의 대외정책은 과거 '치욕의 세기'에 저질러진 외국의 만행과 약탈로 인해 비(非) 간섭주의에 기반하였고 이것이 관료나 인민들에게 깊게 인식되어 왔다.[7]

(나) 적극 참여론

두 번째 견해는 적극 참여론이다. 즉, 국제관계에서 중국이 주도적 역할을 수행할 수 있고 오히려 적극 참여해야 한다는 주장이다. 이러한 시각은 2008년 세계금융위기 이후 중국의 힘과 영향력이 빠르게 증대하고 세계정치 및 경제현안에 영향력 있는 행위자로 등장하면서 나오기 시작하였다. 이는 중국은 더 이상 '아시아의 병자'가 아니며 중국의 등장으로 세계 역학관계가 근본적으로 변화되고 있으므로 현 체제는 수용할 만하고 현 체제의 유지를 위해서도 중국의 참여는 불가피하다는 인식이었다.[8]

---

5) 중국의 불(不)간섭주의는 액면 그대로 받아들이기 보다는 상황에 맞게 편리한 대로 해석, 적용됨으로써 중국 자신의 이익에 반(反)할 시에는 중국의 위선을 그대로 노출하는 형태로 변질되었다는 시각이 타당하다. Jerome Alan Cohen, "China and Intervention: Theory and Practice," *University of Pennsylvania Law Review*, vol. 121, 1973, pp. 471-505.

6) 그 요지로서 중국은 평화공존을 향한 상호존중의 원칙, 즉 주권, 영토존엄성, 상호불가침, 국내문제에의 상호 불간섭, 평등과 상호이익에 따라 교류가 이루어질 때 타국과 교류하겠다고 천명하였다.

7) James Boyle, "Op-ed: When it comes to China, let's not become alarmists," *Navy Times*, January 17, 2020.

이런 시각은 국제체제의 특성인 국가 간 불평등과 경쟁 등은 제도와 관행을 변경함으로써 충분히 조정 가능하기에 오히려 중국은 국제무대에서 주도적·중심적 역할을 모색해야 한다는 적극 참여론으로 발전하였다. 이를 통해 중국은 과거의 치욕을 씻고 국제체제의 잠재적 해로운 특성을 완화하고 약소국의 이익과 소요에 부합하는 역할에 더욱 적극 개입하고 선도(先導)해야 한다는 주장이었다. 결국, 적극 참여론은 국제체계는 지속 발전하며 그 과정에서 중국이 중심적 역할을 수행 가능하고 이를 통해 현재 체계는 스스로 전반적 변혁이 가능하다는 시각으로 연결되었다.

적극 참여론은 중국이 과거 치욕의 세기 및 열등한 국가위상을 이제 극복하여 강대국으로서 전 세계의 주목과 인정을 받기 시작했다는 자각(自覺)을 반영한다. 한때 개발도상국이었던 중국이 이제 '책임있는 당사자'로서 현 국제체제에 헌신하고 있다는 점을 세계에 과시해야 한다는 시각이었다. 2008년 베이징(北京) 올림픽은 '치욕의 세기'를 역사에 넘기는 세기의 꿈을 실현시킨 일로 중국정부에 의해 묘사되었다. 그 후 중국의 G-20 가입, G-2로의 부상은 이제 미·중이 동등한 상태임을 입증하고 더 나아가 미국은 주요 국제현안 및 지역문제에 대해 중국과의 협력이 필요하다는 점과 더 이상 중국이 '지는 경쟁(a losing competition)'을 강요받지 않을 것이라는 의미로 해석되었다.

결국 적극 참여론은 중국이 강력한 힘을 갖게 되어 과거처럼 타국이 자국이익을 위해 국제체제를 조작하는 것과 중국에 피해를 강요하는 것을 방지할 수 있다는 자신감 속에서 상호 의존된 평등 기반의 국제체제는 강국, 약국의 이익을 대변함으로써 약국에게도 어느 정도의 동등권과 존경심을 부여한다는 중국의 인식을 반영한다.

특히 중국지도자들은 국제관계에서 적극 참여하는 원칙으로서 다국주의(multilateralism)가 인류 공동현안을 다루기 위한 효과적 방식이고 UN이 이를 위한 주 무대로서 강대국의 일방적 행동에 대한 제재수단으로 인식하였다.[9] 이는 다국주의에 대한 기여를 통해 탈(脫)냉전 후 대두했던 미국의 일방주의(unilateralism)에 반대한다

---

8) 예를 들어, 2008년 중국 국방백서는 '국제체제의 중요한 회원국으로서 중국의 미래와 운명은 국제사회와 밀접하게 연결되어 있다'고 언급하였다. Ministry of National Defense, *White Paper 2008*, April 11, 2017. http://eng.mod.gov.cn/publications/2017-04/11/content_4778231_2.htm

9) Kaufman, "The 'Century of Humiliation,' Then and Now: Chinese Perceptions of the International Order," 전게서, p. 21.

는 의사표시였다. 2004년 3월 7일, 중국 외무장관 리자오신은 UN 창설 및 헌장의 제정 이유는 강대국이나 어느 국가그룹이 주도하지 못하도록 보장하기 위한 것이라고 언급했다.10) 또한 2008년 중국이 소말리아 대(對)해적 임무부대를 최초 파견할 시, UN이 선도하는 다국적 작전과 같은 국제안보 활동에 적극 참여함으로써 중국은 세계평화와 공동발전에 헌신한다고 표현하였다.

그 결과, 다국적 세계기구, UN PKO 등 세계문제를 해결하는 노력에 적극 참여하려는 중국의 열의가 반영되기 시작하였다. 종전까지 타국의 내정간섭에 극렬 반대하던 중국의 입장에도 변화가 발생하고 특정 개입주의(介入主義)적 외교수단이 정당한 것으로 간주되기 시작한 것이다. 예를 들어 한 때 북핵(北核) 협상을 위한 6자회담에서 북한이 탈퇴하자, 중국이 대북(對北) 강압외교까지 언급한 것도 이런 배경에서 기인한다. 결국 이러한 인식은 현 국제체제의 안정을 지지하는 동시에, 국가 간의 경쟁적 상호관계의 유지를 지지하면서도 경쟁체계는 다국적 기구에 의해 제어가 가능하고, 중국의 증가하는 힘과 영향력을 통해 타국과의 협력을 주도할 수 있다는 자신감과 자긍심의 표현으로 볼 수 있다.

(다) 국제체제 재조(再造)론

세 번째는 중국이 근본적으로 잘못된 국제체계를 다시 만들 수 있다는 보다 적극적인 역할론이다. 중국의 과거 치욕과 복속의 경험이 국민들에게 국제관계가 어떻게 수행되고 수행될 수 있는 있는지에 대한 대안적(代案的) 견해를 주었기 때문에 중국이야말로 국제체계를 재조(再造)할 수 있는 독특한 국가라는 주장이다. 즉 장기적으로 중국이야말로 현재보다 우월한 새로운 국제체계를 창설하고 선도하는 국제규칙(a framer of international rules)의 기안자라는 시각이다.

이러한 주장은 과거 '치욕의 세기' 기간 중 중국이 겪은 쓰라린 경험에 추가하여 다음과 같은 논리에 기반한다.11) 먼저 중국의 부상(浮上)이 국제 힘의 질서를 재조정하고 게임규칙에 변화를 주며 세계 부(富)의 재분배를 가능하게 한다. 또한 동·서양 문화에는 근본적 차이가 존재하는바, 중국의 문명이 서구문명보다 우월하다. 즉, 이웃 국가와의 평화와 조화가 항상 중국문명의 근본이었으며, 유교개념 아래 중국은 늘 타

---

10) Kaufman, 상게서, p. 21 재인용.

11) Kaufman, 상게서, p. 24.

국과의 관계를 자비심, 예절, 도덕, 조화 등과 같은 개념 하에서 수행하였다. 이는 과거 중화(中華)질서에서 주변국과의 조공(朝貢)체계를 통해 안보와 지역안정을 도모했던 것처럼 앞으로도 같은 방식으로 행동할 것을 지향한다는 의미였다.[12]

다시 말해 현재의 국제체계는 서구 열강의 이익을 대변하기 때문에 근본적 재조(再造)가 필요하며 과거 수치를 겪은 나라로서 중국이 새로운 국제체계를 만들어 낼 가장 적절한 위치에 있다는 주장이다. 즉 치욕의 세기라는 과거 역사가 초강대국 중국의 보다 적극적이고 공세적인 대외정책을 추진하는데 기여하는 하나의 도구로서 활용이 되고 있는 것이다.[13]

더 나아가 이는 이제 중국은 국제체계를 적극 조성해 나갈 수 있는 위치에서 제3의 노선을 찾는 제3세계에 하나의 모범으로서 가치 있는 발전경로를 제공할 수 있으며 상호신뢰, 상호이익, 평등, 조율의 원칙에 입각한 국가 간 협력을 통해 공동안보를 도모할 수 있다는 주장이다. 이러한 시각에서 중국공산당 지도부는 시진핑의 통치이념인 '중국 특색의 사회주의'를 자유, 시장경제를 중심으로 하는 민주주의보다 우월한 대안(代案)으로서 세계문제에 대한 '중국의 해결책(China solution)'으로 인식한다.

이제까지 살펴본 바와 같이, '치욕의 세기'는 중국 지도자들이 중국의 야망에 대한 역사적 시금석뿐만 아니라 국제관계에서 무엇이 가능하고 바람직한가에 대한 토의의 근원으로 운용되고 오늘날 세계에서 중국의 역할에 대한 논의의 핵심 주제로 이용된다. 먼저 왜 19, 20세기에 중국이 낙후 되었는가? 를 되돌아보며 진보적이고 경쟁 및 불평등이라는 특성을 가진 국제관계가 당시 세계정세에 어두웠던 중국에게 강요했던 쓰라린 경험은 불가피했다는 자성(自省)과 함께, 중국은 내적 역량을 강화하여 서구 열강 및 일본에 의한 불명예를 치유해야 한다는 인식의 바탕이 되었다. 그러다 중국의 힘과 위상이 점점 신장하면서 이제 중국도 강대국과 경쟁해 볼 만하다는 자신감으로 확산되었고 궁극적으로 과거 치욕과 수치를 경험한 국가로서 중국이 오히려 세계를 더 나은 미래로 이끌 수 있는 유일하게 자격이 구비된 국가라는 주장이 나오게 된 것이다.

---

12) Varrall, "Chinese Worldviews and China's Foreign Policy," 전게서.
13) Howard W. French, Ian Johnson, Jeremiah Jenne, Pamela Kyle Crossley, Robert A. Kapp and Tobie Meyer−Fong, "How China's History Shapes, and Warps, its Policies Today," *Foreign Policy*, March 22, 2017.

(3) 과거 '치욕의 세기'는 오늘날 어떤 의미?

하지만, 오늘날 중국지도자들은 대외정책을 국익과 국가주권이라는 서구(西歐)에서 정의된 요소의 관점에서 언급한다. 중국의 국력과 영향력이 신장함에 따라 과거의 교훈(rhetoric)과 현실(practice) 사이에서 강대국으로서 어떤 행동이 어울리는가를 결정해 나가고 있는 것이다. 예를 들어 오늘날 '중국의 책임론(China responsibility theory),' 즉 중국은 국제무대에서 '책임있는 이익당사자'로서 행동하라는 미국의 요구에 대해 중국지도자들은 현재 중국이 무책임하다는 것을 암시하는 모욕적인 표현이고 중국에 더 많은 책임을 부과하여 미국의 국익 및 윤리적 기준에 부합하도록 하려는 기도(企圖)로서 중국은 그러한 함정에 빠지지 말아야 하며 미국 요구에 굴복하면 미·중 관계에서 중국의 취약성은 더욱 증가한다고 주장한다.

또 다른 예로서 오늘날 중국의 해군력은 1839년 아편전쟁으로 시작된 '치욕의 세기'를 청산하고, 과거 중화(中華)제국의 영화를 부활하려는 '중국몽'을 실현하는 상징적 수단으로 여겨진다.[14] 특히 과거 중국이 수세기 동안 해양력의 중요성을 무시한 결과, 외세에 의해 반(半)식민지가 되고 결국 청 제국이 멸망한 역사는 중국이 과거 외세 침략의 희생자라는 강박관념을 벗어나 이제 다시 그러한 역사적 수치를 반복하지 않아야 하며 이를 위해 서구의 군사력, 특히 해군력을 집중 육성해야 한다는 역사적 당위성으로서 작용한다.

더 나아가 과거 치욕의 역사는 오늘날 중국해군에 '절대 두 번 다시 패배해선 안된다'는 역사적 부담을 주는 근거로 기능한다. 특히 1895년 중국이 일본에게 패배했던 청일(淸日)전쟁은 중국 역사상 가장 가혹한 패배로서 "중국 인민의 집단의식을 불러일으켰다"고 평가된다. 청일전쟁에서 패배한 이후 1911년 청(淸) 제국의 멸망과 중국공산당의 궁극적인 부상(浮上)으로 이어지며 이는 "중국 역사의 일대 전환점"이 된다.[15] 다시 말해 청일전쟁은 중국군, 특히 중국해군이 '다시는 절대 반복해선 안 될 일(a never again call)'의 대명사가 된 것이다. 오늘날 이러한 중국의 정신은 남중국해

---

14) 중국은 학생들에게 '치욕의 세기'가 현대식 해군력의 부족 때문이었다고 교육한다. 예를 들어 청(淸) 태후가 당시 해군함정 건조(建造) 예산을 여름공원 건설에 사용함으로써 1894－5년 청일(淸日)전쟁에서 청이 패배하게 되었다는 내용이 여기에 해당된다.

15) Andrew Blackley, "The Enduring Legacy of the War of Jiawu," *Naval History Magazine*, Vol. 35, No. 2 (April 2021).

문제, 센카쿠 열도 영토분쟁에도 적용되고 있다.[16)]

만약 중국해군이 다시 해상분쟁에서 패배한다면 청나라 이후 모든 것이 하나도 변하지 않았다고 중국인민들은 받아들일 것이다. 어떤 중국지도자도 또 다른 리훙장(李鴻章)이라는 비난을 받고 싶어 하지 않을 것이며, 군사적 패퇴는 중국공산당 정권에 대한 생존위협이 될 수 있다. 그 결과, 대만 해협, 남중국해, 한반도 주변해역에서 미·중간의 대립이 실제 전투로 확전될 경우, 비용에 관계없이 중국해군은 승리를 거두어야 한다는 엄청난 압박을 받게 될 것이다. 결국, 과거 치욕의 세기로 인해 향후 미·중 패권경쟁 과정에서 발생하는 우발적인 무력충돌도 양국 간 대규모 전쟁으로 확전할 가능성이 높아진다고 볼 수 있다.

냉전이 종식된 후, 중국이 러시아와의 전략적 연대로 북쪽 지상위협이 소실되자 이제 중국은 '대양해군 건설'에 국력을 집중하며 전력(全力) 투자할 수 있게 되었다. 2015년 중국 군사전략서는 중국해군이 종전의 근해(연안)방어(offshore waters defense)에서 원양방호(open seas protection)로 전환하며 이는 "전략적 억지력과 반격, 해상작전, 해상 합동작전, 포괄적인 방위 및 지원"을 위한 중국해군의 역량 강화로써 이루어질 것이라는 점을 분명히 하였다.[17)] 중국이 "육지가 바다를 능가한다는 전통적 대륙사고"를 포기한 것이다.

시진핑 국가주석의 중국몽은 2030년에 군사력의 현대화를 어느 정도 완료하여 주요 전투함의 척수(隻數)나 질적 수준에서 미 해군과 동등한 전력을 건설한 후, 2049년에는 세계급(world class), 즉 일등급의 중국해군으로 발전시키는 것이 목표이다.

이처럼 중국에서 역사는 오랫동안 중국정부와 중국공산당의 특정 비전에 대한 충성을 생산하는 도구로 사용되어 왔다.[18)] 오늘날 중국공산당은 중화(中華) 국가정신과 신념을 회복하고 중국을 청일(清日)전쟁의 그늘 아래에서 벗어나게 하고 있으며, 오직 중국공산당 정부와 당(黨)의 군대만이 과거 치욕의 역사와 같은 재앙의 반복을 막고 중국을 세계 속의 정당한 곳으로 회복시킬 수 있다고 주장하게 된다. 과거의 굴욕이 중국인민들에게 '다시는 중국을 학대할 수 없도록 강한 국가를 건설한다'는 국

---

16) Mark Tischler, "China's 'Never Again' Mentality," *Asia Times*, August 18, 2020.
17) The State Council Information Office of the People's Republic of China, "China's Military Strategy," Chapter 4, May 2015.
18) Varrall, "Chinese Worldviews and China's Foreign Policy," 전게서.

가발전의 촉매제로 작용하고 있는 것이다.[19]

한편 중국공산당 정부는 제2차 세계대전의 역사를 이용하여 향후 중국의 나아갈 바, 즉 세계무대의 중심에 서고자 하는 '중국몽'을 정당화하려고 시도하기도 한다. 2015년 9월 3일 북경(北京)에서 열린 제2차 세계대전 종전 70주년 기념 군사퍼레이드에서 시진핑은 중국이 아무리 강해져도 패권과 팽창을 추구하지 않을 것이라며 20세기 파시즘을 격퇴하기 위해 중국은 중요한 역할을 수행했으며 그 후 등장한 세계질서를 창시하는 데 참여하였고 이제 21세기에 들어 현재의 국제질서를 유지하는 것을 지원하고 있다고 주장하였다. 중국이 제2차 세계대전 종전 후 세계질서의 수호자로서, 또 1945년 이후 현재 국제체제를 건축한 리더로서, 특히 UN 창설 멤버이자 UN 헌장에 서명한 국가로서 단호하게 국제체제를 지지하겠다고 그는 선언하였다.[20]

이는 중국을 과거 일본의 침공 및 서구 열강 제국주의의 희생자로 묘사하던 시각과는 매우 다른 논리였다. 이러한 주장이 나오게 된 배경은 중국을 과거 제2차 세계대전에서 연합군의 전시(戰時) 파트너이자 전후 질서의 공동 창시자로 표현함으로써 '세계 공산혁명'을 주창해 왔던 점은 희석시키고 그 대신, 중국이 세계중심 무대로 나아가려는 노력은 그러한 역사적 역할의 연장선에 있다는 점을 의도적으로 부각시키려 하는 것이다.[21]

결국, 중국이 '치욕의 세기'에 있어서 역사적 경험, 희생자로서의 논리가 현 국제질서와의 관계를 정립하는 데 이용되고 더 나아가 중국공산당 지배의 정당성을 대변하는 소재로 사용되고 있는 것이다. 과거 100여 년 동안의 외세에 의한 '치욕의 세기' 이후, 중국을 원래의 정상적인 위치로 되돌리는 것이 중국공산당의 역할이라는 뜻이다. 과거 명(明), 청(淸) 시절의 전성기가 중국의 자연스런 상태로서 중국공산당의 영도 하에 반드시 여기로 되돌아가야 한다는 주장이 시진핑 주석의 '중국몽'이자 '중국 특색의 사회주의' 건설이다. 이는 미국이 주도하여 건설했던 제2차 세계대전 종전 이후의 세계질서에 대한 중국의 정면 도전이다.

---

19) Helen H. Wang, "'Century Of Humiliation' Complicates U.S.-China Relationship," *Forbes*, September 17, 2015.
20) Jessica Chen Weiss, "The Stories China Tells: The New Historical Memory Reshaping Chinese Nationalism," *Foreign Affairs*, vol. 100, no. 2 (March/April 2021), p. 192.
21) Weiss, 상게서, pp. 192-3.

나. 중국 특색의 사회주의

'시진핑 사상(思想)'으로 알려진 중국 특색의 사회주의는 시진핑 국가주석의 통치 이념이다. 혹자는 이를 기술이 진보시킨 마르크스주의의 개량판, 또는 '21세기 마르크스주의(Marxism)'라 부르기도 한다.[22] 중국공산당 지도부는 중국 특색의 사회주의를 민주주의보다 우월한 대안(代案)으로서 세계문제에 대한 '중국의 해결책(China solution)'으로 인식한다. 시진핑은 구(舊) 소련제국이 몰락한 이유를 독일 베를린 장벽의 붕괴와 함께 소련 지도층의 이념이 붕괴한 것에서 기인한다고 인식한다. 국가주석으로 취임직후 시진핑은 구(舊) 소련의 소멸이유로 '정치부패, 이교도 사고(思考), 군사적 굴복'[23]을 거론하며 더 이상 이상과 신념이 없었기 때문이라며 중국공산당에게 다가오는 이념전쟁에 철저하게 대비하도록 다음과 같이 지시했다:

> 고르바초프가 소련 공산당의 파산을 선언하고 그것으로 당(黨)이 끝났다. 이 때 어느 한 사람도 나서서 저항하는 사람이 없었다 ⋯ 이념분야에서 내부투쟁이 극심했고 소련역사, 레닌, 스탈린 등을 부정하고 역사적 허무주의(historical nihilism) 추구, 사고(思考)의 혼동, 지방 당(黨) 조직의 역할이 없었고, 군은 당(黨) 지휘 하에 없었다 ⋯ 소련공산당은 새나 야생동물처럼 흩어지고 소련제국은 산산조각 났다 ⋯ 소련 공산당이 정권을 장악했을 시, 약 200,000명의 당원이 있었고 소련이 히틀러를 격퇴할 때 2백만 명의 당원이 있었고, 소련이 몰락했을 때 2천만 명의 공산당원이 있었다. 왜 몰락했는가? 더 이상 이상과 신념이 없었기 때문이다.[24]

---

22) Jeremy Page, "How the U.S. Misread China's Xi: Hoping for a Globalist, It Got an Autocrat," *The Wall Street Journal*, December 23, 2020.

23) 2013년 1월 시진핑은 중국 특색의 사회주의는 중국을 크고 멀리 가도록 하여 여타 모델보다 우월한 것이 입증된 공산당의 가장 근본적, 통합프로그램이라고 언급하였다. 이는 2008년 세계 금융위기 시 중국 공산당의 영도 하에 중국이 달성한 경제성장과 재정 건전성 등에서 나오는 자신감과 서방의 중국 공산당 전복 기도와 중국 내에서 성장하는 서구 문화 및 미디어의 위험한 영향에서 기인하는 불안감이 합쳐진 것이라는 분석도 있다. Vijay Gokhale, "China Is Gnawing at Democracy's Roots Worldwide," *Foreign Policy*, December 18, 2020.

24) MK Bhadrakumar, "Geopolitical forces pushing Russia, China closer together," *Asia Times*, Oct. 4, 2020.

(1) 중국 특색의 국가안보 노선

2014년 4월 15일 시진핑은 '전반적 국가안보 전망'이라는 연설에서 다음과 같이
강조하였다[25]:

> 인민의 안보를 목표로, 정치안보는 근본원칙으로, 경제안보는 그 기초로, 군
> 사·문화·사회안보는 보장책으로, 그리고 국제안보 추진은 지원(支援)의 근원(根
> 源)으로서 우리는 중국 특색의 국가안보 노선을 구축해 나갈 것이다.

즉, 국가안보는 국가에 대한 위험을 개념화하는 하나의 방식이 될 뿐 아니라 정
책결정과 정치고려의 거의 모든 요소를 승화시키는 고도로 확장주의적인 정치 이념
적 구조(a highly expansionist political−ideological construct)가 되었다는 시각이다.[26] 이
는 국가안보를 경제발전과는 다른 개념, 정책, 관료주의적 기능 구분에 놓기 보다는
이들 요소를 융합하여 경제, 문화, 기술, 통치체제 등 모든 요소를 국가안보에 대한
새로운 시각의 중요한 입력요소이자 성공적인 결과로 본 것이다.

즉 중국공산당과 시진핑의 영도 하에 중국을 국제무대의 선도국가로 확립하는
데 있어서 보다 능력 있고 공세적인 국가안보의 발전은 중국의 대(大)전략 목표 달성
에 중요한 요소라 평가된 것이다. 결국 이는 중국의 국가안보 태세가 종전까지 주로
수세 지향적인 것에서 이제 공세·수세가 복합된 것으로 전환하고 있다는 점을 의미
했다. 홍콩에서 국가보안법의 입법, 신장에서 위구르족의 탄압, 대만에 대한 증강된
정치공세 등을 통해 이러한 시진핑의 국가안보관의 정체가 점점 분명해지고 있다. 얼
마 전 미국이나 서방측에서 중국이 권위주의적 체제의 경제초강국으로 등장했지만,
아직은 이념을 수출하지 않는다고 지적했던 것에 대해 경종을 울리는 내용이다.

중국공산당 중앙당학교 교수 당아이준(唐愛軍, Tang Aijun)은 중국 내 이념안보가
두 가지 위험, 즉 외부위협으로 서구(西歐) 이념에 의해 무력화되는 것과 내부위협으
로 비(非)주류 이념으로부터의 압력이라 주장하며 특히 적대국가의 이념에 의해 국가

---

25) Jude Blanchette, "Ideological Security as National Security," Center for Strategic and
    International Studies, December 2020, pp. 2−3.
26) Blanchette, 상게서, p. 1.

가 무력화되고 한번 주류이념이 정통성을 방호하는 능력을 상실하면 정치안보는 심각한 위협에 직면한다고 주장한다. 그는 특히 미국이 주도하는 서방세계가 중국공산당의 중국 내 권력 장악을 전복시키기 위해 신(新) 자유주의와 민주, 법에 의한 지배 등 세계적 보편가치를 확산하고 있다고 주장하면서 중국정부가 공식이념을 이러한 정치적 다원주의와 다양화 세력을 극복하기 위한 논리정연한 도구로서 보고 있다고 주장하였다.[27]

(2) 중국 특색의 사회주의

2018년 8월 중국공산당 학교에서 출판한 당(黨)이념 학습 참고자료는 중국공산당의 이념무장의 중요성에 대해 다음과 같이 기술한다:

> 시진핑이 언급했듯이, '정권의 분열은 종종 이념분야에서 시작된다. 정치적 혼란과 정권교체는 하룻밤에 발생할 수 있으나 이념의 발전은 장기간의 과정이다. 그러나 이념의 방어선이 무너지면, 다른 방어선도 버티기 힘들어진다.' 이념과 업은 극도로 중요한 것이며 정권생존에 핵심적 역할을 한다.[28]

이 자료는 국력을 책상의 윗면에 비유한다면 이를 지탱하는 4개의 다리는 경제력, 군사력, 이념적 힘, 그리고 정치력으로 이 중 이념적 힘이 가장 중요하다며 중국공산당은 이념적 과업을 확고히 하는 활동을 강력하게 시행하고 모든 수준에서의 당조직은 시진핑의 올바른 사고와 연설을 지원하여 명확한 입장을 취하되, 모든 잘못된 생각에 대해서는 단호하게 배척해야 한다고 강조한다.

계속하여 이 자료는 현재 중국이 직면하고 있는 이념적 환경에는 문제가 존재하며 상황은 복잡하고 도전은 아직 거세다고 진단한다. 특히 서구의 입헌 민주주의, 신(新) 자유주의 등 잘못된 견해가 호시탐탐 기회를 노리고 마르크스주의에 도전하고 중국공산당의 영도(領導) 역할에 도전하며 당의 리더십과 중국의 정부체제 및 발전경

---

27) Tang Aijun (唐爱军), "Ideological Security in the Framework of the Overall National Security Outlook(总体国家安全观视域中的意识形态安全)," *Socialism Studies* (社会主义研究), May 2019, Blanchette, 상게서, pp. 2−13.

28) 黄相怀(HUANG XIANGHUAI), 中心组学习参考资料, 2018年 第8期—重视和加强党的意识形态工作(2018年 8月13日), CCP Central Committee Party School, http://www.baoying.gov.cn/index.php/cms/item−view−id−45922.shtml

로를 헐뜯고 부정하며 이념적 설득력을 얻고자 투쟁하고 있다고 단언하였다.

그것은 곧 이념과업의 올바른 방향, 즉 시진핑 사상(思想)을 단호하게 정립하고 새로운 시대에서 중국공산당 전체를 무장하기 위해 '중국 특색의 사회주의'를 부단하게 활용해야 한다는 의미였다.[29] 이러한 맥락에서 2016년 시진핑은 '적대적인 서방세계는 중국의 발전과 성장을 서방측 가치와 기구적 모델에 대한 위협으로 항상 간주해 왔다. 그들은 중국으로 이념을 침투시키는 일을 한시도 멈춘 적이 없다'고 선언했다.[30]

2017년 10월 18일 제19차 공산당대회에서 시진핑은 다음의 요지로 연설하였다:

> 중국 특색의 사회주의적 민주주의가 인민의 기본적 이익을 수호하는 데 가장 광범위하고 순수하며 효과적인 민주주의이다; 그 목적은 인민의 뜻을 가장 중시하고 권익을 보호하며 창의성을 유발하고 인민이 국가를 운영하도록 체계적·기구적 보장을 제공하는 것이다; 서구 민주주의는 분열적이고 대립적이어서 위기와 혼란으로 둘러싸여 있다; 중국이 틀림없이 세계 중심무대(center stage of world affairs)로 근접하고 인류에 커다란 기여를 하는 새로운 시대가 될 것이다; 중국은 강국, 책임있는 국가로서 국제현안에서 자기 역할을 하고 현재 세계 지배체계의 혁신 및 발전에서 적극적 역할을 수행하고 여기에 중국의 지혜와 강점을 기여할 것이다; 대만의 독립은 불허하되, 중국 군사력의 현대화, 증강으로 전투 준비된 군대를 건설한다; 그러나 중국이 어느 개발단계에 도달해도 패권 추구나 확장에는 개입하지 않을 것이다.[31]

이는 중국사회는 중국공산당의 지배로부터 더 많은 혜택을 받는 사회체제이며 중국공산당이 단순히 중국 내 당(黨)의 지배를 공고히 하는 것뿐만 아니라 세계적 야망을 목표로 한다는 점을 시사한다. 특히 시진핑의 중국은 국제적 야망을 경제, 군사, 기술력과 합쳐 진정한 범세계적 영향력을 달성함으로써 세계의 중앙무대에 근접한다는 의도를 분명히 선포한 것이다.

앞서 언급했지만, 특히 중국공산당 지도부가 세계무대에서 커지는 중국의 역할을 홍보하는데 과거 역사를 소환한 점은 주목할 만하다.[32] 1945년 UN 헌장(Charter)

---

29) 黃相怀(HUANG XIANGHUAI), 中心组学习参考资料, 상게서.
30) Tang Aijun (唐爱军), Blanchette, 상게서, p. 6.
31) Simon Denyer, "Move over, America. China now presents itself as the model, blazing a new trail for the world," *The Washington Post*, October 19, 2017.

서명국으로서 중국은 1937~1945년 기간에 항일전쟁에서 1,400만 명의 중국인이 희생당하였고 진주만 기습 이후 미국·영국군이 올 때까지 중국 본토를 침공한 50만 명의 일본군을 고착, 패퇴시킴으로써 아시아 방어에 핵심역할을 수행한 점을 지적하며 또한 중국공산당의 기원이 1949년 공산혁명이 아니고 제2차 세계대전 그 자체임을 주장한 것이다.

　이는 제2차 세계대전에서 연합국 승리 및 1945년 이후 구축된 국제질서 창설과정에서 중국이 그 중심에 있었음을 강조하면서 중국이 세계무대에서의 중심적 역할을 추진하는 것은 20세기에서 수행했던 이러한 중심적 역할의 연장선상에 있음을 홍보하는 것이다. 과거 역사에서 중국의 기여를 강조함으로써 앞으로 세계 중심무대에서의 중국의 역할과 위상을 정당화하려는 것이다. 즉 중국공산당이 과거 역사에서 '파시즘을 격퇴하는 공유된 도덕적 과제'에 대한 강조를 통해 오늘날 중국이 세계질서를 지지하고 세계 중심무대에 진출하려는 주장을 할 수 있는 이유를 편리하게 정당화하고 있는 것이다.

　여기서 문제는 제2차 세계대전을 왜 싸웠느냐? 즉, 파시즘에 맞서서 민주주의를 구하고자 싸운 것인데 중국공산당의 전체주의적 통치체제와 신장이나 티베트 등 소수민족 탄압 등은 이러한 역사적 해석을 통해서도 도저히 설명이 안 된다는 점이다. 이런 배경에서 미국 Cornell 대학교의 Jessica Chen Weiss 교수는 중국공산당이 창설 이념을 대부분 버리고 이제 마르크스·레닌주의는 '속이 빈 이념(an empty ideology)'이 되었으며 역사를 이용하여 정통성을 빛내려는 중국공산당의 노력은 오늘날 중국의 속이 빈 이념의 찬장(cupboard)을 노골적으로 드러낸 것이며 이러한 노력에 가장 주된 장벽은 오히려 중국공산당 그 스스로라고 지적한다.[33]

　한편, 중국공산당의 통치이념으로서 '중국 특색의 사회주의'에 추가하여 중국지도자들의 미국에 대한 부정적 인식, 즉 미국이 중국과의 경쟁에서 지고 있다는 인식이 주지되어야 한다. 일찍이 모택동(毛澤東)은 '반동분자들이 역사의 수레를 멈추려 노력하고 있다'며 미국이 주도하는 자본주의의 몰락을 예견했지만, 중국공산당 지도

---

32) Rana Mitter, "The World China Wants: How Power Will—and Won't—Reshape Chinese Ambitions," *Foreign Affairs*, vol. 100. no 1 (January/ February 2020), pp. 161－174.

33) Weiss, "The Stories China Tells: The New Historical Memory Reshaping Chinese Nationalism," 전게서, p. 196.

자들은 2008년 세계 금융위기 시 자본주의가 드디어 파괴적 몰락에 봉착했다고 인식
하였다. 중국지도자들은 지난 수십 년 동안 미국이 쇠퇴하고 있으며 그 과정에서 헛
되이 중국을 억압하며 중국의 부상을 방해하기 위하여 중국에 대한 포괄적 봉쇄노력
을 기울이고 있다는 인식 위에서 대미(對美) 전략을 수립하고 발전시키고 있다.

예를 들어, COVID-19는 미국의 쇠퇴에 대해 중국에 화풀이를 하는 전형적인
사례로서 중국은 코로나 사태를 '미국 지도력의 마지막 전투(Waterloo for America's
leadership)', '미국 세기(世紀)의 종식(the end of the American century)'이라고 부른다.34)
이러한 인식이 미·중 관계를 분쟁으로 유도하는 가운데, 시진핑의 등장으로 더욱 권
위주의적 정부가 등장하고 그것이 시진핑 사상, 즉 '중국 특색의 사회주의'로 홍보되
고 있다고 볼 수 있다. 결국, '중국 특색의 사회주의'란 중국을 공산당 일당독재 하의
권위주의적 체제로 통치하면서 경제, 기술, 군사력을 통해 세계 중심무대에서 중심적
인 역할을 하는 국가로 만들겠다는 것으로 요약 가능하다.

그런데 여기에는 몇 가지 딜레마가 존재한다. 먼저 중국의 권위주의 체제가 세
계 중심무대로 진출하는 데 있어서 다른 나라의 지지를 얻을 수 있느냐? 하는 문제이
다. 특히 신장이나 티베트 소수민족의 차별 및 탄압, 홍콩 반체제 인사 탄압, 대만에
대한 무력사용 위협, 그리고 남중국해에서의 공세적이고 일방적인 인공도서 건설 및
군사화 문제 등이 '중국 특색의 사회주의'를 해외로 확산하는데 가장 큰 장애요인으
로 지적된다. 또한 중국경제는 점점 세계경제에 합류하면서 사회개방과 투명성을 요
구하는데 이로 인해 유발될 수 있는 국제화(國際化)와 공산당 권력의 유지 간에 존재
하는 모순은 어떤 결과를 가져올 것인지도 불확실하다. 결국 중국이 직면한 가장 큰
장애는 현재의 패권국 미국이라고 여겨지기 쉬우나, 실제로는 중국공산당이 스스로
선택한 권위주의로의 전환이라고 지적되고 있다.35)

결론적으로 시진핑 사상은 과거 구(舊) 소련이 변화하는 세계에 적응하지 못했고
보다 중요하게 자신의 역사적·이념적 경험에 등을 돌렸기에 붕괴했다고 결론을 내리
면서 중국이 경제개혁과 개방으로 엄청난 성장의 길로 들어섰지만, 중국의 핵심이념,

---

34) Julian Gewirtz, "China Thinks America Is Losing," *Foreign Affairs*, vol. 99, no. 6
(November/December 2020), p. 69.
35) 권위주의로의 중국의 정체성 공약은 해외에서 적대감을 띄우고 중국이 재조(再造)하려는 세
계와의 장벽만 높일 것이라고 예측한다. Mitter, "The World China Wants: How Power Will
—and Won't—Reshape Chinese Ambitions," 전게서, p. 173.

즉 중국공산당의 절대적 영도 하에 '중국 특색의 사회주의'를 고수할 것이란 점을 다시 한번 결의한 것으로 해석할 수 있다.[36] 세계 중심무대로의 근접이나 2049년까지 세계급(world-class) 군대를 건설하는 소위 '중국몽'을 선언하며 중국인민의 민족주의 성향을 이용하여 당의 지배에 대한 지지를 촉발하려는 시진핑 주석의 통치수단이 바로 '중국 특색의 사회주의'라 볼 수 있다.

주중(駐中) 인도대사를 역임한 Vijay Gokhale은 결국 시진핑 주석을 비롯, 중국공산당 지도부가 주창하는 이념, 즉 '중국 특색의 사회주의'란 중국이 내부 붕괴하기를 희망하는 미국과 서구에 맞서서 중국에서 중국공산당의 절대 독재(absolute dictatorship)를 연장하는 것 외에 이념으로서 존재하는 실질적 사상(思想)은 없는 것이라고 단언한다.[37] 한편 1998년부터 2012년까지 중국공산당 당(黨)학교에서 당(黨)이념 교수로 근무하다 현재 미국에 망명 중인 차이시아(蔡霞)는 중국공산당은 1949년 모택동이 중공을 건국한 이래 독점하고 있는 권력을 상실할 것이 두려워 정치개혁과 개방을 거절하고 인민의 자유와 인권을 제한하며 반대자를 무자비하게 탄압하는 등 만행을 저지르고 있어 세계에 대한 심각한 위협이라고 주장한다.

또한 그는 중국공산당이 주창하는 사상은 당의 절대 권력을 유지하고자 중국인민들을 기만하기 위해 만든 단순한 선전수단으로 '속이 빈 이념(空洞的思想, an empty ideology)'[38]이라고 비판한다. 더 나아가 중국정부는 의도적으로 중국공산당과 인민을 함께 엮는데 이는 14억 중국인민을 인질로 잡기 위한 것이며 바깥세계는 중국공산당과 인민을 구별하고 공산당의 사고방식 및 행태를 중국인민들에게도 알려줘야 하며 이것이 중국공산당이 가장 두려워하는 것이라 그는 주장했다.[39]

이러한 배경에서 2020년 7월 23일 폼페오(Michael R. Pompeo) 미 국무장관은 지

---

36) Escobar는 시진핑 주석이 주창하는 일련의 사상 체계적 과정은 일종의 국제주의적 마르크스주의와 화합을 중시하고 분쟁을 회피하는 유교(Confucianism)의 세련된 혼합으로서 소위 '인류 공동운명체를 향하는 사회(community with a shared future for mankind)'의 틀이라고 분석한다. Pepe Escobar, "The shape of things to come in China," *Asia Times*, March 5, 2021.

37) Gokhale, "China Is Gnawing at Democracy's Roots Worldwide," 전게서.

38) Cai Xia, "The Party That Failed: An Insider Breaks With Beijing," *Foreign Affairs*, vol. 100, no. 1 (January/February 2021), pp. 85-7.

39) "Interview: China's Xi Faces no 'Power to Constrain Him,' Dissident Party Scholar," *Radio Free Asia*, October 05, 2020 및 "Interview: 'Not All Heredity Reds Are Out to Preserve Their Political Power'—Scholar Cai," (Part III), *Radio Free Asia*, October 20, 2020.

난 50년 동안의 미국의 대중(對中) 개입정책이 실패로 끝났다면서 중국인민은 중국공산당과 완전하게 분리되어 있어 이들과 관계를 맺고 힘을 실어줘야 한다며 다음을 언급하였다 :

> 시진핑은 이제 파산된 전체주의 이념의 진정한 신봉자로서 중국공산주의의 세계 패권달성이 그가 바라는 바이며, 중국공산당이 일당독재를 통해 14억 중국인민을 대변한다고 거짓말하지만, 사실은 중국공산당의 절대 권력을 상실할 것을 우려하며, 중국인민의 솔직한 견해를 가장 두려워하고 있다.[40]

중국정부는 이에 대해 미국이 의도적으로 중국공산당을 비방하고 당(黨)과 인민을 이간하려는 발언이라며 강하게 비난하였다.[41]

이제까지 살펴보았듯이, 중국의 과거 '치욕의 세기' 경험은 현대 중국 대외정책 및 통치사상에 상당한 영향력을 미치고 있다. 오늘날 중국의 대외정책이나 국제관계를 이해하는데 있어서 반드시 고려되어야 할 요소이다. 특히 중국의 해양팽창 과정에서 이러한 역사적 교훈이 타국과의 우발적인 무력충돌의 가능성을 촉진하는 요인으로 작용할 가능성은 주지할 만하다.

2. 미국 대중(對中) 정책의 기원

미국의 대중(對中) 정책의 기원으로 고려되어야 할 사항은 여러 가지가 있겠지만, 먼저 건국(建國) 당시 선각자들이 갖고 있던 고립주의(孤立主義) 신조를 시작으로 하여 중국의 과거 '치욕의 세기'에서 있었던 미국의 역할을 살펴보고 미국이 견지하고 있던 중국에 대한 '특별한 환상'을 바탕으로 중국을 개조하기 위해 벌였던 두 번의 캠페인을 검토해 보자.

---

40) Michael R. Pompeo, "Communist China and the Free World's Future," Speech, Department of State, July 23, 2020.
41) Katsuji Nakazawa, "Analysis: Five things Xi pledged never to allow the US to do," *Nikkei Asia*, September 10, 2020.

가. 건국 시 고립주의 신조

미국의 건국 선각자들은 신생 미국이 무엇보다도 해외동맹에 연루되는 것을 경계하며 '고립주의'가 미국을 번영하고 강력하며 안전한 국가로 만드는 핵심 요소라고 인식했다. 이들은 신생 미국의 민주 실험이 전 세계로 자유를 확산하는 책임을 부여받은 것으로 극히 예외적(例外的, exceptional)인 것이라 스스로 인식하였다. 즉, 이들은 미국이 모범을 보여 세계를 다시 시작하도록 만드는 것이 미국의 소명(召命)이며 이는 북미대륙 외곽으로 전략적 영향권을 확장하는 것과는 전혀 무관하다고 생각하였다. 이러한 인식이 미국건국 이후 1898년 미·스페인전쟁까지 유지되며 해외로의 야망을 통상교역(通商, commerce, trade)으로만 한정하도록 만드는 주요 요인이었다.

물론, 건국 이후 미국정부는 서부로의 개척을 통해 북미대륙 전반으로 영토를 확장하고 캐나다를 넘겨보고 1846-8년 멕시코의 일부를 점령하였고, 1867년에는 러시아로부터 알래스카를 구입하지만 더 이상 진출하지는 않았다. 1796년 조지 워싱턴(George Washington) 대통령은 "미국의 위대한 행동규칙은 대외관계에서 해외통상(通商)은 확대하되, 외국과의 정치적 연대는 가능한 최소화하는 것"이라고 언급하였다. 특히 남북전쟁 이후, 미국정부가 전함(戰艦)이나 식민지보다는 운하, 도로, 철도 등 국내 개발에 초점을 맞춤으로써 미국경제를 급부상하게 만들었다. 그 결과, 1880년대에 이르러 미국은 제조 및 제철분야에서 영국을 추월했고, 미 해군이 미국의 통상이익을 지켰지만, 여·야 정치권력에 관계없이 지정학적 야망과는 멀리 했다. 이러한 자제(自制)가 신생 미국이 빠르게 강대국으로 부상(浮上)하도록 만든 배경이었다.

물론 고립주의는 어두운 면도 있었다. 1930년대 미국은 파시즘과 군국주의가 유럽과 아시아를 휩쓸고 있을 때 고립주의를 핑계로 몸을 숨기고 있었다. 그 결과 유럽, 아시아에서는 독일과 일본 등 비(非) 자유주의와 국가주의가 고속 행진하였다. 그런데 1941년 12월 7일 일본의 진주만 기습 이후 고립주의는 미국 내에서 일종의 더러운 단어가 되었다고 미국 조지타운 대학교 쿱찬(Charles Kupchan) 교수는 주장한다. 그는 미국은 추축국들의 팽창에 대항하는데 실패한 후 전략적 면책(strategic immunity)을 위해 잘못되고 자기부정적인 소망을 갖게 되면서, 제2차 세계대전 종전 이후 고립주의로부터 멀어졌고 미국의 대(大)전략은 과잉확장과 정치적 파산상태에 빠지게 되었다고 주장한다.[42] 이후 미국은 무제한적인 외국과의 연루, 근 20년 동안 중동에서 지상전의 수렁에서 빠져 나오지 못하는 등 고질적인 과도확장(chronic overreach) 및 전략적 과잉(strategic excess)이라는 실책을 거듭한 결과, 오늘날 급진적·파괴적 쇠퇴의 위험에 놓인 격이 되었다는 뜻이다.

더 나아가 쿱찬은 현재 미국의 곤경은 제1, 2차 세계대전 기간 사이의 전략적 후퇴로 이끌었던 여건과 매우 흡사하며, 특히 해외 군사적 과도팽창에 대한 부정적 인식은 1898년 미·스페인전쟁 후 해외영토의 획득과 제1차 세계대전 참전 직후와 거의 흡사하며 미 국민들의 상당수는 중동에서의 대(對)테러 전쟁을 조기에 종식시키고 중동은 물론, 유럽, 아시아로부터 군대철수를 요구하고 있다고 주장한다. 그렇다고 미국이 19세기의 서반구 고립주의로 돌아갈 수는 없고 가서도 안 되지만,[43] 미국의 전통적 대외정책 원칙으로서 고립주의의 역사를 재발견하고, 그 교훈을 적용하여 해외 발자취의 축소, 대외공약을 수단과 목적에 재(再)배열하는 등 해외연루(foreign entanglements)를 줄이는 것이 필요하다는 의미이다. 그렇지 않을 경우, 1930년대 일어났던 것처럼 오히려 과도축소(under-reach)가 유발될 수 있다는 경고이다.

결국, 제2차 세계대전 이후 해외에서의 과도한 군사적 팽창이 미국 내 자유와 번영을 오히려 희생하는 결과를 가져왔으며, 그 결과로 현재 급부상하는 중국과 호전적인 러시아의 강력한 도전에도 불구하고 미국 내에는 이러한 도전에 맞서기 보다는 아예 이로부터 멀어지는 것을 요구하는 주장도 나오고 있다. 그러한 배경에서 트럼프 대통령이 등장하여 종전의 대외정책이었던 '자유 국제주의(liberal internationalism)'보다는 '미국 우선' 정책을 추구하고 인종 차별주의와 반(反)이민 정서를 충동하면서 미국 내 고립주의를 부채질했다는 시각이 미국 내에서 상당히 많다.

나. '치욕의 세기'와 미국

19세기 초 중국에 대한 미국의 최초관심은 경제적 요인, 즉 새로운 상품을 사고 팔 수 있는 시장이었다. 이후 미국 선교사들이 중국에 도착하여 기독교를 선교하였

---

42) C. A. Kupchan, "Isolationism Is Not a Dirty Word," *The Atlantic*, September 28, 2020.
43) 그 이유로 경제 상호의존, 대륙간 탄도미사일, 테러행위, 전염병, 기후변화, 사이버공격 등 세계화가 동반한 위협으로 인해 북미대륙을 유라시아와 분리시켰던 대서양, 태평양도 과거처럼 보호막이 되지 못한다고 주장한다. Kupchan, 상게서.

다. 또 많은 중국인이 금광과 철도 건설을 위해 노동자로서 미국으로 이민을 갔다. 현대 중국의 아버지라 불리는 손문(孫文, Sun Yat-sen)의 3원칙도 링컨 대통령의 민주 3원칙에서 배운 것이었다.[44] 그러다 19세기 중반에 들어서 서구열강과 일본이 식민지를 확장하면서 중국을 분열하려고 획책하자, 미국은 문호개방 정책(Open Door policy)을 표방하면서 외국의 투자에 중국이 문호를 개방하되, 외국의 어떤 나라도 이를 통제할 수 없다는 입장을 견지했다.

이것이 제2차 세계대전까지 미국의 기본적 대중(對中) 정책이었다. 실제로 이 정책은 중국이 분열되는 것을 막고 외국의 약탈을 제한하는데 상당히 기여하였다. 1930년대 일본제국이 중국으로 팽창하려 하자, 미국은 이것이 문호개방 정책에 대한 위반이라고 인식한 후, 태평양함대를 하와이 진주만으로 전개한다. 그 후 미국이 태평양전쟁에 참전하기로 결정한 후, B-29s 비행전대를 중국에서 출격시켰고 전쟁기간 중 미국은 상당한 규모의 물자 및 장비를 국민당 정부군(國府軍)에 지원하였다. 종전 후 UN 안보리 상임이사국 5개국 속에 중국국민당 정부를 포함시킨 것도 미국이었다.

그렇다고 미·중관계가 항상 좋은 것은 아니었다. 1882년 미국은 중국인 추방법(Chinese Exclusion Act)을 통과시켜 인종을 이유로 중국이민의 미국 시민권 획득을 금지시켰다. 또한 1899년 Boxer의 난(亂, Rebellion) 당시 미국은 북경에서 미국과 서구인을 보호하기 위해 다른 나라와 합류하였고 중국은 미국을 외국 착취자라고 낙인찍었다.[45] 이러한 배경에서 중국지도자들은 과거 '치욕의 세기'에서 미국도 중국을 수탈한 서구 열강의 일원으로서 특히 영국과 함께 중국을 착취하고 반(半)식민지화하는데 동조했다는 생각을 갖게 되었다.

그같은 견해에 대해 많은 미국학자들은 당시 미국의 중국정책의 근원은 19세기 초 문호개방정책(Open Door policy)의 선언과 중국시장으로의 진출을 위한 상업적 노력이라고 주장한다. 특히 하버드대 역사학 켈리허(Macabe Keliher) 교수는 중국의 '치욕의 세기'에 미국이 영국과 함께 중국을 착취했다는 것은 잘못된 오류라고 주장한다.[46] 당시 미국의 대중(對中) 정책은 오히려 미·영간의 적대적 관계에서 나온 것으

---

44) Dean Cheng, "The Complicated History of U.S. Relations with China," *The Heritage Foundation*, October 11, 2012.

45) 훗날 Boxer Rebellion의 난이 평정된 후 미국은 중국이 지불한 배상금으로 중국 내 교육지원을 위한 장학금(Boxer Indemnity Scholarship Fund)을 설립하였다.

46) Macabe Keliher, "Anglo-American Rivalry and the Origins of U.S. China Policy,"

로서, 1842년 영국이 아편전쟁을 통해 새로운 권리를 얻으면서 중국시장을 독점하려
하자, 미국도 능동적인 정책을 추진하게 되었는데 그 목적은 중국과의 교역을 정상화
하고 영국이 얻은 것과 동등한 특권을 확보하는 것이었으며 이는 반세기 후 나타나는
미국의 문호개방 정책에 잘 반영되어 있다고 그는 주장한다.[47]

그는 당시 미국 혁명의 표적이 영국이었고 해군과 교역 수단을 동원한 대영제국
의 확장정책으로 신생국 미국은 삼엄한 경제 위기에 처하면서 양국 간의 적대관계는
제1차 세계대전까지 지속되었다고 주장한다.[48] 또한 당시 영국은 중국과의 교역이
확대되면서 북미대륙의 서해안이 중요시 되자, 미국 서해안, 즉 오리건 주(州)는 물론,
캘리포니아, 멕시코, 미 남서부 및 텍사스를 점령하려 계획했고, 하와이에도 접근하려
하자, 미국의 타일러(John Tyler) 대통령은 텍사스를 병합하고 먼로 독트린을 태평양으
로 확장, 영국 해군함정의 투묘를 금지시키고 하와이의 식민지화를 추진하게 되었다
고 지적한다. 결국, 중국은 19세기 치욕의 세기에서 영국이 앞장서서 중국을 침입, 개
방하는데 무력을 사용하였고 미국은 이를 추종하거나 이용했다는 시각이 있으나 이
는 틀린 것이라는 주장이다.

다. 중국의 재조(再造)를 위한 미국의 노력

한편, 미국의 대중(對中)정책의 기원으로서 미국이 중국에 대해 전통적으로 우호
적 대외정책을 견지하고 있었다는 점이 자주 부각된다. 이럼 관점의 요지는 역사 상
미국은 중국에 대한 '특별한 환상(a special fascination)'을 바탕으로 중국을 개조하기
위해 두 번의 캠페인을 벌였다는 점이다.

Diplomatic History, Vol.31, No. 2 (April 2007), pp. 227−257.

47) Keliher, 상게서, p. 228. Pomfret도 19세기 중반 미국과 영국은 거의 전쟁직전 상태로 중국의
'치욕의 세기'가 서구 열강의 협력으로 성립했고 미국은 주로 영국정책에 묵종(默從)하였다는
역사적 시각은 잘못된 것이라 주장한다. John Pomfret, "China Has Begun to Shape and
Manage the US, Not the Other Way Around," *Defense One*, October 16, 2019.

48) Keliher, "Anglo−American Rivalry and the Origins of U.S. China Policy," 전게서, pp.
231−235.

(1) 첫 번째 캠페인

미국은 지난 19세기 선교사들에 의해 형성된 중국에 대한 문화적 애착으로 시작해서 중국의 '치욕의 세기' 기간에도 중국의 영토적 존엄성을 지지하고 개방정책을 지원하는 등 중국에 대한 '특별한 환상'을 가지고 있었다.[49] 특히 19세기 말부터 제2차 세계대전까지 미국은 중국을 '태평양 건너에 있는 하나의 기독교적, 자본주의 미국(a Christian, capitalist America on the other side of the Pacific Ocean)'으로 변모시키려는 구상에 빠져 있었다. 미국의 중국 내 역사적 사명은 자유로운 시장을 통해 중국인들을 보다 자유로운 사람들로 만드는 것이었다. 그 후 미국의 중국 표현에 '플라스틱'이라는 단어가 자주 등장한다. 예를 들어 1914년 윌슨(Woodrow Wilson) 대통령은 '중국은 강하고 능력 있는, 서구 손 안에 있는 플라스틱'이라고 언급하였다. 1933년 5월 건(Selskar M. Gunn) 록펠러 재단 부총재도 중국은 수 세기 동안의 경직된 전통주의를 거친 후 플라스틱이 되었다고 선언하였다.[50]

한편, 미국은 중국을 재조하려 시도하면서도 중국인들이 오히려 미국을 변화시키지 않을까 우려하였다. 그 결과, 1870년 내전 이후 미국 의회는 시민권을 백인과 흑인에게만 부여하였고 많은 중국인의 미국 출입을 금지함으로써 중국인의 영향을 차단하려고 시도하였다. 1882년 통과된 인종차별적인 '중국인 추방법(Chinese Exclusion Act)'도 그 일환이었다. 이러한 상황은 중국이 미국편에 서서 일본과 싸우는 제2차 세계대전까지 크게 변화하지 않았다. 제2차 세계대전 종전 직후 미국의 아시아 정책은 구적(舊敵)이었던 일본보다는 내전 중에 있었지만 전시 연합국이던 중국을 아시아에서 유리한 세력균형을 유지하는 데 주요한 세력으로 간주하면서 동정적이며 지원적

---

49) Ronald A. Morse and Edward A Olsen, "Japan's Bureaucratic Edge", *Foreign Policy*, no. 52 (Fall 1983), p. 173. 한편 런던 King's College의 중국전문가 Kerry Brown은 과거 중국에 대한 미 · 영 등 서구의 시각이 잘못한 세 가지 문제점으로 첫째, 서구는 역사를 통해 중국이 강대국이라고 평가한 적이 없었다, 둘째, 현대 서구는 중국을 기껏해야 대륙국가로 인식했을 뿐, 국경선 밖으로 힘을 행사할 수 있는 해양세력으로 한번도 인식하지 않았다, 셋째, '진정한 민주'라는 서구 가치를 신봉한 결과, 중국의 가치에 대해서는 아무런 생각도 하지 않았고 중국을 이해조차 하지 않았으며 그 결과 중국은 '서방에 대한 위협'이라는 편견을 갖게 되었다고 지적하였다. Pepe Escobar, "The shape of things to come in China," *Asia Times*, March 5, 2021 인용.

50) Pomfret, "China Has Begun to Shape and Manage the US, Not the Other Way Around," 전게서.

인 태도를 견지하였다.

미국의 우호적인 대중관(對中觀)의 연장선에서 루즈벨트(Franklin Roosevelt) 대통령의 '중국 대국론(大國論)'[51]도 주목할 만하다. 루즈벨트의 외증조부는 아편전쟁 이전부터 중국과의 교역으로 커다란 부(富)를 쌓은 집안으로 중국과 인연이 많았다. 그런 가정에서 성장한 그는 중국에 대한 낭만적 환상에 잡혀 일본의 침략에 맞서고 있는 장개석(將介石)을 돕고자 결심했다. 그의 생각은 제2차 세계대전에서 승리한 후 패전한 일본 대신, 중국이 미국, 영국, 소련에 이어 4번째 초강대국이 되고 장개석의 국민당 정부를 아시아의 반공 보루로 삼는다는 것이었다.

그러나 중국의 공산화가 돌이킬 수 없는 현실이 되어가자 미국 내에는 중국 손실에 대한 불꽃 튀는 공방이 벌어져서 결국 매카시즘(McCarthyism)이 대두된다. 중국의 공산화는 도덕주의에 기반을 둔 미국의 대중(對中) 정책 및 그 때까지도 어렴풋이 상존하였던 아시아에서 '민주주의의 기둥'으로서 중국이라는 미국의 희망을 송두리째 앗아가 버렸다.[52] 이러한 환상에서 많은 미국인들은 중국의 미래안보에 미국이 도의적 책임을 가지고 있다고 믿게 되었다.

1949년 중국이 공산화되자 루즈벨트 대통령의 '중국 대국론'은 근본적인 변경이 불가피해졌다. 그 후 미국 내에서 정치, 경제 수단으로 중국·소련 간의 알력을 이용하고 중국에 대하여 비(非)간섭주의 및 유화정책을 추구한다면, 중국 공산체제는 소련연방과의 환상에서 벗어날 것이라는 희망이 등장하였다. 실제로 이러한 '중국의 티토화(Titoist China)'에 대한 희망은 극동 지역에서의 미국의 전쟁목표와 주요 전략적 이익을 밝힌 NSC-48 계열 문서에서 중국·대만 문제에 대한 불개입(不介入)이라는 정책으로 표출된다. 1950년 1월 애치슨 국무장관이 내셔널 프레스센터(National Press Center)에서 행한 연설에서 발표된 '방위선(Defense Perimeter)' 또는 소위 '애치슨 라인'에서 한국과 대만이 제외된 것도 바로 '중국의 티토화'에 대한 희망에서 기인한다.[53]

---

51) FDR대통령은 중국에 당시 약 3.8억 달러(2012년 가치로 수십억 달러)의 군사장비 및 물자를 지원했다고 전해진다. Joseph E. Persico, "FDR's China Syndrome," *World War II, History Net*, 2012.

52) Masahide Shibusawa, "Japan and Its Region," *Asian Pacific Community*, no. 29 (Summer 1985), p. 26; Akira Iriye, *Power and Culture: the Japanese-American War, 1941-1945* (Cambridge, Mass.: Harvard University. Press, 1981), pp. 138-47.

53) 정호섭, 『해양력과 미·일 안보관계: 미국의 대일(對日) 통제수단으로서 본질(本質)』 (서울: 한국해양전략연구소, 2011): 180-70쪽.

그 이후 냉전이 도래했고 미국은 신생 중국을 변화시키기 보다는 일단 봉쇄하려
고 시도했다. 1950년 발생한 한국전쟁에서 미·중 양국군이 충돌하였다. 1950년대에
발생했던 2회의 대만해협 위기는 미·중 양국을 더욱 대립하도록 만들었고 미국이 베
트남전에 침전한 것도 중국 공산주의의 확장을 막기 위함이었다.

(2) 두 번째 캠페인

중국을 재조하는 미국의 두 번째 캠페인은 1970년대 미국이 중국과 수교한 이후
였다. 1972년 닉슨 대통령은 소련의 힘을 상쇄하고자 중국과 교류를 재개하였다. 그
것은 중국과 소련을 이간하여 소위 '중국의 티토화'를 실천에 옮기는 것이었다. 당시
소련과의 관계가 악화일로에 있던 중국도 미국의 제안을 환영하였다. 1979년 11월
중국과 정식국교를 수립한 이후 미국은 중국을 당시 점점 강력하게 부상하는 소련을
상쇄하는 억제력으로 활용하고자 과감한 개입정책을 추진하기 시작했다.

1980년 1월 24일, 미국 의회는 중국정부에 최혜국 교역자격을 허여(許與)했고 미
국의 동맹이나 우방국에 부과된 동일한 비율로 관세를 감면해 주었다. 이는 자유시장
경제와 이민을 포함하는 기본 정치·시민권을 가진 국가에게만 허용되던 것이었고 당
시 중국은 이런 조건을 하나도 만족하지 않았다. 최혜국 교역지위가 부여된 날, 카터
지지자였던 알렉산더(Bill Alexander) 의원은 중국에서 '민주의 씨(Seeds of democracy)'
가 자라게 되었다고 의회에서 언급했다.[54] 이후 미국이 중국의 정치체제를 변화시킬
수 있다는 온정주의적 태도는 2010년대 말까지 약 40년간 지속되었다.

그러나 중국은 미국이 원하는 방향으로 조금도 변하지 않았다. 비록 등소평(鄧小
平)이 미국과 정식 수교하며 개혁, 개방을 추진했으나 그 또한 중국공산당이 중국 내
권력을 유지해야 한다는 신봉자였다. 1989년 발생했던 천안문 사태에 대한 중국정부
의 무자비한 진압이 이를 반증(反證)하였다. 중국은 경제적으로 급성장하고 있었으나
결코 민주화되지는 않았던 것이다.

중국정부가 지향하는 바는 경제적·기술적으로 성장한 중국에 대한 공산당의 영
원한 일당(一黨)독재체제였다. 중국정부, 즉 중국공산당은 미국의 자유·민주 가치를
공산당 일당독재체제에 대한 본질적인 위협으로 인식하였다. 이들은 미국이 개입정

---

54) John Pomfret, "America Didn't Anticipate About China," *The Atlantic*, October 16, 2019.

책을 통해 중국공산당의 절대 권력을 무너뜨리고 중국을 민주체제로 개조하려고 한다고 의심하였다. 중국은 '중국 특색의 사회주의'라는 통치이념으로 국내에서 중국공산당의 일당독재아래 권위주의 체제를 유지하며 세계 중심무대에서 강력한 힘과 영향력을 행사하는 초강대국이 되고자 노력하고 있다. 그것이 바로 시진핑 사상, 즉 '중국몽'이다.

그 결과, 오늘날 중국은 세계에서 미국 다음으로 강력한 경제력과 기술력을 가진 강대국으로 등장했고 미국의 건국 이래 가장 무서운 경쟁자로서 미국의 패권질서에 도전하고 있다. 특히, 군사력 측면에서 비록 미국이 아직 질적으로는 우세하지만, 중국은 지난 20여 년 동안 달성한 경제성장과 기술력에 힘입어 꾸준하게 국방비를 증가시키고 군사력의 질적·양적 증강을 달성하며 미군의 전통적인 군사적 우위를 빠르게 잠식하고 있다. 특히 중국의 사이버능력, 대(對) 위성능력, 그리고 대함(對艦)탄도/순항미사일 능력은 중국해군의 증강과 함께 서태평양에서 미국의 해군주도(naval primacy)에 도전하는 심각한 위협요인으로 대두하고 있다. 이러한 미·중간의 전략적 역량 경쟁이 극명하게 나타나고 있는 곳이 서태평양에서 해양패권을 둘러싼 양국 간의 경쟁인 것이다.

결국, 오늘날 발전하고 있는 미·중간 적대관계는 양국 간 구축되어온 역사적인 적대관계나 또는 중국에 대한 미국의 잘못된 제국주의적 정책의 결과도 아니다. 이는 미·중간 서로 정치체제가 다르고 지향하는 국가목적이 상이한 가운데 양국 간의 이익이 충돌하면서 세계무대에서 주도적 힘과 영향력을 달성하기 위해 벌어지는 강대국 간의 패권경쟁, 즉 전략적 역량경쟁이라고 볼 수 있다.

제3장

UN 해양법 협약과 미·중 관계

바다를 상업, 군사목적으로 사용하는 것을 규정화하려는 시도에서 국제해양법이 탄생했다. 네덜란드 변호사 겸 법학자로서 '해양법의 아버지'로 불리는 그로티우스(Hugo Grotius)가 해양에서의 자유항행의 개념과 '법의 지배'를 성문화 시도하였다.[1] 그는 저서 *Mare Liberum*(*The Freedom of the Seas*)에서 해양은 공기나 하늘과 같은 인류 공공재이며 어느 국가도 해양을 소유하거나 타국 선박의 자유항행을 막을 수 없다고 주장하였다. 그는 또 다른 저서 *On the Law of War and Peace*에서 정당한 전쟁(just war)과 전쟁수행 규칙(rules for the conduct of warfare)을 명시하였는데 여기에서 훗날 UN 해양법협약(UNCLOS)이 탄생하였다.

현재 서태평양, 특히 동·남중국해에서 진행되고 있는 미·중간의 패권경쟁을 분석하기 위해서 이 같은 국제법적인 측면의 올바른 이해가 매우 중요하다. 제3장에서는 UNCLOS 관련 미국과 중국의 입장을 간략하게 비교하고 UNCLOS가 정의하는 해양구역의 특성과 범위 등 미·중 패권경쟁과 관련된 분야, 즉 양국 간의 이견을 중점적으로 살펴본다.

---

1) Daniel Yergin, "The World's Most Important Body of Water," *The Atlantic*, December 15, 2020.

1. 1982년 UN 해양법협약

UNCLOS(UN Convention on the Law of the Sea)는 국가들이 해양안보에 대해 공동 접근할 수 있는 가장 주된 국제법적 도구이다. 이 협약은 1994년 11월 16일 발효되었고 2021년 현재 167개국과 EU가 협약 당사국이다. 추가적으로 14개국이 협약에 서명했으나 비준하지는 않았다. UNCLOS는 '무해통항 개념'과 '공해상 자유'와 같이 이전에 존재하였던 국제관습법을 조약으로 통합한 것으로서 인류의 공동유산으로서 해양의 사용을 규정하기 위한 해양구역의 특성과 범위를 정의함으로써 많은 국가들에 의해 수용되었다. 특히 UNCLOS는 영해를 종전 3해리(nm)에서 12해리로 확장하고 영해 밖에 12해리의 '접속해역'을 설치하였다. 또 UNCLOS는 연안국이 주로 경제적 자원과 탐사활동에 대한 독점적 권리를 가질 수 있는 200해리 배타적 경제수역(EEZ) 등을 제정했다.

가. UNCLOS 관련 미·중의 상반된 입장

미국, 중국은 모두 UNCLOS 협상에 적극 참여했다. 그러나 UNCLOS 협상에서 양국의 입장은 매우 대조적이었다.[2] 중국은 UNCLOS의 몇 개 조항 및 구절에 대해 유보적인 입장을 첨부하였지만, 결국 이 협약을 비준하였다. 미국은 UNCLOS 협상과정에서 정확한 성문화를 위한 수호자로서 자임(自任)하였지만, 초안이 완성된 후 협약을 아직도 비준하지 않고 있다.

미국은 UNCLOS를 비준하지 않고 있지만, 해양강대국으로 부상하는 중국의 거센 도전에 맞서 아이러니하게도 UNCLOS 체제의 '사실상 수호자(de facto guardian)'가 되었다. 한편 비(非)준수서명국(the non-compliant signatory)인 중국은 남중국해에서 일방적 해양영유권 주장과 인공도서의 건설 및 군사화 등 일방적·공세적인 행동으로 국제법에 기반한 해양질서를 흔들면서 UNCLOS 체제에 '가장 큰 잠재위협(the greatest potential threat)'으로 부상하고 있다.[3]

---

2) Sebastien Colin, "China, the US, and the Law of the Sea," *China Perspective*, No. 2016/2, p. 58.

(1) 중국의 입장

중국은 1971년 유엔에 가입한 이후 참여한 최초의 다자간 협상으로 1973년부터 1982년까지 UNCLOS 협상에 참여하고 1996년에 이를 비준하였다. 중국은 UNCLOS 탄생 이전인 1958년 채택된 제네바 협약이 해양강대국 간 농간의 결과로 제3세계의 이익을 희생하고 약소국들의 주권을 침해한 것이었다고 인식하였다. 특히 중국은 공해상 항행의 자유와 영해에서 무해통항의 원칙을 오직 해양강대국들에게만 유리한 것이라고 비판했다.

UNCLOS 협상이 시작된 1973년, 중국은 여전히 문화혁명 기간 중에 있었기 때문에 중국대표단은 중국지도부에 의해 세 가지 지침을 받았다: 반미 및 반(反) 소련을 의미하는 반(反) 패권, 제3세계 지원, 국익 보호. 따라서 중국대표단은 UNCLOS 협상 과정에서 주권과 이념을 우선시했다. 더욱이 중국은 1971년 대만정부를 축출하고 중국이 UN에 가입하는데 결정적으로 기여했던 제3세계 국가들의 지원에 감사하고 그 대가로 제3세계를 지원해야 한다고 믿었다.

당시 해양력이 취약했던 제3세계 국가들은 자국의 해양이 미국, 영국, 소련 등과 같은 해양 강대국에 의해 착취당하는 것을 막기 위해 영해와 배타적 경제수역(EEZ)의 규모를 가능한 최대로 확대하기를 요구하였다. 중국은 자국의 지리적 특성을 고려할 때 국가관할 해역 규모의 확대가 자국의 국익에 부합하지 않을 수도 있다는 점을 인식했지만,[4] 결국 제3세계 국가들과 함께 200nm EEZ를 지지했다.

당초 중국은 EEZ 내에서 연안국이 완전한 주권을 행사해야 한다고 주장했으나 다른 국가들의 반대로 결국 이를 협약에 반영하는 데에는 실패하였다. 또한 중국은 영해 내 외국군함의 무해통항과 EEZ 내 외국군의 해양과학조사(marine scientific

---

3) Jeff Smith, "UNCLOS: China, India, and the United States Navigate an Unsettled Regime," *Heritage Foundation*, April 30, 2021.
4) 중국의 지리학은 해양야망의 실현을 저해하는 다음과 같은 단점이 있다: 해안선이 바다에 열려 있지만 대양으로 열린 것이 아니라 중국의 해양공간이 부족하다. 중국은 발해, 황해, 동중국해, 남중국해 등 4개의 해양과 접하고 있지만, 모두 인근 도서들에 의해 둘러싸여 있다. 이는 중국이 해양공간을 다른 나라와 공유해야 한다는 것을 의미한다. 남중국해는 더 넓은 공간을 제공하지만, 다른 영유권 주장국들에 의해 둘러싸여 있다. 따라서 UNCLOS에서 합의된 200해리 EEZ 규모는 중국의 해양공간을 더욱 크게 억제할 수 있다. Zheng Wang, "China and UNCLOS: An Inconvenient History," *The Diplomat*, July 11, 2016.

research)는 연안국이 규제해야 한다고 주장하는 동시에, EEZ 영역획정을 위한 방식으로 인접국 간 등거리나 중간선 원칙을 적용하는 것에도 반대하였다.

중국은 1982년 UNCLOS 초안에 여러 가지로 만족하지 않았지만 UNCLOS가 해양 패권 세력과의 투쟁을 위한 훌륭한 도구라는 생각에 협약에 서명하였다.[5] 그 후 중국은 1992년 중국영해 및 접속수역법과 1998년 EEZ 및 대륙붕법 등을 입법하는 동시에, EEZ 내에서의 외국의 군사활동 등 몇 가지 조항에 대해서 반대하는 활동을 계속했다.

(2) 미국의 입장

한편, 세계 최강 해군국 미국은 UNCLOS 협상 기간 중 영해와 배타적 경제수역 (EEZ)의 규모를 줄임으로써 자국의 해양권리가 제한되는 것을 최소화하고 항행과 탐사의 자유를 극대화하기 위해 노력했다.

그러나 1983년 미국 레이건 행정부는 UNCLOS를 비준하지 않는다고 발표하면서도, UNCLOS는 공해상 항행 및 상공비행의 자유, 기타 전통적 해양사용 문제에 관해 관습적인 국제법을 반영하고 있기 때문에 미국의 정책은 UNCLOS 주요 조항과 일치할 것이라고 밝혔다.[6] 이후 빌 클린턴 대통령이 1994년 UNCLOS를 의회에 제출했을 때, 미 상원은 비준을 거부했다.

미 상원은 이후 UNCLOS에 대해 관심을 보이지 않았으며, 일부 공화당의원들은 이 협약은 미국의 주권을 침해하고 기본가치에 부합하지 않으며 이를 비준할 시, 정치·경제적으로 미국에 혜택보다는 오히려 새로운 의무를 부과할 것이라고 인식한다.[7] 또, 이들은 협약에 가입하지 않아도 미국은 관습국제법에 의거 해양이익을 계속 보호할 수 있다고 인식한다. 이에 추가하여 미 상원은 미국이 과도하다고 생각하는 주장을 중국을 포함, 다수의 국가가 비준한 점을 보고 UNCLOS의 가치에 대해 의구심을 갖게 되었다.

한편 UNCLOS의 비준을 촉구하는 그룹은 이 협약이 미 국익에 상충하지 않는다

---

5) Colin, "China, the US, and the Law of the Sea," 전게서, p. 59.
6) Ronald Reagan Presidential Library & Museum, "Statement on United States Oceans Policy," March 10, 1983. https://www.reaganlibrary.gov/archives/speech/statement-united-states-oceans-policy
7) Ted R. Bromund, James Jay Carafano, and Brett D. Schaefer, "7 Reasons US Should Not Ratify UN Convention on the Law of the Sea," *The Heritage Foundation*, June 4, 2018.

고 주장하며 특히 중국이 남중국해에서 인공도서를 건설하고 군사화하는 등 불법적으로 해양을 확장하고 중국해군의 전력이 날로 증강되는 상황에서 미 해군이 효과적으로 대응하기 위해서는 미국의 법적인 정책도구(legal tools of statecraft)로서 UNCLOS 비준이 긴요하다고 주장한다.8) 하지만, 미 상원은 아직도 UNCLOS를 비준하지 않고 있다.

그럼에도 불구, 미국은 공해상 항행·상공비행의 자유 및 다른 전통적 해양사용과 관련된 문제에 대해 실제로 UNCLOS상 거의 모든 조항을 받아들이며 준수하고 있다. 다만, 미국은 외국의 과도한 해양영유권 주장에 대응하기 위해 1979년 '항행의 자유 프로그램(freedom of navigation program)'을 도입하여 전 세계 해역에서 필요 시 시행 중에 있다.

나. 해양구역 관련 미·중간 이견

먼저 UNCLOS가 정의한 해양구역은 기선(基線)으로부터 측정하는데 기선은 통상 연안국의 영토 및 인간이 거주하는 도서(島嶼)의 저조선(低潮線)을 따르며 해안선이 심하게 굴곡하거나 주변에 도서가 많아 고도로 불안정할 때 직선(直線) 기선이 사용될 수 있다.9)

UN 해양법 해양 및 공역의 구분10)

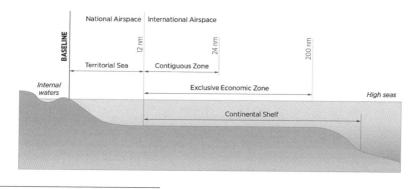

---

8) 예를 들어, Eliot L. Engel and James G. Stavridis, "The United States Should Ratify The Law Of The Sea Convention," *Huffpost*, July 12, 2017.

9) United Nations Convention on the Law of the Sea(이후 UNCLOS), Article 7, "Straight baselines."

10) *Law of the Sea: A Policy Primer*, "Maritime Zones," The Fletcher School, 2017, Chapter 2.

(1) 영해(領海, territorial sea)

영해는 UNCLOS에 따라 결정된 기선에서 12해리(nm)까지 확장하는 구역이다. 연안국은 영해에 대하여 주권을 보유한다.

모든 국가의 선박은 다른 국가의 영해 통과 시 무해통항(無害通航) 권리를 보유하나, 잠수함은 무해 통항하는 동안 부상(浮上) 항해 및 국기 게양이 요구되고[11] 항공기는 무해통항 권한을 보유하지 않는다. UNCLOS는 외국의 군함이 영해 진입 시 무해통항의 조건으로서 사전(事前)통지 또는 승인을 요구할 수 있는지 여부에 대해서는 규정하고 있지 않다.[12] 하지만, 중국은 1992년 중국영해 및 접속수역법에서 영해 내 무해통항권을 인정하지만, 외국군함은 영해 진입 전 중국정부의 사전승인을 받도록 규정하였다. 미국은 이를 무해통항을 방해하는 것이라 비난하면서 논란은 계속되고 있다.[13]

앞에서 언급했듯이, UNCLOS가 정의하는 모든 해양구역의 기준은 기선(基線, baselines)이다. UNCLOS의 관점에서 법적 해양권리는 자연지형물(a naturally formed area of land), 즉 국가의 주권이 미치고 인간이 거주하는 영토나 도서의 지위에서 파생된다. 그런데 중국은 '9단선'이라는 역사적 기원을 근거로 남중국해의 90% 해역 및 지역 내 도서, 암초 및 환초에 대한 영유권을 주장하고 있다. 이러한 주장은 자연지형물 특성에 근거하지 않으므로 UNCLOS의 법적 해양경계 범주에 속하지 않는다.

역사적으로 중국은 남중국해를 남해(南海, South Sea)라 불렀고 남해는 당시 방만한 조공(朝貢)체계를 가진 중화제국이 통제하는 해양환경의 일부로서 중요한 해상교역로(sea lanes)였다. 남중국해(South China Sea)는 명나라 후반(1403~1644년) 당시 아시아와 유럽 간 무역이 증가하면서 유럽의 상인들이 공해상 항행의 자유 원칙에 기반하여 자유로운 무역 및 해상교통 차원에서 일종의 국제수역으로 이해하며 명명한 것이라고 전해진다.[14] 현재 더 이상 중국의 조공체계가 존재하지 않아 남중국해라는 지명

---

https://sites.tufts.edu/lawofthesea/chapter-2/
11) UNCLOS, Article 20, "Submarines and other underwater vehicles."
12) UNCLOS, Section 3, "Innocent Passage in the Territorial Sea," Article 17, 18, 19, 20, 29, 30 참고.
13) UNCLOS 20조에는 연안국의 의무조항으로 무해통항을 방해하면 안 된다고 적고 있다. UNCLOS, Article 20, "Duties of the coastal State."
14) Benjamin Black, "The South China Sea Disputes: A clash of international law and historical

은 중국의 영토 및 해양에 대한 영유권 주장과 아무런 관련이 없다는 의미이다.

2016년 7월 해양 분쟁을 관장하는 국제중재재판소(PCA: Permanent Court of Arbitration)는 남중국해에서 중국의 역사적 근원이 법적 측면에서 해역 내 영토 및 해양 분쟁과 전적으로 무관하다고 판결했다. 하지만, 중국은 이 판결을 무시하는 한편, 오히려 중국의 주권과 해양권익을 수호하기 위해 필요 시 무력사용도 불사하겠다고 선언하였다.

이후 중국은 역사적 근원을 계속 고집하며 인공도서 주변해역에 대한 모호하고 불법적인 주권 주장을 하면서 이곳을 통항하는 미국 등 외국선박의 항행을 위협하고 제한하고 있다. 남중국해를 중국의 바다로 만들기 위한 기정사실화에 들어간 것이다.[15] 미국을 비롯한 국제사회는 집행력이 없는 국제법에 계속 초점을 맞추며 남중국해에서 중국의 불법적 해양확장을 지적하고 있지만, 그 해결책이 보이지 않는 상황이다.

미국이 우려하는 점은 중국이 남중국해에 건설한 인공도서를 기점으로 영해를 선포하고 방공식별구역(ADIZ: Air Defense Identification Zones)을 설정함으로써 미군의 공해상 항행·비행의 자유를 침해하고 인공도서를 군사화(軍事化)하여 중국의 전력투사 범위를 서태평양 외해로 더욱 확장할 가능성이다.

(2) 배타적 경제수역(EEZ)

EEZ는 영해 기선으로부터 200해리까지의 해역으로서 연안국의 주권은 다음 권한을 포함한다: 인공도서, 시설 및 구조물의 설립과 사용, 해양과학조사의 수행 및 해양환경의 보호 및 보존, 해저 및 해저토양 위의 수역(水域)에 있는 생물·무생물 자연자원의 탐사, 채굴, 보존과 관리 등. 연안국에 주어진 권한은 협약 규정에 부합하는 형태로 타국 권한과 의무를 고려하여 행사되어야 한다.

---

claims," *jlia Blog*, March 22, 2018. https://sites.psu.edu/jlia/the−south−china−sea−disputes− a−clash−of−international−law−and−historical−claims/

15) Stanford 대 국제문제 전문가 Mastro는 중국이 남중국해에 건설한 인공도서를 군도(群島)로 간주, 군도기선을 설정하고 그 내부는 내해(內海)로 선포할 수 있으며 군도기선을 기준으로 200nm EEZ를 선포하면 남중국해의 80%는 중국의 관할해역이 된다고 주장했다. Oriana S. Mastro, "How China is bending the rules in the South China Sea," *The Interpreter*, Lowy Institute, February 17, 2021.

또한 EEZ 내에서는 승선, 검문, 구속 및 법적 절차를 포함하여 연안국의 법과 규정을 집행하기 위한 조치가 취해질 수 있다. 공해상 항해·상공비행의 자유, 잠수함에 의한 전선 부설(cable laying) 및 기타 선박 및 항공기의 운용을 포함하여 이러한 자유와 연관된 국제적으로 합법적인 해양사용에 관한 권한은 보장되지만, 권한이 인가되지 않은 곳에서 모든 분쟁은 관련된 환경 하에서 관련 당사국 및 국제사회 전반의 개별적인 이익의 중요성을 고려, 형평성에 기반하여 해결되어야 한다.16)

특히, EEZ 내 군사활동17)에 대해 UNCLOS는 연안국이 안보상의 이유로 자국 EEZ 내 국제공역에서 방공식별구역(ADIZ)을 선포하는 것을 금지하지는 않는다. 국제법에서 모든 국가는 자국 공역으로의 진입을 위한 합리적 조건을 부과할 권한을 보유한다는 기반 하에서 방공식별구역(ADIZ)이 정당화되고 있다. 예를 들어, 공역(空域)에 접근하는 외국항공기가 진입의 승인조건으로 국제공역에 있는 동안 자기의 정체를 밝히는 것이 요구될 수 있다. 이러한 조항에도 불구하고, UNCLOS의 EEZ 관련 조항의 해석을 둘러싸고 국가 간의 이견이 존재한다. 일부국가는 항공기가 자국 공역으로 진입하려는 것인지, 아닌지와 상관없이 ADIZ를 통과하는 모든 항공기에 ADIZ 식별 절차를 준수하도록 요구하고 있다.

또한, UNCLOS는 연안국은 자국 EEZ 내에 해양과학조사(MSR: marine scientific research)를 규제할 수 있다고 규정했는데18) 이 같은 EEZ 내에서 조사활동 관련 조항의 해석을 둘러싸고 특히 미·중간에 첨예한 의견대립이 존재한다. 중국이나 인도 등 일부국가는 군사 해양자료 수집도 이와 유사하므로 연안국 통제를 받아야 한다고 주장하고 있다. 중국은 해양조사활동을 해양과학조사(MSR)의 일환으로 보고 UNCLOS 제246조 의거 연안국의 동의하에 실시되어야 한다고 주장한다.19) 중국의 입장에서 이 같은 해양조사(정찰) 활동은 연안국에 위협이 될 수 있으므로 연안국에 의해 규제

---

16) UNCLOS, Article 59, "Basis for the resolution of conflicts regarding the attribution of rights and jurisdiction in the exclusive economic zone."
17) *Law of the Sea: A Policy Primer*, "Military Activities in an EEZ, Military Activities in an Exclusive Economic Zone(EEZ)," The Fletcher School, 2017, 전게서.
18) UNCLOS, Article 56, "Rights, jurisdiction and duties of the coastal State in the exclusive economic zone," 1(b)(ii).
19) 중국은 UNCLOS Part XIII, section 3, "Conduct and Promotion of marine scientific research"에 EEZ 및 대륙붕에서 해양과학조사에 관한 조항을 포함하도록 관철시켰고 이 조항은 1996년 10월 1일 발효되었다. UNCLOS, Article 246, "Marine Scientific Research in the Exclusive Economic Zone and on the Continental Shelf."

되고 통제되어야 한다는 의미이다.

반면에, 미국, 영국 등과 같은 해양강국은 항행의 자유를 주창하며 이러한 규정은 해양자원과 관련된 외국의 조사활동만을 규제하기 위한 것이 목적인만큼, 군사 해양자료 수집, 즉 정찰활동을 제한하는 것은 아니며 해양조사활동은 UNCLOS(제58조)에 부합된, 합법적이고 국제적으로도 정당한 해양의 사용이라고 주장한다.[20] EEZ 내에서 그 같은 군사활동을 제한하려고 시도하는 몇몇 국가의 선언에도 불구, UNCLOS는 해양력이 거의 제한 없이 운용되도록 허용한다고 미국은 해석한다.[21]

그 결과, 중국은 자국 EEZ 내에서 미국 정찰기에 의한 정보수집활동이 EEZ에서의 국제평화·안보를 저해하므로 명백한 국제법 위반이라 주장하고 있다. 이에 대해 미국은 타국에 대해 적대행위를 하지 않는 한, 국제공역(空域)에서 일어나는 어떤 행동도 적법(適法)한 것으로 인정되어야 하며, 국가 관할권에 종속되지 않는 구역에서 정보수집을 위한 수동적 체계의 사용은 전적으로 평화적이고 합법적인 것이라는 입장을 견지하고 있다. 이로 인해 중국의 EEZ 내에서 미·중간 간헐적인 충돌이 발생하고 있다.[22]

결국, 미·중 패권경쟁에 영향을 미치는 법적 요인들로서 UNCLOS에 대한 미·중간의 상반된 입장은 세계최강 해군국인 미국의 해양패권에 대항하여 중국이 개발도상국으로서 자국의 해양안보 및 해양영역에 대한 주권을 확립하려는 의도에서 기인하는 것이라 볼 수 있다.

한편, UNCLOS가 인류 공공재로서 해양 사용에 관한 문제에 대해 비교적 명확한 규칙을 제공하지만, 이 협약은 EEZ 내 외국의 군사활동이나 영해 내 무해통항에 대한 해석상의 차이를 만들고 또한 중첩된 해양영유권 주장을 해결하기 위한 명확한 지침을 제공하지 않음으로써 미·중간의 전략적 경쟁 과정에서 양국의 전략과 입장을 정당화하는 도구로서 활용되고 있다. 지금부터 이를 좀더 자세하게 살펴보자.

---

20) UNCLOS Article 58, "Rights and duties of other States in the exclusive economic zone."
21) UNCLOS Article 58, 1, 2, Article 59, Article 87, "Freedom of the high seas."
22) 예를 들어, 2001년 3월 서해에서 미 해군 해양조사선 Bowditch호가 중국해군 및 장찰기의 공격적 행동에 의거 활동을 중단하고 퇴각하였고 동년(同年) 4월 중국 해남도(海南島) 근해에서 미 EP-3E와 중국의 F-8Ⅱ간의 공중충돌로 중국전투기가 추락하여 조종사는 사망하고 미군기는 해남도에 긴급 착륙하였다. 그 외에도 중국 연안에서 미군 정찰활동을 방해하는 사건이 간헐적으로 발생했다.

2. UN 해양법과 미·중간 패권경쟁[23]

가. EEZ에서의 외국의 군사활동

먼저 UNCLOS에서 규정한 해양영역의 개념은 미국 국가안보에 영향을 미치는 중요한 의미를 보유한다. 특히 중국은 자국의 목적에 부합하지 않을 때 UNCLOS의 조항을 준수하지 않으려 한다는 것이 미국의 기본시각이다.[24] 미국은 제2차 세계대전 이후 법에 기반한 해양질서, 항행의 자유, 지역 내 동맹 및 파트너의 권익을 수호하는 안전보장자(security guarantor)로서의 역할을 지속해 왔다. 특히 미 해군이 세계교역의 흐름에 영향을 미치는 외국의 침공에 대한 중요한 억제력을 제공해 왔다.

따라서 미 해군이 신뢰성 있는 억제력을 갖기 위해서는 분쟁현장에 반드시 접근할 수 있어야 한다. 미 국방부는 UNCLOS와 관련하여 핵심 해상·공중 교통로가 국제법적 권한으로서 모든 국가에게 개방된 상태로 머무르며, 연안국이나 도서국의 승인에 종속되지 않는다는 점을 보장하는 것이 미국의 국가안보를 시행하는데 핵심 소요라고 주장하고 있다. 그런데 중국의 정책과 행동은 이러한 항행의 자유를 위태롭게 만든다는 것이 미국의 시각이다.

좀더 상세하게 설명하면, 영해에서 애매모호한 군함의 무해통항권과 EEZ에서 군사작전 관련 사항, 즉 '군사활동의 제외('military activities' exemption)'로 언급되는 조항이 먼저 해결되기 전에 UNCLOS를 비준하지 않는다는 것이 미국의 입장이다. 반면에 중국은 200해리에 걸친 EEZ와 대륙붕에 대한 주권적 사법권을 향유하며 특히 EEZ 내에서 외국의 군사활동은 위법이며 중국의 영해를 통과할 시 무해통항을 인정

---

23) 이에 관해서는 Peter Dutton(ed), *Military Activities in the EEZ: A U.S.–China Dialogue on Security and International Law in the Maritime Commons*, China Maritime Studies Institute, U.S. Naval War College, Study No. 7, December 2010.

24) 그러나 오히려 미국이 UNCLOS의 조항을 취사선택하며 남용(濫用)한다는 주장도 있다. 중국 EEZ 내 미국의 정찰(ISR)활동은 도발적이며 영해 내 외국함정의 무해통항을 규제하는 것도 서태평양의 많은 연안국가들이 지지하며 미국과 중국의 행동이 동남아를 분열시키며 양자택일하도록 강요하고 미국만이 UNCLOS를 비준하지 않고 있다. Mark J. Valencia, "US 'picking and choosing' from the Law of the Sea," *East Asia Forum*, August 17, 2018.

받기 위해 사전승인을 받거나 사전통지를 해야 한다고 주장하고 있다.

미국의 입장에서, 만약 광대한 해양영역에서 중국의 주권적 사법권 주장이 주도하도록 허용하면, 그 결과 미국의 안보 및 세계경제에 막대한 위험을 가져올 것이다. 이 때문에 만약 미국이 UNCLOS를 비준하면,[25] 미국 태평양사령부(PACOM)가 중국의 과도한 영유권 주장과 무력도발에 대응하는데 가용한 법적 방책이 훨씬 더 줄어들게 되고 필요한 유연성을 상실할 수 있다고 미국은 우려한다.[26] 또한 이 경우, 핵심지역에서 평시 작전을 수행하는 미 해군의 능력은 심각하게 타격받을 뿐만 아니라 미 해·공군이 동남아 연안수역 대부분에서 작전하는 것이 더 이상 불가능해지고, 다른 지역에서 우발상황이 발생할 때, 그 접근이 용이하지 않아 미국의 신속대응능력이 상당히 제한될 것이라는 의미이다.

더 나아가, 이로 인해 미국 군사력의 현시가 심각하게 감소되면서 싱가포르나 필리핀 등 지역 내 중요한 동맹 또는 파트너가 그동안 제공받던 안정된 해양안보의 혜택을 더 이상 받지 못하게 되고, 그 대신, 중국함정은 아무런 견제 없이 그들의 영향력을 행사하고 확장해 나갈 것이라는 의미이다.

마지막으로 중국은 자국의 EEZ라고 주장하는 해역에서 미 해군 또는 우방국 해군에 의해 수행되는 항행의 자유작전(FONOPs)과 같은 단순한 현시(presence)를 불법적인 것으로 주장하며 적대행위를 유발할 수 있고 이로 인해 지역해역에서 무력충돌의 가능성은 더욱 심각한 수준으로 높아진다는 것이 미국의 주장이다.[27]

한편 중국은 이와 다른 시각을 갖고 있다. 중국의 국방정책은 자국의 사법권 하에 있는 지상국경과 해역을 방어하고 행정통치하며 국가의 영토 주권과 해양권익을 수호하고 주변국과 동의한 조약과 합의, 그리고 UNCLOS에 의거 명시된 해양구역을 엄격하게 보장한다고 선언했다.[28] 그러나 실제로 중국이 주장하는 무해통항이나 EEZ

---

25) 1982년 7월 Reagan 대통령은 행정명령(Executive Order)으로 국제관습법에 기반하여 UNCLOS의 대부분, 특히 함정, 항공기 항행 관련사항을 준수한다고 천명했다. Raul "Pete" Pedrozo, "The U.S. Freedom of Navigation Program: South China Sea Focus," in The National Institute for Defense Studies, *Maintaining Maritime Order in the Asia-Pacific*, NIDS International Symposium on Security Affairs 2017, Chapter 6, p. 96.

26) Peter Dutton(ed), Steven D. Vincent, "China and the United Nations Convention on the Law of the Sea: Operational Challenges," U.S. Naval War College, May 18, 2005, pp.18-19.

27) Dutton(ed) and Vincent, 상게서, pp. 13-15.

28) Dutton(ed) and Vincent, 상게서, p. 4.

에서의 주권적 권한, 그리고 중국이 역사적 수역(Historic Waters)이라 부르는 남중국해에 대한 주권 주장과 관련된 행태는 UNCLOS의 조항과 부합하지 않는다. 엄밀히 말해, 중국은 1973년부터 1982년까지 UNCLOS의 협상과정에 참여했지만, EEZ 원칙에는 끝내 동의하지 않았다.

협상과정에서 중국대표 Ling Qing(凌青)은 다음과 같이 언급했다: EEZ라는 새로운 구역의 핵심은 연안국 사법권의 배타성에 있으며 이것이 왜 중국이 EEZ를 공해의 부분개념으로 봐야 한다는 생각에 반대했는지의 이유다; 만약 이 구역이 공해로 포함되어야 한다면, '배타적(exclusive)'이라는 이름을 붙이는 것은 난센스(no sense)다.29) 이러한 배경에서 중국은 1982년 UNCLOS 협약이 가져온 혁신은 결국 Article 제55~58조에 언급된 EEZ의 설정이었다고 주장한다.

실제로 1996년 중국은 UNCLOS를 비준하자마자 1998년 배타적 경제수역 및 대륙붕법을 입법하여 200nm EEZ와 대륙붕에 대한 완전한 주권적 권한(full sovereign rights)을 주장하였다.30) 이러한 입법을 통해 중국은 공해상 항행의 자유는 보장하되, 중국의 정당한 안보와 해양권익을 보호하는 동시에, 자국의 EEZ 내에서 억제되지 않은 미국의 도발적 정찰활동을 차단하는 것이 목적이다.31)

그러나 미국은 EEZ에 관한 UNCLOS 조항은 연안국이 그들의 EEZ 내 자연자원에 대한 통제는 유지하되, 공해상 지역과 연계된 항해 및 상공비행의 자유 대부분은 유지하는 것을 취지로 한다고 보고 있다. 즉, 외국함정 및 항공기 활동은 EEZ 내 존재하는 자원의 활용과 관련되지 않는 한, EEZ에서 명백하게 제한되는 것은 아니라는 입장을 미국은 고수하고 있다. 그 결과, 양국의 주장은 UNCLOS에 새로 반영된 EEZ 개념에 복잡성만 추가한 격이 되었다.32)

1982년 UNCLOS가 조약법으로서 모든 나라들이 준수하는 데 공정한 무대를 만들고 명확한 규칙들을 창조하는 것이 목표였고 또 실제로 이 협약이 국제법으로 진화되면서 과거 해양 현안과 관련된 많은 지침과 역사적 규범을 성문화하는데 커다란 진

29) Zheng Wang, "China and UNCLOS: An Inconvenient History," 전게서.
30) Asian Legal Information Institute, *Laws of the People's Republic of China*, "Exclusive Economic Zone and the Continental Shelf," June 26, 1998, Article 9.
31) Zhang Tuosheng, "US should respect law of sea," China Daily, November 26, 2010. http://www.chinadaily.com.cn/thinktank/2010−11/ 26/content_11613005.htm
32) Dutton(ed) and Vincent, "China and the United Nations Convention on the Law of the Sea," 전게서, p. 6.

전이 되었으나,[33] 미·중간의 전략적 경쟁에서 기인하는 의견 충돌로 이러한 목표를 충족하지 못하고 있다.

나. 남중국해

UNCLOS 관련, 미·중간의 극심한 입장 차이를 보이고 있는 또 다른 분야가 바로 남중국해와 관련된 현안이다. 2009년 중국은 구상서(口上書, a note verbale)와 남중국해 거의 전역을 주장하는 9단선을 표시하는 지도를 UN에 제출한 이래, 지난 십여 년 동안 남중국해에 대한 법적 영유권을 주장하고 있다. 원래 중국이 주장하는 9단선은 1949년 붕괴된 중국국민당 정부의 지리학자 양화이렌(Yang Huairen)이 그린 1947년 지도에서 파생되었다. 그의 지도는 11단선으로 구성되었다. 2009년 중국이 새롭게 주장한 9단선 지도는 이것에서 1952년 모택동이 베트남으로 양보한 통킹만 해역에 있던 2개의 선을 뺀 것이다.

중국은 2014년경부터 이곳에 있는 암초와 간조노출지(LTE)에 인공도서를 건설하고 이들을 군사기지화 하는 등, 저(低)수준의 도발을 사용하며 자국의 영토로 기정사실화 하고 있다. 특히 중국은 2016년 UN 해양법 재판소의 판결을 무시하고, 해상민병대(maritime militia)나 해경(海警)을 사용, 주변국의 저항을 무력화하는 방식으로 무력분쟁을 유발하지 않는 범위의 저(低)수준 도발을 지속하고 있다. 사실, 지역 내 다른 국가가 중국의 이러한 일방적 행동을 중단시킬 능력이 없다는 점을 고려 시, 현상 유지가 중국에게는 해양영토를 확장하는데 가장 편리한 전략인 셈이다.

만약, 중국이 의도하는 대로 이런 상황이 고착되고 기정사실화되면 중국은 일련의 군사기지를 통해 남중국해에서 행동반경을 확장하면서 태평양으로의 군사팽창과 전력투사가 가능해진다.[34] 이는 중국 내에서 공산당의 지배를 정당화하는 귀중한 자산이다. 중국정부는 남중국해에서의 인공도서 건설을 주권을 수호하고자 하는 중국 공산당의 '집요한 결의'를 과시한 것이라고 선전한다.

---

33) 여기에 대해서는 Craig H. Allen, *International Law for Seagoing Officers*, 6th ed., (Annapolis, MD: Naval Institute Press, 2014), Chapter 2 참고.

34) Steven Stashwick, "China's South China Sea Militarization Has Peaked," *Foreign Policy*, August 19, 2019.

중국의 남중국해 영유권 주장의 기원(1949년 11단선)[35)]

여기에 추가하여, 중국은 남중국해 해역 전체, 도서 및 지형에 대한 영유권 주장을 강화하고 자국의 통제를 정당화하기 위해 국제관습법과 저(低)수준의 도발을 사용하고 있다. 국제사법재판소(International Court of Justice) 규정(Statute) Article 제38조 (1)(b)항은 '국제관습법을 국가의 일반적 관행(a general practice)에서 기인하는 법'으로 정의한다.[36)] 이는 국가는 국제사회로부터 인식된 사법권(jurisdiction)을 갖기 위해

---

35) Black, "The South China Sea Disputes: A clash of international law and historical claims," 전게서.

서 끊임없이 관행(국가행위의 반복)을 행사해야 한다는 점을 의미한다. 중국은 여기에 근거하여 자국의 반복된 영유권 주장과 무력분쟁으로는 비화되지 않는 저(低)수준의 도발을 지속하고 있다. 이러한 법적 증거를 축적하는 노력을 통해, 시간이 경과함에 따라 남중국해에서의 중국의 주장이 경합(競合) 상태에서 점차 법적으로 인정되는 지위를 획득할 것이라고 중국은 기대하고 있다.

한편, 2012년 필리핀이 제소한 PCA 재판에 중국이 참여하지는 않았지만, 중국은 UNCLOS Article 제298조의 면제조항을 근거로 자국의 법적 주장과 재판 불참을 정당화 해왔다. UNCLOS Article 제298조는 만약 국가가 UNCLOS를 서명, 비준 또는 동의할 때, 또는 그 이후 언제라도 이 조항에 명시한 절차에 동의하지 않는다고 서면으로 선언하면, 그 국가는 영해, 대륙붕의 영역획정, 군사활동, UN 안보리 기능 수행과 관련된 분규가 있을 때 강제절차, 즉 재판에 불참(opt-out)하는 것을 허용하고 있다.[37]

UNCLOS는 국가로 하여금 협정비준 시, 자국 의견에 대한 선언이나 진술서를 작성하도록 허용함에 따라, 중국은 2006년 8월, 동(同) 협약이 언급한 해양획정 관련 분규와 관련하여, 어떤 강제해결 절차에도 동의하지 않는다'라는 취지의 입장문을 UN 사무총장에게 제출하였다.[38]

더 나아가 중국은 1996년 6월 7일 UNCLOS를 비준할 때 '중국은 200해리에 걸친 EEZ와 대륙붕에 대한 주권적 사법권을 보유한다'는 입장과 '연안국은 타국의 해군 함정이 자국의 영해를 통과 시 무해통항으로 인정받기 위해 사전승인이나 사전통지를 요구하는 입장을 지지한다'고 선언하였다. 비록 UNCLOS가 영해 내에서는 연안국의 완전한 주권을 허용하고, EEZ와 대륙붕에 대해서는 제한된 사법권만 허용하고 있음에도 불구, 이러한 중국의 견해는 해양강국이 대부분인 서구의 '무해통항권은 어느

---

36) International Court of Justice, *Statute of the International Court of Justice.* https://www.icj-cij.org/en/statute

37) 제298조 1(a)은 영해(제15조), EEZ(제74조) 및 대륙붕(제83조)의 해양영역 획정과 관련된 해석 또는 적용에 있어서 분규가 있을 때, 1(b)는 군사활동과 관련한 분규가 있을 때, 그리고 1(c)는 UN 헌장의거 UN 안보리에 할당된 기능을 수행하는 것과 관련된 분규가 있을 때이다. UNCLOS Article 298, "Optional exceptions to applicability of section 2" 참고.

38) 필리핀의 UN PCA 제소에 대한 중국의 공식입장은 *Summary of the Position Paper of the Government of the People's Republic of China on the Matter of Jurisdiction in the South China Sea Arbitration Initiated by the Republic of the Philippines*, December 7, 2014.

함선이라도 편견을 받아서는 안된다'는 견해와 다른 것이다.

앞서 언급했듯이 중국은 UNCLOS 협상에 참가할 때부터 국제법이나 관습을 '역사적으로 서구 열강이 개발도상국에 대해 제국주의 목적을 달성하기 위해 사용하는 도구'라고 인식했다.[39] 이러한 편견에서 중국은 남중국해 해양 영유권 주장과 군사화된 인공도서의 통제가 UNCLOS, 즉 국제법 조항의거 법적으로 정당한 행동이라고 인식되도록 선전하고 기정사실화하고 있는 것이다.[40] 동시에, 이러한 노력을 통해 다른 영유권 주장국에게 중국의 의지를 과시할 뿐만 아니라 보다 중요하게 지역 내 미 해군의 전력투사에 대항하여 패권 도전자로서 힘의 전이(轉移)를 효과적으로 과시하는 것이다.

미국의 입장에서 남중국해에서 중국이 설치한 군사기지가 기정사실화되고 이로 인해 남중국해가 사실상 중국의 내해가 되면 서태평양에서의 미국의 대외정책과 군사전략에 부정적인 영향이 불가피한, 아주 불리한 상황이 펼쳐진다. 중국은 남중국해에 있는 유류, 가스 해저자원 및 어족자원에 자유롭게 접근할 수 있다. 뿐만 아니라, 중국은 남중국해를 통과하는 해상교통로를 사용하는 대내·외 국가의 자유교역을 제한하는 능력을 보유하며 지역국가들에게 엄청난 정치, 외교, 경제적 강압수단을 보유하게 된다. 이제까지 동(同) 지역에서 미 해군의 해양통제를 통해 지역 해양안보를 보장해 왔던 미국의 입장에서는 도저히 수용할 수 없는 현상변화이다.

이러한 가운데 미국도 UNCLOS를 비준하지는 않았지만, 중국과 비슷하게 국제법의 이름하에 법과 규정에 기반한 해양질서의 유지를 주장하고 분쟁해역에서 항행의 자유 작전(FONOPs)과 동맹 및 파트너와의 군사훈련을 꾸준히 실시하고 있다. 이를 통해 미국은 지역 내 중국에 대한 증강된 억제와 자국의 계속되는 군사력 현시를 정당화하려는 것이다.

결국, 미·중 양국은 전략적 경쟁 측면에서 각자 지역 내 자기의 입장을 정당화하고 강화하기 위해 남중국해와 관련된 국제법 조항을 사용하고 있는 것이다. 따라서 남중국해의 법적 지위는 현재 진행되고 있는 미·중간 전략적 경쟁, 즉 강대국 간의

---

39) Wang, "China and UNCLOS: An Inconvenient History," 전게서.

40) 2003년 인민해방군이 공개한 3전(戰)은 여론전, 심리전, 법률전(法律戰)으로 UNCLOS와 관련된 활동은 주로 법률전에 해당된다고 볼 수 있다. Hidetoshi Azuma, " China's War on the Law of the Sea Treaty and Implications for the US," *American Security Project*, September 4, 2015.

패권투쟁에서 하나의 노리개(卒, pawn)로서 기능하고 있는 격이라 할 수 있다.[41] 이러한 측면에서 미 해군대학 교수 Peter Dutton은 '지상에나 해상에나 똑같이, 법과 권력 사이에는 중요한 상관관계가 있으며 법은 이를 집행할 만한 힘이 없이는 존재할 수 없고 법의 한계가 없는 권력은 단순한 압제(mere tyranny)일 뿐'[42]이라고 주장한다.

인류의 역사적인 성과로서 UN 해양법협약(UNCLOS)은 세계 대부분의 해상에서 안전한 통과, 경제개발 및 해양영역 내에서의 행동에 대한 법적 권리와 규칙을 제공한다. 중국을 포함한 167개국이 UNCLOS를 비준했다. 미국은 UNCLOS를 비준하지 않았지만 여전히 관습적인 국제법으로서 UNCLOS의 많은 조항을 준수하고 있다. 이를 통해 미 해군은 공해상 '항해·상공비행의 자유' 원칙을 보호하는 데 꾸준히 노력하고 있다.

아프리카, 유럽, 중동에서 아시아로 가는 해양교역로의 본체인 남중국해 해상교통로를 통해 매년 수조 달러의 물동량이 수송되고 있다. 남중국해 전체에 대한 중국의 영유권 주장은 범세계적 협력에 의해 만들어진 합의된 행동체계를 존중하는 것보다 자국의 이익을 더 중요하게 여기는 사례이다. 헤이그 UN 해양법 국제재판소(PCA)의 판결을 무시하는 중국의 일방적인 행동이 이를 증명한다. 중국이 전쟁이나 다른 수단을 통해 지역 내 해양통제를 획득하면 해양이라는 인류 공공재를 자국에 유리하게 통제함으로써 평화 시 강압을 위한 강력한 수단을 얻게 될 것이다. 이것이 현재 중국이 지역 내 해양질서를 유지해온 미 해군을 물리치고 해군주도(naval primacy)를 달성하려는 근본적인 이유이다.

---

41) Krista E. Wiegand and Hayoun Jessie Ryou−Ellison, "U.S. and Chinese Strategies, International Law, and the South China Sea," Journal of Peace and War Studies, 2nd Edition (October 2020), p. 49.

42) Peter A. Dutton, "A Maritime or Continental Order for Southeast Asia and the South China Sea?," *Naval War College Review*, vol. 69, no. 3 (Summer 2016), p. 6.

제2부

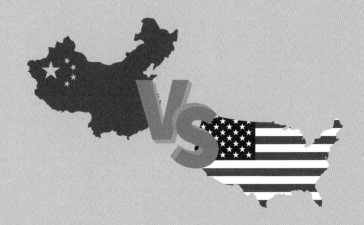

미·중 개입정책

제4장

태평양전쟁 종전 후 대립(對立)의 시작

1. 미국의 세기 시작

제2차 세계대전 종전 이후 전승국이자 세계 최강국으로 등장한 미국의 목표는 법과 규정에 기반한 패권질서를 구축하여 자유·민주라는 미국의 가치와 삶의 방식을 널리 확산하는 것이었다. 여기서 '법과 규정은 패권국 미국에 의해 주도적으로 작성된 것'이었다. 한편 미국은 제1, 2차 세계대전의 경험을 통해 유라시아가 적대적인 일국(一國) 또는 세력의 통제 하에 들어가는 것을 예방하는 것이 전략적 핵심 이익이라는 점을 인식하였다. 이러한 국가 또는 세력이 유라시아의 자원을 통합하여 미국을 침공할 수 있는 해군력을 건설할 수 있기 때문이었다.

또 미국은 지리적으로 타(他) 대륙과 분리된 미주(美洲)대륙에 위치하였으나 국가 이익은 전 세계에 산재하였다. 이러한 이유로 미국은 국가안보와 권익을 수호하기 위해 본토에서 멀리 떨어진 해외에서 성공적인 군사작전을 수행할 수 있는 충분한 규모의 전방 전력투사(power projection) 능력, 즉 해·공군력에 의존하였다. 특히 태평양전쟁 중 크게 전력을 증강한 미 해군은 종전 후 세계최강으로 등장하여 사실상 전 세계 해양에서 제해권을 유지한 가운데 유라시아 주변 전방해역에 전진 배치되어 미국의 패권질서를 유지하고 국가정책을 지원하는 핵심수단으로 등장했다.

한편 중국은 '치욕의 세기' 후 청(淸) 제국이 멸망하고, 이어서 장기간 내전(內戰) 후 1949년 공산국가로 출범하며 소련 공산블록에 가담하였다. 신생 중국에게 있어서 방대한 영토를 보전하고 국가를 통합하는 것이 최우선 과제였다. 당시 중국은 전통적 대륙국가로서 중국해군은 해안방어 수준의 유명무실한 존재였다.

종전 후 냉전이 부상하고 아시아 대륙에서 중국이 출범하자 미국은 갑자기 서태평양과 유럽에서 2개의 적(敵)과 동시에 맞서야 하는 불리한 상황을 맞게 되었다. 패권국 미국의 목표는 소련·중국의 단일 공산주의를 봉쇄하는 것으로 전환되었다. 소련이 전쟁의 피해로 피폐해진 상태이고 중국 또한 오랜 내전에서 갓 벗어난 상태였기에 전 세계를 공산화하기 위해 무력을 사용할 가능성은 크지 않았으나 미국은 소련과 중국을 봉쇄하기 위해 유라시아 주변에 일련의 동맹체제(hub-and-spokes)를 건설하고 전진 방어태세를 구축하였다.

가. 미국의 전통적인 아·태지역 군사전략

미국의 전통적인 아·태지역 전략태세는 태평양전쟁을 치르며 그 기본 틀이 형성되었다. 지역 내에서 미국에 도전한 최초의 국가는 러·일 전쟁의 승자 일본이었다. 미국은 일본과의 전쟁에 대비하여 오랫동안 준비해 온 오렌지 계획(Plan Orange)[1]을 최신화하였다. 이 계획은 전쟁이 발발할 시, 일본은 잠재력을 총동원하여 전쟁준비를 한 후, 기습을 시도하며 서태평양을 쉽게 장악하나, 미국 서해안까지 진출하여 전쟁을 수행할 능력은 없고 미국이 극동에서 전쟁염증을 느껴 일본의 전쟁초기 이익을 수용하며 평화협상을 요구할 것이라는 기대 하에 전쟁을 가능한 한 지연하려 할 것이라고 가정하였다. 이러한 가정 하에 오렌지 계획은 ① 미 본토 및 하와이에서 서태평양까지의 거리(distance), ② 우세한 해·공군력(power), ③ 섬나라 일본은 고립된 지리특성으로 인해 전쟁수행은 물론, 국가생존을 해상교역에 의존하는 전략적 취약점을 보유한다는 점이 계획수립의 주 요소가 되었다.[2]

---

1) Edward S. Miller, *War Plan Orange: The US Strategy to Defeat Japan, 1897-1945*, (Annapolis MD, Naval Institute Press, 1991) 참고,

2) 정호섭, 『海洋力과 美日 안보관계: 미국의 對日 統制手段으로서 本質』(서울: 한국해양전략연

오렌지 계획은 요약하면, 일본의 기습공격으로 전쟁이 발발하면 미국은 해·공군력의 우세를 바탕으로 서태평양에 대한 제해권(制海權)을 달성함으로써 전쟁초기에 빼앗긴 필리핀, 괌 등 영토를 회복한다. 그 후 미 해군은 일본의 해상교역을 공격하여 자원, 특히 석유가 일본 내로 유입되는 것을 차단한 후, 일본해군에 결전(決戰)을 강요하여 격멸한다. 동시에, 미국은 공습을 통해 일본의 산업기반을 파괴하고 해상봉쇄를 실시하여 일본의 전쟁 잠재능력뿐만 아니라 국가생존 기반마저 위태롭게 만든다는 것이었다.

그 후 1941년 12월 일본의 진주만 기습으로 태평양전쟁이 발발하였고 미국은 오렌지 계획의 처방대로 전쟁을 수행하며 전쟁에서 최종승리를 거둔다. 특히 진주만 기습공격은 이제껏 믿어 왔던 미주(美洲)대륙의 지리적 장점, 즉 미국은 유라시아와 대서양과 태평양으로 분리되어 비교적 안전하다는 점을 더 이상 유효하지 않게 만들었다.

서태평양에서의 거리 및 시간의 전횡3)

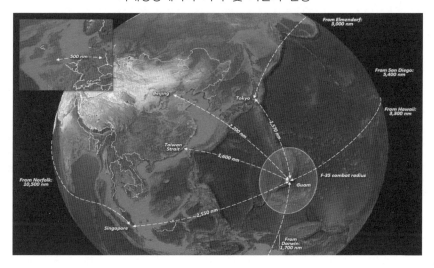

구소, 2001).

3) Thomas G. Mahnken, Travis Sharp, Billy Fabian, Peter Kouretsos, *Tightening The Chain: Implementing a Strategy of Maritime Pressure in the Western Pacific*, CSBA, 2019, p. 14.

태평양전쟁에서 승리한 미국은 아·태지역 군사전략에 있어서 핵심적인 두 가지 교훈을 획득한다. 첫째, 이 지역을 지배하려는 어떤 국가라도 미국에게 적대적인 존재로 인식된다. 둘째, 위협은 조기에, 또 외국에서 상대하여야 한다. 따라서 태평양이라는 장애물을 넘어 우세한 해·공군력을 적시에 분쟁지역으로 전개하는 문제 즉, 어떻게 '거리와 시간의 전횡(專橫)(Tyranny of Distance and Time)'[4]을 극복하느냐가 미국의 지역 군사전략의 가장 중요한 요소가 되었다.

태평양전쟁 종전 후 미국의 아·태지역 전략도 하와이, 필리핀, 괌, 일본 요코스카, 사세보, 오키나와 등 전략거점에 우세한 해·공군력을 전방 배치하여 지역 내 잠재적국에 대해 전력투사가 가능한 태세를 갖추어 미국의 주도적인 힘과 영향력을 유지하는 것으로 발전하였다. 그 결과, 미국의 안보는 전방 전개시킨 우세한 해·공군력 중심의 전진방위(forward defense)에 의존하며 미 본토를 방어하기 위한 종심방어망(縱深 防禦網, defense in depth)이 구축되어 오늘에 이르고 있다.

나. 미국 주도의 국제질서

제2차 세계대전 종전 직후 미국은 유일한 초강대국으로 등장하였다. 미국은 세계 금(金) 보유량의 2/3, 자금의 3/4, 제조능력의 1/2 이상을 보유하였고, 미국의 GNP는 소련의 3배, 영국의 5배였다. 또 미 해·공군이 전 세계 해양·공중우세를 장악하였고 미국의 항공모함과 해병대는 바다 건너 전(全) 세계 어느 곳이라도 전력투사가 가능하였으며, 무엇보다도 미국은 세계에서 유일하게 핵무기를 보유한 국가였다.

세계무대에서 이 같은 패권적 지위를 활용하여 미국은 주도적인 세계질서를 구축하려고 시도하였다. 미국은 자유·민주, 시장경제라는 가치 위에 법과 규정에 기반한 국제질서를 구축하여 이를 통해 미국이 범세계적 리더십을 행사하고자 기도하였다. 또한 제2차 세계대전의 전략적 교훈으로 미국은 유라시아의 자원을 하나의 적대국가 또는 세력이 장악하지 못하도록 해야 한다는 전략적 필요를 인식하고 유라시아를 분리하고 지배하는(divide and rule) 전략을 채택하였다.

한편 종전 직후에는 지난 30년 동안 두 차례의 세계전쟁의 경험과 세계공황

---

4) 예를 들어 Lester W. Grau and Jacob W. Kipp, "Bridging the Pacific", *Military Review*, July−August 2000, pp. 70−81 참조.

(Great Depression)으로 강대국 간의 장기 평화는 예측되지 않았고 미국의 주도적 힘과 영향력도 일시적(一時的)일 것이라는 우려가 상존하였지만, 사실 미국에 대항할 만한 경쟁국은 부재(不在)하였다. 영국은 전승국이었지만, 제1, 2차 세계대전으로 거의 파산상태였고 영국국민들은 처칠수상이 끌던 보수당 대신 노동당 정부를 선택하여, 복지증진 및 핵심산업의 국유화를 추구하였다.

오직 소련과 과거 적대국 즉, 독일과 일본만이 유라시아의 핵심 세력으로서 그러한 반미(反美) 위협이 될 수 있다고 인식되었다. 그러나 당시 독일과 일본은 전쟁에 패배한 후 피(被)점령 상태에 있었다. 소련은 전쟁피해로 피폐하고 경제적으로 너무 약체화되어 군사침공에 대해 미국이 우려하지는 않았으나, 스탈린(Joseph Stalin)이 유럽과 아시아 지역 내 팽배한 기근, 사회 갈등, 정치 소요를 어떤 방식이든 이용하려고 기도할 것이라 예상되었다.

다. 전 세계 해양통제[5]

제2차 세계대전 종전 후 미국은 실질적으로 전 세계 해양을 통제하는 해양패권국이 된다. 제1, 2차 세계대전은 그동안 세계무대를 주름잡던 강대국들을 모두 파괴함으로써 미국의 경쟁자들을 일소(一掃)하였다. 미국만 온전하게 생존하였다. 미국 본토에서 수행된 전투가 전혀 없었고 공장도 폭격을 받은 적이 없었다. 세계 강대국 중에 미국만 제대로 기능할 뿐만 아니라 전쟁 중 오히려 번창했다. 그 결과, 해군주도(naval supremacy)는 신속하고 쉽게 달성되었다. 제2차 세계대전 초 미 해군은 이미 대서양과 태평양에서 3년간 전쟁수행 후 세계적인 영향력과 엄청난 역량을 갖춘 세계 최강으로 등장했다. 그러나 이는 시작에 불과한 것이었다.

1945년 8월 기준, 미 해군 외에 오직 영국해군만이 살아남았고 여타 모든 해군은 파괴되었다. 해양에서 더 이상 경쟁이 존재하지 않게 되었다. 해양무역국가 미국이 이제 절대적 해양지배(absolute dominance of the seas) 하에 모든 세계교역로를 실질적으로 통제하게 되었다. 미국의 해군주도는 미국으로 하여금 자국이 주도하는 패권적 세계질서를 구축하도록 허용하였다. 1949년 NATO 창설은 당시 남아있던 거의 모

---

5) "The Geopolitics of the United States, Part 1: The Inevitable Empire," *Stratfor*, July 4, 2016.

든 해군자산을 미국의 전략적 지침(strategic direction) 하에 두게 만들었다. 영국, 이탈리아, 아이슬란드, 노르웨이의 NATO 편입은 북대서양과 지중해, 즉 어떠한 유럽강국이라도 재탄생하는 데 필요한 두 개의 해역을 주도하는데 필요로 했던 기지권(basing rights)을 미국에게 공여(供與)하게 되었다.

이러한 새로운 전략적 현실에 도전하려던 의미 있는 단 한 번의 시도 즉, 1956년의 영·불 시나이 전역(Anglo—French Sinai campaign of 1956)[6]은 유럽해군의 몰락을 재확인하였다. 영국·프랑스 정부는 미국과 분리된 해군정책을 견지하는데 필요한 힘이 부족하다는 점을 뼈저리게 인식하였다. 제2차 세계대전 종전 이후 10년 이내 전 세계에 퍼져 있던 유럽제국의 식민지들이 독립을 달성하고 유럽 제국들은 신속하게 붕괴되었다.

일본제국의 항복은 미국에 태평양 기지에의 접근권을 부여하였고 태평양 북부, 중앙부에 대한 미 해군지배(naval dominance)를 허용하였다. 1952년 체결된 미·일 안보조약은 일본을 미국의 단호한 안보우산 하에 두게 되었다. 1951년 호주 및 뉴질랜드와의 동맹은 미 해군의 패권을 남태평양까지 확장하였다.

특히 해양국가 미국은 전 세계에 산재된 미국의 이익을 보호하고 필요 시 해외 동맹국으로 증원군을 파견하고 물리적인 연결을 유지하기 위해 해양통제가 중요하므로 미 해군이 국가안보에 가장 중요한 수단이 되었다. 미 해군은 미 본토에서 어느 곳이든 바다를 가로질러 압도적인 지상군 전력을 긴급증강하는데 필요한 힘과 영향력을 갖춘 세계최강의 존재였다.

미국이 대양을 통제하고 자국 주도의 패권적 세계질서를 구축하는데 있어서 성공 이면에는 또 다른 요소, 즉 Bretton Woods라 불리는 경제체제가 있었다. 제2차 세계대전 종전 이전에도 미국은 세계 최대 경제·군사강국으로서 위상을 활용하여 당시 해외에 임시정부를 수립하고 있던 서구 동맹을 설득하여 Bretton Woods 조약에 서명토록 하였다. 이들은 IMF (International Monetary Fund)와 세계은행(World Bank)의 설립을 통해 전후(戰後) 경제재건을 약속하였다. 이는 사실상 파산했던 유럽경제를 재건

---

6) 1956년 10월 29일~11월 5일까지 8일간 발생한 전역으로 이집트가 이스라엘 항구 Eilat를 봉쇄하고 수에즈 운하를 국유화하자, 이스라엘(시나이 공세)과 영국·프랑스가 운하를 탈취하고자 이집트를 침공했으나, 1957월 3월 미국은 소련과 합세하여 침공군의 철수를 강요했던 중동의 위기상황이다.

하는 것에 대한 미국의 직접적 자원 제공 공약이었다. 이로 인해 미국 달러화가 세계 공용화폐가 되었다.

Bretton Woods는 통화나 국제기구보다 더 큰 2가지 의미를 보유했다. 미국은 자국 시장(市場)을 조약 참여국에 개방하되 상호적 접근권을 요구하지는 않지만, 미국의 안보정책 수립에 동참하도록 만든 것이다.[7] 1949년 창설된 NATO가 이 정책추진 기구로 부상하였다.

자산이 결여된 Bretton Woods 참여국 시각에서 볼 때, 이는 훌륭한 협상이었다. 미국 시장에의 접근이 재건에 기여한 것이 아니라 종전 후 미국 시장이 사실상 유일한 시장이었다. 독일을 패배시키기 위한 폭격작전은 서유럽의 산업역량 및 기반구조를 거의 파괴하였다. 영국에 소수 분야가 생존해 있었지만 영국은 재건을 위해 향후 수십 년간 부채 하에서 기능해야 하는 거의 파산상태였다. Bretton Woods 참여국의 모든 수출상품이 해양을 통해 미국 시장으로 집결하고 미 해군이 해상교역로의 안전을 보장함에 따라 미국 정부에 적대적인 안보정책을 추진하는 것이 사실상 불가능해진 것이다.[8]

1950년대 중반까지 Bretton Woods는 세계 교역 네트워크의 기반으로서 GATT(General Agreement on Tariffs and Trade)가 되고 곧 이어 WTO(World Trade Organization)로 변신한다. 패권국 미국은 종전 후 세계질서를 주도하며 자국의 경제, 정치, 외교 및 군사정책을 하나의 강건한 체계로 발전시켰을 뿐만 아니라 미국의 해양제패와 세계경제 체제가 소련을 제외한 모든 주요국의 이익에 부합하도록 공고화되었다.

미국의 동맹국들은 국가안보는 물론, 경제도 패권국 미국에 의존하였다는 의미였다. 따라서 해양무역국가로서 미국이 만든 법과 규율에 기반한 해양질서 속에 세계경제는 궁극적으로 미 해군의 해양통제에 의존하였다. 그만큼 미 해군은 제2차 세계대전 종전 후 등장한 미국이 주도하는 패권적 질서의 수호자였다. 그 후 미 해군의 해양통제의 가치는 해상교역에 의존하는 세계경제의 특성 때문에 군사적 의미를 훨씬 뛰어 넘어 세계의 경제성장을 견인하는 요소로 일종의 인류 공공재처럼 인식되며 모든 국가에 많은 혜택을 부여한다. 중국도 대표적인 수혜국이었다.

---

7) "The Geopolitics of the United States, Part 1: The Inevitable Empire," 전게서.
8) "The Geopolitics of the United States," 상게서.

2. 냉전의 출현

하지만, 미국의 패권적 지위는 곧 도전을 받게 된다. 종전 후 전 세계에서 민주·자본주의는 2차에 걸린 세계대전과 세계 대공황의 주범으로 여겨지게 되었다. 프랑스, 이탈리아 자유선거에서 공산당이 20~40%의 지지를 획득하고 유고에서는 티토(Josip Broz Tito)가 집권하였다. 특히 아시아, 아프리카에서 공산주의자들은 국가의 후진성을 식민주의 종주국(宗主國)의 착취 때문이라고 선전하며 공산주의 이념이 반향(反響)하고 있었다. 동·서 냉전이 부상하는 가운데 냉전전략의 설계자들은 소련 공산주의의 팽창을 경고하며 성공적으로 기능하는 정치 및 경제체계를 구축하여 미국이 자유·민주라는 가치와 삶의 방식을 기준으로 하여 용기와 자신감으로 소련 공산주의에 대항해 나가야 한다고 주문하였다.

1946년 2월 모스크바에 주재하던 미국 외교관 케난(George F. Kennan)은 '장문의 전문(Long Telegram)'[9]에서 미국이 소련 공산주의의 확장을 봉쇄하고 경제 및 사회체계를 저해해야 한다며, 즉 소련에 대한 봉쇄(containment)를 권고하였다.

케난은 당시 미국의 핵무기 독점과 군사력 우위로 소련의 전쟁도발을 억제하고 미국의 주도권을 수용하도록 소련에 강요할 수 있다고 제안하면서 봉쇄정책의 핵심으로 서독, 일본 등 주요 산업 중심권을 끌어들이는 소련의 능력을 저지하고 서유럽 민주경제를 재건함으로써 공산당에 대한 지지를 약화시키고 서독의 부활을 강화하는 마아샬 플랜(Marshall Plan)을 제안하였다.

이는 곧 이어 전개되는 냉전 기간 중 미국의 대외정책 노선, 즉 봉쇄전략으로 발전하면서 트루먼 독트린을 출현시키는 촉매역할을 하게 된다.

가. 미·소 냉전의 부상

1946년과 1947년 사이 유럽 및 중동에서 발생한 일련의 사태로 전시(戰時) 연합

---

9) X, "The Sources of Soviet Conduct," *Foreign Affairs*, Vol. 25, no. 4 (1947), pp. 566-582.

국 간의 관계가 더욱 악화되며 동·서 간의 냉전이 부상한다. 소련은 힘의 공백을 틈타 동구(東歐)를 점령하는 한편, 1946년 8월 지중해와 흑해 연안의 전략적 통로인 다르다넬레스(Dardanelles) 해협(海峽)을 통제하려고 시도하였다. 한편 소련 점령군은 1947년이 되어서야 이란에서 철수하였다. 또한 1947년 소련은 코민포름(Cominform)을 창설하기로 결정하였다. 미국의 입장에서 소련 공산주의의 불법적 병합, 정치 쿠데타, 전복 등에 의한 서진(西進)을 더 이상 방치하기 곤란한 상황이 전개되었다.

미국 관료들은 소련 스탈린이 무제한 정복을 획책하고 있다고 경고하기 시작하였다. 소련은 천천히 경제적 전쟁준비 능력을 축적하여 장차 오산(誤算)으로 전쟁이 발발하면, 미국에 대해 장기전을 감행할 것이라고 예측되었다. 만약 프랑스, 이탈리아에서 공산당이 집권하여 소련 진영에 편입되고, 미군이 철수하면서 독일, 일본도 결국 소련진영으로 넘어갈 것이며 공산주의가 자유진영을 흡수하면 미국은 전 세계 자원공급처로부터 고립되고 우방과 격리될 것이라는 우려가 나왔다.

그러나 미 국민들과 트루먼 행정부는 동원해제(군비축소) 및 산업의 재(再) 전환에 더 많은 관심을 기울였다. 유럽, 중동, 동북아시아에서의 소련의 진출을 상쇄하는 데 필요한 자원이 필요하지만, 대외지원(경제재건)이 재무장보다 중요하다고 인식된 것이다. 특히 서독의 재건이 프랑스, 영국, 캐나다는 물론, 미국 안보에 핵심으로 대두하고 극동에서는 당시 진행 중이던 중국 내전에 미국이 연루되기 보다는 일본의 재건이 중요하게 인식되었다. 미국은 새로운 적(敵) 소련과 맞붙기보다는 과거의 적(敵) 독일과 일본을 선택, 지원함으로써 이 두 나라가 과거와 같이 두 대륙의 자원, 산업 기반체계, 양질의 노동력을 이용하여 미국을 공격하고 장기전을 수행하는 일이 다시는 재발하지 못하도록 만드는 것이 급선무였다.

1947년 3월 12일 미국 정부는 소련 위협에 대항하여 그리스, 터키에 대해 군사 개입 없이 경제지원을 결정하며 '트루먼 독트린(Truman Doctrine)'을 발표하였다. 트루먼 독트린은 자유세계라는 이름하에 범세계적으로 소련 주변지역을 따라 미국의 지도력과 영향력을 점진적으로 확대하기 위한 이념적이고 지적(知的)인 기반을 미국에 제공하였다. 1947년 6월에는 마아샬 플랜(Marshall Plan)으로 더욱 잘 알려진 유럽의 부흥계획(ERP: European Recovery Program)이 발표되었다. 이에 대해 소련은 1948년 6월 24일 베를린 봉쇄로 대항하였고 미국·영국은 베를린 공수(空輸) 및 NATO 창설로 대응하였다.[10]

유럽에서 허를 찔린 스탈린은 극동 중국에 지원을 늘리고 김일성을 북한 권력자로 옹립한다. 1949년 8월 소련이 미국에 이어 두 번째로 핵탄두 실험에 성공하자, 미국은 이에 대응, 수소폭탄 개발에 착수하고 장기 냉전 청사진을 수립하기 시작한다. 이것이 결국 1950년 4월 NSC-68(하나의 포괄적 봉쇄전략)이다. 이로서 소련팽창을 봉쇄하는 정책 및 재무장으로 귀결되어 소련의 영향권 주변에 있는 비(非)공산국가들을 강화하고 서방세계의 단합과 힘을 보강하는 정책을 채택하게 되면서 동·서 냉전의 구조화(構造化)가 어느 정도 완성된다. 제2차 세계대전 종전 후 5년 만에 대전 당시 대동맹(grand alliance)이 붕괴되고, 동·서 냉전이 부상한 것이다.

나. 중국의 공산화

한편 1949년 10월 1일 모택동(毛澤東)은 국민당 장개석(蔣介石) 정부를 대만으로 몰아내고 중화인민공화국을 건국하였다. 신생 공산국가 중국은 미국이 국민당 세력을 지원하여 공산주의와 투쟁함으로써 중국이 다시 주(主) 전장(戰場)이 될 것이라고 우려하였다. 중국은 이를 예방하고 국제공산주의 운동에서 자국의 위상을 제고할 목적으로 중국 주변에서 공산혁명을 적극 추진하는 대외정책을 채택하였다. 하지만, 중국에게는 장기간 내전에서의 상처를 치유하며 무엇보다 영토를 보전하고 국가를 통합하는 것이 최우선 과제였다.

(1) 2개의 적(敵)과 동시에 싸워야 하는 미국

한편, 중국이 공산화 되자 루즈벨트 대통령의 '중국 대국론', 즉 패전한 일본 대신 장개석(蔣介石)의 국민당 정부를 아시아의 반공 보루로 삼으려던 미국의 극동전략 기조는 근본적인 변경이 불가피해졌다. 더 나아가 미국은 이제 유럽에서 소련, 아시아·태평양에서 중공이라는 2개의 적(敵)과 동시에 싸워야 하는 아주 불리한 입장이된 것이다. 이에 따라 미국은 정치, 경제 수단으로 중·소간의 알력(軋轢)을 이용하고

---

10) NATO 창설로 미국은 1776년 건국한 이래 1778년 독립전쟁에서 프랑스가 무기를 제공하여 프랑스와 동맹을 체결한 후 170년 만에 동맹관계를 체결하였다. 그 후 미국은 1948~1955년 사이 다수의 유라시아 국가와 동맹관계를 형성한 결과, 오늘날 60여 국(세계인구의 1/4, 세계 GNP의 거의 3/4)과 방위조약을 체결한 상태이다.

중국에 대하여 비(非)간섭주의 및 유화정책을 추구할 시, 중국공산체제는 소련연방과
의 환상에서 벗어날 것이라 희망하였다.

　　이 같은 '중국의 티토화(Titoist China)'에 대한 희망은 중국·대만 문제에 대한 불
개입이라는 대(對) 중국 유화정책으로 표출되었다. 1950년 1월 발표된 미국의 극동
방위선(Defense Perimeter), 소위 '애치슨 라인(Acheson Line)'에서 한국과 대만이 제외된
것도 이러한 희망에서 기인하였다. 대만과 같은 영토를 공개적으로 중국에게 거부하
려는 미국의 그 어떤 기도도 오히려 중국에서 반(反)외세 감정을 유발시킴으로써 중
국을 공산주의 측에 편입하도록 도울 뿐이라는 논리에 기반한 것이었다. 이러한 '중
국의 티토화' 희망은 1950년 2월 중·소 상호방위조약 체결로 인해 한순간 물거품이
되었다. 그럼에도 불구하고 '중국의 티토화' 희망은 냉전 중 미국의 대외정책의 중요
한 부분으로 계속 남는다.

애치슨 라인(Acheson Line)[11]

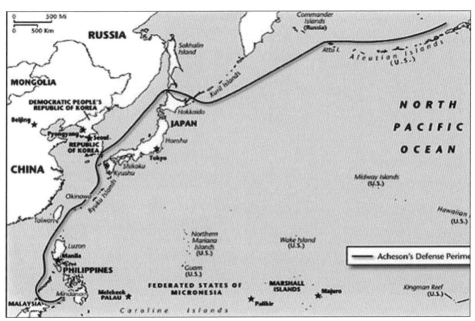

11) 우리문화신문, "미국 국무장관 딘 애치슨, 애치슨 라인 발표," 2020년 1월 9일자. https://www.
　　koya‒culture.com/mobile/article.html?no=122409

한편 냉전의 부상으로 미국의 아·태지역 전략을 수행하기 위한 교두보로서 일본의 가치가 재인식되기 시작하였다. 점령초기 징벌적인 대일(對日) 정책기조인 비무장화 및 산업적 무장해제 정책이 재검토되고 '건전한 민주주의는 배고픔 속에 번성할 수 없다'는 논리에 따라 일본의 경제회복 필요성이 대두되었다. 또한 한정적인 재무장도 허용되기 시작하였다. 태평양전쟁 종전 후 일본 주변에 부설된 총 10만 발의 기뢰를 소해하기 위해 구(舊) 일본해군 소해부대가 존속했는데 이를 기반으로 일본근해에서 밀수, 밀입국, 해적행위 등을 단속하기 위해 1948년 해상보안청(海上保安廳)이 설립되었다. 이는 '일본해군 재건의 제일보'로서 미국이 아·태지역에서 일본을 '극동의 제조창(製造廠),' 또는 '민주주의의 보루'로 만드는 작업이 시작된 것이다.

태평양전쟁 말기 일본근해 부설된 기뢰12)

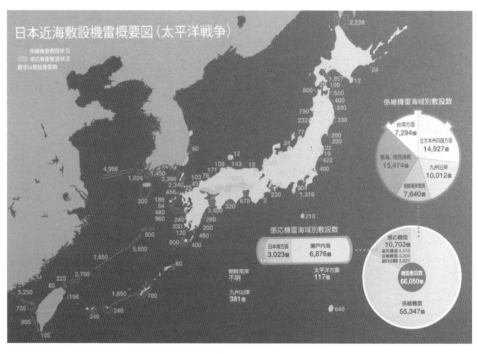

---

12) https://www.jmsdf-kure-museum.go.jp/en/

(2) 중국해군의 탄생

1949년 공산중국이 건국되면서 중국해군이 출현하였다. 현대 중국의 해양전략도 여기서 시작된다. 먼저 모택동에 의해 창설된 초창기 중국해군의 연안방어 전략과 전력 건설(1949~1976)과정을 간략히 살펴보자. 중국해군을 건설할 필요성을 처음으로 인식한 것은 모택동이었다. 첫 번째 이유는 중국공산당이 제대로 된 해군이 없어 대만으로 패주하는 장개석(將介石) 일당을 추격하여 격멸함으로써 대만을 점령할 수가 없었다고 모택동은 반성하였다. 두 번째 이유는 미국이 제기한 위협 때문이었다. 모택동은 신생 중국에 대한 미국의 개입을 우려했다.

모택동은 건국 당시 일본과의 오랜 전쟁과 국민당과의 내전 경험을 바탕으로 한 인민전쟁 전략13)을 견지하였다. 특히 모택동은 대만으로 이동한 국민당이 미국의 지원 하에 대륙으로 침공할 것이라고 우려하였다. 따라서 모택동은 대만 해양작전, 국민당 정부군(國府軍)의 해상봉쇄 등을 고려, 대륙에 근접한 해역, 즉 해안방어 수준의 해군력의 필요성을 인식하였고 인민전쟁전략을 바탕으로 연안방어에 치중한 해상 인민전쟁론을 전개하였다. 이는 열세한 전력을 만회하기 위해 적(敵)을 연안 깊숙이 유인하여 기습한다는 교리로서 잠수함과 고속정 위주의 해상전력으로 섬과 어선군(群) 사이에 함정을 매복시킨 뒤 야간 기습공격으로 적(敵)을 격퇴하는 전략이었다.

모택동의 해상 인민전쟁 개념 하에 1949년 4월 인민해방군해군(PLAN)의 최초부대로서 화동군구(華東軍區, 오늘날 동해함대)해군이 창설되었다. 창설된 중국해군의 초기 전력은 일본해군과 국부(國府)해군으로부터 획득한 포함(砲艦), 해방함(海防艦), LST 등 구식함정들로 구성되었고 해군작전에 대한 기본지식이나 과학·기술의 중요성에 대한 인식은 매우 낮았다. 한국전쟁이후 1950년대 신생 중국해군의 운용핵심은 지상군과 협력하여 영토·영해 주권의 독립성을 중시하고 대만해군의 중국본토 공격에 대한 방어와 대만이 보유한 연안도서, 즉 금문(金門)과 마조(馬祖)에 대한 점령작전이 주(主)였다.

그 이후 중국해군의 대부분 함정들이 소련의 지원 하에 건조되고 중국해군의 '소련해군 따라 배우기'는 중·소 갈등이 발생하는 1960년대 중반까지 지속되었다.14) 중·

---

13) 인민전쟁전략은 기본적으로 적군을 자기 영토 깊숙이 끌어들인 뒤 정규군과 민병대를 집중시켜 유격전 및 지구전을 수행하여 적군을 포위 섬멸한다는 개념이다.

14) 모택동은 육군사령관이었던 숙경광(蕭勁光)을 해군사령관으로 임명하였다. 그는 소련 유학 경

소 관계가 악화됨에 따라 1958년 모택동은 소련을 배우고 자신을 비하하는 것은 잘못된 것이었다며 소련을 모방하는 것보다 중국해군의 독자 전략을 채택하기로 결정했다. 이에 따라 종전의 인민전쟁 전략을 확대해 바다에 적용한 '해상 게릴라 전략'이 등장하였다.[15] 이는 육상 포병과 항공의 엄호아래 어뢰정, 소형 잠수함 등을 이용하여 해안에서 공격해오는 적을 습격한다는 전략이었다. 이에 중국해군은 당분간 '해안방어 전략'을 이행할 수 있는 '바다의 만리장성'을 건설하기 위해 잠수함과 어뢰정 등을 자력으로 건조하였다.

특히 신생 중국의 해방(海防)전략으로서 모택동의 해양전략사상에는 세 가지 특징, 즉 '반(反) 해양패권', '근안방위(近岸防衛)', '경제건설' 등 주권과 영토를 수호하기 위한 정책/전략이 반영되었다.

먼저 반(反) 해양패권은 적대세력, 특히 미국이 중국을 에워싼 해양에 있어서 패권적 영향력을 행사하는 것에 대항하는 전략이었다.[16] 당시 냉전이 부상하는 과정에서 미국은 한국, 일본, 필리핀, 대만 등 아·태지역에서 중요한 전략적 위치를 점유하며 소련·중국 공산주의의 확장을 억제하는 태세를 구축하고 있었다. 중국은 이를 중국 본토를 봉쇄하려는 반달형 포위망 구축으로 인식하였다. 특히 중국은 한국전쟁이 진행되는 동안 체결된 미·일 동맹 조약 의거 재탄생한 일본해군에 대한 경계감, 일본의 군국주의로의 회귀를 우려하였다. 이러한 환경에서 1970년대까지 중국 해양전략의 핵심은 영토보전과 주권을 확립하고 미국의 반공(反共) 해양봉쇄에 대처하는 것이 되었다.

특히 한국전쟁 이후 1954년 12월 미·대만 상호방위조약이 체결되었을 때, 중국은 미국에 세 가지, 즉 7함대를 철수하고, 대만문제에 간섭하지 말고 동남아시아와 동일한 공동방위조약을 체결하지 않을 것, 그리고 일본 재무장의 불실시를 요구하였

험이 있었고 러시아어를 할 수 있었기 때문이었다. 이는 zero(0) base에서 시작하는 중국해군은 당시 공산종주국 소련해군으로부터 모든 것을 배울 수 있다는 논리에서 기인하였다. 福山隆, "中国海軍今日までの歩み(前半)," 戰略檢討フォーラム 2015年12月4日. http://j-strategy.com/series/tf1/1590

15) Steve Micallef, "China's Defense & Foreign Policy Topic Week," *CIMSEC*, November 27, 2017.

16) 모택동 주석이 1953년 2월 19일 長江艦 방문 중, '제국주의 침략에 대응하기 위해 강대한 해군을 건설해야 한다(为了反对帝国主义的侵略 我们一定要建立强大的海军)'고 썼다. 李长空, "毛主席三次为人民海军题词,背后还有这样的故事," 『解放軍報』, 2021年 5月 7日.

다. 그 후 1958년 9월 4일 중국은 영해에 관한 성명을 발표하였는데 영해 폭은 12해리, 직선기선, 외국 항공기와 군용선박의 영해·영공 통과 시 중국정부의 사전승인 요구, 대만문제는 중국의 내정(內政)으로서 외국의 불간섭 및 중국이 그 회수(回收)할 권리를 보유하고 있다는 점을 선언하였다.[17]

모택동의 해양전략사상의 두 번째 특징은 근안방어(近岸防禦)였다. 모택동의 해양에 대한 인식은 유해무방(有海無防), 즉 중국은 바다에 연해 있으나 해방(海防)이 없는 상황에 있기 때문에 서구 침략자들이 바다로 상륙, 침공함으로써 과거 '치욕의 역사'가 유발했다는 생각에서 유래한다. 즉, 1839년부터 중국의 건국까지 '100년 이상 아편전쟁, 청일전쟁 등 침략자 모두가 해상으로부터 중국을 침략하여 전쟁에 이르렀다. 중국은 부서지고 쪼개지고 국토가 할양되고 배상금을 지불하였다. 정부가 부패하였고 동시에 사용할 수 있는 해군과 해방(海防)이 없었기 때문이었다.'[18] 모택동은 1949년부터 제국주의 침략에 반대하기 때문에 중국은 반드시 강대한 해군을 건설하지 않으면 안 된다고 주장하며 화동군구해군을 창설한 것이다.

초기 중국해군이 지향하는 해방(海防)의 범위는 근안(近岸)으로 해안선과 영해 방어가 그 핵심이며 반드시 조국통일을 완성하고 근안을 방어하며, 제국주의의 침략도 방어 가능한 해군으로서 적(敵)을 위협 가능한 정도의 능력을 보유하는 것이 해군력 건설의 목표로 설정되었다. 모택동 시대에서 이러한 능력을 갖는 것은 잠수함의 보유로 인식되었다. 1958년 6월 '해군건설에 관한 결의'에서 해군의 발전으로 수상함대의 편성 이외에 잠수함을 주로 하는 하이테크놀로지를 채택한 장비의 현대화가 강조되었다. 모택동은 '1만년의 시간이 걸려도 핵잠수함을 만들 것'이라고 핵잠수함의 중요성을 언급하였다.[19] 그 결과, 오늘날 핵잠수함은 중국해군이 보유한 전력의 핵심으로 자리 잡았다.

모택동의 해양전략사상의 마지막 특징은 경제건설이다. 즉 연해(沿海)지역을 공업기지화 하여 경제발전을 이용한 해방(海防)건설을 촉진하는 전략을 모색했다는 점

---

17) 당시 중국은 성명서에서 남중국해상 서사, 남사, 동사군도(東沙群島)를 포함, 동해상 모든 12해리 이내가 중국 영해라고 주장했다. *Inside VINA*, 2020년 4월 24일. http://www.insidevina.com

18) 福山隆, "中国海軍今日までの歩み(前半)," 전게서.

19) Lyle J. Goldstein, "China's 'Long March' to a Credible Nuclear Attack Submarine," *The National Interest*, April 30, 2019.

이다. 모택동은 '원자폭탄이 우리 머리 위에 있다고 모두 낙하해 올 것이라고 생각하는 것은 비현실적'이라 언급하였다. 그는 당분간 전쟁은 없고 만약 전쟁이 발생한다 해도 공업지대를 이전할 수도 있다며 연해(沿海)공업 발전전략을 지시하였다. 또 그는 '경제발전을 가속시키면 국방건설에 매진할 수 있다'고 인식하였다. 훗날 중국이 미국의 개입정책(engagement policy)을 통해 경제건설을 먼저 추진하면서 현대식 해군건설에 필요한 재원과 과학기술을 축적하려고 모색한 것은 이러한 모택동의 해양전략 구상에 포함되어 있었기 때문이라 볼 수 있다.

비록 신생 중국해군은 중국 국민당과 공산당 간의 내전 중 거의 유명무실한 존재로 출범했지만, 중국의 영토보전, 주권 수호라는 명확한 사명을 가지고 특히 미국이나 국부해군으로부터 근안(近岸) 침략을 유효하게 방어하는 사명을 띠고 출범하였다. 특히 미국 위협, 즉 미국의 해양봉쇄에 대한 반(反) 해양패권은 1970년대 이전까지 중국 해양안보 전략의 핵심이 되었다. 그 후 중·소 대립 이후에는 소련의 핵전력에 대항하여 독자적인 전략핵미사일 전력을 구축하는 것도 중국 해양전략의 중요한 사명이 되었다.

결국, 중국 건국과 함께 출범한 중국해군은 전력의 열세에서 극히 방어적인 전략을 채택하였으나 등소평이 국가지도자로 등장한 이후 미국의 개입정책과 맞물려 개혁·개방을 추진하며 급속도로 경제가 성장하면서 해군력 현대화를 위한 자본과 기술을 도입하며 서서히 변화하기 시작한다.

다. 한국전쟁: 극동으로 확장되는 미·소 냉전

(1) 한국전쟁의 서막

이러한 가운데 한반도에서 전쟁의 기운이 싹트고 있었다. 일찍이 1949년 3월 김일성(金日成)은 모스크바에 가서 스탈린에게 남침에 대한 지원을 요청하였으나, 스탈린은 중공군이 내전 중이고 남한 내 미군주둔 등으로 이를 불허하였다. 그러나 1950년 봄부터 상황이 급변하였다. 중공 정권이 출범하였고 미군이 한국에서 철수하였으며 소련도 핵무기 개발에 성공하면서 미국의 핵무기 독점이 종식되었다. 1950년 2월 14일 소련과 중국은 우호동맹 상호원조 조약을 체결함으로써 하나의 (monolithic) 군사동맹으로 연결되었다. 이는 미·소 냉전이 '전초전 단계에서 본격적인 동·서 대결의 새로운 단계로 이행하는 것을 상징하는 이정표'였다. 이제 미국은 2개의 전선(戰線)에서 싸워야 하는 새로운 현실에 직면한 것이다.

결국 1950년 4월 스탈린은 필요시 모택동이 북한에 증원전력을 지원하는 것에 동의한다는 조건 하에 북한의 침공을 승인하되, 소련군은 미국과의 직접적 전쟁을 예방하기 위해 참전 않기로 결정하였다. 1950년 5월 김일성과 만난 모택동은 미국 참전을 우려했으나 당시 소련이 약속한 경제, 군사지원이 너무나 절실하여 중국의 지원(참전)에 동의하였고 중국 인민해방군 내 조선족 병력을 우선 한국전쟁에 참전시키되 중국병력은 조·중 국경 인근에 배치하기로 약속하였다.

한편 미 CIA는 북한군의 남진(南進) 징후를 포착했으나 방어적 조치로 보고 침공은 일어나지 않을 것(unlikely)으로 판단했으며 1950년 6월 23일 즉 남침 직전까지도 UN 감시단은 국경점검 후 전쟁 징후를 미(未) 포착하였다.

(2) 북한의 전면 남침(南侵)

1950년 6월 25일 북한은 38도선 전역에 대한 전면(全面) 남침을 감행하였다. 북한의 남침이 시작되자 UN과 미국은 중·소, 북한이 예측하지 못했을 정도로 신속하게 대응하였다. 6월 25일(이하 미국시간) UN 안보리는 북한의 침략행위를 규탄하며 즉각 철군을 요구하는 한편, 모든 회원국에 결의안 시행에 필요한 지원을 제공할 것과 북한에 대한 지원제한을 요구하였다. 6월 26일 저녁 트루먼(Harry S. Truman) 대통령은 맥아더(Douglas MacArthur) 장군에게 한국에 장비 및 보급을 지원하도록 승인하였다. 6월 27일 12:00시(이하 미국시간) 트루먼 대통령은 미 해·공군에게 한국 정부군을 지원하도록 명령하였다. 주일(駐日) 미군도 한국전선으로 투입하도록 지시가 하달되고 타국도 지원군을 준비하였다.[20]

---

20) 그러나 태평양 전쟁 종전 후 급격한 군비축소 과정에 있던 미군은 사전 전쟁준비가 매우 불비(不備)했다. 1950년까지 미국은 외부위협의 꾸준한 증가에도 불구하고 Truman 대통령의 방위감축 계획을 철저하게 이행하였다. 그 결과, 북한이 남침했을 시 그 초기대응 조치로 트루먼 대통령은 북한에 대한 해군봉쇄를 요구했으나 이를 수행할 해군력이 부재(不在)하여 포기하였고 미 육군도 전선에 사용할 모든 장비·물자부족으로 초전에서 많은 전투손실을 입었다. Louis A. Johnson 당시 국방장관은 책임을 지고 1950년 9월 사퇴하고 후임으로 George C. Marshall 장군이 임명되었다.

이처럼 북한의 남침 초기에 미국이나 UN이 신속하게 대응할 수 있었던 요인은 첫째, 당시 소련의 UN 안보리 자격이 일시 유보되어 소련이 불참하였고 둘째, 근거리에 있던 주일 미 점령군을 한반도 전선으로 신속하게 투입이 가능하였기 때문이었다.[21] 이를 통해 미군이 소위 '거리와 시간의 전횡(tyranny of distance and time)'에 구애받지 않았던 것이다. 이는 한반도 유사 시 주일 UN 후방기지의 중요성을 대변(代辯)하는 전례(前例)이다.

한편, 한국이 미국의 아시아 전략방위권, 소위 애치슨 라인(Acheson Line) 내에 포함되지 않았음에도 미국이 한국전에 개입하게 된 배경은 몇 가지가 있지만, 그 중에서 미국의 대(對)일본 정책에 대한 고려사항에서 기인한다고 전해진다. 즉 한국과 관련된 미국의 직접적 국익은 없었으나 1949년 10월 중국이 공산세력에 함락하자 일본이 지역에서 소련과 중국에 맞서는 중요한 대항세력으로 간주되는 상황에서 일본과의 지리적 근접성이 한국의 전략적 중요성을 제고시키고 일본의 안보는 비(非)적대적인 한국을 요구한다는 인식이 트루먼 대통령으로 하여금 한국전쟁에 개입하도록 유도한 것이다.

1950년 6월 26일 UN 안보리는 결의안 82호로 북한의 공격을 '침공행위'로 규탄하였다. 이는 중국이 출범하였는데 불구하고 대만이 UN 안보리 상임이사국으로서 자격을 유지하는 것에 반대하여 소련이 1950년 1월부터 안보리 회의를 보이콧(불참)했기 때문에 가능했다는 것이 통설(通說)이었다. 그러나 이에 대한 반론으로 최근 비밀 해제된 소련의 자료를 분석한 결과, 소련이 중국을 견제하기 위해 미국과 싸우도록 하려고 의도적으로 안보리에 불참했다는 주장도 존재한다. 라종일 교수는 다음과 같이 주장한다[22]:

> 스탈린은 중국 내전에서 어느 편도 중국을 통일하는 승자로 부상하는 것을 바라지 않았다 … 일관된 입장은 어느 한쪽이 대륙의 승자로 부상하는 걸 저지한다는 것이었다 … 스탈린이 통일 중국의 부상을 저지하려 한 데는 주로 두 가지 이유가 있었다. 첫째는 대전 후 약체 국민당 정부에서 확보한 중국 동북 지역의 특혜였다. 통일된 중국정부는 누구이건 이것을 회수하려 할 것이었다. 실제로 모

---

21) 당시 일본에 미 육군 4개, 즉 7, 24, 25, 제1기병 사단이 점령군으로 일본 각지에 주둔하고 있었다.

22) 라종일, "70년전 1월 30일… 스탈린은 전쟁을 허락했다,"『조선일보』, 2020년 2월 1일 B11면.

택동과 스탈린의 첫 회동에서 가장 중요한 문제로 부상한 것은 이 문제였다. 둘째
로는 최고 권력은 하나여야 한다는 명제다. 스탈린은 사회주의 진영에 두 거인이
있게 되는 경우 필연적으로 내부에 갈등과 분열이 발생하리라 생각했을 것이다 …
만약 한국에서 미국이 중국과 충돌하게 되면 그것이야말로 스탈린이 바라는 바였
다. 미국이 이 지역에서 전쟁에 빠져 있는 시기에 자신은 양대 세력 각축의 주
(主) 전장인 유럽에서 세력을 확장할 수 있다.

중국은 개전 초부터 필요시 언제라도 참전할 준비를 하고 있었다. 1950년 7월
중국정부는 필요시 전쟁에 개입하기 위해 북동(北東)국경방어군을 편성하였다. 8월
20일 주은래(周恩來)는 UN에 '북한은 중국의 이웃, 중국은 한국문제 해결에 관심을 가
질 수밖에 없다'고 언급하였고 그 후 제3국 외교관을 통해 '중국의 국가안보를 위해
한국 내 UN 사령부에 대항하여 개입할 것'이라는 의사를 전달하였다. 미 트루먼은 중
국의 의사를 UN에 대한 협박이라며 무시하였다. 1950년 10월 1일 UN군이 북한지역
으로 진입한 후 소련은 자국군은 직접 개입하지 않을 것을 재확인하는 한편, 김일성
이 중공군의 개입을 강력하게 요청함에 따라 중국에 5∼6개의 사단을 북한에 지원하
도록 요청하였다고 전해진다.

한편 1950년 8월 4일 계획했던 중공군의 대만 침공이 미 7함대가 대만 해협에
배치되면서 취소되자, 모택동(毛澤東)은 대만 침공전력을 북동국경군으로 재편 후 인
민자원군(People's Volunteer Army: PVA)으로 지정하였다. 1950년 10월 10일 주은래는
흑해(黑海)지역으로 가서 스탈린과 만나 소련이 군사장비 및 탄약을 지원하되 신용판
매 원칙이고 소련 공군은 불상(不詳)기간 동안 중국 공역(空域)에서만 비행하기로 합
의하였다.

1950년 10월 19일 비밀리에 압록강을
도하한 중공군은 10월 25일 조·중 국경 부
근의 UN군을 기습 공격하였다. 미·중간의
최초교전은 11월 1일 운산(雲山)에서 발생하
였다. 중국이 UN과 미국에 적대국임을 분명
히 한 것이다. 중공군의 참전으로 전세가 다
시 역전되며 UN군은 청천강 이남으로 후퇴

하였다. 12월 24일 미 육군 10군단은 흥남에서 철수하였는데 이때 화물선 193척분의 인력(군 105,000명, 민간인 98,000명)과 장비(차량 17,500대, 350,000톤의 보급품)가 부산으로 철수하였다. 유명한 흥남 철수작전이었다. 특히 미국 상선 Meredith Victory호는 세계 최대의 구조인력인 14,000명의 피난민을 수송하였다.

한편, 1951년 4월 11일 트루먼은 맥아더를 해임하였는데 그 이유는 중공군이 불참할 것으로 상황을 오판하였고,[23] 핵무기 사용권한을 자신이 보유한다고 인식하면서 중공군 섬멸을 주장하였다는 것이었다. 1951년 6월 맥아더는 미 의회 청문회에 소환되어 군 통수권자의 명령 불복 및 헌법위반으로 문책되었다. 맥아더는 제한전을 불필요하게 확전하여 이미 과도하게 퍼져있던 많은 인력과 자원을 소모했다는 이유로 해임된 것이다.[24]

중국의 참전으로 전세가 역전되는 가운데 연합군 내에서 핵무기의 사용 문제가 등장했으나 미국은 핵무기를 한반도 전장(戰場)에 배치하지 않는 것으로 최종 결정하였다. 그 배경으로 핵무기의 가공할 파괴력에도 불구하고, 중공군·북한군의 전술집결지나 산업지대가 부재(不在)하였고, 폭격기도 대부분은 소련에 대항하는 데 사용하려고 예비(豫備)한 관계로 소수만 가용한 점, 핵무기는 중공군의 동원 및 이동에 대하여 제한된 효과만 보유하고 중국 인민들로 하여금 공산정부를 지원하도록 유도하는 역선전 효과만 유발할 것으로 우려되었다. 또한 비핵국가에 대해, 그다지 작전적 가치도 없는 전쟁에서 미국의 핵무기 사용은 장차분쟁에서 핵무기 사용의 문턱을 낮추게 할 것이라는 점 등이 고려되었다.

결국 한국전쟁은 제2차 세계대전 종전 후 벌어진 최초의 국제전쟁으로서 피아(彼我) 간에 많은 피해만 남긴 채 정전(停戰)상태로 오늘에 이른다. 한국전쟁은 부상 중인 냉전을 세계적인 것으로 변화시켜 냉전이 더 이상 분단(分斷) 독일에만 초점이 맞추어진 것이 아닌 현상으로 만들었다. 즉 동·서 냉전이 아시아에서 결국 한반도에서의 열전(熱戰)으로 전화(轉化)된 것이다. 이로 인해 NSC-68에서 분석한 공산주의

---

23) 1950년 10월 15일 트루먼은 맥아더 장군과 Wake Island에서 회동하였는데 맥아더는 공중엄호 없이 중공군은 개입하기가 힘들 것으로 판단하였다.
24) 당시 전술역량의 80~85%, 전략역량의 1/4, 공군 방공전력의 20%가 관여하며 한반도 내 전투수행에만 미국 항공력의 상당 부분을 고착시키던 상황에서 중국으로의 확전은 소련 개입을 유도하고 극동 소련군은 35개 사단, 50만 명과 85척의 잠수함을 보유하며 미군을 압도하여 중공군이 동남아를 석권하도록 지원할 것이라고 우려되었다.

위협을 보다 현실적인 것으로 만들었다. 특히 1950년 10월 중국의 한국전 개입은 중국과 소련이 분리할 수 없는 하나의(monolithic) 공산세력으로서 미국의 희망, 즉 '중국의 티토화'는 결국 실현되지 않을 것이라는 점을 확신시켰다.

이 후 미국의 안보공약은 범세계적 수준으로 신속하게 확장되기 시작하였다. 극동지역은 갑자기 '전투지역(Theater of Combat)'이 되면서 아시아 전체의 무장화(Militarization of Asia) 노선이 급격하게 추진된다. 아시아에서 미국의 연안 방위선, 소위 '애치슨 라인'은 종전의 일본-류큐(琉球)열도-필리핀-호주-뉴질랜드에서 한국과 대만을 포함 확대, 공표되고 미국은 대만 사태와 제1차 인도차이나(베트남) 전쟁(1946-1954)에도 전면 개입하게 된다. 즉, 동남아에서 중국공산주의의 영향력 팽창에 대한 우려로 미국이 베트남전에 개입하게 된다.

연세대 박명림 교수는 한국전쟁을 계기로 "미국은 동아시아 안보문제에 관한 한 역할과 발언권 측면에서 확고부동한 동아시아국가로 변전했다. 미국은 비로소 아시아-태평양 국가가 된 것"이라고 분석한다.[25] 더 나아가 미국은 중국 주변에 일련의 군사적 동맹관계(호주, 뉴질랜드, 한국, 대만 및 SEATO 등)를 구축한다. 한국전쟁 이후 미국은 제2차 세계대전 종전 후 견지해 온 온건적 대외정책 노선에서 다소 왜곡되고 경직된 통합주의적(integrationist) 책략을 채택하게 된 것이다.

한국전쟁의 와중에 특히 '아시아의 반공 보루'로서 일본의 실질적 재무장이 본격 시작되었다. 미 육군 점령군 4개 사단이 한국전에 참전하게 됨에 따라 '힘의 진공상태는 공산주의의 침략을 부른다'는 전제 하에 그 공백을 보충하기 위해서 일본 내 치안부대로서 현재 육상자위대의 전신(前身)인 경찰예비대(警察豫備隊, 75,000명)가 창설된다. 일본 주변해역에서 기뢰를 소해하던 해상보안청도 8천 명 정도로 병력이 증원되었다.

주지할 만한 사항으로 한국전쟁 중에 UN군 지휘 하에 해상보안청 소속 소해정 20척이 1950년 10월 중순부터 약 2개월간 인천, 원산, 군산, 진남포, 해주 등에서 비밀리에 소해작업을 실시하다 이 중 2척이 침몰했다는 점이다. 이러한 일본 해상보안청의 기여는 이후 추진된 일본 해상방위력 재건과정에서 미국이 커다란 도움을 주게 되는 계기가 된다.

---

25) 박명림, "박명림의 한국전쟁 깊이 읽기, ④ 현대 동아시아 국제질서와 한국전쟁," http://www.hani.co.kr/arti/politics/defense/596020.html#csidx066cb3fa408e50ea5528cae8709ab16

한국전 당시 원산 근해 기뢰전

Photo # 80-G-421899 Minesweepers at work off Wonsan, Korea. 1950

(3) 한국전쟁이 미·중 관계에 미친 영향

중국은 한국전쟁에 참전함으로써 건국 직후 정부가 국내권력을 미처 공고화하기도 전에 세계 최강의 반공국가 미국에 대항하는 격이 되었다. 모택동은 중국의 개입은 완충지대로서 북한을 유지해야 할 필요성도 있지만, 미국이 참전하면서 어차피 미·중간 교전이 불가피해졌으며 소련을 회유하여 군사원조를 얻어내어 세계적 군사강국이 되는 목표를 달성 가능하다고 인식했기 때문이다. 또한, 모택동은 당시 스탈린이 자신을 신뢰하지 않아 중국이 한국전에 개입한 이후에야 비로소 긍정적으로 평가할 것이라고 인식했다는 설(說)도 있다. 향후 전개되는 중·소간의 갈등을 고려할 시 충분히 일리(一理)가 있는 내용이다. 또한 모택동은 자신의 관심이 국제적임을 과시함으로써 국내 공산당 무대에서 자신의 위상을 확고히 하려고 참전을 결정했다는 시각도 있다. 즉 중국 내부에서 한국전쟁은 공산당의 정통성을 제고시키는 반면, 반공 저항 세력의 입지는 약화시키기 때문에 참전을 결정했다는 분석과 일맥상통한다.[26]

한편 신생 중국이 세계 최강 미국과 교전하여 군사 교착상태까지 싸웠다는 점을 지적하며 박명림은 다음과 같이 평가한다[27]:

---

26) 모택동은 한국전쟁에의 참전을 통해 대규모 캠페인(운동)의 유용성을 발견하고 훗날 문화혁명 등을 일으켜 본인의 통치력 강화 수단으로 활용하기도 하였다는 지적도 있다. 또한 한국전에서 중공의 선전활동으로 심어진 반미(反美) 정서가 일종의 중국문화로서 각인되었다는 분석도 있다.

27) 박명림, "박명림의 한국전쟁 깊이 읽기, ④ 현대 동아시아 국제질서와 한국전쟁," 전게서.

한국전쟁은 신생 중국을 동아시아 지역강국으로 부상시키고 중국분단을 고착시킨 동시에, 미래 세계대국의 초석을 놓은 계기였다. 한국전쟁은 중국이 세계 최강 미국에 맞서 비김으로써 급격하게 대국으로 부상하는 결정적 계기였다. 실제로 한국전쟁의 정전협정은 19세기 중반 이후의 숱한 불평등 조약들을 딛고 중국이 서구국가들과 대등하게 맺은 최초의 협정이었다. 아편전쟁에서 영국에, 청일전쟁에서 일본에 당한 패퇴를 고려할 때, 건국 1년도 안 된 중국이 최강대국 미국에 맞서 비긴 사건은 세계사적 충격이자 반전이었다. 서세동점(西勢東漸)의 시대가 끝난 것이었다. 나아가 세계 최강과 건곤일척을 겨룬 대전은 새 지도자 마오쩌둥의 권력 장악을 확고히 하였고, 건국 직후의 내부 이질요소들을 척결하는 절호의 기회였다. 한국전쟁은 신생 중국의 국제관계, 국가통일, 국민통합의 일대 분수령이었던 것이다 … 이는 한국전쟁의 유산을 극복하는 과정이었던 데탕트와 미·중 국교정상화를 거치면서 점차 세계적 차원에서도 미·중 양강(兩强)구도의 장기 초석을 놓게 된다. 한국전쟁이 G-2 구도의 시발요인이었던 것이다.

지난 100년 전 일본이나 서구 열강과의 치욕스러운 과거와 대조됨으로써 한국전쟁이 중공군과 중국공산당의 능력을 과시하는 계기가 되었다는 의미이다. 더 나아가 박명림은 한국전쟁이 중·소 관계에도 중요한 영향을 미쳤다고 지적하며 다음과 같이 분석 한다28):

전전(戰前) 명백했던 사회주의 종주국 소련의 위상은 한국전쟁을 계기로 동아시아에서 현저하게 추락하였다. 중국혁명, 한국전쟁 결정 및 중국 참전, 무기지원, 휴전과정에서 계속된 스탈린-마오쩌둥의 '불안한 동맹-날카로운 신경전'은 소련 공산당과 중국 공산당의 오래된 긴장을 더욱 심화시키며, 한국전쟁의 종식 및 스탈린의 사망을 계기로 미국을 둘러싼 견해의 충돌로까지 이어졌다. 미국과 직접 충돌했던 중국은 단기적으로 더욱 반미(反美)적이며 급진적인 노선을 추구하였고, 소련은 그 반대였다 … 미·중 전쟁에 이은 중·소 갈등은 매우 이른 시점부터 중국이 소련을 제치고 동아시아 문제의 중심국가로 부상하도록 만들었다 … 물론 중국의 참전으로 북한이 구출되면서 북한 문제에 관한 한 건국자인 소련보다 구원자인 중국의 발언권이 비교할 수 없이 강화되었다. 결국 한국전쟁으로 구축된 '남한-미국-일본 연대' 對 '북한-중국-소련 연대' 사이의 균형추는 전자(前者)로 크게 기울 수밖에 없었다.

---

28) 박명림, 상게서.

그러나 중공군의 한국전 참전과 그로 인한 미·중간의 교전은 미·중 관계에 장기적인 영향을 미치게 된다. 무엇보다도 미국은 대만 국민당 정부의 안전을 보장하고 오늘날까지 대만이 중국의 통제범위 외곽에 위치하도록 유도하며 더 나아가 오늘날 미·중 패권경쟁의 시발요인이 된 것이다.

한편 해양전략 차원에서 한국전쟁은 해외에서 전력투사 능력의 과시로 미 해군 항공모함의 입지를 극적으로 신장시키는 결과를 낳았다.[29] 제2차 세계대전 종전 후 미 해군이 세계최강으로 대두했지만, 미국 내에서 항모가 적(敵)의 해상 및 공중공격에 취약하고, 공군력에 비해 작전 수행능력이 열세하며, 대륙국가 내에 있는 표적을 타격하는 데 유용하지 않다는 주장이 설득력을 얻게 되고, 항모의 존재가치 자체가 의심받는 상황이 형성되었다. 그 결과, 전후 대대적인 전력감축 과정 중에 항모가 최우선 감축 대상으로 여겨지던 와중에 극동에서 한국전쟁이 발발한 것이다.

이 전쟁에서 미 해군 항공모함은 북한 지역에서의 지상전을 지원하며 결정적인 전력투사 수단으로서 완벽한 임무수행 능력을 과시하였다. 이를 통해 항공모함이야말로 세계 도처에서 미국의 힘과 영향력을 과시하는 군사적 현시(顯示)를 제공하고 자유로운 교역의 흐름을 보장하는 한편, 지역의 해양안보를 지원하고, 인도적 위기에 대응하는 핵심 국가정책 수단으로서 그 가치가 재(再)입증된 것이다.[30]

라. 미·중 대립: 제1, 2차 대만해협 위기

1949년 내전 끝에 공산 중국이 탄생하자, 미국은 대만(국민당)정부를 중국의 유일한 합법정부로 인정하였다. 당시 대만은 대만본토, 해남도(海南島), 팽호(澎湖), 중국 동남 연안의 금문(金門), 마조(馬祖) 등으로 구성되었다. 그러나 중국은 1950년 5월 1일 2달간의 격전 끝에 해남도를 점령했다. 이로써 중국은 대륙을 완전히 석권했다. 당시 냉전이 부상하고 있었지만, 미국은 국공내전을 이념대결보다는 군벌 간의 권력다툼 정도로 인식하였고 내전과정에서 국민당의 부정부패와 무능에 이골이 나서 무

---

29) The United States Navy, the United States Marine Corps, and the United States Coast Guard, *Naval Doctrine Publication (NDP) 1, Naval Warfare*, April 2020, p. 3.

30) 김인승, "한국형 항공모함 도입계획과 6.25 전쟁기 해상항공작전의 함의,"『국방정책연구』제35권 제4호 (2019년 겨울호), pp. 104-34.

관심하게 대했다. 1950년 1월 5일 트루먼 미 대통령은 대만해협에서 어떠한 분쟁에도 개입하지 않을 것과 중공의 침공 시에도 일절 개입하지 않는다는 '대만 불간섭 성명'을 발표하였다.

그러나 동년(同年) 6월 25일 한국전쟁이 발발하자, 미국의 입장은 급변한다. 미국은 공산주의가 정치선동을 넘어 독립국가를 정복하기 위해 무력침공과 전쟁도 불사할 것이 분명하다며 대만해협의 중립화가 미국에 있어 최대 관심사라고 표명하며 사실상 대만을 미국의 보호 하에 두고 미 7함대를 대만해협으로 파견함으로써 중국과 대만 사이의 분쟁을 예방하였다. 이는 동시에 대만의 중공본토 공격을 억제하고자 한 것이었다.

한편 한국전쟁이 발발하자 중국은 한국전쟁에의 참전을 염두에 두고 대만 침공부대를 북동국경군(만주)으로 이동시켰다. 덕분에 대만은 극적으로 살아날 수 있었다. 그러나 한국전쟁이 정전(停戰)되자 다시 대만해협에서 위기가 발생했다.

(1) 제1차: 1954년 8월-1955년 4월

일본은 태평양전쟁 종식 후 항복문서를 통해 대만을 국민당 정부에 반환하기로 이미 합의했고, 대만의 정치적 위상은 연합군의 신탁 하에 있었지만, 1951년 San Francisco 평화협정에서 이에 관한 조항을 포함하지 않았다. 즉 패전국 일본은 주권을 명시하지 않고 대만 국민당 정부에 대만의 행정권을 반환한 것이다. 트루먼 대통령은 중국을 공산주의에 빼앗긴 점과 대만 장개석의 중국 탈환기도를 막고 있는 점에 대해 미국 내 반공주의자들로부터 많은 비판에 직면한 후 1952년 대선(大選)에 불출마하기로 결정하였다. 1952년 2월 새로 선출된 아이젠하워 대통령은 7함대의 대만해협 봉쇄를 해제하며 반공주의자들의 요구에 부응하였다.

한편, 1954년 8월 대만은 금문(金門)에 58,000명, 마조(馬祖)에 15,000명의 병력을 배치하고 방어망을 구축하였다. 이에 대해 8월 11일 주은래는 '대만은 반드시 해방될 것'이라며 인민해방군을 두 섬에 출동시키고 두 섬을 포격하며 도발하였다. 당시 한국전쟁이 막 휴전된 상태에서 중국의 대만 도발은 공산주의의 아시아 팽창이라는 우려를 미국에 강하게 인식시켰다. 미 합참(合參)은 중국이 금문(金門)에 상륙할 시 핵무기 사용도 불사하겠다며 압박하였고 같은 해 12월 미·대만 간의 상호방위조약(중국 연안의 대만도서에는 적용하지 않음)을 체결하여 대만의 응전(應戰)을 자제시켰다.[31]

1955년 1월 중국이 저장성 연안의 대만도서 이장산다오(一江山島)를 장악하자 미 의회는 대만 결의안을 채택하며 미 행정부의 군사력 사용권한을 승인하였다. 1955년 4월 23일 중국은 협상 용의가 있음을 언급함으로써 위기가 진정되고 5월 1일 포격은 중지되었다. 1차 위기가 일단 진정되었으나 근본적 문제는 미해결되어 3년 후 똑같은 위기가 발생한다.

한편 모택동은 이 위기를 통해 미국의 핵 위협을 부각시켜 중국의 핵 및 미사일 개발을 위한 계기로 사용하려고 의도적으로 도발했다는 시각도 있다. 이후 중국 당 정치위원회(politburo)는 핵무기 개발에 착수하는 것을 승인하고 중국은 1964년 이에 성공하였다. 수소폭탄은 1967년 개발 완료되었다.

(2) 제2차: 1958년 8월 23일~9월 22일

1958년 8월 23일 중공이 금문도(金門島)를 포격하며 다시 도발하였다. 중국은 44 일간 50만발의 포격을 가한 후 금문(金門) 근해에 해상봉쇄를 시도했으나 대만군이 이를 격퇴하였다. 중국의 포격에 대항해 대만은 9월 11일 중국 공군기와의 공중전에서 승리하였다. 대만 F−86전투기는 AIM−9 Sidewinder 공대공미사일로 무장하여 다수의 중국공군기를 격추하였다. 아이젠하워 대통령은 미 7함대에 지원 지시를 하고 미 공군 F−100D, F−101C, F−104A, B−57B 등을 대만에 전개하며 만일의 사태에 대비하였다. 결국 중국의 도발은 무위로 끝나고 중국군의 포탄이 동이 나자 10월 6일 중국은 포격을 중단하였다. 그 후 선전전단(삐라)을 담은 포탄을 격일제로 상호 포격하는 행위가 미·중이 국교를 수립하는 1979년까지 지속되었다.

두 차례의 대만 해협 위기 이후 미국은 아·태 지역 내 중국(궁극적으로는 소련) 공산주의의 영향력 확산에 더욱 철저하게 대응하였다. 특히 미국은 중국의 대만 도발 배후에 소련이 있다고 의심하며 중국이 대만을 침공할 경우, 중·소에 대해 핵공격을 하겠다고 선포하였다. 중국의 대만 포격도발에 대해 사전통고를 받지 못한 상태에서 소련의 흐루시초프는 분노했다. 그는 모택동의 정신 상태를 의심하고 중국에 대한 대

---

31) 미국은 팽호제도(澎湖諸島) 이외에서 대만의 군사행동과 중국 대륙에 대한 반격 등 국부군의 대외활동 전반(全般)을 조약 적용범위에서 제외시킴으로써 장개석을 대만에 고정시키되, 중국에 대한 억제는 강화하는 방식을 통해 대만해협에서의 안정을 도모하려 했다. 중국과 대만의 분단 상황을 고정화한 것이라 볼 수 있다.

외 지원협약과 소련 핵무기 기술의 제공 약속을 취소하였다. 소련은 1,400명의 기술자를 중국에서 철수하고 200개의 합영 프로젝트를 취소하였다. 이후 중국은 소련을 신뢰할 수 없는 파트너로 인식하며 자력으로 핵무기 개발에 착수하였다. 제2차 대만 해협 위기가 중·소 분쟁을 촉진하는 또 하나의 요소가 된 것이다.

3. 중·소 분쟁

1949년 중국이 건국한 후 중·소는 1950년 2월 친선, 동맹, 상호지원 조약 (1950-79)을 체결하였다. 당시 공산주의 종주국이었던 소련은 동구(東歐) 공산국가처럼 중국정부를 직접 통제하지는 않았고 경제지원 및 기술 자문관을 파견하며 침공받을 시 상호 지원하는 군사동맹을 체결하였다. 이를 통해 중국은 소련의 패권 속에 편입하였지만, 모택동은 소련의 스탈린이 자신을 중요한 동반자보다는 아랫사람으로 취급한다고 느끼게 된다. 그 후 발발한 한국전쟁이 중·소 관계에 심대한 영향을 미친다. 한국전쟁에서 중국군이 참전하였고, 소련은 장비 및 탄약, 항공기 등을 지원하였지만, 중국에게 엄청난 비용 지불을 요구하자, 중국은 배신감을 느끼게 된다.

모택동은 1953년 3월 스탈린의 사망 후 자신이 세계 공산주의 선임지도자라고 인식하며 중국을 하나의 위성국처럼 취급하는 소련에 대한 원한 감정을 가지고 미국을 둘러싼 견해로 양국 간 충돌로 이어진다.

가. 중·소 갈등요인

원래부터 중국과 소련은 역사, 지리적으로 적대적 관계에 있었다. 양국은 세계 최장 국경(4,600 km)을 공유하였고 17세기 러시아가 아무르 계곡을 점령하고 19세기 서구의 일원으로서 짜르(Tzar) 러시아가 중국의 영토를 침탈하였다. 중국내전 중에도 소련은 중국공산당을 거의 지원하지 않았다. 1945년, 1946년 소련은 만주 내 산업시설을 모두 철거해 갔다.

그러다 1949년 중국이 건국되자, 스탈린은 중국의 출현을 내심 반기지 않았고, 오히려 그의 세계전략에 대한 심대한 도전으로 인식하였다. 당시 세계질서는 1945년

얄타(Yalta)회담 결과에 의거 결정되었는데 중국은 국민당 장개석이 대표였다. 중국은 소련이 자국을 '소모 가능한 졸(卒)'로 여긴다고 인식하였다. 모택동은 1949년 12월, 1950년 2월 두 차례 소련을 방문하면서 새로운 조약의 체결을 요구하여 결국 1950년 2월 중·소 동맹조약을 체결하였다.

중국·러시아 간의 국경 변천과정(1689~1860)[32]

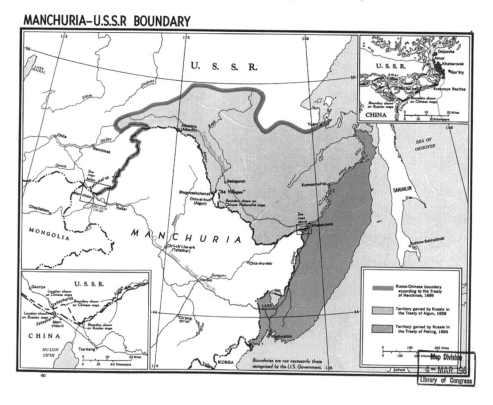

이 조약은 중국과 소련을 하나의 공산세력으로 연결하면서 신생 중국에게는 세계적 정통성, 즉 중국 혁명은 농민뿐만 아니라 마르크스-레닌주의라는 과학적 이론에 근거한 세계적 운동의 맥락에서 발생한 것이라는 의미를 부여하였다.[33] 하지만,

---

32) CIA, Library of Congress Geography and Map Division Washington, D.C. 20540-4650 USADIGITAL ID g7822m. https://commons.wikimedia. org/w/index.php?curid=31290239

33) 근대 중·소 관계는 1919년 코민테른(Comintern: Communist International)의 창설에서 기인한 다. 중국공산당의 성립 및 발전방향에 코민테른이 지대한 역할을 수행했는데 소련의 마르크스-레닌주의는 도시·공장노동자(proletariat) 계급 중심의 사회주의를 표방하였다. 반면에 중

그 대가로 중국은 만주 내 소련의 배타적 이익을 인정하고 전시(戰時) 만주로 소련 병력의 이동 권한과 여순(旅順)항의 사용권한 등 소련의 '쓰디 쓴 과실(bitter fruits)' 요구를 수용해야만 하였다.

한편, 1948년 유고의 Tito가 소련의 뜻을 거역하였다는 이유로 당시 세계 공산당의 정보기관인 코민포름(Cominform)에서 추방되자 모택동은 자신이 제2의 Tito처럼 취급받을까 우려하며, 오히려 '스탈린의 수제자(pupil of Stalin)'를 자처하며 1950년 한국전 참전을 결정하였다. 그러던 차에 스탈린이 사망했고 당시 모택동은 중·소는 동맹 내에서 동등한 지위이고 중국이 소련정책에 강력한 영향력을 행사할 기회라고 인식하며 흐루시초프에게 핵무기 기술이전 등을 요구하였다. 특히 모택동은 1950년대 말 탈(脫) 스탈린화(de-Stalinization)[34] 및 서방과의 평화공존(peaceful coexistence) 정책을 '수정주의(revisionism)'라고 비난하였다.

1957년 흐루시초프는 긍정적 중·소 관계를 유지하기 위해 중·소간 제2차 새로운 방위협정의 체결, 핵무기 기술(Project 596)을 포함한 신(新)군사기술의 공유를 중국과 합의하였다. 하지만, 소련은 국경을 접하고 있는 중국이 핵무장하는 것은 실질적으로 원하지 않았다. 1958년 7월 흐루시초프와 모택동은 중국 내 중·소연합 해군기지 건설과 관련된 문제를 협상했으나 중국의 반대로 실패하였다.[35]

한편 1959년 흐루시초프는 아이젠하워 미 대통령과 만나 미·소 긴장완화에 합의하였다. 중국은 이를 소련이 미국을 월남전에서 이탈하도록 허용하기 위한 미·소 공모(collusion)라고 비난하였다. 1960년 중국은 미국 U-2 정찰기의 소련 군사기지에 대한 영상촬영에 대해 흐루시초프가 아이젠하워로부터

국은 프롤레타리아 계급이 없어 모택동은 1930년대 중반 중국공산당을 장악한 후 '농민에 기반한 사회주의(peasant socialism)'를 표방하였다. 여기서 양국 간의 이념적 갈등이 출발했다.

34) 1956년 초 소련 서기장 흐루시초프(Nikita Khrushchev)는 개인숭배와 그 결과라는 비밀연설을 통해 탈스탈린 정책을 선언하였다.

35) 소련은 지역 내 미 해군의 행동을 억제하기 위한 핵무장 잠수함 기지 건설을 추진하였으나 중국은 중국연안을 소련의 통제 하에 두려 한다고 소련을 비난하며 반대하였다.

사죄를 받지 못하자, 동년 11월 루마니아에서 개최된 국제 공산당 및 노동당 회합 (International Meeting of Communist and Workers Parties)에서 미·소 데탕트가 소련에 대한 미국의 감시활동을 불러왔다고 소련을 비방하였다. 중·소 이념대립(ideological dispute)의 징후가 비(非)공산권에 처음 노출된 것이다. 이 후 중·소 관계는 빠르게 냉각되었다.

이러한 상황에서 쿠바 미사일 위기가 발생하여 중·소 관계는 더욱 소원해진다. 중국은 1962년 10월 16-28일 발생한 쿠바 미사일 위기에서 소련이 전쟁에 돌입하지 않았다는 이유를 들어 미국에 굴복했다고 비난하였다. 특히 쿠바위기의 결과로 미·소간 핵군축을 촉진하고, 미·영·소는 핵감축의 필요성을 인식하며 1963년 8월 제한적 핵실험금지조약(Limited Test Ban Treaty)의 체결을 유도하자 중국은 이 조약이 중국의 핵무기 개발을 방해하려는 책동이라며 비난하였다. 이후 1964년 10월 중국은 자체 핵무기 개발에 성공하였다. 중국은 두 번 다시 소련의 경제, 군사지원에 의존하지 않겠다고 결의하였다. 중·소간 힘의 경쟁관계(power rivalry)가 시작된 것이다.

한편, 중·소 관계가 날로 악화하는 데에는 인도가 일조(一助)를 한다. 1959년 중국 점령에 저항하여 일어난 티베트 봉기 이후 제14대 달라이 라마가 인도로 망명하자 소련은 티베트에 대한 정신적 지지를 표명하였다. 이어 1962년 10~11월 히말라야 일대 Aksai Chin 지역의 미(未) 확정된 국경을 놓고 인도-중국 간 국경전쟁이 발생하였다. 중국은 이 지역이 신장(Xinjiang)에 속한다고 주장했고 인도는 자국이 통제하는 카시미르 지역에 속한다고 반박하며 분쟁이 발생한 것이다.

1962년 10월 10일 양국 간 첫 번째 교전에서 다수의 사상자가 발생하였다. 10월 20일 중국군이 재공격을 실시하여 Aksai Chin 전역을 탈취한 후 양국 간 공방이 계속되자 미국이 인도를 대신하여 개입할 것을 위협하였다. 그 결과, 11월 19일 양국 간 휴전이 성립하였고, 중국이 Aksai Chin 지역을 실질적으로 통제하게 되었다. 이 국경분쟁에서 소련은 첨단 미그(MiG) 전투기를 인도에 판매하며 인도를 지원함으로써36) 중·소간의 갈등을 심화시켰다. 중국·인도 간 국경분쟁은 오늘날까지 계속되고 있다.

---

36) 한편 미국과 영국은 인도의 무기판매 요청을 거절하여 인도가 소련 쪽으로 기울이는 계기가 되었다. P. R. Chari, "Indo-Soviet Military Cooperation: A Review," *Asian Survey*, Vol. 19, No. 3 (March 1979), pp. 230-244.

중국-인도 국경분쟁[37]

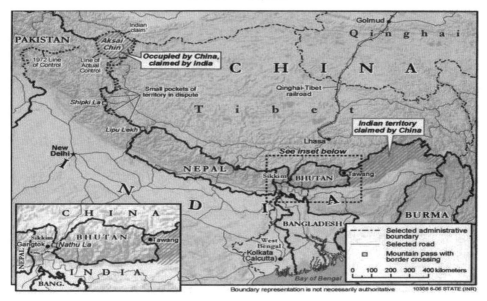

나. 1968년 중·소 국경분쟁

중국·인도 국경분쟁 후에도 중·소 갈등은 날로 심화되었다. 1964년 모택동은 소련이 혁명이전 러시아가 뺏어간 영토를 아직도 점령하고 있다고 비난 후 대사관을 철수하고 소련과의 외교관계를 단절하였다.[38] 이에 대해 소련은 중국을 공산주의 클럽에서 축출하자고 제안하였으나 루마니아, 알바니아 등이 반대하였다. 단일 공산주의 진영의 분열이 시작된 것이다. 1964년 흐루시초프가 실각되고 신임 브레즈네프 서기장은 주은래와 회담을 했지만, 양국관계는 여전히 소원하였다.

1966년 모택동은 소련식 관료주의를 청산하고 정권을 재(再) 장악하기 위해 문화대혁명(文化大革命, 1966-1976)을 추진하며 모택동 사상을 재확립했지만, 소련 및 서

---

37) https://commons.wikimedia.org/wiki/File:China_India_CIA_map_border_disputes.jpg
38) 중국의 요구는 1917년 이전에 양국 간에 체결된 조약은 불평등 조약이라 무효이니 소련이 이를 인정하고 이후 국경협상을 실시하자는 것이었다. 소련은 1860년 체결된 베이징 협약(Treaty of Beijing) 당시 사용된 지도의거 현(現) 국경선을 고집하였다. Thomas W. Robinson, "The Sino-Soviet Border Dispute: Background, Development, and the March 1969 Clashes," RAND Corporation RM-6171-PR, August 1970.

구와의 관계는 더 손상되었다. 1967년 문화혁명 중 홍위병들이 북경 주재 소련 대사관을 점령하면서 양국 간에 긴장이 고조되었다. 1968년 소련군이 4,600km의 중·소 국경선을 따라 배치되고, 특히 우수리 강 및 신장 부근에 집결하면서 국경부근에서의 양국 간 마찰이 빈발하였다.

결국, 1969년 3월 2일 중국군이 우수리 강(Ussuri River) 젠바오 섬(Damansky Island)에서 소련 국경 경비대를 습격하면서 국경전쟁으로 발전하였다. 중국군은 소련군이 먼저 도발했다고 주장하면서 동(同) 섬을 점령하였다. 그 후 3월 15일 소련이 중국의 도발에 대한 보복을 실시하면서 양국 간에 더 큰 규모의 병력과 탱크와 포병 등 중장비들이 충돌하였다. 그 후 서쪽 중·소 국경을 따라 소규모의 충돌이 추가적으로 발생하였다.

그 해 9월 월맹의 호치민 장례식에 참석한 코시긴 소련 수상이 중국의 주은래 수상과 북경(北京)공항에서 만나 정전(停戰)을 타진한 후 종전되었다. 소련은 1964년 중국이 외교관계를 일방적으로 단절한 이래 다시 중국을 협상테이블로 끌어들이는데 성공했지만, 이후에도 양국 관계는 쉽게 개선되지 않은 채 냉전의 종식을 맞는다.

중·소 국경분쟁의 배경으로 미국 Rand 연구소의 Robinson은 다음 몇 가지를 제시 한다: ① 중국이 소련의 잠재적 침공을 억제하려고 기도한 것, 즉 중국이 개발한 핵 잠재력을 우려하는 소련이 잠재적 예방공격을 실시할 것[39]을 모택동이 우려하며 재래식 전력의 국지적 우세를 이용하여 소련군을 공격함으로써 일전(一戰)을 불사한다는 점을 인식시키려 했다, ② 모택동이 국내정치상 필요, 즉 악명 높은 문화혁명으로부터 대중(大衆)의 관심을 돌리고 국민들을 대동단결하기 위한 전략으로 공격했다, ③ 모택동이 그의 말년에 소련 수정주의 바이러스에 대항하여 중국인민들에게 영원한 면역력을 갖게 하려고 도발했다.[40] 한편 소련의 시각에서는 중국이 세계정치의 주변에서 중심의 위치를 점유하고 미국과 관계를 증진하려는 의도로 개전했다는 인식도 있다.

---

39) 소련은 동(同) 국경분쟁에서 350~700명 병력이 전사하자, 중국의 핵무기 개발시설이 있는 Lop Nur Basin과 신장에서 전술핵무기의 선제 사용을 검토했으나 미국이 만류했다는 주장도 있다.

40) Robinson, "The Sino—Soviet Border Dispute: Background, Development, and the March 1969 Clashes," 전게서.

1969년 중·소 국경분쟁 지역[41]

휴전 후 1969년 10월 양국은 국경회담 재개에 합의하여 양국 간 동부국경협정 (1991년)과 서부 국경협정(1994년)이 체결되기까지 20년 넘게 소요되었다. 그 이후 소 련은 중국을 자국의 영토안보에 커다란 위협으로 인식하면서 4,600km의 중·소 국경 을 따라 상당한 규모의 병력과 장비를 배치하게 된다. 중국 또한 냉전이 종식될 때까 지 이러한 '북방위협'에 대응하는데 대규모의 병력과 엄청난 국가자원을 고착할 수밖 에 없게 되고 해군력에 대한 투자가 크게 제한되는 상황이 된다.[42] 대륙 북방의 러시 아 위협과 해양에서의 미 해군 위협에 맞서는 상황이 된 모택동은 중국이 소련과 미

---

41) Alexia Rutkowski IB History, Paper Two: The Cold War, https://alexiarutkowskiibhistory. weebly.com/sino–soviet–relations.html

42) 이후 젠바오 섬은 1991년 중국에 반환되지만, 양국 간 무료한 국경회담이 약 20여 년 간 진 행하다가 소련이 소멸된 후인 2008년 중·러 간 국경선 문제가 완전 타결된다.

국을 상대로 동시에 싸울 수 없다는 점을 통감하게 된다.

　　그 후 1976년 모택동이 사망하고 중국의 지도자로 등장한 등소평(鄧小平)은 보다 실용적인 대외정책을 추진하며 상이한 형태의 사회주의 건설이라는 명분아래 소련과의 평화공존을 추구하나, 양국 간의 힘의 경쟁관계는 지속된다. 한편 소련위협에 직면하게 된 중국은 이 위협을 상쇄할 외부균형(external balancing), 즉 동맹의 필요성을 인식하기 시작한다.

　　미국도 1969년 중·소 국경전쟁을 통해 중·소가 하나의 공산세력이 아니라고 확신하는 동시에, 중국을 능력 있는 대소(對蘇) 냉전 파트너로 인식하기 시작한다. 제2차 세계대전 종전 이래 서방측이 견지하던 '단일체 공산주의(monolithic Communism)'라는 개념이 붕괴된 것이다. 이후 닉슨 대통령은 중·소간의 갈등을 이용하여 소련위협을 상쇄하기 위해 중국을 활용하고자 미·중 국교수립 및 개입정책(Engagement Policy)을 추진하게 된다.[43]

　　1950년 출범한 중·소 동맹관계가 20여 년 만에 완전히 붕괴하고, 동·서 냉전이 양자(兩者)에서 삼자(三者) 간의 냉전구도로 변화하기 시작한다.

---

43) 1967년 닉슨은 '우리는 중국을 영원히 국가사회 외곽에 둘 수는 없다'고 언급하였고 1968년 대통령 취임 첫날부터 닉슨은 중·소 분쟁을 이용하여 냉전의 방향을 전환하는 방향을 모색하였다.

제5장

미국의 대중(對中) 개입정책

1969년 중·소 국경분쟁 후 양국이 국경협상을 재개했으나 우수리 강 하바로프스키 지역 영토분쟁으로 중국의 소련(러시아)에 대한 역사적 불신(不信) 등 심각한 장애가 여전히 존재하였다. 반대로 소련은 중·소 국경지역으로의 가공할 만한 중국인 인구유입에 대해 우려하였다. 그 결과, 자연경계나 방어장벽이 부족한 중·소 국경에는 양국의 대규모 병력이 대치하며 서로 고착된 가운데 '통제된 분쟁(controlled conflict)'[1]이 지속되었다. 당분간 중·소의 공모(共謀)는 기대 불가하고 중국은 대만통일 문제에, 소련은 유럽 상황에 집중할 수 없는 상황이 되었다. 무엇보다도 미국에게 양호한 전략 환경이 조성된 것이다.

베트남 전쟁 종반인 1969년에 취임한 미국 Nixon 대통령은 미국이 쇠퇴하는 것으로 인식되던 기간에 봉쇄정책의 기조는 계속 유지하되, 공산 적대국들과 연동하고 동맹국들에게 보다 많은 방위책임을 이양하여 스스로의 안보에 더욱 많은 책임을 지도록 유도하는 '닉슨 독트린(Nixon Doctrine)'을 추진한다. 특히, 미국정부는 오랫동안 월남전 참전으로 국력이 약해지고 국론이 분열하면서 소련을 상쇄하기 위해 중국과

---

1) Richard Lowenthal, Russia and China: Controlled Conflict, *Foreign Affairs*, Vol. 49, No. 3 (April 1971), pp. 507-518.

의 관계개선을 모색한다. 그 결과, 1972년 2월 닉슨은 중국을 방문하여 미·중 관계를 정상화하고 1979년 미·중 국교수립 이후 미국은 중국에 대한 개입정책(engagement)을 약 40년간 추진하게 된다. 이는 오늘날의 미·중 전략적 경쟁관계의 골격을 만드는 계기가 되었다.

1. 미국의 대중(對中) 개입정책

가. 미·중 관계 정상화

1967년 닉슨(Richard Nixon, 1969–1974)은 대통령에 당선되기 약 1년 전 '고립 없는 봉쇄(containment without isolation)'라는 제하의 논문을 발표하며 다음과 같이 제언하였다:

> 우리는 중국을 영원히 국제사회 외곽에 남겨두어 환상 속에서 증오심을 키우고 주변국을 위협하도록 방치할 수는 없다. 이 조그만 지구에서 10억 명의 잠재적으로 유능한 중국인민들이 분노의 고립 속에서 살게 할 수는 없다. 그러나 우리가 만약 이 장기계획을 추진함에 있어서 단기적으로 역사의 교훈을 읽는데 실패한다면, 우리는 비극적으로 잘못된 방향으로 갈 수 있다 … 중국이 변할 때까지 세계는 안전할 수가 없다. 따라서 우리가 사태에 영향을 미칠 수 있는 한, 우리의 목표는 중국의 변화를 유도하는 것이 되어야 한다. 이를 추진하는 방식은 중국에게 반드시 변화해야 한다는 점, 중국은 제국주의적 야망을 충족할 수 없다는 점, 그리고 중국의 국익은 해외 모험주의에서 손을 떼고 중국 자체의 문제 해결로 돌아가는 것임을 설득하는 것이다.[2]

이후 1971년 4월 핑퐁외교를 시작으로 키신저(1971. 7월), 닉슨의 방중(1972년 2월 21일~28일)이 실현되었고 닉슨은 '상하이(上海) 공동성명'을 통해 양국관계의 완전 정상화를 위해 노력할 것과 대만은 중국의 일부이며 중국·대만 사이의 현안에 미국이

---

2) Richard M. Nixon, "Asia After Viet Nam," *Foreign Affairs*, vol. 46, no. 1 (October 1967), p. 121.

개입하지 않을 것임을 선언하였다. 이는 미·중 양국이 지난 22년간의 적대관계를 종식한다는 의미였다. 모택동은 미국과의 새로운 관계가 소련에 대한 억제력으로 작용할 것으로 기대하며 '조그만 탁구공이 큰 지구를 움직였다(Little ball moves the big ball)'[3]고 말했다.

이제부터 미국은 중국과 연대함으로써 유라시아에서 소련이 군사패권을 장악하고 세계무대로 공산이념을 확산하는 것을 봉쇄함으로써 균형을 이루는 전략(a balancing strategy of containment)을 추진하려는 것이었다. 또한 미국은 대외정책의 일환으로 중국을 개방하고 자본주의 세계경제 체제에 연동시키는 개입정책(engagement policy)에 착수한 것이다. 이 정책의 궁극적인 목적은 중국 카드를 이용하여 소련의 팽창을 견제함으로써 제2차 세계대전 종전 이후 출범한 미국 주도의 패권질서를 유지하는 것이었다.

미국이 중국과의 새로운 관계를 추구하지만, 대만과의 관계는 1979년 미·중 수교 때까지 유지되면서 미국은 대만에 대한 무기판매를 지속하는 등 '위험분산 전략(hedging strategy)도 병행 추진하였다. 즉, 중국을 국제사회에 개입시켜 경제적 부상을 허용하되, 그 힘이 견제되고 주변국이 안전하게 느낄 수 있도록 보장하는 정책이었다. 그러나 이 같은 '개입하되 위험을 분산하는(engage but hedge)' 미국의 정책을 중국은 결코 신뢰하지 않았다.

한편, 닉슨 대통령은 중·소와의 데탕트를 추구함으로써 월남전을 종결시켜 미군을 철수하기 위한 여건을 조성하려는 의도도 가지고 있었다. 미국은 1968년까지 월남전에 연(延) 인원 50만 명 이상의 병력이 참전하여, 국내에서 반전(反戰)운동 등 격렬한 저항에 부딪히며 1969년부터 점진적 철군을 개시하고 있었다. 월맹에 대한 중·소의 지원을 차단함으로써 월맹을 고립시키고, 중·소로 하여금 월맹과의 관계보다 미국과의 관계를 중시하도록 유도하기 위함이었다. 결국 1973년 파리 평화협정으로 미군이 철수한 이후 1975년 초 월맹이 베트남을 침공하여 4월 30일 월남은 패망하였다.

그 후 1974년 워터게이트 사건으로 닉슨이 사임한 후 1976년 말 카터 대통령(Jimmy Carter, 1977~1981)이 새로 취임하였다. 카터는 미국의 대외정책으로 '예외적 민족주의(exceptional Americanism),' '명백한 운명(manifest destiny)'[4] 등 역사적 비전에

---

3) "LA TIMES: 'When the Little Ball Moved the Big Ball'," *Richard Nixon Foundation*, July 9, 2011

입각하여 최고의 윤리 가치 및 원칙을 반영해야 한다고 선언하였다. 카터는 1970년대 말 중국과 공식 국교를 수립하고 중국에 대한 낙관주의 및 우호(개입)정책을 지속 추진하게 되었다.[5]

나. 대중(對中) 개입정책

1979년 미·중 국교수립 이후 미국의 역사상 중국을 재조(再造)하는 두 번째 캠페인[6]이 시작되면서 1990년대 중반까지 중국을 국제체계에 통합하고자 하는 개입정책이 미국 대외정책의 핵심목표가 되었다. 1980년 1월 24일, 미국 의회는 중공정부에 최혜국(MFN: Most Favored Nation) 교역자격을 부여했다. 이는 지정학적 이유도 있었지만, 중국이 자유롭고 공정한 선거를 실시하는 시장경제로 돌이킬 수 없이 진전하고 있어 이 자격이 주어졌다고 카터 행정부는 의회를 설득하였다.[7] 1980년 미국은 중국의 세계은행(World Bank) 가입을 주선하였다. 그 후 중국은 세계은행으로부터 총 620억 달러를 지원받아 세계 2위의 피(被)지원국이 되었다. 더 나아가 중국은 미국의 주선으로 아시아개발은행(ADB)에 가입하고, 총 400억 달러를 지원받는다. 미국이 이러한 개입정책을 통해 '중국을 변화시킬 수 있다'는 특별한 환상과 온정주의적 태도는 그 후 약 40년간 지속된다.

중국의 발전은 1978년 취임한 등소평의 시장 친화적인 정책으로 획기적으로 진전되기 시작하였다.[8] 1978년 12월 중국 공산당대회에서 등소평은 4개 분야 현대화를

---

4) '예외적 민족주의'는 미국은 하늘에 의해 세계역사의 전위(vanguard of world history)를 차지하도록 선택되었다는 사고방식이며 '명백한 운명(manifest destiny)'은 미국은 신(神)에 의해 북미대륙을 주도하도록 운명이 정해졌다는 설(說)이다. 제2장 참조.

5) 이에 대응하여 소련은 쿠바군(軍)을 이용하여 에티오피아, 앙골라, 모잠비크 등 아프리카에 공산거점의 확장을 시도하는 동시에, 1979년 12월에는 아프가니스탄을 침공하였다.

6) 첫 번째 캠페인은 19세기 말부터 제2차 세계대전까지 중국을 '태평양 건너에 있는 하나의 기독교적, 자본주의 미국(a Christian, capitalist America)'으로 변모시키려는 노력이었다. John Pomfret, "China Has Begun to Shape and Manage the US, Not the Other Way Around," *Defense One*, October 16, 2019.

7) 이와 관련, 카터의 지지자였던 Bill Alexander 의원이 미국 의회에서 중국에 '민주의 씨(Seeds of democracy)'가 자라게 되었다고 언급하였다. John Pomfret, "What America Didn't Anticipate About China," *The Atlantic*, October 16, 2019.

8) 등소평은 1973–6년 간 문화혁명 중 실권(失權)한 후 1978년 재등장하며 다양하고 극적인 개혁 및 분권화된 정책결정을 도입하고 시장경제에 의존하며 중국경제의 급속한 성장을 견인한다.

위한 개혁과 개방정책(open door policy)을 발표하였다. 그는 4대 현대화로 농업, 산업, 과학 및 기술, 국가방위를 제시하였다. 향후 경제개발에 주력하되, 국가방위는 마지막 우선순위로 하며 '부국강병(富國强兵)'을 추진하겠다는 의미였다. 중국의 입장에서는 무엇보다 건국이후 지난 30년간 낙후된 중국경제가 가능한 빨리 성장하는 게 우선이고 산업, 과학 및 기술 등 경제개발이 되면 군의 현대화는 자연적으로 추진될 수 있다고 인식한 것이었다.

한편, 1979년 베트남이 소련의 지원 하에 캄보디아를 침공하였고 1979년 12월 소련은 아프가니스탄을 침공하였다. 미국은 소련의 영향력 확장을 견제하려는 차원에서 중국과의 군사협력을 적극 모색하기 시작하였다. 미국은 중국과의 군사개입 정책을 통해 중국군을 현대화시켜 효과적인 대소(對蘇) 상쇄(억제)전력으로 만듦으로써 NATO가 연루되는 전쟁으로부터 소련군을 고착할 수 있도록 만드는 방향으로 초점을 맞추었다. 이를 통해 강대국 간의 힘의 균형에서 미국이 중추역할을 하되, 소련의 안보문제를 복잡하게 만드는 것이 목표였다.[9] 이를 위한 주요 수단은 미·중국군 간 전략대화와 기능적 분야에서 상호교류, 그리고 무기판매였다.

1980년 카터 대통령은 중국에 대해 비살상(nonlethal) 군사장비의 판매를 허용하였다. 중국도 1980년 12월 미국이 중국영토 내에 소련의 미사일 실험을 감시하는 전자전 정보시설을 설치하는 것을 허용했다. 레이건 대통령(1981~1989)도 중국과의 전략 및 군사협력을 확대하는데 더욱 관심을 경주하였다. 1983년 미국정부는 중국의 민간 핵 프로그램을 지원하기 위한 평화적 핵 협력까지도 허용하였다. 더 나아가 1984년 미국정부는 자유화된 기술이전을 통해 중국군의 야망찬 현대화 계획을 지원하도록 지시하였다. 그 결과, 1985-1987년 미·중 양국은 네 가지 무기판매 프로그램, 즉 포병탄약 생산설비의 현대화, F-8 전투기 항공장비의 현대화, Mk-46 대잠어뢰 판매, AN/TPQ-37 대(對)포병 레이다의 판매에 합의하였다. 그 후 미국정부는 미국안

9) 미·중 국교수립 후 군사협력 관계에 대해서는 Martin L. Lasater, Arming the Dragon: How Much U.S. Military Aid to China?," *The Heritage Lectures*, no 53, March 14, 1986 참고.

보 강화 및 세계평화 증진이라는 명목으로 중국에게 공중, 지상, 해군 및 미사일기술과 S-70C Sikorsky 헬기 등 수 억 달러 규모의 첨단 군사체계 및 장비의 판매를 허용했다.[10)]

특히 1986년 미·중간에 중국의 고(高)고도 요격용 F-8 전투기 현대화(첨단 항행, 레이다, 기타 전자기 등)를 위한 'Peace Pearl program'이 합의되었다. 하지만, 이 프로그램은 주변으로부터 많은 견제를 받았다.[11)] 이는 미국의 대소(對蘇) 억제 목적이었으나 아시아 지역 내 힘의 균형을 손상하는 위협이 되고, 특히 대만과의 분쟁에서 전력의 커다란 격차를 가져오는 무기기술이었다. 또 비록 조립, 공동생산은 아니었으나 이 첨단기술을 이용하여 중국은 타 체계와 통합할 가능성이 있었다. 즉, 미국이 소련 위협에 너무 집중하는 나머지, 중국이 향후 지역국가들에게 위협이 될 가능성을 경시하고 있다는 우려였다. 따라서 정치, 경제, 문화 분야와는 달리 미·중 군사협력은 좀 더 조심스럽게 추진되어야 한다는 경계감이 등장하기 시작하였다.

당시 중국군도 너무나 많은 문제점을 가지고 있어 신속한 현대화가 곤란하였다. 중국군의 주요 문제점은 기동성, 기계화 부족, 빈약한 군수체계, 제병(諸兵) 협동 및 합동작전의 한계, 낙후된 무장, 노후 함정·항공기 및 탑재장비, 훈련 열악, 통신 부적절 등으로 1979년 2-3월 발생한 중·월 전쟁에서 표면에 드러나게 된다. 중국은 이러한 문제점에 대한 처방으로 미국과의 군사협력을 추구하였다. 비록 미국과 대만관계(무기판매)가 간헐적으로 미·중 군사협력을 중단시켰지만, 대만이 독립을 추구하지 않는 한, 중국은 이를 크게 문제 삼지 않았던 것은 이러한 배경이 있었다. 그럼에도 중국군의 전반적 군사력은 제2차 세계대전 당시 사용되던 장비와 교리로 상당히 낙후된 상태였다. 21세기로 전환할 당시에도 중국 육군은 약 300만 명으로 구성된 병력 위주의 낙후된 상태에 있었고, 해·공군은 연안 해·공역에서의 해양통제·공중우세를 지향하였으며, 중국의 제한된 핵전력도 액체연료를 사용하였다. 이러한 가운데에서도 중국해군은 장차 대양해군으로 나설 수 있는 주목할 만한 전략적 토대를 구축하고 있었다.

---

10) Shirley A. Kan, "U.S.-China Military Contacts: Issues for Congress," *Congressional Research Service*, 7-5700, October 27, 2014, p. 1.

11) 이 프로그램은 결국 계약보다 비용이 2억 달러(US $)나 초과됨으로써 1990년 4월 중국이 취소시켰다. Michael Dahm, "China's Desert Storm Education," *Proceedings*, Vol. 147, No. 3 (March 2021), p. 23.

2. 현대 중국해군의 태동(胎動)

등소평이 국가주석으로 등장하면서 1978년 이후의 개혁·개방 시기는 중국의 경제발전뿐 아니라 중국의 해양전략과 해군 전력구조에도 의미 있는 변화가 태동하였다. 등소평은 중국을 '세계의 공장,' 이른바 제품을 만들어 해외에 수출하는 무역국가로 만들고자 하였다. 그는 1985년부터 약 400만 명의 군 병력을 300만 명으로 감축하고 미국 또는 소련과의 전면적인 핵전쟁보다는 '현대적 조건 하의 국지전쟁' 수행을 군사전략의 중심개념으로 설정하였다. 이에 따라 연해(沿海)지역 중심의 경제발전 전략을 지원하여 중국 연안해역 방위를 중시하는 해군의 역할이 재인식되기 시작한다. 이는 모택동 시대의 해상 인민전쟁론과의 결별을 의미하였다. 1985년 개최된 중앙군사위원회를 계기로 과거 모택동시대의 '근안(近岸, 해안)방어' 전략은 '근해 적극방어(近海 積極防禦, Offshore Active Defense)' 전략12)으로 전환되었다.

'근해 적극방어'로 해양전략을 변화시킨 배경에는 '중국해군의 아버지' 류화칭(劉華淸, Liu Huaqing)이 있었다. 1982년 해군사령관(1982~1988년)에 임명된 류화칭은 소련에서 유학하고 소련해군 전략가인 고르쉬코프(Sergei G. Gorshkov) 제독으로부터 해양전략을 배웠다. 고르쉬코프는 1956년부터 1985년까지 근 30년간 소련 해군사령관으로 근무하면서 대륙국가인 소련에서 균형함대의 건설 필요성을 역설하며 해안 항

---

12) 소위 '85 전략전환'의 가장 중요한 변화는 공격받은 후 반격하는 기존 제한적인 '해안방어' 중심의 전쟁원칙에서 벗어나 연해(沿海) 지역 중심의 '경제발전'에 공헌하여 인민해방군해군은 어디서나 적극적으로 먼저 싸울 수 있는 능력을 갖춘다는 것으로 이는 기본적으로 공세적 방어전략이라 볼 수 있다. 福山隆, 中国海軍今日までの歩み, 戦略検討フォーラム, 2015年 12月 4日, http://j-strategy.com/series/tf1/1592

공기지, 대형 수상함, 잠수함, 심지어 항공모함까지 건조했다. 그는 이렇게 건설된 해군력으로 '다층(多層) 방어망'을 만들어 소련 근처 바다를 방어하는 것을 주창했다. 이는 지상전투 교리 중 하나인 "종심(縱深) 방어"와 같은 원리였다.[13)]

류화칭은 '다층 방어망' 구상의 응용과 이를 위한 중국해군 전력건설 방안을 연구하였다. 그것이 바로 '근해 적극방어' 전략이었다. 그는 제1도련(島鏈)과 제2도련 개념을 바탕으로 단계별 해양전략 발전과 해군력 건설계획을 수립하였다. 류화칭이 주창한 단계별 해군력 건설의 핵심은 우선 2000년경까지 일본, 필리핀, 남중국해 해역을 포함하는 제1도련 내 해역에서 일종의 해양거부 능력을 보유하고, 2020년까지 제2도련인 일본, 오가사와라 군도, 괌을 경유, 마리아나 제도 외해까지 영향력을 행사하며, 궁극적 목표로 2050년까지 세계적 현시(顯示)가 가능한 대양해군을 건설한다는 것이었다.[14)]

중국이 새로 채택한 '근해 적극방어'에서 근해(近海)란 연안과 대양 사이의 지정학적 및 전략적 고려가 필요한 구역으로 황해(서해), 동중국해, 남중국해를 의미한다. 근해라는 개념은 중국해군의 행동공간을 확대하며 전방방어(Forward Defence) 개념을 유도하는 것이었다. 종전 해안방어 개념에서는 방어종심이 너무 짧아 중국해군 전력은 제1선 항구에 위치할 수밖에 없었다. 육군과 달리, 해군은 후방이 별도로 없다보니 영해 12해리로는 적(敵)의 함포사격으로부터 해안지역에 위치한 정치·경제 중심지도 방어하기가 어려웠다. 연안 대도시나 해군기지의 생존을 위해서도 종심방어가 필수적이었다. 따라서 중국해군은 외부침공에 대한 경고시간을 늘리고 방어종심을 넓히기 위해서 가능한 방어해역을 외곽으로 확장하면서 전력의 일부를 반드시 전방 전개해야 한다.

'근해 적극방어' 전략은 중국의 해양방어선이 일차적으로 제1도련으로 방사(放射)되며 그 안에서 해양거부 능력이 개발되고, 그 다음에 제2도련까지 확장되어 중국해

---

13) '종심방어'는 한 줄의 방어선으로 적의 공격을 막기 보다는 종심(縱深)에 걸쳐서 몇 개의 방어선을 구축하여 적(敵)의 돌파력을 점진적으로 감쇄하는 방어전술·전략이다. 소련의 종심방어가 류화칭의 전략사상에 미친 영향에 대해서는 You Ji, *The Evolution of China's Maritime Combat Doctrines and Models: 1949-2001*, Institute of Defence and Strategic Studies Singapore, May 2002 참고.

14) B. D. Cole, *The Great Wall at sea: China's Navy in the twenty-first century*, (Annapolis, MD: Naval Institute Press, 2010), p. 176.

군의 활동반경이 '전방 방어'의 성격으로 확장된다는 의미였다. 류화칭은 종전의 소형 함정은 함대의 방어종심이 짧을 때 생존이 불가능하다며 '근해 적극방어' 전략을 수행하기 위해 다수의 핵추진 미사일 구축함, 대형 잠수함 등 대형 전투플랫폼이 필요하다고 강조하였다. 특히 그는 공중통제 없이는 해양통제도 없다는 인식 하에서 해양제공권을 달성하기 위해 불가피한 항공모함의 획득도 주창하였다.[15]

더 나아가 류화칭은 중국의 해양통제 및 해양거부 개념을 제시하였는데 이는 오늘날 중국의 해양전략을 이해하는데 매우 중요한 내용이다. 류화칭은 전쟁 시 중국의 연안 해양에 대한 통제는 주로 3개 해양수로, 즉 발해(渤海)해협, 대만해협, 해남(海南)해협(또는 Qiongzhou Strait) 및 그 주변 해상교통로에 대한 시·공간적, 제한적 통제가 중국해군 유용성의 척도라고 제시하였다. 그는 해양통제 전략으로 중국 해양영토에 인접한 해역(근해)에서 주요 해전을 개시할 능력을 갖추는 것이며 이것과 육상기반 방어능력을 합쳐 대만해협에서 외세의 개입 억제 및 향후 대만의 진로에 효과적인 영향을 미칠 수 있다고 주장하였다. 즉 중국해군이 세계최강 미 해군에 맞서 해양통제를 달성하는 것은 불가하므로 육상 전투시설의 집중 활용과 지리적 이점을 이용하여 한시적, 국지적 해군우세를 구축하는 것이 현실적 해양통제라는 의미이다.

한편 해양거부를 위해선 충분한 전투능력이 전개되는 종심(縱深)이 필요한데 지리적으로 중국은 그런 종심이 부족하다고 지적하며 '근해 적극방어' 전략 그 자체가 해양거부에 해당한다고 류화칭은 제언하였다. 그는 미국이 전통적으로 중국 봉쇄를 위한 대양장벽(barriers)으로 2개의 도련, 즉 제1도련(第一列島線), 제2도련(第二列島線)을 상정하는 데, 중국의 연안도시 및 해양안보의 외곽 방패를 제공하는 핵심해역은 주로 제1도련 내에 존재한다고 인식하였다. 즉, 중국의 입장에서 미국의 봉쇄를 돌파하기 위해 제1도련 근접해역에서 전역(戰役)수준(campaign level)의 작전을 구사할 수 있는 전력을 확보하는 것이 해양거부 전략의 기본조건이며 이것이 없다면 중국의 해양방어는 신뢰할 수 없는 것이 된다고 그는 주장하였다.

특히 류화칭은 세계최강 미 해군과 어떻게 싸울 것인가? 에 대해 미 해군에게 충분한 손상을 가할 수 있다면 미국의 전쟁목표를 제한하고 대만의 독립선언을 자제하

---

15) 류화칭은 '중국항공모함의 아버지'라고 불리며 생전 "중국해군 항공모함을 눈으로 볼 때까지 본인은 눈을 감고 죽지 않겠다"고 말한 것으로 알려진다. 福山隆, 中国海軍今日までの歩み, 전게서.

도록 압박하는 것이 가능하다며 미사일 포화공격이나 전자전 및 정보전 등과 같은 비대칭 수단을 사용하는 것이 해양거부의 효과적 수단이라 주장하였다.16) 이는 나중에 중국의 반접근/지역거부(A2/AD: anti-access/area-denial)로 현실화된다.

문제는 중국해군을 현대화하는 데 필요한 자원과 과학·기술 수준이라고 류화칭은 지적하였다. 이러한 중국의 해양전략과 현재 능력 간의 괴리(乖離)는 미국의 대중(對中) 개입정책과 등소평의 개혁·개방정책으로 중국의 경제발전이 빠르게 진전되면서, 또 이와 동시에, 1980년대 이후 미국이 급부상하는 소련해군을 견제하기 위한 일종의 상쇄세력으로 중국해군을 적극 지원하면서 점차 해결이 된다.

그 후 중국이 세계적인 무역대국으로 등장하여 국방의 가장 중요한 지역은 종전 내륙부에서 교역이 주로 이루어지는 해안지역으로 바뀌었고, 해양 자체가 해상교역로(해로) 및 해양자원 등 경제발전의 중요한 무대로 인식되기 시작하였다. 등소평 이후 중국경제가 년 평균 5% 이상 고속 성장하면서 국가 부(富)가 축적되고 이를 통해 첨단기술을 획득하는 기회가 생기고 다시 이는 제2의 국력요소인 해군력에 연결되어 함정, 항공기, 미사일 등 첨단 군사능력의 건설이 가능해진 것이다.

19세기 말 해양전략가 마한(Alfred T. Mahan)의 해양력 사상, 즉 '해상교역-국가 부(富) 축적-함대 증강-해상교역 보호'라는 선(善)순환 주기가 작동되면서 중국해군이 국가정책의 주 수단으로 등장하는 시대가 온 것이다. 그 과정에서 류화칭은 중국해군 창설 후 30년간 이어져온 '해안방어' 중심의 소극적 해양전략을 '근해 적극방어' 전략으로 변화시키고 단계별 해양전략 및 해군력 발전개념을 제시하며 중국해군이 21세기 대양해군으로서 도약하고 더 나아가 서태평양에서 미국의 해양통제에 도전하는 존재가 되는 전략적 기반을 마련한 것이다.

3. 1979년 중국·베트남전쟁

한편 중국군의 현대화 노력의 시급성을 보여준 계기는 무엇보다도 1979년 2월 발생하였던 중국·베트남전쟁(1979. 2.17~3. 16)과 그 이후 1991년 11월 소련이 멸망

---

16) You Ji, *The Evolution of China's Maritime Combat Doctrines and Models: 1949–2001*, 전게서, p. 25.

할 때까지 12년간 지루하게 계속된 양국 간 국경분쟁이었다. 중국과 베트남 간의 갈등의 근원은 상호불신이었다. 먼저 지난 월남전 기간 중 중국은 월맹을 지원했지만, 월맹 지도자들은 중국이 지원 명분으로 개입하면서 베트남을 강제 병합하지나 않을까? 내심 우려하고 있었다. 특히 1974년 1월 중국은 당시 전쟁 중이던 월남(South Vietnam)으로부터 서사군도(Paracels)를 불법 탈취하여 해남도(海南島)에 편입시켰다. 그 이후, 베트남은 중국을 지역 내 자국 이익에 대한 증가하는 위협으로 보았다.

1975년 월맹이 월남전에서 승리하여 베트남을 통일한 후, 베트남은 상권을 장악했던 화교(華僑)를 탄압하고 소련과의 협력을 강화하는 정책을 추구하자 양국관계가 험악해지기 시작하였다. 1978년 여름, 베트남은 소련이 지배하는 상호경제지원위원회(COMECON: Council for Mutual Economic Assistance)에 가입하고 소련과 우호·협력조약(Treaty of Friendship and Cooperation)을 체결했다.

한편, 중국은 소련과 베트남이 군사동맹을 체결하며 동남아시아에서 베트남의 패권 야망과 소련의 지역 내 영향력이 커지고 있다고 인식하고 있었다. 중국은 베트남의 친소(親蘇) 정책 추구로 인해 소련 영향권에 의한 포위를 우려하며 캄보디아 Khmer Rouge정부에 군사고문단을 파견하며 지원하였다. 이에 대해 베트남은 중국이 캄보디아 내 베트남에 적대적인 세력의 군사 잠재력을 강화하고 심지어 중국이 베트남을 직접 공격할 수도 있을 것이라고 우려하였다. 이에 따라 1978년 12월 당시 친중(親中) 노선을 추구하던 캄보디아를 베트남이 침공, 점령하였다. 중국은 이 사건이 중국의 영향력을 감소시키기 위한 소련의 세계전략의 일부라고 인식하고 분노하였다. 중국은 베트남을 '동양의 쿠바(Cuba of the East)'로 낙인찍고 베트남을 '소련 패권주의의 도구'라고 비난했다.[17]

1979년 2월 중국은 베트남의 캄보디아 침공이 중국의 이익을 직접 위협한다며 이에 대해 자체 방어적 반격(Self-Defensive Counterattack)을 하겠다는 의도를 밝혔다.[18] 2월 17일 중국은 중·월 국경선을 따라 다수의 장소에서 징벌적인 침공을 감행

---

17) Nguyen Minh Quang, "The Bitter Legacy of the 1979 China–Vietnam War," *The Diplomat*, February 23, 2017.
18) 1979년 1월 등소평은 중국지도자로서 사상 최초로 미국을 방문하며 카터 대통령에게 '베트남이 버릇이 없어졌다. 이제 처벌해야 할 때다'라고 언급했다. Sebastien Roblin, "The Sino–Vietnamese War: This 1979 Conflict Forever Changed Asia," *The National Interest*, December 12, 2020.

했다. 중국은 소련의 잠재적 개입을 우려하며 중국군 병력이 침공 후 오직 단기간 베트남에 머무르다 철수할 것이고 중국의 해·공군은 참전하지 않으며 국경협상이 조기에 개시되어야 한다고 선언했다. 소련은 해군함정을 베트남 연안으로 보내 무기를 베트남에 공급했지만, 전쟁이 중·월 국경지역으로만 국한된다면 소련군은 개입하지 않을 것임을 분명히 하였다.

1979년 중국·베트남 전쟁[19]

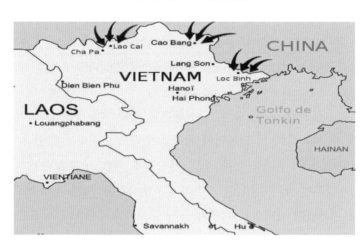

그러나 베트남의 저항이 매우 거셌다. 지형도 베트남에 우리했다. 3월 16일 소련의 압박을 의식한 중국이 전쟁이전 위치로 일방적으로 철수하며 전쟁은 끝났다. 하지만 그 후 베트남군은 1989년까지 캄보디아에 계속 주둔하였고 1991년 11월까지 중·월 국경에서 계속 산발적인 충돌(1979–1991 중·월 분쟁)이 발생하였다. 이 분쟁은 1988년에 절정에 이르렀으며, 해상에서는 베트남이 점유하던 남사군도(Spratlys) 6개 암초를 중국이 무력으로 점령(Johnson South Reef Skirmish)하였고 여기에 2014년부터 거대한 인공섬이 건설된다. 1991년 11월에 중·월 양국이 공식적으로 관계를 정상화하고 1999년 국경조약을 체결했으나 서사 및 남사군도 암초에 대한 영유권 분쟁은 오늘날에도 지속되고 있다.

중·월 모두 승리를 선언했으나 월남전을 통해 전쟁 경험이 풍부한 베트남군이

---

19) Matteo Damiani, China History Images, *China Magazine*, April 9, 2016. https://china-underground.com/2016/04/09/sino-vietnamise-war-images/

중국군보다 훨씬 잘 싸웠다고 평가되었다. 특히 중국군은 노후 장비와 지휘통신, 제병 합동, 그리고 군수(軍需) 면에서 많은 취약점이 노출되었다. 특히 침공군을 자국 영토 내 끌어들여 궤멸시키는 전략, 즉 '인민전쟁 전략'은 전혀 기능하지 못했고 1966년 문화혁명으로 중국군의 실전적 교육·훈련은 거의 붕괴 직전이었다. 전쟁이 끝난 후 등소평은 낙후된 중국군의 현대화 필요성을 절감하며 군 병력을 100만 명이나 감축하고 군사력의 질적인 증강을 추구한다.[20]

전쟁은 끝났지만, 그 후 11년이나 더 지속된 베트남과의 국경분쟁을 통해 중국군은 새로운 교리와 장비를 시험하며 구식 군대에서 현대식 군대로 변모하려고 노력하였다. 중국군은 전 전투부대를 국경분쟁에 참전하도록 순환 배치하면서 실전적인 경험을 쌓도록 하였다. 즉 중국·베트남전쟁이 오늘날 그다지 의미 없는 사건으로 인식되고 있지만 중국군의 혁신을 위해 새로운 기술과 조직편성을 효과적으로 시험하고 전투경험을 쌓는 무대로서 현대식 중국군으로 태어나는 계기가 되었다는 분석도 있다.[21]

4. 천안문 사태

1985년 고르바초프(Mikhail Gorbachev)가 소련 서기장으로 취임한 후 소련의 대외정책이 변화하고 소련 및 동구(東區)가 몰락의 길로 접어들면서 미·중 관계에도 새로운 환경이 조성되기 시작한다. 특히 등소평의 개혁·개방정책의 여파로 1985년, 1986년 중국 내에서 지식인, 학생들의 민주화 욕구가 대규모 시위로 발전하자, 중국정부가 강경 진압하면서 갓 시작된 미·중관계도 불편한 상태로 반전되었다. 1989년 2월 부시 대통령(George H. W. Bush, 1989–1993)이 중국 방문 시 미국 주관 만찬에 당시 중국 내 반(反)정부 활동가 방려지(方励之)[22]를 초청(나중에 취소)하자 양국 관계가 급랭하였다.

---

20) 혹자는 등소평이 집권한 후 중국군을 전쟁에 투입함으로써 모택동 시대의 중국군의 결점을 부각시키고 중국군의 현대화를 추진하기 위해 중·월 전쟁이 필요했다고 분석하기도 한다. Nguyen Minh Quang, "The Bitter Legacy of the 1979 China–Vietnam War," 전게서.

21) 이런 배경에서 중월 국경분쟁이 오늘날의 중국군을 만들었다고 보는 시각도 있다. Charlie Gao, "The War That Made China's Military Into a Superpower," *The National Interest*, March 11, 2021.

　　1989년 6월 4일 중국정부는 천안문(天安門) 광장에서 벌어지던 반정부 시위를 무력으로 진압하기 시작하였다. 인민해방군이 중국인민에게 발포하여 수백 명에서 수천 명(추산)에 이르는 사망자가 발생하며, 수천 명이 부상을 입었다. 이 사태는 개입정책(engagement)을 통해 중국의 현대화를 촉진시켜 중국을 국제사회의 '책임있는 일원'으로 만들며 정치 자유화를 도모한다는 미국의 의도와는 정반대의 사건이었다. 사태 발생 직후, 부시 행정부는 중국 내 인권문제를 제기하며 미·중간의 모든 군사관계를 중단시켰다. 미국정부는 새로운 무기판매 금지와 양국 군간(軍間) 협력 중단 등 몇 가지 법적 제재조치를 추진하는 동시에, 대만에 전투기 판매를 승인함으로써 당분간 미·중 관계는 더욱 험난해진다.

　　부시 대통령은 '중국의 변화가 계속되도록 고무시키기 위해 미·중 관계의 파기 직전까지 가겠다'며 중국에 강한 압박을 하였다. 중국은 F－8 전투기의 현대화 사업을 취소했다. 하지만, 부시 대통령은 핵심적인 개입정책은 지속 추진하였고 기존 대

---

22) 방려지(方勵之)는 중국을 대표하는 저명한 천체물리학자이다. 공산주의자였던 그는 1980년대 중국 민주화를 요구하는 반체제 운동의 상징이 되고 1989년 천안문 사태의 배후자로 지목되자, 사태발생 다음날 부인과 함께 북경(北京) 미국대사관으로 가서 망명을 신청한다. 그 후 미·중간 그의 신병을 둘러싼 외교마찰이 계속되고 중국정부는 결국 1990년 6월 방려지의 미국망명을 허용하였다. 방려지는 그 후 미국 애리조나대학교 교수로 재직하다 2012년 4월 타계(76세)하였다.

부분의 프로그램은 재개되었다.[23] 1993년 대선(大選) 공약으로 중국 인권문제를 거론하며 당선된 빌 클린턴 대통령(Bill Clinton, 1993~2001)은 중국 내 민주주의를 진작시키기 위해 경제수단을 사용하기로 결심하였다. 그는 중국이 인권문제를 개선해야만 최혜국(MFN) 교역 자격을 부여한다고 중국을 압박했다. 그러나 중국은 미국이 자국 내 인권문제에 개입하는 것에 반대하고 어떠한 정치변혁에도 저항하며 양보하지 않았다. 그 결과, 1993년 이후 미·중관계가 재개되었지만, 성과는 제한되고 특히 양국 군 간의 밀접한 관계는 결코 회복하지 못했다.

1990년대 이후 미국의 지원에도 불구, 중국은 개방, 투명성, 대외교류에 대한 초기의 열정을 상실하였다. 오히려 중국공산당은 민족주의를 자극하며 미국이 중국을 봉쇄하고 중국의 부상(浮上)을 방해하려는 적대세력이라고 지속 선전하였다. 중국은 미국이 구축한 패권질서를 유지하려는 현상유지(status quo) 세력으로 인식하면서 중국에 대해 다음 네 가지 적대정책을 추구한다고 의심하였다 : 1) 전략적으로 중국을 봉쇄하고, 2) 세계경제 강국으로 중국의 부상을 좌절시키려 하며, 3) 중국과 대만을 영원히 분리시키길 희망하면서 대만 내 독립정서를 함양하는 한편, 4) 중공을 몰락시키기 위해 중국공산당의 지배와 정부를 불안하게 만들고 방해하는 책략을 기도한다. 또 중국공산당 지도자들은 미국의 냉전(冷戰) 전사들이 소련을 몰락시킨 후 이제 중국을 역사의 쓰레기통으로 집어넣으려고 기도하고 있다고 인식하였다.[24]

한편, 천안문 광장 사태는 미·중 관계 발전의 잠시 중단을 초래했지만, 시간이 감에 따라 그 부정적 영향은 극복되며 양국관계는 점점 다시 안정을 되찾았다. 미국과 중국은 이 사건에 대해 다른 시각에서 평가한다. 먼저 미국은 이 사건 후 20년이 지나면서 중국은 미국의 최대 교역대상국으로 부상하는 동시에, 중국은 고립되고 가난한 국가에서 탈피하여 세계적 무역강국이 되고 국제기구에서 핵심 멤버로 등장한 것을 지적한다. 미국의 입장에서 볼 때, 이 사태가 유발한 미·중간의 부정적 영향이 어떻게 그렇게 빨리 극복되고, 또 어떻게 중국이 이토록 빠르게 발전했는지 실로 경이롭게 여겨진다.

그러나 다른 한편으로, 천안문 사태에도 불구하고 미국이 대중(對中) 개입정책을

---

23) Orville Schell, "The Death of Engagement," *The Wire China*, June 7, 2020.
24) David Lague, 'In Search of Harmony and a Stable Asia', *Sydney Morning Herald*, 18 November 1995.

지속하기로 결정하면서 '중국에게는 잘못이 없다(no fault China)'는 구실을 줌으로써 미국의 개입정책 공약은 중국에게는 엄청난 섭리(攝理)가 되어 중국공산당에게는 경제성장과 부(富)와 권력 증강에 거침없이 집중할 수 있게 되었다. 반면, 대중(對中) 개입정책은 시간이 갈수록 미국 행정부에게는 일종의 신조(信條)가 되어 더욱 뿌리내리고 중국은 미국 사회의 여러 분야에서 지원을 받게 되었다.[25]

미국이 대중(對中) 개입정책을 지속한 이유로는 여러 가지가 있겠지만, 노골적인 적대관계로 되돌아가는 것은 미국의 의도가 중국을 약하게 하는 것이란 중국공산당(CCP)의 주장을 정당화하고, 중국 내 자유주의 세력을 반역죄로 처벌하도록 유도할 것이 두려워 결국, 개입정책을 중단할 수 없었다고 볼 수 있다. 다시 말해, '중국의 개혁과정을 봉쇄하는 봉쇄전략은 반드시 피해야 한다'고 미국이 판단했다는 의미이다.[26]

한편, 중국의 시각은 이와는 사뭇 다르다. 천안문 사태는 최근 십 수 년 동안 중국과 외부세계와의 관계에서 가장 큰 영향력을 미친 사건 중의 하나가 된다. 이 사태 이후, 중국지도자들은 미국이 주도하는 반중(反中) 연합전선이 형성되었다고 인식하고 있다. 그 후 미국은 필요 시 천안문 사태에 의해 왜곡된 중국에 대한 부정적 견해를 꺼내면서 미·중 관계에서 주도권을 행사하려 시도한다고 중국은 불평하게 되었다.

특히, 중국공산당 열성당원들은 이 사태를 음모, 위험, 즉 중국공산당의 프롤레타리아 독재를 위협하려고 설계된 외세의 기도라고 인식하였고 향후 정치개혁을 통제하지 않으면 중국공산당의 일당지배(독재)가 위태롭게 된다고 경계하였다. 등소평은 '중국 내정에 미국이 개입했다'며 미국을 비난하는 한편, '중국 반(反)혁명 동란에 대해 보다 객관적, 솔직한 대응을 하지 않으면 양국관계가 위험한 상태로 빠질 것'이라고 경고하였다.[27] 등소평은 오히려 향후 '미국이 어떤 발언, 어떤 행동을 취할지를 보겠다'며 유혈사태의 책임을 미국에 전가(轉嫁)하였다. 이제부터 양국 관계에서 발생하는 문제는 여하튼 미국의 책임이고 양국관계를 유지하기 위해 미국이 충분히 유연

---

25) Schell, "The Death of Engagement," 전게서.
26) 이러한 주장의 예로서 George J. Gilboy and Eric Heginbotham, "China's Coming Transformation," *Foreign Affairs*, vol. 80, no. 4(July/August 2001), pp. 26-39.
27) Orville Schell, The Death of Engagement: America's New Cold War with China, *Hidden Forces*, July 29, 2020, pp. 8-10. https://hiddenforces.io/wp-content/uploads/2020/07/The-Death-of-Engagement-Orville-Schell.pdf

해져야 하는 입장으로 역전된 것이다. 결국, 등소평이 계속하겠다는 것은 정치개혁이
나 개방이 아니고 오직 경제개혁이었던 것이다.

그 후 중국은 경제성장에 더욱 집중하면서 도시·농업 간 성장과 발전에 있어서
불평등으로 인한 내적(內的) 압력에 직면하면서 중국공산당의 일당(一黨)지배를 정당
화하기 위해 민족주의에 호소하는 접근방식을 취하는 동시에, 국제사회의 '책임있는
일원'보다는 '책임있는 강대국'으로 변화하면서 UN의 국제평화 활동 등에 적극 참여
하게 된다. 2002년 중국 강택민(江澤民) 주석은 북한 핵문제에 대응하기 위한 6자회담
을 개최하는 등 미국의 부시 대통령(George W. Bush, 2001.1~2009.1)과 공동노력을 기
울이기도 하였다. 그만큼 중국이 신장된 힘과 영향력을 바탕으로 국제체계에서 나름
대로의 역할을 할 수 있다는 자신감을 갖게 되었다는 것을 반영한다.

한편, 천안문 사태는 오늘날 중국에서 가장 큰 금기사항(biggest taboo)이 되어 각
종 교과서, 언론, 공식 자료에서 사라졌으며, 아무도 언급하지 않게 되었다. 이 사태
이후 지난 30여 년간 중국 내 공안조직(domestic security apparatus)이 획기적으로 확장
하는 한편, 집단시위를 억압하는 '안정유지(stability maintenance)'는 중국 지방정부의
가장 중요한 과제가 되었다.[28]

중국공산당 당(黨)학교에서 이념을 연구하다 미국으로 망명한 차이시아(蔡霞)는
천안문 사태는 중국공산당(CCP)이 1949년 내전에서 승리하여 공산정권을 수립하면
서 영원한 정치권력을 장악했고 결코 평화적으로 그것을 포기하지 않을 것이라는
점을 잘 보여주는 생생한 사례라고 주장한다.[29] MIT대학교 중국전문가 Gilboy와
Heginbotham은 중국공산당 정부가 1960년대 중반의 문화혁명과 1989년 천안문 사
태를 보는 프리즘을 통해 정치를 깨닫게 되었다고 지적한다. 즉 문화혁명은 급진주의
와 대중운동을 피하고 천안문 사태는 사회 및 정치자유화를 주의하도록 만들었으며,
두 사건은 중국 내 정치의 안전(safe)과 안정(stable)이라는 경계의 틀을 형성한 것으로
'너무 과격하지도, 또 너무 자유롭지도 않아야 한다'는 점을 교훈으로 제시하였다고
이들은 주장하였다.[30]

---

28) Yuhua Wang, "How has Tiananmen changed China?," *The Washington Post*, June 3, 2019.
29) Cai Xia, "The Party That Failed: An Insider Breaks With Beijing," *Foreign Affairs*, vol. 100,
    no. 1 (January/ February 2021), p. 90.
30) Gilboy and Heginbotham, "China's Coming Transformation," 전게서, p. 27.

◇◇◇

1972년 닉슨 대통령의 중국 방문은 오늘날의 미·중 관계를 만든 출발점이었다. 이는 중국과의 관계개선을 통해 미국에 유리한 전략환경을 조성함으로써 미국 주도의 세계질서를 유지하고자 하는 미국의 냉전전략의 하나였다. 특히 미국은 월남전의 수렁에 빠져 소련 제국주의자들에 대응하기 위해 중국과의 관계를 증진할 수밖에 없다고 인식하였다. 키신저는 미국은 영원한 적(敵)이 없고 중국 같은 나라는 국내이념보다 그 행동을 기반으로 판단해야 한다며 지정학은 다른 고려사항보다 앞선다고 주장하였다.[31) 이에 따라 군사적인 차원에서도 미·중간의 군사개입 정책이 개시되었다. 그러나 이는 중국에 대한 특별한 환상에서 기인하는 미국의 일방적인 희망이었다.

특히 1989년 천안문 광장 유혈사태는 개입정책의 논리를 위험한 상태로 몰고 간 사건이었다. 개혁 없이는 양국 간 수렴(convergence)될 것이 없고 수렴의 전망이 없으면 개입정책도 아무 의미가 없게 된다. 그럼에도 불구, 미국정부의 대중(對中) 개입정책은 불변하였다. 미국정부에 미·중 관계가 얼마나 중요한 요소로 인식되었는가를 반증한다. 우의(友誼), 외교, 교류 등 각종 개입정책에도 불구하고, 미국은 중국공산당이 주도하는 사회, 정치, 경제체제 및 가치문제를 쉽게 변화시킬 수 없다는 점을 인식하지 못한 것이다. 양국 간 이념 및 가치의 근본적 차이를 철저하게 인식하지 않은 상태에서 미국정부의 적극성이 수혜자인 중국으로 하여금 개입정책을 오히려 주도하도록 만들었다.

한편 중국도 전략적으로 미·소간의 모순을 이용하기 위하여 미·중 관계를 정상화하는 것이 필요하였다. 다만 중국은 미국과의 개입을 통해 경제성장의 기회로 삼되, 미국이 중국을 자유화하려는 의도에 대응하여 철저하게 저항하였다. 등소평은 오로지 '중국 현대화'라는 꿈을 달성하기 위해 미국을 필요로 할 뿐이었다. 그 후 미국과의 개입은 중국이 힘을 모을 때까지 가능한 자국의 진정한 의도는 감추는 소위 '도광양회 등대시궤(韜光養晦 等待时机)' 과정의 연속이었다.

1978년 말 중국과의 국교수립 이후 시작된 미국의 대중(對中) 전략적 개입정책(strategic engagement)은 향후 40여 년간이나 지속된다. 이렇게 시작한 미국의 대중(對

---

31) Schell, "The Death of Engagement," 전게서.

中) 개입정책에 힘입어 중국의 GNP는 2004년 미국의 약 절반이던 상태에서 2014년 미국과 거의 동일해졌고, 빠르면 2025~6년에 미국을 추월할 것으로 예상된다. 한편 미국은 2006년 세계 127개국의 제1 교역대상국이었으나 현재는 76국으로 감소하였고 중국은 2012년 기준, 세계 124개국의 제1 교역대상국이 되었다. 중국이 21세기 미국의 패권질서에 정면으로 도전하는 강대국 경쟁자로 급성장한 것이다.

제6장

냉전의 종식과 적대관계로의 복귀

　　냉전이 종식되기 직전 1990년 8월 3일 사담 후세인이 쿠웨이트를 침공하면서 제
1차 걸프전이 발생하였다. 부시 대통령은 걸프전에 가능한 많은 국가들을 연합군으로
참전시켜 새로운 세계질서 구축에 동참하도록 유도하고[1] 압도적인 전력을 건설하여
걸프전에서 신속한 승리를 거둔다. 이어서 1992년 소련이 붕괴되어 냉전은 종식되었
다. 미국은 유일한 세계 초강대국으로 자유로운 국제질서(liberal internationalism)를 확
립하려는 목표를 세우며 중국과의 개입정책은 지속 추진한다.

　　한편, 냉전이 종식되자 미·중 관계가 미국의 가장 큰 대외정책 도전요인이 되었
다. '민주주의는 범세계적인 선(善)'이라고 신봉하는 미국과 중국공산당에 의한 일당
독재체제인 중국 간 충돌이 불가피해진 것이다. 1980년대 후반 소련이 쇠퇴한 후 중
국의 위협 축(軸)은 대륙북부 국경에서 멀어지고 대만 독립과 미국의 개입 위협을 둘

---

1) 부시 대통령은 걸프전 개전에 앞서 미 의회에서 걸프전이 협력의 시대로 지향하며 새로운 세
　계질서를 미국이 조형할 수 있는 독특하고 특별한 기회라는 점을 강조하였다. 동(同) 전쟁에
　는 미국, 러시아, NATO, 그리고 이집트 등 아랍국가를 포함, 총 40개 동맹국이 제2차 세계대
　전 이후 최대 규모의 국제연합군을 형성하여 이라크를 패배시켰다. Harlan W. Jencks,
　"Chinese Evaluations of 'Desert Storm': Implications for PRC Security," *The Journal of East
　Asian Affairs*, vol. 6, no. 2 (Summer/Fall 1992), pp. 447－477.

러싼 해양에서의 갈등 가능성으로 관심이 집중되었다. 특히 제3차 대만해협 위기는 탈냉전 후 미·중 관계를 다시 적대관계(敵對關係)로 전환시키는 결정적인 전기(轉機)가 된다.

1. 걸프전: 중국군 현대화의 출발점

1979년 2~3월 중국이 베트남과 국경전쟁을 치룬 후에도 양국 간의 국경분쟁이 약 11년간 계속되었다. 이 기간 동안 중국은 과거 인민전쟁 전략과 노후장비 및 편제를 탈피하며 현대식 군대로 전환하려는 시도를 한다. 중국은 의도적으로 중국군 전부대를 남부 전선(戰線)으로 순환 배치하며 전투지역에서 실전경험을 쌓도록 하였다. 혹자는 미국이나 서방의 군사력에 비해 중군군의 결점(缺點)으로 실전적 전투경험이 1979년 중국·베트남전쟁 이후 40년 동안 전무(全無)하다는 점을 지적한다. 이는 잘못된 것이다. 중국군의 가장 최근 실전경험은 1979년이 아니라 1991년인 것이다. 이렇듯 중국·베트남전쟁과 분쟁은 중국군을 과거 모택동의 인민전쟁 전략이라는 구(舊) 시대적 교리와 1950년 한국전쟁 참전 당시의 노후 장비 및 전술로부터 완전 탈피하여 현대식 군대로 탈바꿈하게 만든 계기가 되었다. 그러나 중국군을 오늘날과 같이 첨단 과학·기술에 기반한 현대화된 전력으로 결정적으로 변화시킨 계기는 1991년 제1차 걸프전과 1995-6년 제3차 대만해협 위기였다.

가. 정보전쟁의 전형으로서 걸프전

냉전 기간 중 미국은 수적으로 우세한 소련군을 상쇄(相殺)하기 위해 스텔스 항공기, 정밀유도무기, 첨단 감시기술로 구성된 정찰·강습 개념, 즉 제2차 상쇄전략 (offset strategy)을 추진하였다. 일각에서는 그러한 첨단무기가 너무 정교하고 전쟁의 안개 속에서 작동되지 않을 것이라고 경고하였다. 그러나 곧 발생한 걸프전에서 그 효과가 입증되어 아주 극소한 피해 속에 미국 중심의 연합군이 이라크군을 단기간에 섬멸하였다.

걸프전에서 미국을 중심으로 하는 연합군은 42일 만에 최소한의 피해(299명 전사)로 60만 명에 달하는 이라크군을 패퇴(사상자 7만 명)시키며 완벽한 승리를 거두었다. 6주 동안 지속된 공습 이후, 쿠웨이트가 해방되기까지 지상작전은 100시간 밖에 걸리지 않았다. 여기에는 여러 요소가 배경으로 거론될 수 있지만, 그 중에서도 연합군의 합동작전을 완벽하게 수행하도록 보장한 지휘·통제, 통신, 컴퓨터, 정보체계와 위성 및 공중감시 등 C4ISR 측면에서의 기술적 우세가 가장 두드러졌다. 연합군은 첨단 정밀타격 체계를 운용하여 이라크군을 무력화시켰고, 특히 공중지원 하 기계화 부대가 전투결과를 결정지었다. 즉, 제1차 걸프전은 합동작전, 정밀타격, 그리고 현대식 C4ISR 시스템에 의한 네트워크중심작전(NCW: network centric warfare)을 처음으로 구현한 전쟁이었다.

걸프전은 현대 전쟁의 성격에 중대한 변화, 특히 기술이 현대전을 어떻게 변화시키는가를 과시하였다. 과학·기술이 전쟁규모, 전투수행 방식, 전투편성을 결정하고 장차 군사력은 정밀유도포탄(PGM: precision guided munition), 즉 미사일 위주로 더욱 소형화되며, 공대지(空對地) 미사일의 중요성은 공중, 해상, 지상군 간의 구분을 무색하게 만들었다. 다양한 원격센서가 직접 전장(戰場)에 정보를 제공하는 것이 보편화되면서 '탐지장비에서 무기체계(sensor−to−shooter)'가 준(準) 실시간에 연결되는 NCW가 구현되면서 지휘구조는 간단 명료화 되었다. 적(敵)과 원거리에서 싸우면서 군수 측면에서 소요가 적은, 보다 소형의 전문적 군대가 대규모 군대를 대체하였다.

걸프전쟁 종식 후 많은 국가들이 첨단기술에 기반한 군사능력을 통해 정치, 경제 등 전략목표를 달성하기 위해 전면적인 군사력 현대화를 추진하였다. 결국 향후 전쟁양상은 'sensor−to−shooter'를 실시간에 구현하여 적(敵)보다 '먼저 보고 먼저 결심하여 먼저 쏘는' NCW가 될 것으로 예측되었다. 이제까지 전장에서 주역으로 기능했던 탱크와 항공모함과 같은 대형 플랫폼은 적(敵)의 순항미사일이나 레이저와 같은 정밀타격에 취약하여 점점 덜 중요하게 인식될 것으로 예상되었다.

나. 중국군의 각성(覺醒)

한편, 걸프전은 오랫동안 인민전쟁 전략에 머물러 있던 중국군을 각성시킨 선구자였다. 걸프전이 발생하기 전에 중국정부는 천안문 사태이후 미국 주도의 외교, 경제, 군사 제재에 내심 불만을 갖고 있었고 냉전 종식 후 미국이 주도하는 세계질서가 될 것을 우려하며 미군이 걸프전에서 가능한 실패하기를 내심 기대했다. 중국 군부는 미국을 중심으로 하는 연합군이 지상전투에서 이라크군에게 상당히 고전하면서 전쟁은 장기화되고 결국 협상으로 이어질 것이라고 공공연하게 발언했다.[2]

그러나 막상 전쟁은 짧은 시간에 일방적으로 끝났다. 불과 42일 만에 미국이 주도하는 연합군이 이라크 군대를 궤멸하고 쿠웨이트에서 추방했다. 당시 이라크군은 중국군과 많은 유사성을 갖고 있었으며 지난 8년간의 이라크−이란전쟁으로 중국군보다 전투경험이 많고 기술적으로 더 정교했다. 특히 장비 면에서 중국의 공군력과 방공체계는 당시 이라크군보다 열세하거나 비슷한 정도였고 적(敵) 정밀유도포탄(PGM)의 공격에 매우 취약하였다.

걸프전 이전에도 중국군은 서방측의 군사력에 비해 스스로가 낙후되었다는 점은 알고 있었다. 1979년 중국 · 베트남전쟁에서 중국군은 한국전쟁에서 사용했던 전술교리와 군사장비로 베트남군과 싸우며 상당히 고전했다. 베트남군은 월남전으로 전투경험이 매우 풍부했다. 중국군의 탱크나 탄약도 미군에 비견할 수 없을 정도로 열세하였다. 걸프전에서 해군전은 거의 발생하지 않았으나, 중국해군은 미 해군에 상대가 안 될 정도였다. 걸프전 당시 첨단 재래식 무기가 군사력의 척도라면 중국군은 3등급에도 못 미치는 군대였다.

걸프전은 이러한 중국군의 후진성을 더욱 드러냈다. 걸프전에서 미 연합군이 수적으로 우세한 이라크군을 '뜨거운 칼로 버터를 자르듯' 무력화시키는 모습을 생생한 CNN 중계를 통해 목격하면서 중국지도부는 현대전이 어떤 것인지, 미래에 어떻게 싸울 것인지에 대한 교훈을 얻었다. 중국지도부는 방어작전을 위해 조직된 대규모 병력 위주의 중국군은 미군과 같은 최첨단 과학 · 기술 무기로 무장된 적(敵)에 맞설 준비가 되어 있지 않다는 점을 깨달았다. 특히 중국은 첨단기술 및 전장(戰場)지휘 C4I 등 과학 · 기술 분야를 토대로 중국군을 거의 새롭게 재건하는 것이 필요하다고 인식했다. 당시 중국이 개혁 · 개방을 추진했지만, 군사분야는 우선순위가 밀려 혁신이 지체되고 있었다.

또한 중국지도자들은 새로운 첨단 군사기술의 발달로 육 · 해 · 공군을 하나의 3차원적 전력으로 통합 운용함으로써 전쟁은 보다 신속하고 급작스럽게 진행되며 그

---

2) Jencks, 상게서, pp. 447−477.

파괴성과 잔혹성은 과거 어느 때보다 심각해졌다고 인식하였다. 현대전은 기술이 우세한 쪽이 전쟁결과를 결정한다는 교훈 하에 중국지도자들은 첨단 과학·기술을 흡수하기 위해 경제개발 속도를 더 내야한다고 각성하였다.

소련의 붕괴 속에 냉전이 종식되면서 중국군은 변화가 불가피하던 상황에서 걸프전이 이러한 변화의 촉매로 작용하며 향후 어떤 방향으로 나아가야 할지를 제시한 것이다. 이제 중국군을 현대전쟁에 준비시키는 것이 중국의 최우선 정책과제의 하나로 확실하게 인식되었다. 즉, 걸프전은 중국이 모택동 시절의 인민전쟁 전략과 단절하고 첨단 과학·기술에 기반한 현대식 '하이테크 조건 하 국지전쟁'에서 승리하는 군대를 건설하려는 결정적 계기가 된다.

다. 군 현대화를 향한 출발

걸프전에서 특히 미군의 전쟁수행 능력은 중국군에게는 일종의 '기상나팔(wake-up call)'로서 전례가 없는 전력건설과 합동작전 체제의 구축 필요성을 촉발하였다.

(1) 합동전력의 현대화

1990년대 중국군은 걸프전에서 목격한 것과 같은 방식으로 전쟁을 수행할 수 있는 첨단기술에 기반한 전력(戰力)이 거의 없었다.[3] 중국의 자체평가로도 중국군은 서방측 군대보다 30~40년 뒤쳐진 것으로 판단되었다. 당시 대부분의 중국 군사장비는 1960년대 소련기술을 기반으로 했다. 중국육군은 소련이 설계한 오래된 기갑(機甲)전력을 중심으로 건설되었으며, 이제 막 제병(諸兵) 합동작전을 시험하기 시작하는 수준

---

3) 1980년대 후반에서 냉전이 끝날 무렵, 미국과 서유럽국가들은 소련에 대항하여 '나의 적의 적(enemy-of-my-enemy)'으로서 중국군에 군사기술을 판매하기 시작했다. 1985년 미국은 Sikorsky S-70/ H-60 블랙호크 헬리콥터 24대를 판매했고 1980년대 후반에는 50대의 중국 J-8 공중우세 전투기에 대한 현대화 프로그램을 제안했다. 프랑스는 헬리콥터와 수중 음파탐지기 및 전자장치, 대함 순항미사일 YJ-8 개발에 기술을 제공하였다. 한편 독일은 디젤엔진, 이탈리아는 어뢰시스템, 이스라엘은 중국 최초의 토착 4세대 전투기 J-10 개발에 기술을 지원하였다. 그러나 1989년 6월 천안문 사태 이후 중국에 대한 국제제재로 대부분의 서방 무기판매가 중단되었다. Michael Dahm, "China's Desert Storm Education," *Proceedings*, Vol. 147, No. 3 (March 2021), pp. 20-27 참조.

에 있었다. 연안해군이던 중국해군은 1950년대 소련의 설계를 기반으로 하는 수백 척의 초계정과 소수의 구축함·호위함으로 구성되었다. 중국해병대는 원정작전 능력이 거의 없었다. 한편, 중국공군의 모든 항공기는 사실상 구(舊)소련 MiG-19, MiG-21의 사본(寫本)이었다. SA-2 지대공 미사일의 중국 버전은 소련이 사용하다 이미 퇴역시킨 구형 무기였다.

걸프전의 영향을 받아 중국 내에서 육·해·공군이 동시에 전력을 통합 운용하는 합동작전이 중시되기 시작하였다. 특히 공군력이 국지전의 승패를 결정한다는 것을 인식한 중국군은 교리 측면에서 지상군보다 공군력, 특히 장거리 정밀타격의 잠재력을 강조하기 시작하였다. 이후 중국군은 기술적으로 진보된 해군과 공군전력을 구축하기 위해 약 200만 명의 지상군 병력을 감축하며 합동작전 역량 개발에 주력하기 시작하였다.

중국군은 첨단 플랫폼, 무기 및 C4ISR 체계를 획득하는 것이 시급했으나, 천안문사태로 인한 국제제재로 이러한 군사기술을 다른 곳에서 찾아야 했다. 이러던 차에 냉전 말기 소련은 현금이 궁해 마구잡이로 중국에 무기를 판매하였고, 중국은 소련제 무기를 구입하며 주로 해·공군기술 분야에서 시급한 현대화를 도모하였다. 특히 중국은 소련제 무기들을 역(逆)설계하며 중국군의 전력투사 역량을 가능한 빠른 시간 내 획기적으로 향상시키려 노력하였다.

중국공군이 러시아로부터 Su-27 전투기를 도입하고 중국해군이 소브레메니(Sovremenny)급 구축함 4척과 킬로(Kilo)급 디젤-전기 공격잠수함 12척을 인수한 것도 이러한 배경, 즉 무기, 전자제품 및 추진기술을 제공받아 중국 자체의 개발능력을 개선하기 위한 것이었다. 중국의 연구개발은 발명이 아니라 '도약개발(leapfrog development)'[4]이라는 전략 하에 확보된 무기기술을 통합하고 지속적으로 개선해 나가는데 중점을 두었다.

특히 중국은 미국의 항모전투단을 모방하고자 하는 계획의 일환으로 1991년 5월 우크라이나에서 실시된 소련 Kuznetsov급 항공모함의 해상시험에 중국대표단을 파견하여 참관시켰다. 1992년 소련이 붕괴된 후 중국군은 당시 공정(工程)의 약 2/3 정도에서 중단된 상태로 방치되어 있던 동급(同級) 2번함 Varyag함의 선체를 고철로 구

---

4) Dahm, 상게서, pp. 23-25.

매하려고 희망했다. 그러나 당시 중국정부가 외국 투자를 유치하기 위해 개방을 중시하던 때라 이를 최종 승인하지 않았다고 전해진다.[5]

몇 년 후 중국은 Varyag함의 선체를 결국 구입한 후 중국에서 개조공사를 거쳐 2012년 중국의 첫 번째 항공모함 랴오닝(Liaoning)함으로 취역시켰다. 중국은 개조공사를 통해 함정 건조기술을 크게 발전시키며 그 후 중국 내 조선소에서 많은 소형 초계함을 생산했고 2000년 이후 2020년까지 300척 이상의 함정과 잠수함을 취역시킴으로써 2018년 중국해군은 미 해군을 제치고 세계최대 해군으로 등장하게 된다.

(2) C4ISR 네트워크

걸프전에서 강력한 C4ISR 네트워크와 고도로 중앙집권화된 화력 지휘통제 체계가 사막의 폭풍작전과 같이 빠르게 움직이는 대규모 작전에서 지상, 공중 및 해상전력을 통합 운용할 수 있는 유일한 방법이었다. 이에 따라 1990년대에 중국군은 합동작전을 지원하고 전장공간 정보지배(battlespace information dominance)를 제공하기 위해 상당 규모의 C4ISR 네트워크를 구축하기 시작했다. 지상파 네트워크를 필두로 고속 광섬유 케이블로 구성된 국방통신망, 전장(戰場) C4ISR 네트워크로서 '전구(戰區) 전자정보시스템', 대량의 정보를 수집, 처리하고, 명령과 의사결정을 지원하며, 합동작전을 가능하게 하는 '통합 지휘플랫폼(ICP: integrated command platform)' 등이 순차적으로 개발되었다. 또한 2000년대 후반 중국은 미국의 링크-16 데이터링크 '공동정보분배시스템(Joint Information Distribution System)'의 자체 버전을 도입하기도 했다.[6]

한편, 중국군의 우주 진출은 최초의 군사 통신위성, 영상위성 및 최초의 Beidou (白頭) 항법위성이 발사되는 2000년에 시작되었다. 그 이후, 중국의 우주능력은 빠르게 발전하였다. 2015년부터 중국 위성에는 이동 중 통신을 지원하는 고처리용량 위성(high-throughput satellites)과 수십 개의 지구 저궤도 통신 및 정보수집 위성이 포함되었다. Beidou-3 탐색 위성은 2020년에 전 세계 커버리지를 달성했다.[7] 또한, 2000

---

5) Sebastien Roblin, "How Did China Acquire Its First Aircraft Carrier?," *The National Interest*, September 26, 2020.
6) Dahm, "China's Desert Storm Education," 전게서, pp. 25-26 재인용.
7) Dahm, 상게서, p. 25.

년대 중반까지 상당한 C4ISR과 전자전 능력을 갖춘 특수임무용 항공기가 중국 해·공군 작전을 위한 중요한 전력배가 요소(force multipliers)로 등장했다. 그리고 최근 몇 년 동안 중국의 다양한 무인항공기는 중국군 유인전력과 통합되어 C4ISR 능력을 크게 향상시켰다. 이것과 함께 전자기 스펙트럼의 거대한 영역을 담당하는 육상 및 해상기반 레이더 및 전자전 시스템이 중국에서 다양하게 출현했다.

(3) 장거리 정밀타격 능력

중국군은 종심방어를 강화하고 공세작전을 지원하기 위해 장거리 정밀타격 능력을 강화하기 시작하였다. 역사적으로 중국군은 적(敵) 후방을 강습하는 종심(縱深) 전투, 즉 기동전 경험이 전무(全無)하였다. 비록 걸프전에서 종심전투가 실행되지는 않았지만, 미국의 토마호크(Tomahawk) 정밀강습 순항미사일의 성공적 임무수행에 자극받아 중국군은 장거리 정밀 화력이 적(敵) 작전을 교란하고 적(敵) 지상군을 소모한다는 점을 인식하였다.

그 결과 중국군은 주로 핵억제에 초점을 둔 탄도미사일부대였던 제2포병(PLA Second Artillery Corps)을 '이중억제 및 이중작전 전략(a strategy of Dual Deterrence and Dual operations)'에 의거 핵 및 재래식 탄도미사일로 장거리 정밀타격 임무를 수행하는 부대로 전환하였다.[8] 이후 1996년 제3차 대만해협 위기에서 미 해군의 2개 항모전투단이 개입한 이후 중국 제2포병은 대만 유사시 미 해군의 개입을 예방하기 위해 다양한 종류의 대함용 순항 및 탄도미사일을 집중 개발하며 오늘날의 반접근 지역거부(A2AD) 전력의 근간을 이루게 된다.

특히 중국은 항공기, 함정, 잠수함 등 플랫폼 기반의 타격전력(platform-based strike forces, such as aircraft, ships, and submarines)보다는 순항 또는 탄도미사일과 같은 개별 발사체(projectiles)를 통해 정밀타격포탄(precision strike munitions)을 발사하는 방식에 초점을 두기 시작하였다. 이는 플랫폼 능력에서 미국에 비해 불리한 중국의 결점을 최소화하고, 전역(戰域)의 지리적(theater geography) 특성, 즉 미국과 동맹군에게 전략종심이 부족하다는 점을 이용하고, 중국 유도탄의 저렴한 생산비용에서 기인하는 재정적 비대칭성, 그리고 미·러시아 간 중거리핵전력조약(INF)에 중국이 불참하고

---

8) Thomas Shugart and Javier Gonzalez, "First Strike: China's Missile Threat to US Bases in Asia," *Center for a New American Security*, June 2017.

있다는 국제법의 허점 등을 이용한 것이다.

이 새로운 접근방식은 당시 중국의 '현대식 하이테크 조건 하에서의 국지전쟁 (local war under modern, high-technology conditions)'을 수행하는 데 장거리 정밀화력이 가장 근본적 요소라는 점을 중국지도부가 일찍부터 인식한 것이었다.9)

(4) 군사전략 전환 및 군(軍) 구조 개편

한편 걸프전의 교훈을 바탕으로 새로운 중국지도부가 등장할 때마다 중국군의 군사전략에도 많은 변화가 생겼다.10) 먼저 강택민(江澤民)은 2002년 제16차 당 대회에서 군 현대화를 경제건설과 동시에 추진할 것임을 분명히 하였다. 그는 인민해방군의 역할에 영해의 주권과 해양권익의 옹호를 새롭게 추가하였다. 그 해 2월에 공포된 '중국영해 및 접속수역법'은 센카쿠 열도나 남사군도를 포함, 동·남중국해의 전(全)도서의 영유권을 천명하는 동시에, 중국해군의 역할 확대를 공식적으로 표명한 것이었다. 강택민은 1993년 새로운 군사전략으로 '첨단기술 조건 하 국지전쟁(local wars under high-technology conditions)에서 승리할 수 있는 능력 개발'을 표방하였다.

한편 후진타오(胡錦濤)는 기존 육군 중심의 구조에서 육·해·공군이 보다 균형 잡힌 태세로 전환하도록 군 조직개편을 하였다. 그는 중국의 군사전략으로 강택민 시대에 시작된 현대화를 계속 추진하는 동시에, 9.11 테러사건 이후 미국이 이라크와 아프가니스탄에서 수행한 대(對)테러 전쟁에서 인공위성 정보를 구사한 전쟁수행 방식에 고무되어 정보통신 분야에 있어서 기술혁신(RMA: Revolution in Military Affairs)에 기반한 '현대 정보화된 국지전쟁(local wars under conditions of informationization)에서 생존 및 승리 가능한 정보화된 군 건설'을 목표로 하는 동시에, 사상 최초로 전쟁 이외 군사작전(MOOTW: military operations other than war)을 강조하며 중국군의 '새로운 역사적 사명'의 수행능력을 주창하였다.

한편 오늘날 시진핑(習近平) 정부는 적극방어(active defense)라는 전략개념 하에 해양에서의 군사투쟁과 해양 전투준비를 강조하면서 남중국해와 같은 핵심 이익(core interests)을 두고 벌어지는 '정보화된 국지전을 승리(winning informationized local wars)'

---

9) Shugart and Gonzalez, 상게서, p. 2.

10) Joe McReynolds and Peter Wood, "Keeping up with China's Evolving Military Strategy," *War on the Rocks*, May 4, 2016.

하는데 필요한 능력 발전을 표방하고 있다.11) 특히 현재 중국은 군민(軍民)융합(civil-military fusion)을 통해 '지능(知能)화 군'을 건설하여 대미(對美) 군사력 열세를 만회하고자 AI, 우주, 사이버, 심해능력 향상 등에 주력하고 있다.

이러한 현대화를 통해 중국군은 '체계파괴 전투(systems destruction warfare)'를 지향하기 시작하였다. 이는 화력이나 결전을 강조하기 보다는 지·해·공, 우주, 사이버, 전자기(電磁氣)적 영역에 걸쳐 정밀공격으로 적(敵)의 전쟁수행 능력을 마비시킨다는 개념이다. 오늘날 미국 군사력의 급소를 손상시켜 시스템 전체가 파괴(실패)되도록 하는 전투개념으로서 자주 거론되는 '점혈전(点穴戰: acupuncture warfare)' 전략이 이에 해당한다. 중국의 2015년 군사전략은 중국군이 현대전쟁을 어떻게 싸우고 이길 것으로 기대하는지를 다음과 같이 명시한다: 통합 전투부대는 정보지배, 정밀타격 및 합동작전을 특징으로 하는 '시스템 對 시스템 작전(system-vs-system operations)'에서 승리할 것이다.12)

그 후 2016년 중국군은 중요한 조직개편을 단행하였다. 합동참모부가 설립되었고, 인민전쟁 개념의 방어기반이었던 군구구조(military region construct)는 마침내 폐기되고 합동작전을 용이하게 하기 위해 모든 군종으로 편성된 5개의 전구(theaters)로 재편되었다. 또한 사이버, 전자전, 우주역량 등 정보역량을 통합하기 위해 새로운 군(軍) 전략지원군(Strategic Support Force)이 창설되었다. 핵 및 재래식 탄도미사일과 장거리 타격능력을 담당하는 제2포병은 군종(軍種)으로 승격되어 중국인민해방군 로켓군(PLA Rocket Force)으로 이름이 바뀌었다.

이러한 중국군의 전력구조 개편은 아주 중요한 의미가 있다. 중국군이 미국과의 패권경쟁에 필요한 전력발전에 완전히 초점을 맞춘 조직이라는 점을 대변하기 때문이다. 또한 이는 중국의 군사혁신 노력에서 전력발전의 공격성과 신속성을 보여주는 사례이다. 중국은 공산당정부가 한번 정책을 결정하면 내부의 저항 없이 국력을 총집중하여 정책을 신속하고 지속적으로 추진할 수 있다. 중국군이 미군과의 경쟁에 대비한 전력발전에 중대한 진전을 이루기 위해 충분한 의사결정 공간(decision-making space)을 유지하고 있다는 점을 냉철하게 인식할 필요가 있다.

---

11) The State Council Information Office of the PRC, "Document: China's Military Strategy," *USNI News*, May 26, 2015.

12) The State Council Information Office of the PRC, 상게서.

중국의 군구13)

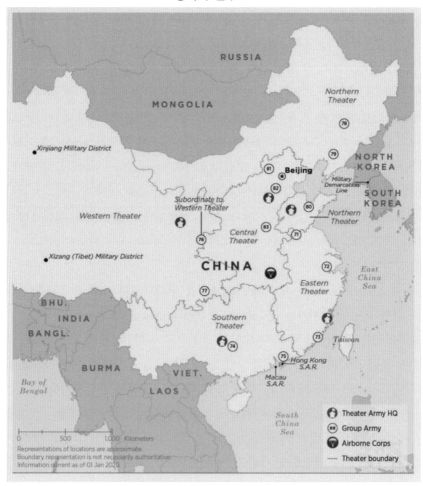

결국, 걸프전은 중국군에 현대전이 어떻게 수행되는지를 학습하고 세계적 수준의 군대가 되기 위한 전반적인 로드맵을 제공했다고 볼 수 있다. 걸프전에서 태어난 중국의 군사전략, 기술, 전력구조의 변화는 그 후 약 20년 만에 중국군이 동아시아에서의 힘의 균형을 바꾸고 미국 중심의 패권질서에 도전하는 중국의 주요 수단으로 등장하게 만든다.

---

13) Office of The Secretary of Defense, Military and Security Developments involving the People's Republic of China 2020, Annual Report to Congress, 2020 (Washington DC, September 2020), p. 43.

한편 제1차 걸프전 이후 사담 후세인은 이라크에서 권력을 유지했고, 빌 클린턴 대통령임기 때까지 그의 정권에 대한 폭격과 제재는 계속 실시되었다. 그러다 2002년 9·11 테러사건이 발생한 후 당시 부시(아들) 대통령은 아프가니스탄 침공 이후 WMD 개발을 명분으로 이라크에 대한 새로운 전쟁을 선포하며 2003년 두 번째 걸프전이 시작된다. 부시 대통령은 제2차 걸프전에 개입하면서 새로운 세계질서를 미국이 조형할 수 있는 '독특하고 특별한 기회'라는 점을 강조하면서, 많은 이들이 새로운 '평화의 시대'가 시작(beginning of an 'age of peace')된다고 기대했으나 오늘날까지 미국은 이라크 내전에 막대한 전비(戰費)를 쏟아 부으며 국력을 쇠퇴시키고 있다.

2. 냉전의 종식과 미국의 패권질서

1991년 바르샤바 조약(Warsaw Pact) 기구의 해체 및 소련의 붕괴로 냉전이 종식되었다. 냉전에서 승리한 미국은 유일한 세계 초강대국으로 자유 국제질서(liberal internationalism)를 확립하려는 목표를 세운다.

가. 미국의 패권질서 유지

1992년 미국 국방부는 국방기획지침(Defense Planning Guidance)을 발표하며 냉전 승리 후 미국 주도의 패권질서의 유지를 강조하면서 미국의 안보위협으로 지역적 도전요인과 불확실성, 불예측성을 제시하였다. 이 지침은 불확실성에 대비하고 미래 안보환경을 조성하며 지역 불안정을 차단하기 위해 핵 억제력의 유지, 동맹 강화 및 확장, 전방현시(forward presence), 전력투사 등을 강조하였다. 특히 이 지침은 과거 냉전전략의 두 가지 요소는 유지한다고 명시하였다: 첫째, 미국의 국익에 중요한 지역, 즉 유럽, 중동, 동아시아 및 남미지역을 주도하는 적대국가의 출현을 예방한다, 둘째 특히 유라시아에서 미국에 유리한 힘의 균형을 유지하는 것이 미국 주도의 자유·민주·자본주의 패권질서를 유지하는데 중요하다.

한편, 1995년 2월 발표된 '동아·태 전략보고서(또는 Nye Initiative)'[14]는 냉전이 끝났지만 아·태지역에서는 불안정과 불확실성의 가능성이 지속되고 있다면서 미국

안보전략으로 중국의 부상과 북한의 핵무기 역량 개발 등 구조적 위협을 견제하는 것을 목표로 제시하였다. 이 보고서는 특히 중국의 군사력 증강과 대외정책 야망을 경고하며 지역 안정과 미국의 정치, 경제, 안보목적의 달성을 위해 동아시아에 총 10만 명 규모의 미군을 유지해야 한다고 제안하였다. 또한 이 보고서는 미·일 동맹을 지역 내 가장 중요한 양국관계로 정의하며 일본의 안보는 미국의 지역 안보정책의 핵심으로 일본이 향후 군사적 자율성과 전력투사 능력을 제고할 수 있도록 지원해야 한다고 주장했다.

1996년 4월 클린턴 미 대통령과 하시모토 일본총리는 21세기에 접어들면서 미·일 안보관계가 공통의 안보목표를 달성하고 아·태지역의 안정적이고 풍요로운 환경을 유지하는 초석으로 남아 있음을 재확인하며 '미·일 안보 공동선언'을 발표하였다. 이어서 미국과 일본은 더욱 긴밀한 안보협력 관계를 구축하기 위해 '1978년 미·일 방위협력 가이드라인'을 개정하였다.[15] 냉전 이후 지역 내 불안정과 불확실성에 대비하기 위해 일본의 안보역할 확대 필요성이 인식된 것이다. 중국은 지역 내에서 확장되는 일본의 안보역할에 대해 내심 불만을 갖게 된다.

1997년에는 카터 행정부의 국가안보보좌관을 역임했던 브르제진스키(Zbigniew Brzezinski)가 *The Grand Chessboard: American Primacy And Its Geostrategic Imperatives*라는 제목의 책을 출간하며 냉전 종식 후 미국의 세계패권을 유지하는 전략을 제시하였다. 그는 유라시아 대륙은 세계의 세력균형을 유지하기 위한 투쟁이 벌어지는 장기판(Chessboard)이라 정의하면서 소련 붕괴 후 미국은 사상 최초로 비(非)유라시아 세력으로서 세계 패권국이 되었으며 유일한 포괄적 초강대국 미국은 유라시아의 '정치 결정권자(political arbiter)'이며, 미국의 참여 없이 또 미 국익(國益)에 배치(背馳)하여 유라시아의 중요한 현안이 해결될 수 없다고 단언하였다.[16] 그 후 약 20

14) Office of International Security Affairs, DoD, *United States Security Strategy for the East Asia—Pacific Region*, February 27, 1995.
15) Subcommittee for Defense Cooperation, *Guidelines for Japan—U.S. Defense Cooperation*, November 27, 1978.
16) 브르제진스키는 맥킨더(Halford Mackinder)의 심장부 이론(Heartland Theory)을 거론하며 유라시아는 서유럽, 중동, 동아시아, 중앙(러시아) 등 4개 주요 부분으로 구성되며 미국의 패권이 유지되려면 이들 지역이 분리되는 것이 필요하다고 주장했다. 미국의 패권 유지 및 유라시아에 대한 그의 전략기조는 오늘날에도 미국 대외정책의 강력한 요소로서 여전히 유효하다. 한편 그는 중국은 1등급 세계국가로 부상할 것이며 미국의 지역이익을 위해 일본의 역할이 계속 중요하나, 한반도가 통일이 되면 중국을 감시할 수 있는 주한미군의 주둔을 위태롭

년간 미국은 단극체제 하 유일한 초강대국으로 국제정치 무대에서 군림하였다. 하지만 이 평화로운 단극체제는 단명(短命)으로 끝난다.

나. 탈냉전 후 미 해군의 전략 "… From the Sea"

냉전이 종식된 후 유일한 초강대국으로 등장한 미국은 전 세계 해양에서 자타가 공인하는 제해권(command of the seas)을 보유하였다. 해양에서 경쟁자가 없어지면서 미국은 걸프전으로 지연되었던 과감한 군축을 실시했다. 국방예산이 축소되었고, 많은 수의 기지가 폐쇄되었으며, 함대 규모 및 병력도 상당히 축소되었다. 더 이상 전략적 경쟁자가 없어진 상태에서 향후 정치적 불안정과 지역폭력으로 특징되는 '폭력적 평화(violent peace)' 시기에 미국은 군사적으로 언제, 어디에 개입해야 하는지 선택하는데 비교적 자유로운 상태가 되었다. 다른 한편으로 이는 제동장치가 제거됨으로써 미국이 향후 지역분쟁에 개입하며 국익에 부정적인 방향으로 나가도록 유도할 수도 있다는 의미였다.

1993년 미 국방부는 냉전 종식 후 변화된 세계안보 환경에서 미국의 국방전략을 검토한 Bottom Up Review(BUR)에서 구(舊)소련 공화국의 군대와 미군 간의 교류를 추진하는 가운데 민주주의와 분쟁의 평화적 해결을 통해 분쟁을 억제하며 평화유지(peace keeping)와 평화집행(peace enforcement) 작전의 필요성을 강조하는 한편, 한반도와 중동에서의 2개의 주요 전구전쟁(two major theater wars)에 동시에 대응 가능한 전력을 유지하는 것이 미군 전력구조의 기본 축이라고 발표하였다.[17] 이어서 발표된 1997년 4년 주기 국방검토(QDR: Quadrennial Defense Review)는 억제와 전방현시(前方顯示)를 통해 미국은 새로운 안보환경을 조성하고 소규모 우발사태에서 주요 전구전쟁에 이르기까지 모든 분쟁 스펙트럼에 걸쳐 전쟁을 수행할 준비를 하고 불확실한 미래에 준비하도록 명시하였다.[18]

게 할 것이라고 주장했다. Zbigniew Brzezinski, *The Grand Chessboard: American Primacy And Its Geostrategic Imperatives*, (New York: Basic Books, 1997), p. 194.

17) Jeffrey D. Brake, "Quadrennial Defense Review (QDR): Background, Process, and Issues," *CRS Report for Congress*, June 21, 2001.

18) William S. Cohen, *Report of the Quadrennial Defense Review*, (Washington, DC: DoD, May 1997), Section II.

　　냉전 종식 후 미 해군의 전략도 대양에서의 전투에서 해양으로부터(from the sea) 지상으로 힘을 투사하는 합동작전으로 초점이 전환되었다. 과거 냉전 기간 중 미국과 소련해군은 전 세계 해양의 주도권을 두고 경쟁하였다. 그러나 소련해군은 세계최강 미 해군의 진정한 적수가 되지 못했다. 미국에게 있어서 가장 큰 시련이었던 1962년 쿠바 미사일위기도 미 해군의 일방적인 해양우세로 소련을 굴복시키며 위기를 종식시킬 수 있었다. 1980년대에 들어 대륙국가 소련의 해군력이 날로 신장하자 미 해군은 '해양전략(Maritime Strategy)'을 채택하며 압도적인 해군력으로 소련 제국의 주변해역을 위협했다. 이는 유라시아 대륙의 군사균형을 미국에 유리하게 만들려는 목적이었다. 그 결과, 냉전에서 승리한 미 해군은 전 세계 해역에 대한 사실상의 해양통제를 달성하였다.

　　한편 소련의 뒤를 이은 러시아는 냉전 종식과 그로 인한 재정파탄으로 인해 지역강국 수준으로 추락했고 러시아 해군은 전략적으로 거의 무의미한 존재로 전락했다. 러시아 해군은 일부 잠수함 전력을 제외하고 더 이상 어느 작전전구에서도 미 해군에 도전할 수 없는 상태가 되었다. 냉전 종식 후 미 해군에 도전할 만한 세력이 부재한 환경에서 이론의 여지가 없는 해양통제가 확보되었으므로 미 해군은 새로운 임무와 전략을 모색해야 했다. 그것은 바로 연안해역에서 지상으로 전력을 투사하는 것이었다. "해군이 가장 영향력 있는 곳은 지상에 영향력을 미칠 수 있는 곳" 즉, 연안에서의 전력투사(power projection)가 중요한 임무로 등장한 것이다.

　　이런 배경에서 1992년 미 해군과 해병대는 냉전 종식 후 및 21세기의 전략개념으로서 "… From the Sea"라는 합동전략을 발표하였다. 그 요지는 다음과 같다:

　　　소련이 멸망하면서 세계의 자유국가들은 바다를 통제하고 상업적 해상교통로의 자유를 보장한다. 그 결과, 미국의 해양정책은 일부 해전(海戰) 영역에서 노력을 강조하지 않아도 될 여유가 생겼다. 그러나 도전은 훨씬 더 복잡하다 … 우리는 전략적 요구에 부응하기 위해 근본적으로 과거와 다른 해군력을 구성해야 하며, 새로운 전력은 지속적인 국가안보 소요를 충족시키기에 충분히 유연하고 강력해야 한다.[19]

---

19) Department of the Navy, " … From the Sea: Preparing the Naval Service for the 21st Century," Washington DC., September 1992.

즉, 냉전 종식 후 세계는 변화했고 해군작전의 초점이 종전까지 적(敵) 해군과 해양통제를 놓고 격돌하는 해상작전보다는 세계 연안지역에서 지상 사태에 영향 미치기 위한 해군력의 투사로 초점이 전환된 것이다. 미 해군의 역할은 전 세계 분쟁예상 해역에서의 전방 현시에 의해 분쟁을 억제하고, 만약 실패 시, 연안해역에서 지상군 전력을 전선으로 진입시키고 해상에서 지상으로 직접 전력을 투사하되, 해군－해병대 팀은 효과적인 국가정책 수단으로 억제에서 위기관리, 인도적 지원까지 다양한 해상 군사작전에서 본연의 임무를 계속할 것이라는 의미였다.

미 해군, 해병대는 스스로의 임무를 해상에서의 힘(power at sea)보다는 해상으로부터의 힘(power from the sea)으로서 국가지도자에 지역 내 세력균형 유지, 연합작전(coalition operations) 기초 구축, 모든 형태의 위기 대응, 해상에서 지상으로의 결정적 전력투사 등 여러 가지 방책을 제공하는 것으로 선택하였다. 이는 비록 냉전에서 승리한 후 미국이 패권국가로 부상하여 사실상의 제해권을 장악했지만, 절대적인 제해권은 존재하지 않고 시·공간적으로 제한된 국지(局地) 또는 한시적 해양통제를 의미하는 것이라는 인식을 바탕으로 미국의 패권질서를 수호하는 미 해군의 역할은 향후에도 감소하지 않고 오히려 더 늘어날 것임을 의미하였다.

한편 천안문 사태에도 불구하고 미국의 대중(對中) 개입정책의 기조(基調)는 유지되었다. 중국도 천안문 사태의 충격으로부터 회복하는 단계에 있었기 때문에 미·중 관계는 불편하고 어렵지만 그런대로 유지되고 있었다. 1991년 걸프전에 이어 냉전 종식 후 어렵게 유지되던 미·중관계가 1995－6년 발생한 제3차 대만해협 위기로 심각한 타격을 받고 중국군은 현대화를 가속하면서 오늘날의 아시아 전략상황을 만들게 된다.[20]

---

20) J. Michael Cole, "The Third Taiwan Strait Crisis: The Forgotten Showdown Between China and America," *The National Interest*, March 10, 2017.

3. 제3차 대만해협 위기(1995-6년)[21]

1989년 6월 천안문 광장 사태가 발생하자 미국은 중국과의 모든 군사교류를 중단하는 한편, F-16 등 대만에 대한 무기판매와 대만 외교관의 비(非)공식 대우를 강화하였다.[22] 이후 약 6년간 중국은 미·대만 관계에 거의 불개입하다가 1996년 대만해협 위기에서 미국이 개입하자 심하게 반발하였다.

가. 제3차 대만해협 위기

중국은 1996년 대만총통 선거에서 이등휘(李登輝) 총통의 재선(再選)이 대만독립으로 연결될 것을 우려하였다. 이등휘 총통은 1994년 남미(南美)를 방문한 후 하와이 재급유 시 미국에 비자 발급을 신청했으나 거부당했다. 1995년 6월 이등휘 총통은 미국 의회의 지원 하에 모교(母校)인 코넬대를 방문하여, '대만의 민주주의'에 대해 강연하였다. 중국은 이것을 미·중 국교수립 후 십여 년간 지속되어 온 미·중간의 외교관례 및 클린턴 행정부의 정책공약에 역행하며, 더 이상 방치하면 대만이 독립을 추구할 가능성이 있다고 우려하였다.

1995년 7월 21일부터 1996년 3월 23일까지 중국은 대만 연안, 펑후제도(澎湖諸島)에 탄도미사일을 다수 발사하는 동시에, 상륙돌격훈련 등을 실시하였다. 중국은 제2포병(현재의 로켓군)과 F-7 전투기(MiG-21의 중국형)를 재배치하고, 100여 척의 중국 어선이 마조(馬祖) 영해로 진입하였다. 특히 1996년 3월 중국은 대만의 수도 타이페이(臺北) 근방 지룽(基隆)과 대만 남부 카오슝(高雄) 사이의 해상교통로 상에 다수의 미사일을 발사하였다.

---

21) Robert S. Ross, "The 1995-1996 Taiwan Strait Confrontation: Coercion, Credibility, and Use of Force," *International Security*, vol. 25, no. 2 (Fall 2000), pp. 87-123.

22) 1979년 미국은 중국과 국교 수립한 이후 대만관계법((TRA: Taiwan Relations Act)을 입법하여 '대만의 안보, 사회 및 경제체제, 대만 국민을 위태롭게 하는 어떤 강압행태의 힘을 구사하는 것에 저항하는 역량을 유지하며 … 대만이 충분한 자위능력을 유지하도록 지원하는데 필요한 규모의 방위물자 및 방위 서비스를 대만에 제공한다'고 규정하였다. 이를 통해 미국은 중국의 대만침공은 물론, 대만의 독자적 독립추구 성향도 억제하여 왔다.

제3차 대만해협 위기[23]

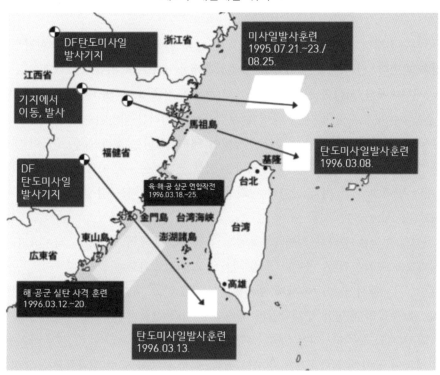

중국의 도발에 대하여 미국은 보다 강경한 대응이 필요하다고 인식한 후 월남 전 이래 최대 규모의 무력시위로 맞섰다. 1996년 3월 2개의 항모전투단(USS Independence 및 USS Nimitz)이 필리핀 근해로 전진 배치되고[24] 대형 상륙함 등이 투 입된 무력시위가 시행되었다. 1960년대 초 이래 미·중간 최대의 위기가 발생한 것 이다. 이는 탈냉전 후 미·중 관계 및 동아시아 지역질서 발전에 획기적인 전환점이 된다.

---

23) https://japaneseclass.jp/trends/about/第三次台湾海峡危機
24) 항모 니미츠가 대만해협에 진입했는데 이는 닉슨 대통령이 1972년 방중(訪中) 전 미7함대를 선의의 제스처로 대동한 이후 처음이었다. 클린턴 대통령은 악천후로 항모전투단이 동(同) 해협에 진입했다고 설명했다. 이 후 10년 동안 미 해군함정은 대만해협 통과를 회피하다가 2006년 럼스펠드 국방장관의 지시에 의거 해협 통과를 재개한다.

나. 양국의 전략 목표

이후 전개된 위기상황은 중국의 강압외교와 미국의 억제외교 간의 힘겨루기의 양상을 띠었다. 먼저 중국은 미국에게 대만 정책을 바꾸도록 위협하고 대만으로 하여금 국제무대에서 '하나의 중국 정책'에 도전하는 노력을 포기하도록 강압하였다. 대규모 군사훈련과 미사일 발사 등 중국의 무력사용은 이러한 강압외교의 중요한 요소로서 미국의 현재 대만정책에 커다란 위험성이 내포되었다는 점과 향후 중국이 대만문제를 힘으로 해결하려 시도할 수도 있다는 점을 전달하는 수단이었다. 또한 무력사용은 대만 방어에 대한 미국 공약의 신뢰성을 저해하는 효과도 발생할 것으로 기대되었다.

반면, 미국은 중국과 지역국가들에게 자국 안보공약의 신뢰성을 과시하기 위해 억제외교를 구사하였다. 클린턴 행정부는 중국의 강압외교에 맞서 미국의 대만정책을 수호하는 동시에, 이등휘에게 비자발급을 거부하고 대만의 독립행보를 차단하는 목적, 즉 중국의 위험한 군사강압과 대만의 독립적 행보를 동시에 좌절시키기 위한 목적의 억제외교를 구사하는 것이 목적이었다.

양국이 상이한 전략목표를 추구한 결과, 미국과 중국 공히 전략목표를 달성하였다. 중국은 대만의 독립추구 움직임에 제동을 거는 가시적 이득을 달성한 동시에, 대만의 독립외교에 대해 미국이 적극 제한하도록 유도하는 효과도 달성하였다. 중국의 시각에서 볼 때, 강압외교는 '하나의 중국'이라는 정책원칙을 손상하지 않으면서 대만의 독립 모멘텀은 줄였다고 평가된 것이다. 미국도 의도된 목적을 달성하였다. 2개의 항모전투단을 지역 해역으로 파견한 후 동맹들은 미국이 대만에 대한 방위공약을 준수했으며 동아시아 전략질서를 유지하기 위해 군사력을 적극 사용하였다고 평가하게 된 것이다. 그 결과 아·태 지역에서의 미국의 신뢰성은 유지된 것이다.

1996년 11월 클린턴 대통령과 강택민 주석이 필리핀에서 정상회담을 실시했다. 클린턴 대통령은 미국은 대만 독립에 반대하며 UN이나 기타 국제기구에 대만의 가입을 반대한다고 공식 표명했다. 미국이 대만정책을 양보하면 다른 현안에서 중국이 협조할 것이라고 잘못 기대했던 것이다. 한편 이는 1971년 미·중간의 데탕트 이래 중국이 간절하게 원하던 성명이었다. 중국은 대만문제가 양국 관계에서 가장 중요하고 민감한 이슈라고 강조하며 미국이 상황을 오판했으나 이제 중국의 입장을 다시 이

해했고 대만이 다시는 독립을 생각하지 않을 것이라 긍정적으로 평가하였다. 이후 대만문제는 미·중 관계에서 가장 중요한 핵심 이슈가 되었다.

다. 양국 관계에 미친 영향

하지만, 제3차 대만해협 위기는 미·중 양국관계에 커다란 비용을 부과하였다. 먼저, 미 행정부 내에서 미국의 대중(對中) 개입정책은 파산했고 새로 수정되어야 한다는 인식이 확산되었다. 중국이 대만 주변해역에 미사일을 발사하는 등 무력도발을 하자, 미국의 개입정책과 안보이익 간의 협력적 조화는 더욱 어려워졌다. 향후 미·중 관계는 보다 광범위하고 포괄적·전략적 시각에서 다뤄져야 하고, 특히 양국 간의 군사협력은 보다 신중하게 추진되어야 한다는 경계론이 대두하였다.

또한 중국의 무력시위는 미국으로 하여금 대만관계법(Taiwan Relations Act of 1979)의거 대만에게 자위(自衛)를 위한 적절한 수단을 제공해야 할 필요성을 재(再)인식시켰다. 미국 내에서 중국으로부터의 무력침공 위협이 이슈화되고 미국과 대만 간의 더욱 밀접한 정치·군사관계의 발전을 요구하는 주장이 커지면서 이후 중국과의 분쟁을 예방하기 위한 조치가 미 국방예산의 제1순위가 되고 전구미사일 방어(TMD) 문제가 중요한 현안으로 부상하였다. 대만해협 위기를 통해 미국은 대만을 방어하기 위해 개입해야 한다는 인식이 더욱 확산되면서 미국 내 대만 지지자들에게 더 큰 영향력을 제공하는 계기가 되었다.

한편, 이 위기는 미국에 대한 중국지도부와 군부의 인식에도 커다란 변화를 유발하였다. 1989년 천안문 사태이후 중국에 대해 강경입장을 보이던 미국이 '중국의 적국(enemy)'으로 더욱 각인된 것이다. 이들은 대만을 통일하기 위해 중국이 무력을 사용할 때 미국은 반드시 군사적으로 개입할 것이라고 확신하게 되었다. '대만과의 전쟁은 곧 미국과의 전쟁'이라고 인식된 것이다. 그러나 중국은 대만 해협에서 미국의 개입에 맞설 수 있는 준비가 아직 안 되었다. 즉, 미국이 개입하는 것을 막을 수단이 없었다.

특히 위기 기간 중 미국의 항모전투단이 개입한 결과, 중국이 물러서는 형태로 종료되면서 중국 내에서 미국의 '포함외교(gunboat diplomacy)'로 중국이 또 다시 굴복했다며 많은 중국인에게 19세기 '치욕의 세기'를 연상시켰다.[25] 이런 굴욕이 다시 발생하지 않으려면 미국이 개입하는 것을 막을 수 있는 수단이 있어야 하고 중국군의 현대화를 가속해야 한다고 인식되었다. 향후 중국은 대만 해협에서 미군의 개입 가능성을 줄이는 방안에 보다 큰 관심을 경주하게 된다.

이것이 중국이 미사일 중심의 거부전력, 즉 반접근/지역거부(A2/AD: anti-access/area-denial) 능력 건설에 박차를 가하게 되는 배경이다. 중국은 미 해군의 전력투사를 막기 위해서는 항모강습단이 중국연안으로 접근하는 것을 차단하고 근해에서 행동의 자유를 제한해야 한다는 교훈을 깨달았다.[26] 대만해협 위기 중 후지안(福建)에서 발사한 M-9 미사일과 순항미사일만이 미국에 대해 효과적으로 기능했던 중국의 유일한 재래식 위협이었다. 이후 중국 제2포병은 미군의 개입을 견제하는 다양한 탄도·순항미사일의 개발에 나선다. 이는 오늘날의 DF-21D, DF-26 등 대함(對艦) 탄도미사일의 개발로 연결하며 미 해군의 제1, 제2도련 해역 내로의 진입을 거부하는 주요 수단이 되었다. 뿐만 아니라 중국은 미 항모강습단에 대항하는 수단으로 러시아로부터 초음속 sunburn 미사일이 탑재된 Sovremenny급 구축함, 은밀성이 우수한 Kilo 급 공격잠수함, Su-30MK 항공기 100대 등을 도입하였다.

더 나아가 중국은 미 해군 항공모함의 힘과 작전적 유용성을 인식한 후 자국의 항모 획득을 심각하게 모색하기 시작하였다. 2000년 6월 중국은 구소련의 항모 Varyag함 선체를 카지노용(用)으로 일단 도입한 후, 정치적 여건이 호전되면 중국해군용으로 개조한다는 의도로 구입했고 그 후 Varyag은 터키가 Bosporus해협 통과를 거부하는 등 우여곡절 끝에 2002년 3월 대련(大連)항에 도착하였다. 그로부터 3년 후 Varyag은 조선소에서 집중적인 개조공사를 받고 2012년 9월 중국해군의 첫 번째 항공모함 랴오닝(遼寧)함으로 취역하였다.[27]

결국 1996년 대만해협 위기를 통해 중국지도부가 낙후된 중국군의 현실을 통렬

---

25) Kyle Mizokami, "This 1996 Taiwan Crisis Shows Why China Wants Aircraft Carriers so Badly: Beijing says never again," *The National Interest*, January 31, 2020.

26) Roger Wicker and Jerry Hendrix, "How to Make the U.S. Navy Great Again," *The National Interest*, April 18, 2018.

27) 랴오닝 함은 ski-jump로 인한 탑재항공기의 제한된 무장, 작전가능 시간, 재래식(스팀 터빈) 추진방식 등 여러 가지 면에서 미 항모와 비교할 수는 없지만, 중국해군은 이를 통해 함정 건조기술을 크게 발전시키며 R&D 수준을 약 15년 정도 앞당겼다고 평가되었다. Sebastien Roblin, "How Did China Acquire Its First Aircraft Carrier?," *The National Interest*, September 26, 2020.

하게 각성하고 시급한 군 현대화 필요성을 인식함은 물론, 향후 중국이 대만을 무력으로 통일하기 위해 미 해군의 개입을 예방하는 것이 핵심이라는 점을 확실하게 인식했다고 볼 수 있다.

4. 적대관계로의 복귀

　제3차 대만해협 위기에 추가하여 2가지 사고가 발생하며 미·중 관계는 다시 적대적인 관계로 복귀하게 된다. 1999년 유고 베오그라드 중국 대사관 피폭 사건과 2001년 EP-3 사건이 바로 그것이었다. 이 사건들은 중국, 특히 중국군 내에 미국에 대한 원한과 불신이 무척 뿌리 깊다는 점을 반증하였다. 약 20년간 미국이 대중(對中) 개입정책을 추진하며 목표로 설정했던 양국 간의 상호이해 및 신뢰증진 목표는 전혀 달성되지 않은 것이다. 탈냉전 후 유일한 초강대국 미국의 입장에서 볼 때, 중국이 점점 더 능력 있고 결연한 강대국으로 등장하며 미국 중심의 세계질서에 도전하는 존재가 된 것이다.

가. 1999년 유고 중국대사관 오폭사건[28]

　1999년 5월 7일, 유고 베오그라드 중국대사관이 NATO의 오폭으로 3명이 사망하고 20명이 부상하는 사고가 발생했다. 당시 NATO는 그 해 3월부터 알바니아 인종탄압 활동에 참여한 유고슬라비아의 방공시설, 군 지휘소, 군부대 등을 폭격했으며, 표적 목록에는 유고슬라비아의 수도인 베오그라드 내 정치·군사목표도 포함되었다. NATO의 폭격은 신중하게 선택된 표적에 대해 무고한 시민들에게 영향이 미치지 않도록 가능한 수평적 피해를 최소화하는 방식으로 시행되었다고 전해진다. 그러던 중 5월 7일 베오그라드주재 중국 대사관이 미 공군 B-2 Spirit 폭격기가 발사한 위성유도 합동직접공격탄(JDAM) 5발에 의해 피격되었다.

---

28) Kyle Mizokami, "In 1999, NATO Blew up the Chinese Embassy in Belgrade," *National Interest*, September 25, 2019.

　　NATO는 피격된 중국대사관 건물이 미사일 부속을 리비아나 이라크 등으로 확산하는 유고슬라비아 연방 조달획득본부(FDSP)라는 첩보에 따라 폭격했다고 주장했다. 당시 중국대사관은 4년 전 타곳에서 이 건물로 이전하였고 그 후 NATO의 표적 정보에 등록되지 않았다고 NATO는 주장했다. 클린턴 미 대통령은 이번 오폭이 실수에 의한 것이라고 말하며 중국에게 '깊은 애도'를 표하며 공개 사과했다.

　　미국이 오폭 책임을 인정하였지만, 중국은 이것을 미국의 의도적 행위로 인식하였다. 중국 전역에서 수만 명의 중국인이 반미(反美) 시위를 벌였고, 베이징에 있는 미국 대사관과 다른 주요 도시의 영사시설은 기물 파손으로 피해를 입었다. 의도적이든 아니든 이 폭격은 중국의 반(反)외국인 정서의 깊은 상처를 건드렸다. 과거 '치욕의 세기' 동안 서방과 일본에 의해 당한 굴욕을 기억하고 있던 중국인들은 이 폭격은 외세에 의해 부과된 또 다른 굴욕으로 받아들였다. 미국이 앞장선 NATO의 '포함 외교(gunboat diplomacy)'라고 인식된 것이다.

　　중국은 NATO의 폭탄 테러가 서방, 특히 미국과의 관계에서 '결정적인 순간(defining moment)'이었다고 말한다. 특히 미국이 주도하는 NATO가 UN의 인가도 받지 않은 가운데 국제법을 무시하며 독립국을 침공하고 중국 대사관을 의도적으로 공습하는 일방적 행위를 보고 중국은 가까운 시일 내 미국이 대만문제로 전쟁을 일으킬 가능성이 있다고 경고하면서 미국과의 잠재적 무력분쟁에 대한 대비계획을 진지하게 수립하기 시작하였다. 중국 공산당정부는 유일한 초강대국 미국이 일방적 패권질서를 유지하기 위해 중국의 부상을 방해하는 주(主) 장애물이며 중국이 강대국 지위를 달성하기 위해서는 경제발전을 더욱 가속화해야 한다고 인식하게 된다. 그 후 중국은 미 해군 함정의 홍콩 방문을 포함, 미국과의 모든 군사개입 활동을 중단하였다.

나. 2001년 미 EP-3 사건

유고 베오그라드에서의 폭격 사건의 상처가 채 가시기도 전인 2001년 4월 1일, 미 해군 전자전 정찰기 EP-3 Aries Ⅱ가 해남도로부터 70마일 이격된 남중국해 국제공역에서 정찰 비행 중, 요격차 출격한 2대의 중국 F-8 요격기(Su-27의 중국제) 중 1대와 공중 충돌한 후 중국 요격기는 해상으로 추락하고, 미 정찰기는 해남도(海南島)에 비상 착륙하는 사건이 발생했다. 그 이전 해 2000년 12월 미 정부는 미 정찰기에 대한 중국군의 근접비행(400ft 간격으로 평행 비행)의 위험성을 중국정부에 전달한 적이 있었는데 충돌사건이 실제로 발생한 것이다. 중국조종사는 사망하고 24명의 미 승무원들은 중국에 11일간 억류되었다.

중국 F-8 요격기와 미국 EP-3 정찰기

중국은 만약 미국 정찰기와 승무원을 계속 억류했을 때 파급될 미국으로부터의 경제적·외교적 보복이 두려웠다. 그렇다고 정찰기를 너무 쉽게 미국에 반환할 때 국내저항이 통제 불능 상태에 들어가는 것도 문제였다. 결국, 미국은 중국요격기 조종사의 사망과 EP-3기가 중국영공에 허가 없이 진입한 것 등 '두 가지 유감 서한(Letter of the two sorries)'을 중국에 전달하였다. 그 후 억류된 미 정찰기 승무원들이 풀려났고 손상된 정찰기도 분해되어 약 3개월 후 미국으로 반환되었다.

중국은 UN 해양법 협약이 규정한 배타적 경제수역에서 훈련 및 첩보활동 등 외국군의 군사행동을 금지할 수 있는 권한을 보유하고 있다고 해석하였고 미국은 동(同) 협약에 의거 중국이 그러한 권한을 보유하고 있지 않다고 해석하였다. 그 후 중국은 중국공군기가 국제공역에서 미 정찰기의 비행을 방해했던 사실을 사과하기는커녕, 오히려 미국에게 정식 사과할 것을 요구했다.[29]

이에 대해 미국은 중국에 보낸 '두 가지 유감 서한'이 중국이 요구하는 '사과 서한(letter of apology)'이 아니고 다만 '유감과 슬픔(regret and sorrow)'을 표현한 것이며 '미국은 잘못된 행동을 전혀 하지 않았기 때문에 사과하는 것은 불가능하다'고 항변했다. 이 사건은 10주 전에 출범한 조지 부시(George W. Bush) 행정부에게는 첫 대외정책의 시험이었다. 2000년 대선(大選)에서 부시는 중국은 전략적 파트너가 아니고 경쟁자라며 클린턴 행정부의 대중(對中) 정책을 맹비난하였다. 미국 내 보수여론은 중국의 불법적인 비행 방해 행위에 대해 전쟁에 못 미치는 강력한 보복을 시행할 것을 부시 행정부에 요구했다.

사건 이후 미국 함정 및 항공기의 중국방문이 모두 중단되고 중국군과의 여러 가지 사회적 접촉도 금지되었다. 중국도 미국에 대해 군사력, 특히 해군력을 적극 사용하며 중국 연안해역에서의 미 해군작전을 적극적으로 방해하기 시작하였다. 특히 해남도에 중국 전략핵잠수함이 배치되면서 해남도 근해에서의 미국의 정찰활동은 지속되었고 중국은 이를 방해하는 과정에서 양국군 간의 우발적 충돌은 계속 발생하게 된다.[30] 그러나 몇 달 되지 않아 2002년 9. 11 테러사건이 발생하면서 미국은 중동에서의 대(對)테러전쟁에 뛰어들고 중국은 그 후 약 20년 동안 경제성장과 내적 단합을 공고히 하는 귀중한 시간을 벌게 되면서 미국의 패권에 도전하는 가공할 만한 초강대국으로 등장하게 된다.

---

29) 당시 주중(駐中) 미 대사는 前 미 태평양사령관이었던 Joseph Prueher (예)해군대장으로 미·중 군사개입 정책을 적극 주창했던 인물이었다. 그는 중국정부나 군부 내 많은 인원과 네트워크를 유지하고 있었는데 막상 사건당일 중국의 어느 인사도 Prueher 대사의 전화를 받지 않았고 중국정부는 미국에 모든 책임을 전가하였다. 미국이 군사개입 정책을 통해 목표로 했던 양국군 간 상호이해 및 신뢰증진이 실패한 것이다.

30) 2009년 3월 미 해양조사선 Impeccable이 남중국해 해남도에서 75마일 떨어진 해역에서 조사활동 중 중국함선과 항공기가 방해하며 미 조사선이 예인 중이던 소나를 강탈하려고 시도했다. 또한 2014년 8월 미 해군 P-8 해상초계기, 2016년 5월 EP-3 정찰기가 각각 남중국해 공역에서 작전 중 중국전투기가 매우 근거리로 차단하며 위협비행을 하였다. 한편 동중국해에서는 2001년 3월 및 2002년 9월 미 해양조사선 Bowditch가, 2009년 5월에는 Victorious가 중국함선과 항공기로부터 방해를 받았다. Congressional Research Service, "U.S.-China Strategic Competition in South and East China Seas: Background and Issues for Congress," *CRS Report*, March 18, 2021, pp. 48-50.

다. 중국의 신(新) 안보개념

이러한 가운데 중국은 냉전 종식 후 새로운 안보개념(new security concept)에 대해 언급하기 시작하였다. 이는 안보개념을 종전의 정치, 국방, 외교뿐만 아니라 경제 분야로 확대하는 한편, 대립(confront)보다는 수용(accommodate)을 추구하고, 내적, 외적 도전요인 간의 상호작용에 더욱 초점을 맞추겠다는 내용이었다. 중국은 소련 붕괴의 교훈으로 미래 국가의 흥망성쇠가 군사력만이 아닌 경제력에 바탕을 둔 종합적인 국력이라는 것을 인식하였다. 따라서 냉전 종식 후 국가는 외교 및 경제 상호작용을 통해서 그들의 안보를 증진할 수 있으며 상호 경쟁하고 적대적인 블록 간의 냉전적 사고는 더 이상 유효하지 않다며 중국이 향후 힘의 정치가 아닌 '동등, 대화, 신뢰, 협력'을 바탕으로 국가와 국가 간의 관계를 추구한다는 내용이다.

2002년 발표된 중국의 새로운 안보개념(New Security Concept)은 '군사력이 분규와 분쟁을 근본적으로 해결할 수 없으며 군사력의 사용 또는 사용위협에 기반한 안보개념이나 체제는 지속적인 평화를 가져올 수 없다'고 주장하였다.[31] 이는 1996년 대만해협 위기 시 미국이 2개의 항모전투단을 보냈던 것과 미·일 방위협력 지침을 개정한 것에 대해 중국의 우려를 표시하고 향후 미·중 관계를 지속 추진하기는 하되, 유일한 초강대국 미국의 일방주의(unilateralism)를 견제하는 동시에, 다국간 세계질서에 대한 중국의 비전을 적극 추진하겠다는 의도로 해석되었다.

결국, 이제까지 중국은 미국을 소련의 힘과 영향력을 상쇄하는 수단으로서 간주해왔는데 냉전 종식으로 이제부터 미국 중심의 패권질서와 동맹체제에 반대하고 지역 내에서 중국의 새로운 힘과 위상을 확보하는 현실적 힘의 정치(power politics)를 추구하겠다는 의도였다.[32]

새로운 안보개념과 함께 중국은 평화굴기(平和崛起)를 천명하였는데[33] 이는 중국의 경제 및 군사적 굴기는 타국의 평화와 안정에 대한 위협이 아니고 오히려 이로 인

---

31) Ministry of Foreign Affairs of the People's Republic of China, "China's Position Paper on the New Security Concept," July 31, 2002.

32) Carlyle A. Thayer, "China's 'New Security Concept' and Southeast Asia," http://press–files. anu.edu.au/downloads/press/p239321/pdf/ch085.pdf

33) 중국은 해양국가로서 부상하면서 군사 정복 시도(試圖)없이 평화롭게 굴기(崛起)한다는(평화굴기) 인상을 주기 위해 명(明) 시대의 정화(鄭和)를 한때 집중적으로 선전하였다.

해 혜택을 주는 것이라는 주장이었다. 제3차 대만해협 위기 당시, 중국이 다수의 미사일을 대만해역으로 발사한 후에 동남아시아에서 중국의 무력사용에 대한 우려가 발생하자, 중국은 평화굴기를 내세워 지역국가들이 반중(反中) 목적으로 대동단결하는 것을 차단하고자 한 것이었다.

한편, 냉전이 종식되고 1996년 대만해협 위기 이후 중국정부는 특히 해군력 증강에 관심을 기울인다. 1978년 등소평의 개혁개방 정책 이후 고도의 경제성장에 따른 에너지 소비율의 급증과 지상자원의 한계성으로 인해 해양자원의 중요성이 크게 인식되었다. 강택민 주석은 1992년 10월 제14차 전인대(全人大)에서 '영해주권과 해양의 권익 방위'를 강조하였고 그 해 댜오위다오(釣魚臺, 일본의 센카쿠 열도)와 남사(南沙)군도 미스치프(Mischeef) 영유권을 명기한 '중화인민공화국 영해 및 접속수역법'을 공포하였다.

이러한 경제성장과 에너지자원의 수입과 함께 대만 통일을 지향하고 대만의 독립을 차단하기 위해 대만해협에 있어서 제해권, 제공권의 확보도 중국해군의 중요한 임무가 된다. 이때 미국의 군사개입이 예상됨에 따라 중국 해양전략의 핵심은 제1, 2도련이 되었다. 제1도련, 즉 일본열도, 오키나와(남서)제도, 대만, 필리핀, 인도네시아 보르네오로 연결되는 선은 중국에게 있어서 반드시 해양통제를 달성해야 할 해역이 된다. 한편 제2도련, 즉 일본 이토 제도(諸島)로부터 오가사와라제도를 거쳐 마리아나제도, 괌, 파푸아 뉴기니에 이르는 선은 중국해군이 활동영역의 확대를 도모하기 위한 목표로 설정하여 중국이 이 해역까지 진출하여 미 해군의 행동을 제약 가능해지면, 대만 유사 시 미군의 개입은 곤란해지고 대만에 대한 중국의 군사압박은 보다 용이해진다고 인식되었다.

결국 대륙국가 중국에서 해군이 육군의 보조전력으로서 소련해군을 모방하며 해안방어 위주의 해군으로 출발했지만, 경제발전과 연동된 해양중시, 군사력 현대화의 과정 등을 통해 점차 해군의 역할이 확대되고 있는 것이다. 더 나아가 중국해군은 지역 내 미국의 해군주도에 도전하며 특히 동·남중국해 해역에서 중국의 주권과 해양권익을 수호하고 과거 치욕의 시기가 남긴 상처를 씻는 역사적 사명을 부여받게 된 것이다.

5. 왜 개입정책이 실패했을까?

가. 중국을 변화시킨다는 확신

　　미국이 소련의 힘과 영향력을 상쇄하기 위한 세력으로 중국을 활용하기 위해 대중(對中) 개입정책을 추진한 결과, 소련이 결국 내부의 모순으로 몰락하며 냉전은 종식되었다. 냉전이 종식되자 미·중 관계가 다시금 미국의 대외정책에서 가장 큰 도전이 되는 것은 어찌 보면 당연한 이치였다. 미국으로서는 중국카드의 효용이 더 이상 존재하지 않게 되었기 때문이다. 1989년 천안문 광장 사태는 미국의 개입정책 목적과 정반대로 가는 중국의 실상을 노출했다. 그러나 천안문 사태에도 불구하고 미국이 대중(對中) 개입정책을 지속하기로 결정하면서 '중국에게 잘못이 없다(no fault China)'는 구실을 미국 스스로 중국에게 제공한 격이 되었다.

　　그 후 냉전 종식에도 불구하고 대중(對中) 개입정책은 그 자체로 미 행정부의 신조(信條)가 되어 더욱 뿌리내리고 중국은 학계, 기업 등 미국 사회의 여러 분야에서 지원을 받게 되었다.[34] 대중(對中) 개입정책을 통해 미국이 중국을 보다 자유로운 국가로 변화시키려 하였지만, 오히려 중국이 미국을 주도하며 변화시킬 수 있다는 우려에 대해서는 너무나 안일했다. 미국의 영향력이 일방적으로 중국을 변화시킨다는 확신은 국가안보국(NSC)나 국무부의 성명에서도 자주 나타났다. 미 정부는 중국의 진로에 영향력을 행사할 수 있다고 믿었고 미 의회 내 정당이나 행정부에 관계없이 중국의 부상(浮上)을 '조성(shaping)'하거나 '조절(managing)'한다는 표현이 자주 등장하였다.

　　이 같은 자신감은 2001년 중국의 세계무역기구(WTO) 가입과 관련된 토의에서도 다시 부각되었다. 1994년 5월 클린턴 대통령은 중국의 인권문제가 전혀 개선되지 않았음에도 불구하고, 중국에 최혜국(MFN) 지위의 연장을 승인하였고 2001년에는 중국의 세계무역기구(WTO)에의 가입을 주선한다. 특히 WTO에의 가입은 중국을 '세계의 제조공장 및 수출시장'으로 변모시키는 계기였다. 두 가지 조치를 통해 미국정부는

---

34) Orville Schell, "The Death of Engagement: America's New Cold War with China," *Hidden Forces*, July, 2020, pp. 11－12. https://hiddenforces. io/wp－content/uploads/2020/07/The－Death－of－Engagement－Orville－Schell.pdf

미국 주도의 세계 교역체계에 중국을 통합하면서 미국의 대중(對中) 무역 불균형을 줄이고 경제자유화 및 정치개혁을 촉진할 것이라고 순진하게 기대했다.[35] 클린턴의 결정은 미국 내 기업가들이 대중(對中) 개입정책 추진을 위해 적극 로비한 결과였다고 전해진다. 이를 두고 UC Berkeley 언론학 교수인 Orville Schell은 미국의 대중(對中) 개입정책의 핵심이 인권(人權)이 아닌 상업(commerce)이 되었다고 표현하였다.[36]

결국, 냉전종식으로 소련 위협이 사라지자 미국 내에서 미·중 관계는 '개방된 시장은 보다 동등하고 자유로운 사회를 촉진한다'는 논리로 진전된 반면에, 중국의 전략목표는 미국의 그것과 정반대였다. 1989년 천안문 광장 사태이후 중국은 미국이 주도하는 국제제재에 불만을 갖고 미국의 개입정책을 불신하였다. 냉전 종식 후에 중국은 미국을 패권국이라 부르고 미래 중국의 가장 가능성 있는 위협으로 인식하기 시작하였다.

그 결과, 정작 전반적인 개입정책의 진도 조절자(pacesetter)는 수혜국인 중국이 되었다. 중국공산당 정부는 오히려 미국에 대해 영향력을 행사하려고 모색하였다. 중국공산당은 미국의 개입정책을 적절하게 활용하면서 중국이 강대국이 되도록 정치, 경제, 군사적 기반구조를 적절히 조절, 개혁, 완성해 나가는 데 초점을 맞추었다. 중국의 경제력이 성장하면 성장할수록 게임의 규칙은 변화하며 중국은 미국의 요구에 저항할 수 있게 되었고, 양국 간 위기가 발생할 때 중국이 버티면 미국이 결국 양보할 것이라고 중국은 믿게 되었다.[37] 한편, 1996년 제3차 대만해협 위기, 1999년 유고 베오그라드 중국 대사관 피폭, 그리고 2001년 미국 EP-3 사건 등을 경험한 중국은 중국군의 현대화 및 전력증강에도 더욱 박차를 가한다.

그 후 조지 부시 행정부가 출현하여 대중(對中) 개입정책을 계속 추진하였다. 2001년 9.11 사태가 발생하고 미국은 범세계적 테러와의 전쟁(GWOT)을 선포하고 동년 10월 아프가니스탄을 공습하고, 2003년 이라크를 침공(2차 걸프전)하며 후세인 정권을 무너뜨렸다. 또한 미국은 당시 북한, 이란이 추진하던 핵무기 프로그램에 대응하는데 집중하느라 중국 군사력 증강에 관심을 집중할 여유가 없었다. 오히려 미국은 중국과의 관계에서 벌어지는 틈을 공개적으로 노출하는 것을 꺼리게 되었다. 특히 부

---

35) Schell, 상게서, p. 12.
36) Schell, 상게서, p. 12.
37) Schell, 상게서, p. 39.

시 행정부는 중국과의 우호와 친선이라는 인상을 심어주기 위해 중국과의 문제를 오히려 미봉책으로 가렸다. 부시 대통령은 중국과의 '솔직하고 건설적 · 협력적 관계'를 표방하며 미국이 대만정책에서 양보하면 중국은 테러와의 전쟁(GWOT)이나 핵확산 문제에 협조할 것이라고 잘못 판단하였다.

한편, 중국은 미국이 대만문제에 협력하는 한, 미국이 기타 안보위협에 대응하는 데 기꺼이 협력하는 것처럼 보였다. 예를 들어 중국은 북핵(北核) 협상을 위한 6자회담을 주도하였고 한 때 북한이 6자회담에서 탈퇴하자, 대북(對北) 강압외교까지도 언급하였다. 그러나 이는 중국이 탈냉전 후 미국 주도의 일방주의(unilateralism)에 반대하며 다국주의(multilateralism)를 표방하는 행동이었다.

나. 두 가지 환상과 한 가지 잘못된 지각

한편, 미 · 중간의 군사관계도 전반적인 개입정책에 맞물려서 부침(浮沈)을 거듭하며 유지되지만 미 · 중 양국관계 발전에는 거의 기여하지 못하였다. 1993년 11월 William Perry 미 국방장관은 다음과 같은 이유로 천안문 사태 이후 중단된 중국군과의 대화 및 군사교류를 재개하기로 결정하였다:

> 중국은 빠르게 세계 최대 경제국이 되고 있다. 중국은 UN 안보리 이사국이며 정치적 영향력, 핵무기, 현대화되고 있는 군사력은 중국을 미국이 반드시 협력해야 할 나라로 만들고 있다. 중국이 미국과 협력할 때 미국의 안보태세는 극적으로 증진된다. 이러한 협력을 달성하기 위해서 중국군과의 상호신뢰와 이해를 다시 확립해야 하며 이는 오직 고수준의 대화와 실무진 간의 접촉만으로 가능하다.[38]

다시 말해 미국의 국익을 지원하는 방향으로 중국군에 영향을 미치거나 여건을 조성(shape)하려고 중국군과의 교류 · 협력을 재개한다는 의미였다. 이후 양국 국방부

---

38) Secretary of Defense William J. Perry, "US—China Military Relationship," *memorandum for Secretaries of the Military Departments*, Washington, DC, August 1994. Charles W. Hooper, Going Nowhere Slowly: U.S.—China Military Relations, 1994—2001, (Weatherhead Center for International Affair, Harvard University, Cambridge, July 7, 2006), p. 7 재인용.

및 군 간 고위급 인사의 상호방문이 재개되었고 연례 국방회의(annual Defense Consultative Talks)가 개최되며 다방면에서 군사교류가 재개되었다.

　　미국 국방부는 양국군 간 의심을 해소하고 상호이해를 진작하기 위해 중국군 대표단이나 함정이 미국을 방문하였을 때 미 군사시설을 과감하게 공개하였다. 이는 미국의 첨단능력에 중국군 고위급 인사를 노출시켜 중국의 군사침공을 억제하고 미국과 군사력 경쟁을 시도하지 않도록 설득하려는 목적이었다. 또한 미국 군사지도자들은 이를 통해 중국도 상호성의 원칙에 의거 똑같이 미국에 군사시설이나 장비를 공개하리라 기대하는 한편, 적어도 이러한 미국의 진정성이나 호의(好意)는 위기나 잠재적 대립 시, 중국군의 오산 가능성을 감소하고 양국 간 잠재적 소통경로를 형성할 것으로 기대하였다.

　　그러나 미국대표단이 중국을 방문했을 때 미국측은 상이한 대접을 받았다. 미국의 개방요청에 대해 중국은 자국의 '후진성, 미개발된 모습을 공개하는 게 곤란하다'며 회피하였다. 미군이 중국군의 실질적 훈련을 참관할 기회나 중국군 실무진과의 진정한 교류는 아예 없었다. 1999년 5월 유고 베오그라드 중국대사관 오폭사건이나 2001년 4월 미 해군 EP-3 사고가 발생했을 때 중국은 미국측의 전화를 받지 않고 미국에 모든 책임을 전가하였다. 미국이 설정했던 모든 군사개입 정책의 목표가 실패로 돌아간 것이다.

　　미국의 대중(對中) 군사개입 정책이 실패한 이유로 2007-2009년 북경(北京) 주재 미국 국방무관이던 Charles W. Hooper (예)중장은 미국이 갖고 있는 두가지 환상(Myths)과 한 가지 잘못된 지각(misperception)을 날카롭게 지적하였다.[39] 첫 번째, 개인적 관계에 대한 환상으로 미국측은 미·중 관계에서, 특히 양국관계가 어려운 때 개인관계가 기능할 것이라는 생각을 하나, 중국문화는 이를 허용하지 않는다. 중국 관료들은 이런 개인관계보다 어떤 일에 개입 되었을 시 자기의 미래위치나 지위, 더 나아가 자기 조직, 가족, 친지가 어떻게 영향 받을까?를 평가하고 행동한다고 그는 주장한다. 즉 과거 문화혁명, 숙청, 동맹, 충성심 변경, 이념의 교육은 현대 중국지도자들에게 당장의 위기 상황에서 그들이 수행한 역할이 위기 후에는 어떻게 재평가될지를 고려하도록 교육시켰으며 훗날 배신자로 평가되지 않도록 하기 위해 이들은 미국

_____

39) Hooper, 상게서, pp. 27-32.

의 상대방과 접촉 또는 전화를 받지 못하는 것이라고 Hooper는 설명하였다.

두 번째, 의무적 상호주의(obligatory reciprocity)에 대한 환상이다. 즉 미국의 관대한 개입정책의 목적은 이러한 노력이 중국군에게 그들의 투명성을 증가시키는 의무감을 진작시키는 것, 즉 중국도 똑같이 할 것이라고 미국은 기대하나, 중국군 지도자들은 자국 군을 보다 투명하게 만드는 범죄를 저지를 수 없었다고 Hooper는 지적한다.

마지막으로 한 가지 잘못된 지각으로 Hooper는 중국은 과정을 중시(process orientation)하나 미국은 결과를 중시(results orientation)하는 근본적인 차이를 제시한다. 즉, 미국이 중국과의 군사관계를 통해 중국의 정치 자유화를 기도(企圖)하는 만큼, 중국의 주 목적은 자국의 군사력 증강이나 전략 행위가 방해받지 않는 형식적인 군사관계만을 갖는 것이었고 그 결과, 중국은 교류 및 대화가 형식적으로 진행되는 것만으로도 양국 관계가 생산적이라고 선언하기에 충분한 것이었다고 그는 주장한다. 미국이 중국군과의 교류 및 대화를 통해 미국의 안보이익을 증진하고 지원하는 것이 목표인 만큼, 무기, 시설, 훈련 등 중국군의 능력과 전략의도에 대한 통찰력을 얻는 것이 중요했지만, 중국이 여기에 협조할 리가 없었다고 Hooper는 설명한다. 만약 미국이 성공적이면 중국은 진 것이 되기 때문이었다. 이러한 지각의 근본적 차이 속에서 미국이 중국군 또는 중국의 전략적 행위를 '조성(shaping)'하거나 '조절(managing)'하려는 목적의 개입정책은 처음부터 실패하게 되어 있었다고 Hooper는 주장한다.

다시 말해, 미국의 대중(對中) 개입정책의 핵심에 상호해결이 불가능한 모순이 존재했다는 의미이다, 즉 중국이 미국과 함께하는 것은 경제를 성장시키기 위한 것이지만 민주화는 그 사업에서 중국공산당을 배제하는 것이다 보니 중국공산당은 비협조적 당사자일 수밖에 없고 결국, 미국과 중국은 한쪽이 이기면 다른 한쪽은 지는 두 개의 양립 불가한 체제라는 뜻이다.[40]

더 나아가 Hooper는 미국의 대중(對中) 개입정책의 실패 이유로 다음 몇 가지를 지적 한다: 1) 미국의 노력에도 불구, 강대국인 중국은 자국에 이익이 되거나 그들의 정당성을 위한 정책만을 추구하는 경향이 있다는 점을 미국은 이해하지 못하였다, 2) 미국의 '거울이미지(mirror imaging) 오류,' 즉 미국이 시설, 장비, 인원에 접근을 허용하면 중국도 똑같이 할 것이라고 가정했으나 이는 모든 비밀을 숨기고 보호하는 중국

---

40) Schell, "The Death of Engagement," 전게서.

문화 및 전략적 전통에 반대되는 것이었다, 3) 수천 년의 역사와 전통을 보유한 중국이 자국의 가치를 버리고 미국의 가치나 미국의 모델과 이익에 기반한 국가목적을 채택할 것이라는 가정은 극단적이고 비논리적인 것이었다, 4) 중국군을 미군의 첨단기술에 노출시키면 중국은 근시안적인 군사행동이나 오산을 억제하는데 기여한다고 미국은 기대했으나, 오히려 이는 중국군의 군사현대화나 미국의 질적 우세에 대응하기 위해 설계된 전략의 개발을 촉진시키고 가속화시켰다.[41]

　　그는 만약 중국이 현재대로 국가안보 및 군사목표를 추진한다면 미국의 전략적 경쟁자로 등장하기 쉬우며 미·중 양국의 미래는 아시아에 놓여 있다고 예측하면서 양국 간 협력의 여지도 있지만, 경쟁(competition)이 정상적인 것이며 평시 개입이 가장 효과적인 정치도구가 되지 않을 수도 있고 어떤 나라는 아예 개입될 수(engaged) 없고 반드시 상대해줘야(dealt with) 한다고 제언하였다. 이는 미·중 관계의 핵심과 더 나아가 개입정책이 왜 잘못되었는가의 정수(精髓)를 끄집어내는 훌륭한 통찰력이다.

---

41) Hooper, Going Nowhere Slowly: U.S.-China Military Relations, 1994-2001, 전게서, pp. 24-26.

제7장

중국의 유소작위(有所作爲)

2002년 9.11 테러사건이 발생하며 미국은 다시 중동에서의 지상전쟁에 뛰어든다. 이 전쟁은 오늘날까지 근 20년 가까이 지속되면서 미국에 엄청난 인적·물적 대가를 치르도록 강요하면서 미국의 국력을 소진시키고 있다. 미국은 대외활동 역량을 긴축하고 군사력에 대한 투자가 점점 더 어려워지며 국제무대에서 전반적인 영향력의 쇠퇴가 불가피해졌다. 제2차 세계대전 종전 이후 구축된 미국 중심의 국제질서가 흔들리기 시작한 것이다.

미국이 중동 대(對)테러와의 전쟁의 수렁에 깊숙이 빠져있는 동안 중국은 경제성장과 국내체제 정비에 집중할 수 있는 천재일우를 잡게 되고 2008년 세계금융위기가 발생했을 때 '세계의 공장'이자 경제대국으로 등장하였다. 특히 중동 대(對)테러 전쟁은 중국으로 하여금 미국의 패권야망을 직시하고 중국이 더욱 적극적이고 공세적인 대외정책을 추구하도록 촉진하는 계기가 되었다. 그 후 중국은 일본과의 센카쿠 열도 분쟁과 필리핀 Scarborough Shoal에 대한 공세적 영유권 주장 등 일방적이고 공세적인 대외정책을 추진하며 경제는 물론, 군사, 외교 분야까지 힘과 영향력을 확장하였다.

또한 중국은 경제성장으로 비축된 국력을 과학·기술 발전에 과감하게 투자하면서 미국의 전통적 군사기술 분야의 우위를 상쇄하고, 소위 반(反)접근 지역거부

(A2AD) 전력을 집중 건설하며 해군력을 증강하여 서태평양에서 미 해군을 몰아내고 궁극적으로 지역패권을 달성하고자 모색하기 시작한다.

결국 2008년 세계금융위기 이후 제2차 세계대전 종전 이후 기능했던 미국 주도의 국제체제와 냉전에서 승리한 미국의 단극(unipolar) 시대로 표현되는 탈냉전 시대가 몰락하고 강대국 간의 경쟁시대가 출현한다.

1. 탈(脫)냉전 시대의 종료

가. 탈냉전 후 중·러의 반미(反美) 연대

1991년 소련의 붕괴 이후 미국은 해외기지 폐쇄, 병력규모 축소, 국방예산 감축 등 과감한 군축에 나서는 동시에, 새로운 강대국으로 부상 중인 중국에 대한 개입 및 억제는 지속하였다. 1995년 미 국방부의 아시아·태평양 전략보고서(The Nye Initiative)는 중국의 군사력 증강과 대외정책 야망을 경고하며 지역 내 주둔 미군병력 10만 명 수준을 그대로 유지하고 대만해협의 평화를 위해 대만에의 무기판매를 계속하며 중국의 무력사용을 억제할 것임을 분명히 하였다.[1]

냉전 종식 후 불편하게 유지되어 오던 미·중간의 관계는 다시 적대관계로 복귀하는 반면, 중국과 러시아 양국 관계는 빠르게 개선되었다. 그 동안 더디게 진행되던 중·소간 국경조약은 1992년 2월 러시아가 최종 비준함으로써 양국 간 가장 큰 걸림돌이 대부분 해결되었다.[2] 중·러 양국은 미국이 대(對)테러 전쟁 및 WMD 제거라는 명분으로 중동에서의 지상전쟁에 뛰어들고 미국 및 서방이 지원하는 색깔혁명(color revolution)에 의해 조지아와 우크라이나에서 정권변화가 발생하는 것을 보고 미국이 그들의 권위주의 정부를 전복시키지 않을까 우려하기 시작한다.

1998년 12월 중국과 러시아는 '동등하고 신뢰할 만한 파트너십'을 구축하겠다고 발표하였고 2001년 '우호 및 협력조약'의 체결로 이어졌다. 2001년 6월 중국과 러시

---

[1] Department of Defense, *United States Security Strategy for the East Asia-Pacific Region*, February 1995.

[2] 이후 중·소 국경협정은 Argun, Amur, Ussuri 등 하천지대의 Heixiazi 및 Abagaitu 섬의 국경 획정문제로 수년간 협상이 지속된 끝에 2004년에 가서 완결 타결되었다.

아가 주도하는 상하이협력기구(SCO: Shanghai Cooperation Organization)가 출범하였
다.3) SCO는 중·러 및 인도, 파키스탄, 중앙아시아 4개국(카자흐스탄, 키르기스스탄, 타
지키스탄, 우즈베키스탄) 등 총 8개국으로 구성되어 정치, 경제, 안보 측면에서 미국의
패권을 상쇄하기 위한 '동방의 동맹'으로 인식되었다. 이를 통해 중·러 양국이 미국
을 공동의 적(敵)으로 인식한다는 점을 분명히 한 것이었다.

상하이 협력기구4)

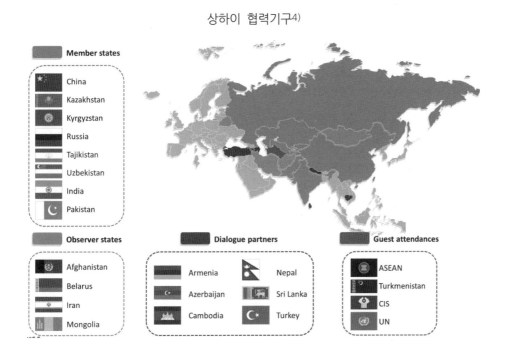

2008년 세계금융위기 이후 미국의 단독(unipolar) 패권 대신, 미국, 중국, 러시아
간 힘의 3각 균형체제가 등장5)하였다. 2012년 러시아 대통령으로 복귀한 푸틴
(Vladimir V. Putin)은 냉전 종식 후 21세기 미·중 강대국 간의 전략경쟁을 러시아가

---

3) 회원국은 중국, 러시아, 카자흐스탄, 키르기스스탄, 타지키스탄 등 5개국이었다가 우즈베키스
탄이 합류, 6개국으로 출범하였다. 그 후 2017년 6월에 인도와 파키스탄이 회원으로 합류하
였다. 러시아가 인도, 파키스탄을 멤버로 가입시켜 중국의 영향력을 견제하기 위한 것이었다
고 전해진다. 이들 유라시아 8개국은 2017년 기준 세계인구의 약 절반, GDP의 약 1/4, 유라
시아 대륙면적의 약 80%를 점한다.

4) SCO with four Memberships, http://yourfreetemplates.com.

5) Artyom Lukin, "Russia and the Balance of Power in Northeast Asia," *Pacific Focus*, Vol. 27,
Issue 2, August 9, 2012.

독립적 대외정책을 유지한 가운데 최대의 경제, 정치혜택을 얻을 수 있는 전략적 기회로 포착했다.[6] 그러나 미국이 NATO를 동진(東進)시키며 러시아를 압박하자, 러시아는 2014년 크리미아를 침공하였다.[7] 이는 제2차 세계대전 종전 이후 유럽에서 한 국가가 다른 국가의 영토를 점령하고 병합시킨 최초의 사례였다.

그 후 미국이 주도하는 서방의 제재는 러시아를 고립시키려 했고 중국이 러시아에 지원의 손길을 벌리면서 러시아는 국가이익과 정권 생존을 위해 중국과의 전략적 연대, 즉 '아시아로의 재(再)균형(Pivot to Asia)' 전략을 추구하게 된 것이다. 케난(George F. Kennan)의 말을 빌리면 이는 '탈(脫)냉전 이후 전체 미국정책 중에 가장 치명적인 실수(the most fateful error of American policy in the entire post—Cold War era)'로 러시아는 안전과 미래를 보장하기 위해 다른 지원세력을 찾도록 강요했다.[8]

2013년 3월 시진핑은 국가주석으로 취임 후 최초 외국방문으로 러시아를 선택하여 양국 간 경제, 정치, 군사적으로 '전(全)방위 전략적 파트너십(all around strategic partnership)'을 만들어 협력하겠다고 선언했다. 미국 Harvard대학의 Graham Allison 교수의 표현대로 중국의 전략적 통찰력에 기반한 정교한 외교와 미국 및 서방측의 투박함이 합해져서 전통적으로 원수지간이던 중국과 러시아 간에 지정학적으로 중차대한 전략적 연대가 탄생한 것이다.[9] 이를 통해 중국의 무게를 경제 초강대국 겸 핵 초강대국으로 끌어올린 것이다. 중국·러시아가 공통의 적(敵) 미국에 대항하며 함께 행진[10]하는 동아시아에서 '새로운 역사적, 반미(反美) 지정학적 동맹이 출범'[11]한 것이다.

이는 1970년대 초 닉슨 대통령과 키신저 안보보좌관이 시도했던 지정학적 대게임(great game)에 대한 '일종의 웅장한 보복(a kind of cosmic revenge)'[12]이었다. 닉슨은

---

6) 푸틴은 소련의 붕괴 원인이 경제 실패로 인한 체제유지가 불가했다고 간주하고 러시아의 경제성장, 사회재건 및 초강대국으로서의 지위 복귀를 위해 Eurasia Economic Union 구상을 추진했다.

7) 동(同) 사건의 상세한 내용은 Daniel Treisman, "Why Putin Took Crimea: The Gambler in the Kremlin," *Foreign Affairs*, Vol. 95, No. 3 (May/June 2016), pp. 47-54 참고.

8) George F. Kennan, "A Fateful Error," *New York Times*, February 5, 1997.

9) Graham Allison, "China and Russia: A Strategic Alliance in the Making," *The National Interest*, December 14, 2018.

10) Artyom Lukin, "Russia and China March Together and Eye a Common Adversary, the US," *HUFFPOST*, August 09, 2015, December 6, 2017.

11) Stephen Harner, "The Xi—Putin Summit, China—Russian Strategic Partnership, and The Folly Of Obama's 'Asian Pivot'," *Forbes*, March 24, 2013.

12) Allison, "China and Russia: A Strategic Alliance in the Making," 전게서.

중국 카드를 사용함으로써 소련 제국을 붕괴시킬 수 있었다. 당시 소련이 공산권의 종주국이었고 중국은 주니어 파트너였다면 이번 게임에서는 중국이 주도국이고 러시아가 주니어 파트너로 임무를 교대하며 중국이 러시아 카드를 사용하는 형태이다. 심지어 푸틴 대통령은 중·러 관계에서 세계 주도권을 위한 주(主) 전쟁이 현재 진행되고 있는 마당에 러시아의 위상이 '주니어 파트너'라는 이유로 중국과 싸우지는 않을 것이라고 선언하였다. 중·러 관계에는 과거 양국 간 동맹관계에서 장애요소였던 이념적 요소가 더 이상 존재하지 않았다. 이후 중·러는 양국 관계를 포괄적 전략적 파트너십으로 '순치(脣齒)와 같은(like lips and teeth)' 관계라고 언급하였다.[13]

그렇다고 중·러 관계가 '편리한 동거(marriage of convenience)'라는 의미는 아니다. 중국은 러시아의 천연가스 등 에너지를 육상으로 안전하게 공급받음으로써 자국 에너지 자원의 해상교통로에 대한 의존도를 줄이려 노력하고 있다. 반면, 러시아는 중국의 자본과 기술, 그리고 중국식 국가자본주의를 도입하여 국가 경제발전을 도모하고자 한다. 그 때문에 현(現) 중·러 연대는 과거 냉전 당시 보다 훨씬 강해졌고 양국 간 상호인식은 어느 때보다 우호적이다. 물론, 양국 관계에는 중앙아시아나 기타 지역문제 등 아직 분쟁요소가 잠재하나, 중·러 관계는 오늘날 사실상의 '기능적 동맹관계(functional military alliance)'로 발전 중이다.

그 결과 미국은 서태평양에서는 중국과, 대서양 너머 유럽에서는 러시아와 대립하는 지정학적으로 불리한 상황에 직면했다. 그 만큼 해군력과 NATO와의 동맹연대가 중요해졌다. 더 나아가 이는 미국의 지정학적 핵심 이익, 즉 유라시아에서 적대적인 패권국이나 세력의 출현을 예방해야 한다는 명제를 위협하는 새로운 전략상황의 전개를 의미하였다. 이제 미국은 새로운 대전략을 세워 중·러 양국 간의 전략적 연대에 맞서 신중하게 대응해 나가야 하는 어려운 상황을 맞게 된 것이다.

2015년 미국 오바마 행정부의 군사전략(2015 National Military Strategy)은 2014년 3월 러시아의 크리미아 침공과 2014년경부터 개시된 중국의 남중국해 인공도서 건설을 예시(例示)하며 미국의 주된 위협은 중국, 러시아, 북한, 이란 등 수정주의 국가들의 위협과 극단적 폭력조직이라 규정한 후 '강대국 간의 경쟁시대'를 처음 언급하였다.[14] 한편, 2017년 미 국가안보전략(National Security Strategy)은 중국과 러시아 양국

13) Allison, 상게서.
14) US Joint Chiefs of Staff, *The National Military Strategy of the United States of America*

을 미국의 전략적 경쟁자 또는 상대방 또는 적(敵)으로 규명하였다.

나. 경제·군사 강대국으로서 중국의 등장

2007년 9월 미국 내에서 금리 인하를 기점으로 부동산 버블이 붕괴하고 sub-prime mortgage 사태가 발생하며 시작된 세계 규모의 경제위기는 새로운 경제 강국으로 중국의 등장을 알리는 전주곡이었다. 미국뿐 아니라 국제 금융시장이 신용(信用) 경색, 실물경제에 대한 악영향 등으로 세계 경제시장에까지 영향을 미치면서 2008년 9월 세계금융 위기가 발생하였다. 미국의 주가(株價)가 급락하고, 전 세계의 주식시장도 크게 동요했으며, 미국 내 실업률도 상승했다. 전(全) 세계에서 신자유주의(neo-liberalism)[15]의 도덕적 해이(解弛), 세계화에 대한 분노가 비등했다.

(1) 경제대국으로서 중국

세계금융 위기 후 세계경제 회복을 사실상 주도한 것은 중국을 비롯한 BRICS 등 신흥국 경제였다. 특히 등소평(鄧小平)이 대담한 개혁·개방정책을 추진한 후 어느새 중국은 '세계의 공장'이 되어 있었다. 중국 경제는 연 10% 안팎의 놀라운 성장을 거듭했다. 세계금융 위기 후 10년간 중국은 위기 극복에 머물지 않고 국가 경쟁력을 대폭 제고시키는 노력, 즉 투자 중심, 내수(內需) 확대 정책을 추진하고 자본 축적을 촉진함으로써 서구 선발주자를 따라잡을 수 있는 기회를 포착했다. 중국은 미국·서구 자유·민주국가들의 퇴조를 인식되고, 중상주의(重商主義)와 공격적 대외정책을 더욱 가속화하였다.

세계금융 위기 이후, 사실상 G-2, 즉 미국과 중국이 주도[16]하는 세계가 등장하였다. 미·중 관계가 세계에서 가장 중요한 양국 관계로 대두한 것이다. 중국의 경제력과 경쟁력이 날로 상승하면서 세계 금융시장에 대한 발언권도 급신장하였고 국제무대에서 중국의 영향력이 갈수록 증대되었다. 중국은 주요 20개국(G20)과 BRICS 정

2015: The United States Military's Contribution To National Security, June 2015.

15) 신자유주의란 19세기 경제 자유주의와 자유시장, 자본주의와 연관된 구상이 20세기에 재현된 것이다.

16) Geoffrey Garrett, "G2 in G20: China, the United States and the World after the Global Financial Crisis," *Global Policy*, Vol. 1, Issue 1, January 27, 2010.

상회의를 개최하고, 아시아 인프라 투자은행(AIIB)을 설립하였으며, 일대일로(一帶一路) 등 글로벌화 전략을 추진하기 시작하였다. 중국은 세계 금융위기 속에서 흔들리지 않는 경제대국으로 위상을 과시했고 2010년 후반 GNP 면에서 일본을 추월하여, 세계 제2의 경제대국으로 등장하였다.

(2) '해양국가' 중국

한편, 중국이 무역국가로 발전하며 세계적 영향력을 가진 경제 강대국으로 부상하면서 무엇보다도 해양안보가 중요한 전략현안으로 대두하였다. 지정학적 측면에서 전략적 해양교역로, 자원, 시장을 외국의 간섭으로부터 방호하는 것이 새로운 핵심이익으로 등장한 것이다. 중국이 에너지와 자원의 수입 및 상품 수출시장으로의 수송을 해양에 의존함에 따라 취약한 공급망의 안보를 강구하고 해양에서의 존재감(maritime presence)을 확장하는 한편, 국제 재정·정치 위상을 팽창하는 일이 급선무로 부상한 것이다.

이처럼 해양안보가 중요한 요소로 인식되자 중국은 2008년 12월 사상 최초로 아덴만(Gulf of Aden)으로 대(對)해적(anti-piracy) 임무부대를 파견하였다. 당시 중국은 자국 연안으로부터 먼 해역에 군대를 유지할 필요성이나 역량을 미(未) 보유하였고 중국해군의 동아시아 외곽으로의 전개는 극히 드물었다. 이후 대(對)해적임무는 중국해군의 원양작전 능력 및 해외원정능력을 신장하는 이상적인 기회가 되었다.[17] 특히 대(對)해적임무 완료 후 중국의 파견함대는 인근 유럽, 아프리카, 아시아 및 오세아니아를 순방하며 군함외교를 실시하거나 해외 분쟁지역에서 중국인을 대피시키는 임무 등에 투입됨으로써 중국해군의 세계화(globalization of the PLAN)에 크게 기여하고 있다.[18]

이러한 배경에서 중국해군은 종전의 연안방어를 탈피하고 '능력에 기반한 역사적 임무 전략(capability-based historic mission strategy)'을 추구하는 것으로 목표를 전환하였다.[19] 중국해군은 서태평양을 비롯, 인도양, 그리고 유럽 연안 등 멀리 떨어진

---

17) 이러한 배경에서 오늘날 중국해군이 발전하게 된 3대 계기로 류화칭 제독의 중국 해양전략사상, 1996년 제3차 대만해협 위기, 그리고 2008년 아덴만으로의 최초 파병이 거론되기도 한다.
18) James E. Fanell, "China's Global Navy: Today's Challenge for the United States and the U.S. Navy," *Naval War College Review*, vol. 73, no. 4, 2020, pp. 18-21.
19) 2007년 후진타오 주석은 중국공산당 중앙군사위에서 중국군의 다음 네 가지 역사적 임무를

해역에서의 활동을 증가하며 필요 시 해외교민의 대피, 해양안보 작전(對해적 작전 포함), 인도적 지원 및 재난구조(HA/DR) 작전 등을 적극 수행하겠다는 의도였다. 중국해군이 근해, 특히 동·남중국해에 대한 상당한 수준의 통제 및 지배를 달성하고 200해리 EEZ 내에서 외국군의 군사활동을 규제할 수 있는 능력과 중국과 중동을 연결하는 상업적 해상교통로를 방어하는 능력, 그리고 세계무대에서 주도적인 강대국으로서 국가 위상을 확립하기 위한 능력을 구축하겠다는 의미였다.

중국의 주요 해상교통로[20]

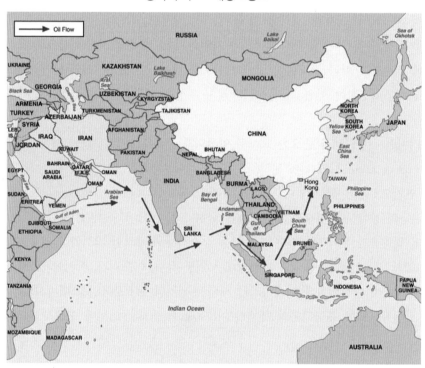

특히, 이제까지 중국해군은 근해, 즉 중국 연안해역에서의 주권, 특히 대만문제에 대응하도록 설계되었고 해상교통로의 안전은 사실상 미 해군에 의존해 왔다. 이제

선언했다: 당(黨) 지배체제 강화, 국가발전 위한 전략적 기회를 지속하기 위한 안전보장, 국익보장 위한 전략지원, 세계평화 및 공동발전 위한 역할 수행. "Full text of Hu Jintao's report at 17th Party Congress," *Xinhua*, October 24, 2007.

20) US DoD, *Annual Report to Congress: Military Power of the People's Republic of China, 2006*, p. 33.

이 문제를 스스로 해결할 것이냐?, 아니면 종전대로 미국의 해군주도에 의존할 것이냐?를 결정해야 하는 기로에 선 것이다. 스스로 해상교통의 안전을 확보하려면 대양해군이 필요하고 이는 엄청난 비용과 기술이 수반되는 것이었다. 더 나아가 이는 사실상 미국의 두 가지 핵심 안보이익, 즉 전 세계의 대양을 통제하는 것과 더 나아가 유라시아에서 어떠한 잠재적 도전세력이라도 부상하는 것을 예방한다는 명제와 충돌하는 것이었다.

다시 말해 중국은 경제성공과 세계통합에 의해 동기화된 자국의 경제안보가 주도적인 미 해군력에 의해 잠재적으로 도전받을 것이라는 점을 심각하게 검토해야 할 시점이었다. 세계 대양에 대한 미국의 지배가 이제 중국의 해상교역, 더 나아가 경제, 전략적 안녕에 매우 심각한 현실적 위협으로 인식되기 시작한 것이다. 결국, 중국은 지속적 국가발전과 경제성장을 위해 해상교통로의 안전 확보, 해양자원 개발 및 해외이익 보호 등 중국의 해양권익을 보호하고 확장할 수 있는 수단의 확보가 무엇보다 필요하다고 인식하였다. 궁극적으로 미국을 아·태지역에서 몰아내기 위해 미 해군에 맞설 수 있는 해군력 건설이 필요하다고 인식된 것이다.

중국의 국제전략연구소 장뚜어성 연구관은 관영 중국일보(中國日報)에서 다음과 같이 주장한다:

세계화의 속도는 중국이 현대화를 추진하면서, 특히 경제발전을 위해 국제해상교통로에 점점 더 의존하게 만들었다. 중국 선박은 아·태지역을 통해서만 중동과 아프리카로 항해할 수 있다. 그러나 이 지역의 군사적 충돌과 테러 공격, 만연한 해적 및 자연재해는 자유로운 항행을 위협하고 중국의 해양안보와 권익을 위태롭게 하고 있다. 따라서 중국의 새로운 도전은 세계 강대국으로서 지위와 책임에 비례하는 항행능력을 개발하는 것이다. 중국은 대륙세력에서 해양세력으로 발전하려는 국가적 노력에 부응하여 … 해양역량을 구축하기 위해 모든 노력을 기울이고 있다. 그것은 항상 모든 형태의 '포함(砲艦)정책(gunboat policy)'에 반대하고 과거 다른 강대국이 했던 것처럼 해양확장 노선에 착수하지 않을 것이다. 중국은 해운항로의 안전을 보호하고 구조 및 구호(salvage and relief) 작전을 수행하기 위해 해양역량을 강화하고자 한다 … 그러나 일부 국가는 근거 없고 비현실적인 이유로 중국해군을 도련에 국한(confine)시키려 한다. 중국은 해군을 대양으로 더 멀리 보낼 권리가 있으며, 그 행동은 국제법에 부합한다.[21]

이에 따라 중국해군 내에서 19세기 말 마한(A. T. Mahan)의 해양력(sea power) 사상, 특히 제해권 및 해양통제에 대한 관심이 급증하였고 인도양에서 진주목걸이(string of pearls) 전략을 추진함으로써 해외기지 확장에도 나섰다. 2010년 중국 국방백서(國防白書)는 중국의 국방목표와 임무로서 국가주권, 안보, 발전이익을 수호하고 침략에 대비하고 대항해야 하며, 영토안전 및 해양에서의 권익을 수호하고, 우주, 전자, 사이버 공간(인터넷)에서의 국가 안보이익을 지켜야 한다고 제시하며 국방 및 군 현대화 목표로서 2020년까지 기본적으로 기계화를 실현하고 정보화를 건설하는 데 중대한 진전을 거두는 것이라고 명시하였다.[22]

중국군의 전략목표는 '정보화 조건 하 국지전에서 승리를 달성'하는 것이나, 중국의 재정이나 기술 수준으로 이는 어려운 도전이므로 여러 가지 전력소요 중 취사선택하거나 우선순위를 감안하여 군사력 증강을 추진하겠다는 의미였다. 특히 중국은 미국같이 압도적으로 우세한 적(敵)과 대결하면 대칭적 접근방식으로는 도저히 승리가 불가하므로 상대방의 약점을 집중 공격하는 '비대칭적' 전력 건설에 집중할 수밖에 없다고 판단한 것이었다.

다. 중국군의 대(對)개입 전략으로서 A2AD

중국이 미국의 약점을 집중 공격하는 비대칭적 전력 건설에 있어서 가장 심혈을 기울이고 있는 분야가 대(對)개입(counter-intervention), 즉 서방에서 반(反)접근 지역 거부(A2AD: anti-access, area denial)라 부르는 능력이었다.[23] 중국은 1996년 제3차 대만해협 위기 이후 더 이상 미군이 대만해협이나 중국 연안, 더 나아가 제1, 2도련 내 해역에 쉽게 접근하지 못하도록 하는 거부전력의 필요성을 인식하였다. 중국의 근해 특히, 대만해협, 센카쿠, 남중국해 등에서 분쟁이 발생할 때, 미 해군의 개입을 억제하고, 억제가 실패할 때 개입차 접근하는 미 해군전력의 도착을 지연시키거나 전투력을 저하시키고 그 효과성을 감소시킬 수 있는 전력을 집중적으로 건설하려는 것이다.

---

21) Zhang Tuosheng, "US should respect law of sea," *China Daily*, November 26, 2010.

22) 『2010年 中國的國防』(北京: 中華人民共和國 國務院 新聞辦公室, 2011年), 4-5쪽.

23) Roger Cliff et al., *Entering the Dragon's Lair; Chinese Anti-access Strategies and Their Implications for the United States*, (Santa Monica: RAND Corporation, 2007), p. 3.

이를 통해 대만의 독립 추구 노력도 포기하도록 강요할 수 있음은 물론, 중국의 지정학적 위치에서 기인하는 '전략적 포위(strategic containment)'라는 극히 적대적인 환경을 극복하고 미국 중심의 동맹체제를 균열시켜 주변해역에 대한 실효적 지배를 달성하는 것이 목표였다. 1980년대 후반 류화칭 제독이 주창했던 '근해 적극방어 전략'을 구현하는 수단이 바로 이것이라 할 수 있다.[24] 즉, 중국의 A2AD 및 해군력 증강은 밀실공포증(claustrophobic), 또는 봉쇄편집증에서 탈피하고 서태평양과 인도양은 물론, 궁극적으로 그 너머 먼 대양으로 진출하는 것이 목적이었다.

(1) A2AD란?

A2AD란 원래 미국에서 1990년대부터 러시아, 중국, 이란, 북한 등의 군사위협을 지칭하며 언급되기 시작한 용어이다. 2000년대에 들어 중국이 미국 안보에 대한 주 위협으로서 인식되면서 중국이 A2AD 위협을 의미하는 주 대상국이 되었다. 이 개념은 원래 동·남중국해 영토분쟁에서 중국의 영유권 주장을 수용하도록 미 동맹국이나 지역국가를 고립시키고 강압할 수 있는 능력을 의미하였으나 이제 미국을 억제하고 미군의 서태평양 접근을 거부하기 위한 중국의 전략으로 통상 정의된다.[25]

여기서 반(反)접근(A2: Anti-Access)이란 원거리에서 오는 미군을 방위선 내로 접근하지 못하도록 함으로써 작전구역으로 미군의 전개를 지연시키거나 미군이 희망하는 작전구역으로부터 원거리에서 작전하도록 강요하는 개념이다. 이를 위해 작전지역으로 미군 전개에 영향을 미치기 위해 의도된 활동 및 군사력의 건설이 요구된다. 한편, 지역거부(AD: Area-Denial)란 중국이 어느 해역을 완전히 통제할 능력은 없지만 미군이 해당 해역을 통제하는 것을 거부한다는 의미, 즉 방어선이 돌파되더라도 그 내부에서 미군의 자유로운 행동을 허용하지 않는다는 개념이다. 따라서 AD는 중국이 미군의 접근을 저지할 수 없거나 접근을 허용하는 구역에 있어서 미군의 작전을 방해하기 위해 의도된 활동으로 작전지역에서 미군의 기동에 영향을 미치는 요소이다.

---

24) 福山隆, "中国海軍今日までの歩み," 『戦略検討フォーラム』, 2015年 12月 4日. http://j-strategy.com/series/tf1/1590

25) US DoD, *Annual Report to Congress: Military Power of the People's Republic of China 2005*, (Washington DC: 2005), pp.33, 41; Air-Sea Battle Office, "Air-Sea Battle," May 2013, p. 2.

(2) A2AD 전력 건설[26]

현재 중국의 A2AD 능력은 제1도련 내에서 가장 강력하며 중국은 그 능력범위를 태평양 외곽으로 확대하려고 노력 중이다. 중국은 대만해협뿐만 아니라 제2도련, 더 나아가 인도양과 태평양에서 공세적인 작전을 수행하는 능력을 건설하고 있다. 이들은 강습, 공중 및 미사일 방어, 대(對)수상전, 대잠전(對潛戰) 능력의 현대화에 추가하여 사이버, 우주, 대(對)우주 작전 능력 등에 초점을 맞추고 있다.

지역 내 중국 미사일 위협[27]

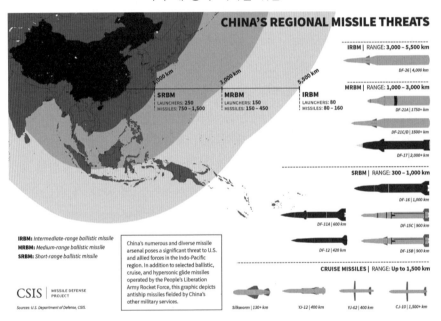

이들은 해상 및 공중플랫폼의 정밀타격능력을 보완하여 미 항모강습단의 행동자유를 제한하고 역내 군사력 균형을 중국에 유리하게 변화시키고 있다. 이들 A2AD 전력이 지역 내 미국의 재래식 억제전략의 근간을 흔들며, 방위공약 준수능력을 위협하

---

26) US Office of the Secretary of Defense, *Military and Security Developments Involving the People's Republic of China*, 2020, Annual Report to Congress, (Washington DC: September 2020), pp. 44-65.

27) Missile Defense Project, "Missiles of China," *Missile Threat, Center for Strategic and International Studies*, June 14, 2018.

고 동맹국들은 미국 중심의 동맹체제의 유효성에 의문을 갖게 되면서 미국의 영향력
은 급격하게 감소하고 있는 것이다.

중국은 잠수함, 특히 핵잠수함(SSN/SS) 전력을 우선적으로 증강하고 있다. 중국
해군은 대만 유사시 충분한 항공방호(air cover)가 없는 상황에서도 미 항모강습단
(Carrier Strike Group: CSG)에 효율적으로 대응할 수 있는 수단으로 잠수함의 가치를
확신한다. 즉, 다수의 잠수함이 미 CSG 방어망을 동시 침투한 후 포화공격으로 항모
를 격침시킨다는 구상이다. 중국은 현재 4척의 핵추진 탄도미사일잠수함(SSBNs)을 운
용 중이고 2척은 추가로 의장작업 중이며, 6척의 핵추진 공격잠수함(SSNs), 50척의 디
젤추진 공격잠수함(SS)을 운용 중이다.

중국의 재래식 미사일 위협[28]

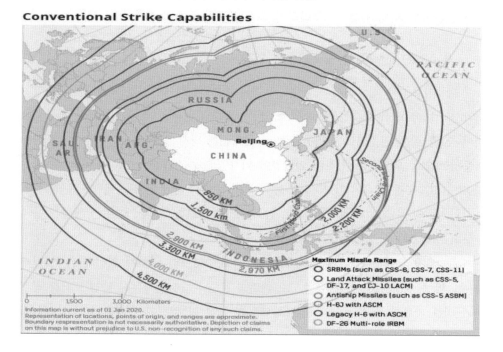

---

28) US Office of the Secretary of Defense, *Military and Security Developments Involving the People's Republic of China*, 2020, Annual Report to Congress(Washington DC, September 2020), p. 57.

또 다른 반(反)접근 전력으로서 중국은 해·공군의 지상배치 항공전력, 즉 공중급유 가능한 장거리 해상폭격 플랫폼 홍(轟, H-6)급 계열 폭격기와 러시아제 Su-35 전투기와 신형 J-20 스텔스 전투기를 자체 개발하여 운용하고 있다. 이들은 장거리 공중 전력투사 능력으로서 공중영역에서 미군의 전통적인 기술우세를 위협하고 있다. 그 외에도 중국은 USV, UUV 등 다양한 종류의 무인해상체계를 다수 운용하고 있다.

중국의 반(反)접근·지역거부 전력에는 대(對)위성(ASAT) 무기 및 사이버 공격 능력도 포함된다. 중국은 전략지원군(Strategic Support Force: SSF)을 창설하여 전략적 우주, 사이버, 심리전 임무와 능력도 발전시키고 있다. 이들은 미국을 표적으로 사이버전, 정찰, 전자전, 심리전 등 모든 정보전을 책임지고 있다. 일찍이 2007년 1월 중국은 3차례의 실패 끝에 기상위성을 요격, 파괴하는 데 성공하며 GPS 등 미국의 우주체계를 표적으로 할 수 있는 대(對)위성 요격능력을 과시하였다. 시진핑 주석은 2045년까지 중국이 세계최고의 우주강국이 되겠다는 목표를 수립했다.[29]

(3) A2AD 전략에서 중국해군의 역할

중국의 A2AD 전략에서 중국해군이 수행하는 역할은 무엇일까? 미 해군 대학의 Ryan D. Martinson 교수는 평시 억제, 전시 해양 전역(戰役)의 핵심으로서 기능하는 것이 중국해군의 임무라고 설명한다.[30] 중국해군은 평시 및 위기 시 타군과 협조하여 미군의 개입을 억제하기 위하여 연안방어 미사일(Coastal Defense Cruise Missiles), 강습항공기, 고속공격정, 잠수함 등을 통해 중국의 능력과 전투의지를 전달하며 해외 인도지원 및 재난구조(HA/DR) 임무에도 참여하고 항공모함, SSBN, 대형 상륙함을 통해 중국의 전력투사 능력을 현시(顯示)한다.

한편, 전시(戰時)에는 미군의 개입에도 불구, 제1도련 내 4개 핵심해역, 즉 발해만(灣), 황해, 동·남중국해를 통제하고 대만과 동·남중국해 영유권 분쟁 도서를 점령하기 위한 전투를 수행한다. 특히 중국해군은 함정 및 항공기 플랫폼에 의존하여 신속, 효과적인 공세작전을 수행하며 지상 기반 장거리 정밀타격 미사일의 도움을 받아

---

29) Judith Bergman, "China Aims to Become the World's Leading Space Power by 2045," *Gatestone Institute*, May 9, 2021.

30) Ryan D. Martinson, "Counter-intervention in Chinese naval strategy," *Journal of Strategic Studies*, 2020; Ryan Martinson, Katsuya Yamamoto, "How China's Navy Is Preparing to Fight in the 'Far Seas'," *The National Interest*, July 18, 2017.

적(敵)이 대지(對地)공격 무장(항공기, 미사일)으로 중국 본토를 공격하기 전에 근해 외곽 중요이익 지역(zone of important interests beyond the near seas, 近海前沿重要利益区), 즉 제2도련 해역에서 사보타주-기습전을 수행하며 적(敵)의 근해진입을 거부하는 지역거부 작전(拒敵于近海之外)을 수행한다. 이를 위해 항모강습단, 우주 및 정보화 자산의 지원을 받는 장거리 탄도/순항미사일이 운용된다.

한편, 중국해군은 관심해역(zone of concern)인 인도양, 태평양 등 원해(far seas)에서는 비(非)대칭적 힘의 균형 또는 국지적 우세를 추구한다. 이를 통해 중국은 원해에서 반격할 수 있는 능력을 과시하고 적(敵)에게 엄청난 비용을 부과하도록 강요함으로써 외세의 군사활동을 제한하고 어느 정도 통제가 가능하다고 인식한다. 그 수단으로 재래식 능력과 해상기반 핵억제 능력(SLBM)의 통합을 추진하고 있다.

(4) A2AD 전략의 평가

결국 이러한 A2AD 전력 건설은 다음 몇 가지 의미로 평가할 수 있다.[31] 첫째, 상대적 약자(弱者)로서의 자국 안보를 수호하기 위한 일종의 생존전략이다. 특히 대함(對艦)탄도탄, 핵잠수함 전진배치, 대함미사일 탑재 수상함 등 일종의 요새함대(Fortress Fleet)를 통해 류화칭(劉華清)이 기반을 놓은 중국의 해양전략사상, 즉 제1, 2도련 내 해역에 대한 주도권을 확립하고 동·남중국해에서의 도서 및 해양영역에 대한 영유권 주장을 지원하는 것이다.

둘째, 중국이 미국의 군사적 패권에 직접 도전하기보다는 해양에서 야기되는 심각한 공격위협으로부터 국익을 수호하기 위한 포괄적인 전략이다. 다시 말해, 저비용의 실용적인(a viable low-cost strategy) 중국식 거부적 억제전략이라 볼 수 있다. 중국이 DF-21D, J-20 항공기 등 거부능력을 통해 대만 유사시 또는 아·태지역에서 국지분쟁 발생 시 미군의 개입을 차단하거나 개입능력을 약화시키고, 개입비용을 감당할 수 없는 수준으로 격상시켜 미군의 행동 자유를 박탈하려는 것이다.

또한 중국이 대만을 기습 침공한 후 미군의 개입을 억제함으로써 미 증원전력이 대만해협에 도착하기 전에 상황을 종료하는 기정사실화(a fait accompli)를 시도할 수도 있다. 그 결과, 중국은 미국이 대만 방위를 보장할 수 없다고 대만이 인식하도록

---

31) 정호섭, "반접근·지역거부 對 공·해전투 개념: 미·중 패권경쟁의 서막?," 『Strategy 21』, vol. 14, no. 2 (2011년), 5-30쪽.

함으로써 군사·경제 압박에 굴복하도록 강요할 수 있다. 대만이 중국에 굴복하면 지역 내 미국의 신뢰성은 타격을 받고 미국 중심의 동맹체제는 결국 와해될 수 있다. 결국 중국의 A2AD 능력은 이제까지 지역 해양안보를 유지해온 미국 중심의 해양동맹 체제에 대한 도전 또는 견제수단인 것이다.

셋째, A2AD 능력은 미국의 힘과 영향력을 축출하는데 필요한 시간을 확보하려는 일종의 지연전략 수단이다. 중국은 계속적인 경제발전과 공산주의 체제 특성상 군사력 증강이 지속 가능한 반면, 미국은 심각한 국방예산의 제약 속에서 중국을 견제할 만한 전력건설이 쉽지 않다. 따라서 중국은 A2AD를 통해 미국의 대중(對中) 포위망을 타파하며, 궁극적으로는 미 해군과 대등한 수준의 제해권 장악 능력을 구축하고 지역 내 군사력 균형을 중국에 유리하게 만드는데 필요한 시간을 벌겠다는 것이다. 따라서 A2AD 전략은 싸우지 않고 이기는 전략, 또는 '결코 싸우지 않을 전쟁에서 승리하기 위한 계획(planning on winning a war that it never fights)'이라 볼 수 있다.

결국, A2AD 전력의 중점 건설은 중국이 지난 50여 년간 추구해 온 미 해군의 지역 내 해양통제를 상쇄할 수 있는 전략과 수단을 마련했다는 의미이다.[32] 중국은 대함(對艦) 탄도·순항미사일이나 폭격기 등에 추가하여 전자전과 사이버전 능력을 증강하여 전쟁에서 미군의 전장주지 및 통신(C4ISR)능력을 제한하려 한다. 따라서 향후 미 해군은 항공모함 없이도 적(敵)에게 지속적인 공세를 펼치며 적(敵)의 도전을 무력화할 수 있는 새로운 전투수행 방식과 전력이 필요하게 된 것이다. 아직은 미 해군이 전투력 측면에서 세계 최강이나, 항공모함에의 의존을 줄이고 상대방을 위협하고 강습하는 능력을 분산하는 등 새로운 전투수행 방식을 고안하지 않으면 충격과 공황상태에 빠질 수 있다는 의미였다.

이러한 상황에서 중동 지상전(地上戰)에서의 전비(戰費)는 눈덩이처럼 불어나면서 미국은 자국의 패권적 영향력을 수호하고 세계의 해양질서를 유지하는 해군력에 대한 투자를 경시하는 가운데, 미 해군이 불요불급한 전방현시(forward presence) 임무에 전투력을 소진하는 '전략적 일탈(逸脫)'에 빠지게 된다. 냉전에서 승리한 미국이 전 세계 해역에 대한 사실상의 제해권을 달성하면서 역설적으로 미 해군이 최대의 피해자가 된 것이다.

---

32) Phillip Pournelle, "When The U.S. Navy Enters The Next Super Bowl, Will It Play like The Denver Broncos?," *War on the Rocks*, January 30, 2015.

2. 냉전 승리의 최대 피해자로서 미 해군

전(前)장에서 언급했듯이, 1990년대 초 미국이 냉전에서 승리하여 전 세계 해역에서 이렇다 할 경쟁자가 없는 가운데 미 해군이 사실상의 해양통제(sea control)를 장악하였다. 그 후 미 해군은 … from the Sea 전략을 통해 종전의 해양통제보다는 전력투사와 전방현시 중심으로 전략 초점을 전환하였다. 그렇지만 미 해군은 국가안보와 미국의 패권질서 유지의 핵심수단으로서 해양통제와 원정작전의 중요성은 원칙적으로 견지하였다.

그러다가 2001년 9.11 테러사건 이후 미국이 중동에서 테러와의 전쟁에 뛰어들게 되면서 미 해군은 함대규모가 급감한 가운데 전방 현시임무를 점차 늘렸을 뿐 아니라 모든 것을 여기에 투자하게 되었다. 미 해군은 해양통제를 달성하는데 필요한 전비태세(readiness) 유지나 전투원의 기량을 유지하기 위한 실전적 교육·훈련에 소홀하게 되고 미래 전쟁에 대비한 전력건설은 물론, 전반적인 전투역량을 보전하는 데 실패하게 된다. 미 해군의 전략적 일탈이 시작된 것이다.

가. 함대규모의 축소

냉전 종식 후 상당수의 함정들이 퇴역하고 중동에서 테러와의 전쟁과 지상전을 수행하는데 소요되는 막대한 전비(戰費)[33]로 인해 해군예산은 25% 감축되고 새로운 함정건조 사업에 대한 투자도 점점 줄어드는 상황에서 함대 규모는 빠르게 축소되었다. 1990년 미 해군은 주요 전투함 570척을 보유하고 있었으나(1991년 냉전 종식 당시에는 471척) 그 후 전함, 순양함, 호위함 및 보조선박 등 다수의 구형 함정이 대거 퇴역하여 2000년에는 318척, 2010년에는 288척, 그리고 2015년 271척으로 함대 규모가 제1차 세계대전 이래 가장 적은 규모로 축소되었다. 초강대국 미국의 가장 중요한 대

---

33) 자료에 따라 상이하지만 미국은 2001~2020년간 중동 테러와의 전쟁에서 총 7,000명의 미군 병력이 전사하고 총 6.4조 US$, 즉 년 평균 3,200억 US$, 약 352조원(1$ 1,100원으로 환산)의 전비(戰費)를 소모했다. Costs of War Project, Watson Institute, Brown University. George Petras, Karina Zaiets and Veronica Bravo, "Exclusive: US counterterrorism operations touched 85 countries in the last 3 years alone," *USA Today News*, February. 25, 2021.

외정책 수단 중 하나인 해군력이 냉전 종식 후 25년 만에 반 이하로 급감한 것이다.[34]

냉전이 끝난 후 미 해군은 정비, 교육훈련, 부대인증 및 전개 대기(待機), 해상 전개 등 4단계로 구성된 전비주기를 운용하면서 항상 100척 정도의 함정을 해상에 전개하며 임무를 수행해 왔다. 통상 1척의 함정이 해상 전개되어 작전하기 위해서는 3~4척의 함정이 필요하다. 이러한 주기에 따라 100척을 해상에 전개하려면 산술적으로 350~400척의 함정이 있어야 가능하다. 그런데 미 해군은 함정 척수가 300척 이하로 줄어들었는데도 과거와 같이 100척의 함정을 해상 전개하여 임무를 수행하는 함정운용 패턴을 고집했다.

그 결과, 4단계로 구성된 전비주기를 더 이상 준수할 수 없게 되고 함정들은 과거보다 많은 기간을 해상에서 임무 수행하는 것이 불가피해졌다. 이는 다시 함정들이 계획대로 정비를 할 수 없게 되고 승조원들에 대한 교육·훈련도 파행적으로 실시되면서 전투준비태세가 전반적으로 붕괴되는 부정적 효과를 연쇄적으로 유발하였다. 이것이 소위 '일탈의 정상화(normalization of deviation)'라 불리는 모든 문제의 발단이었다.[35] 이는 결국 2017년 7함대 소속 구축함 2척이 민간선박과 충돌하며 승조원 17명이 희생되는 대형사고로 이어진다.

더 나아가 미 해군은 냉전 종식 후 함대의 전력규모가 축소함에 따라 해군 조선소(shipyard, 정비창)도 반으로 감축, 운용하게 되었다. 1996년 기준 미 해군은 359척의 함정을 운용하면서 8개의 해군 조선소를 보유하고 있었으나 현재는 4개소만 운용하고 있다. 특히 남아있는 조선소도 건립(建立)된 지 100년 이상 된 노후시설로 현대화가 시급한 실정이다. 그 결과, 함정정비 역량이 부족하여 정비가 지연됨에 따라 해상 작전 중인 함정들의 전개기간(operations tempo)은 오히려 늘어나고 함대의 전반적인 전비태세는 더욱 더 악화되었다.[36]

---

34) US Navy, Naval History and Heritage Command, "US Ship Force Levels: 1886−present," https://www.history.navy.mil/research/histories/ship−histories/us−ship−force−levels.html#1986

35) Roger Wicker and Jerry Hendrix, "How to Make the U.S. Navy Great Again," *The National Interest*, April 18, 2018.

36) 2012−8년 동안 미 해군 함정들의 오직 30%만이 계획대로 정비를 완료하였고 함정 정비기간은 계획보다 평균 70% 지연되거나 연장된 것으로 전해진다. 이는 조선소의 정비역량과 정비인력의 부족 때문이었다. Michael Peck, "Problems Facing The US Navy, According To A New GAO Audit," *The National Interest*, December 19, 2018.

특히 강대국 간의 경쟁시대가 출현하면서 미 해군은 고강도 분쟁에서 손상함정을 신속하게 구조하고 수리하는 능력이 그 어느 때보다 중요하게 인식되었다. 이에 따라 미 의회 회계감사실(GAO)은 현재 미 해군의 함정 수리능력을 확인하고 그 결과를 발표하였는데 전시(戰時) 손상수리 교리의 미흡, 불확실한 지휘·통제, 불충분한 수리 역량 등을 지적하고 미 해군은 전시 손상함정 수리능력 발전업무를 총괄하는 적절한 기구와 이와 관련 지휘·통제 책임을 명확히 하고 주기적으로 함정 취약성 모델을 현대화하고 이를 함정의 임무필수 체계로 반영하는 등 전투손상수리 기획 노력을 향상시키는 지침을 발전시키도록 권고하였다.[37]

한 가지 주목할 만한 점은 냉전 종식 후 미 해군의 함대규모가 급감하여 과거보다 적은 수의 함정으로 임무를 수행하면서 발생하는 전투력의 공백을 미 해군 지휘부는 혁신기술의 발전으로 보상하려고 시도했다는 점이다. 미 해군 지휘부는 Ford급 항공모함과 차세대 Zumwalt급 구축함(DD-21), 그리고 연안전투함(LCS) 등 최첨단 혁신기술을 반영한 전투함을 건조하고 해군·해병대 항공기로서 F-35 계열을 연구·개발하여 전력의 양적인 팽창을 희생하는 대신, 질적인 증강을 통해 강대국 간의 경쟁에 대비하려 했다.[38] 당장의 전비태세 문제는 어느 정도 어려움을 감수하더라도 첨단 과학·기술에 기반한 함정을 건조(shipbuilding)하는데 조직의 명운(命運)을 걸었던 것이다.

그러나 문제는 이러한 첨단기술 전력 건설이 모두 계획대로 진행되지 않고 엄청난 예산과 시간만 소비함으로써 소기의 목적을 달성하지 못한 반면, 함정 및 항공기 등 현존 전력의 전투준비 상태는 쉽게 회복이 불가능할 정도로 손상되었다는 점이다. 이는 중국이 기술적으로 나날이 발전하는 다수의 함정을 신속하게 건조하여 전력화시키는 모습과 대조되어 서태평양에서 벌어지고 있는 해군력 균형(naval balance)을 미국에 더욱 더 불리하게 만들고 있다.

---

37) US Government Accountability Office, Report to Congressional Committees, *Navy Ships: Timely Actions Needed to Improve Planning and Develop Capabilities for Battle Damage Repair*, June 2021.

38) Blake Herzinger, "Give the U.S. Navy the Army's Money," *Foreign Policy*, April 28, 2021.

나. 새로운 임무초점으로서 전방현시에의 올인(all-in)

한편, 중동 대(對)테러 전쟁과 그 후 이라크와 아프가니스탄에서의 국가건설 및 대(對)반란(counter-insurgency) 작전은 해군력이 거의 관여하지 않는 지상전이었다. 수만 명의 육군, 해병대가 이라크와 아프가니스탄의 파트너를 조언하고 지원하는 데 초점을 맞추고 있었다.

하지만, 대양해군 미 해군은 이러한 지상전에 적합하지 않았다. 이 전쟁에서 미 해군의 역할은 지상 테러전투에 해상으로부터 압도적인 전력을 투사하는(power projection 'from the sea') 것이었다. 미 해군은 미국이 필요로 하는 대지(對地) 타격능력의 1/3 정도를 항모비행단과 토마호크 순항미사일로 제공하며 지상전을 지원하였다.

이 임무는 전통적인 해양통제에 비해 비교적 단순하였고 별도의 교육·훈련도 그다지 필요하지 않았다. 항모를 제외한 미 해군의 주요 전투역량 대부분은 이 전쟁을 위해 기여할 임무가 마땅히 없었다. 전쟁에 참전하는 인원도 그리 많지 않았다. 따라서 육군이나 해병대가 중동에서의 지상전에 바쁘게 참여하고 있는 동안 나름대로 시간과 정신적 여유를 가진 군이 있었다면 그것은 미 해군이었다. 미 해군은 다른 임무를 찾아서 에너지를 집중해야 했다.

이를 위해 미 해군은 전방현시(forward presence)를 해군의 주 임무로 선택하였다. 이는 잠재적 분쟁해역에 전개하여 지역 위기가 국지분쟁으로 확전하는 것을 예방하고 전 세계에 산재한 미 국익을 수호하는 전투사령관의 현행작전 임무를 지원하는 것이었다. 그런데 문제는 미 해군의 함정 척수가 급격하게 줄어드는데 반해 전방 현시 임무는 점점 늘어났을 뿐 아니라 미 해군은 모든 것을 여기에 투자(all-in)했다는 데 있었다.

대부분의 미 해군 함정은 호르무즈 해협에서의 안전항행을 위협하던 이란에 대한 거부적 억제를 달성하기 위해 전방 현시작전에 투입되었다. 그 밖에 미 해군 함정들은 동맹 및 파트너와의 군사협력, 해적 대처와 불법어업·밀수 단속과 같은 해양안보, 인도지원 및 재난구조와 같은 다양한 평시 임무에 투입되었다. 이 모든 임무가 불필요한 것은 아니었으나 그렇다고 미 해군의 모든 것을 투자할 정도로 시급한 것도 아니었다.

이러한 상태에서 전투사령관들의 급증하는 현행작전 소요에 부응하느라 함정의 전개소요는 더욱 늘어만 갔고 함정들은 전투와 별로 관련 없는 저강도(low intensity)의 현시임무를 수행하느라 너무 바쁘고 해상전개 기간은 계속 늘어났다. 그 결과, 계획된 정비유지는 자꾸 지연되고 함정의 교육·훈련을 실시할 시간은 점점 줄어들었다.

전방현시 작전에의 임무초점은 해군의 우선순위를 흐리게 하고, 불요불급한 임무를 수행하기 위해 귀중한 전력을 과도하게 전개함으로써 어렵게 구축한 함대의 전투준비 태세를 허비하였다. 인적, 물질적 피곤도 누적되었다. 더 나아가 미 해군은 미래 전쟁을 위해서 힘을 비축하고 새로운 전력건설에 더 많은 노력과 투자를 해야 했는데 이에 소홀했다.

저강도 현시 임무를 수행하다보니 실전적인 고강도(high intensity) 교육·훈련의 중요성도 점점 망각되었다. 해군은 항공, 수상함 및 잠수함 병과로 구성되어 그 자체가 하나의 합동군이다. 네트워크 중심작전(NCW) 개념에서 해군의 모든 전력요소는 공통의 작전목표를 달성하기 위해 통합되고 동시화된 화력 운용이 핵심이다. 그러나 미 해군이 선택한 전방현시나 해양안보와 같은 저강도의 평시 임무의 본질은 해군병과 전반에 걸쳐 이러한 동시성, 통합성이 요구되지 않고 독립적으로 행동하는 것이었다.

따라서 다수의 함정, 항공기, 잠수함이 참가하는 실전적 전투수행 연습이나 훈련 기회는 극히 드물었다. 또 그런 기회가 있다 해도 극히 적은 시간이 할당되었고 그것도 각본 위주로 구성되어 진정으로 도전적이고 전투발전과 연결된 기회는 극히 드물었다. 해군의 전투병과가 서로의 전술과 교리에 대한 이해가 부족하여 전투역량의 통합발휘가 곤란하면 전투상황에서 잘 싸우고 이길 것이라고는 상상하기 어렵다. 또 실전적인 전쟁연습이나 팀워크 훈련을 실시하지 않다보니 미래에 대비한 전력발전도 자연스럽게 관심에서 멀어져갔다.

다. 장거리 정밀타격 화력 경시

뿐만 아니었다. 함대 전투력의 질적 차원, 즉 화력 면에서 많은 기능이 위축되었다. 냉전 승리 후 해양영역에서 경쟁자가 없어졌다고 착각한 미 해군이 전력발전에 있어 범했던 가장 심각한 오류 중 하나는 미사일 전쟁 시대에 장거리 정밀타격 화력,

즉 미사일 화력을 스스로 감축한 것이었다. 오히려 미 해군은 이미 보유하고 있던 화력마저 함대에서 제거했다. 중국은 장거리 정밀타격 가능한 탄도·순항미사일을 중심으로 A2AD 능력을 집중 증강하고 있던 시기에 일어났던 미 해군의 자해(自害)적 장거리 화력 경시는 그 후 서태평양에서 군사력의 균형을 중국에 유리하게 만들고 미국은 점점 더 어려운 전략상황에 빠지는 중요한 요인이 된다.

(1) 대함(對艦) 미사일

미 해군은 1977년에 최초의 대함 미사일인 하푼(Harpoon)을 함정에 탑재했다. 현재까지도 주요 대함무기로 남아있는 하푼의 사거리(74 마일)와 비행속도(마하 0.85)를 3배로 증강한 Tomahawk 대지(對地)공격 미사일(사거리 1,100마일 이상)도 이미 그 전에 존재했다. 토마호크는 2종류로서 미 해군은 1976년 대지(對地)용을 시험 발사한 후 1977년 대함(對艦)용을 처음 시험 발사하였다. 1995년까지 미 해군은 대함용 토마호크 600발을 획득했는데 이는 하푼 보유량의 1/10 정도 규모였다. 냉전이 종식되자 미 해군은 당시 보유하던 대함용 토마호크 미사일을 전량 육상공격 즉, 대지(對地)용으로 만들어 유일한 장거리 대함(對艦) 무기를 스스로 제거했다.

현재 미 해군은 중국의 A2AD 능력, 특히 DF-21D(사거리 1,335 마일) 및 DF-26 계열(사거리 2,490마일)과 같은 미사일 위협에 대응하고자 수상함과 잠수함에서 발사 가능한 신형 Block V 대함(對艦) 토마호크를 획득하고 있으며 2021년 수상함대에 탑재된다. 미 해군은 이 밖에도 SM-6 미사일과 신형 해군용 강습미사일 Naval Strike Missile(NSM, 사거리 100마일 이상)을 LCS와 신형 호위함에서 운용할 예정이다.[39]

한편, 잠수함 부대는 1997년에 잠수함용 하푼(Sub-Harpoon)을 무장 항목에서 빼버리면서 잠수함의 타격범위(펀치)를 수십 마일에서 근거리 어뢰 교전거리인 수 마일로 스스로 제한했다. 이제 미 해군 잠수함 부대도 25년 만에 잠수함용 하푼을 Los Angeles급, 신형 Seawolf 및 Virginia급 잠수함에 다시 장착하려고 추진하고 있다.[40]

미 해군이 장거리 대함 정밀화력을 경시한 배경은 냉전 종식 후 실시한 지상전

---

39) David B. Larter, "US Navy set to receive latest version of the Tomahawk missile," *Defense News*, March 17, 2021.

40) Kyle Mizokami, "Harpoon Missiles Are Returning to Navy Subs After a 25-Year Hiatus," *Popular Mechanics*, February 11, 2021.

에 대한 전력투사 임무 특성에서 비롯되었다. 다시 말해, 항모 중심의 전력구조, 항모 중심의 전술사고의 폐해였다.41) 미 해군에서 미사일을 사용하여 100마일 이상 떨어진 곳에서 적함을 침몰시키는 임무는 항모 비행단이 유일하게 수행했다. 해군 항공이 장거리 정밀타격에 필요한 도구와 교리적 임무를 가진 유일한 병과였다. 1970년 말~1980년대 하푼과 대함용 토마호크가 함대에 도입되었지만, 미 해군 수상함대의 전투초점은 제2차 세계대전 이후 대잠전(ASW)과 미사일과 같은 공중위협으로부터 주력함, 즉 항공모함을 보호하는 방공임무로 일관되게 유지되었다. 그 후 적(敵) 수상함을 침몰시키는 임무는 대부분 잠수함과 항모 비행단에 주어졌다.

장거리 대함(對艦) 정밀화력을 수상함에 제공하지 않음으로써 미 수상함대의 타격범위(펀치)로는 네트워크중심작전(NCW)의 기본요소인 '적(敵)보다 먼저 보고 먼저 쏘는 것'을 구현하기가 힘들다. 미국 해양전략 연구 사이트 CIMSEC의 Filipof 박사는 현재 미 해군이 수상함에 탑재 중인 수직발사장치(VLS) 발사 cell의 15%에 장거리 대함미사일(LRASM)을 장착하면 하푼 미사일만 장착했을 때보다 화력이 약 20배나 증가한다며 이를 통한 대함공격 화력의 극적인 증가는 전술 측면에서 100년 전 항공모함이 탄생한 이후 경험해보지 못한 가장 큰 혁명(변화)을 가져올 것이라고 평가한다.42)

(2) 항모 탑재 비행단의 공세적 화력 축소

과거 태평양전쟁에서 미 해군의 항모 비행단은 작전반경이 짧아 적(敵) 기지 가까이에서 작전이 불가피함으로써 일본 가미가제 특공대에 의해 다수의 항모가 타격을 받았다. 이에 따라 미 해군 지휘관들은 더 많은 폭탄을 적재하고 원거리 비행이 가능한 대형항공기 A−6 Intruder를 개발하였다. 그 결과, 적(敵) 중심에 집중 타격 가능한 이 항공기를 탑재할 대형항모(super−carriers)가 등장하였다. 이것이 1950년대 항모에서 1,800해리 떨어진 해역에 집중적인 종심타격 임무가 가능한 능력을 미 해군에 제공하였다. 이후 미 해군은 월남전에서 제1차 걸프전까지 분쟁을 신속, 결정적으로 종식시키기 위한 목표로 적(敵) 수도에 대한 종심타격 능력을 완벽하게 구비했다.

---

41) Dmitry Filipof, "How the Fleet Forgot to Fight, PT. 2: Firepower," CIMSEC, September 24, 2018.
42) Filipof, 상게서.

그런데 냉전 종식 후 1990년대에 들어 이렇게 막강한 해군항공 화력이 퇴보하기 시작했다. A−6 Intruder 항공기의 후속기종이었던 A−12 Avenger II 계획이 취소되고 거리와 종심타격이 상징이던 항모 비행단의 화력이 갑자기 후퇴하였다. 냉전에서 승리한 후 미(美) 해·공군이 전 세계 해양·공중통제를 실질적으로 장악하자, 이들 장거리 타격 항공기 소요가 더 이상 불필요한 것으로 인식되었기 때문이었다.[43] A−6 Intruder, 그 후 F−14 Tomcat, S−3 Viking 등 항모에 탑재된 항공기가 순차적으로 퇴역하고 이들의 후속기종으로 단거리 전투기 겸 경(輕) 공격기로 설계된 F/A−18 Hornet 계열의 항공기를 선택함으로써 비행단의 작전거리가 1996년 평균 800해리에서 2006년 500해리 이하로 감소되었다. 바로 이 시기에 중국은 1,000해리 또는 그 이상의 사거리를 갖는 항모 킬러 DF−21D, DF−26과 같은 대함용 장거리 탄도·순항미사일 등 A2AD 체계를 개발한 후 전력화하고 있었다.

이에 대해 CNAS(Center for a New American Security)의 Jerry Hendrix 박사는 미 해군이 다양한 무인항공체계(UAV), 스텔스, 지향성 에너지 무기, 극초음속 무기 등 새로 출현하는 파괴적 무기를 현재 능력과 함께 통합 운용하면 과거의 장거리 종심타격 능력을 다시 회복할 수 있을 것이라고 제안한다.[44]

(3) 장거리 폭격기의 대함(對艦) 미사일

2018년 미 공군의 B−1B 중폭격기가 미군에서 최초의 첨단 대함 미사일인 장거리 대함 미사일(LRASM)을 장착하고 대함 타격 임무를 부여받았다.[45] 미군에서 가장 강력한 대함 플랫폼 중 하나가 미 해군이 아닌 공군의 자산인 것이다. 이 폭격기는 LRASM 24발을 탑재할 수 있으며, 하푼을 탑재한 미 수상함 대함 화력의 15배 이상을 보유할 수 있다. 수천 마일의 비행범위와 결합될 때 이 폭격기는 더욱 강력한 대함 타력능력을 구비한다. 미 공군은 1990년대 중반까지 대함 미사일로서 겨우 100발 미만의 하푼을 획득했다. 그만큼 대함타격 임무가 타 임무에 비해 중요시되지 않은 것이다. 공군 중폭격기에서 대함 임무를 수행하지만, 우발사태 발생시 작전상 다른 우

---

43) Jerry Hendrix, *Retreat from Range: The Rise and Fall of Carrier Aviation*, Center for a New American Security, October 19, 2015, p. 45.

44) Hendrix, 상게서 p. 4.

45) Kyle Mizokami, "The B−1 Bomber Has a New Mission," *Popular Mechanics*, August 22, 2017.

선순위에 의해 대함 타격임무 수행이 지연될 수도 있다.

미 해군이 수상함대, 잠수함, 중폭격기에 장거리 대함 화력(무장)을 경시하게 된 배경은 미사일 전쟁시대에서 이러한 무장의 가치를 중시하지 않았고 항공모함이 여전히 해전에서 최고로 군림할 것이며 대함 표적도 항모 비행단이 처리할 수 있다고 판단했기 때문이었다. 항모 비행단의 도달범위와 크기는 하푼의 단점을 보상할 수는 있지만, 그 결과로 나머지 수상함대의 화력은 매우 낮은 수량의 소형, 아음속, 단거리 하푼에 멈춰 있었다. 항모라는 플랫폼에 대한 절대적인 믿음에 완전히 눈이 멀었던 미 해군은 새로운 전쟁시대의 최고의 공격무기인 장거리 정밀 타격 미사일을 효과적으로 운용하지 못하게 된 것이다.[46]

한편, 러시아와 중국은 냉전 시대 대부분에 걸쳐 당시 소련 대함능력의 선두에 있던 장거리 대함 화력을 구비한 중폭격기를 실전 배치하였다. 이는 수십 년 동안 본토에서 멀리 떨어진 해역에서 미 항모강습단에 대응하기 위한 기본적인 전술이었다. 오늘날 중국이 서태평양에서 운용 중인 H-6K 중폭격기는 구(舊)소련의 Tu-16 폭격기를 면허 생산한 후 성능 개량한 것으로 대함 순항미사일을 탑재하며 중국의 A2AD 능력을 더 한층 확장시키고 있다. 다시 말해 중국은 장거리 공중 전력투사 능력을 증강하면서 해상·공중영역에서 미군의 전통적인 우세를 위협하고 있는 것이다.

라. 대잠임무의 경시[47]

소련의 붕괴로 소련잠수함 위협이 사라지자, 미 해군의 대잠전(ASW: anti-submarine warfare) 관심도 시들해졌다. 미 해군은 해상초계기 P-3기의 대체(replacement)도 취소하고 1989~1996년 간 해상초계기 전대를 24개에서 12개로 감축하였다. 항모 탑재

---

46) Filipof, "How the Fleet Forgot to Fight, PT. 2: Firepower," 전게서. 이러한 결점을 보완하기 위해 미 해군은 F/A-18F/F 항모 탑재전투기에 LRASM을 장착하였고, 향후 P-8A 대잠초계기에도 이를 장착할 예정이며 사거리 연장 합동공대지 원격미사일 AGM-158B Extended Range(JASSM-ER)를 F/A-18F/F 및 F-35C에도 장착함으로써 공세적 대수상전 능력을 증강시켜 나갈 예정이다. Richard R. Burgess, "Navy Plans to Arm F/A-18E/F, F-35C with Air Force's JASSM-ER Cruise Missile," *Seapower*, June 15, 2021.

47) Jason Lancaster, "Close the Gaps! Airborne ASW Yesterday and Tomorrow," *CIMSEC*, June 2, 2021; William J. Toti, "The Hunt for Full-Spectrum ASW," *Proceedings*, Vol. 140, no 6 (June 2014).

대잠초계기 S-3B(Vikings)는 대잠임무를 방기(放棄)하고 함재 전투기 F/A-18기의 급유(tanking) 임무를 수행하다가 대부분 잔여 비행가능 시간이 10,000시간 이상 남았음에도 조기에 퇴역하였다. 그 이후 P-8A 해상초계기와 MH-60R 대잠헬기의 조합이 등장하였다. 그러나 항모강습단(CSG) 수준에서 명확한 능력의 격차가 존재했다. 전구(戰區) 자산으로서 P-8A는 함대 전반에 걸쳐서 비행임무를 수행하기에는 항공기 수(數)가 부족했고 MH-60R 대잠헬기도 능력은 우수했으나 작전반경(range)이 제한되었다. 이 헬기는 구역 탐색(area searching)보다는 수중 접촉표적(datum) 위치를 식별, 탐색하도록 설계된 헬기였다. 그 결과, 항모비행단에는 잠수함 무장교전거리(WEZ: weapon engagement zone) 외곽에 있는 적(敵) 잠수함을 탐색, 위치식별, 추적, 교전할 수 있는 편제된 대잠(對潛) 항공전대가 부재하였다.

이제까지 살펴보았듯이 냉전 종식 후 미 해군은 사실상 해양에서 경쟁자가 없어짐으로써 본연의 해양통제를 위한 임무의 소홀, 전력의 수적(함대 규모), 질적(대함화력 및 대잠 능력의 축소 및 제거 등) 위축을 가져오며 냉전 승리가 미 해군에게는 오히려 재앙과 같은 예상치 못한 결과를 초래하였다.[48] 그러나 이것은 겨우 시작에 불과했다. 미 해군이 중심을 잃고 흔들리고 있는 동안 중국은 군사력의 현대화, 특히 A2AD 능력과 해군력을 집중 증강하며 서태평양에서 미국의 해군주도(naval primacy)에 더욱 거세게 도전하게 된다.

3. 중국의 유소작위

중국은 경제성장으로 인해 국력과 영향력이 급부상하면서 등소평이 개혁·개방을 추진하며 강조하였던 '도광양회(韜光養晦)'는 '화평굴기(和平崛起)'를 거쳐 '유소작위(有所作爲)'로 전환하였다. 이러한 현상은 특히 남중국해에서 현저하게 발생하였다. 중국은 2010년과 2012년에 발생했던 센카쿠 열도 사태와 2012년 필리핀의 Scarborough

---

48) 미 의회 회계감사원(GAO)은 2017-19 미군 능력을 분석한 결과, 지난 20년간 중동에서의 대(對)테러 전쟁으로 인해 미군은 지상군을 제외하고 전반적으로 전비태세, 즉 자원(인력, 장비의 가용성)과 능력(부여된 임무수행 능력) 측면에서 타격을 받았는데 그 중 해군이 가장 큰 타격을 입었다고 분석하였다. John Vandiver, "Combat readiness weakened after decades of conflict, government watchdog agency says," *Stars and Stripes*, April 8, 2021.

Shoal을 무력 점령함으로써 과거와 달리 보다 공세적이고 일방적인 대외정책과 계산된 모험을 통해 지역 내 현상변화를 추구하기 시작했다.

가. 중국의 자신감

2008년 세계금융위기 이후 중국 지도부 사이에는 자신감이 충만하여 중국 특색의 사회주의(有中国特色的社会主义)가 미국 모델보다 우월하지 않으면 최소한 동등할 것이라는 주장이 등장하였다. 중국의 계획경제가 미국이 주도하는 자본주의 시장경제보다 우월하다는 소위 '승리감(sense of triumphalism)'이 표출되었다. 미국이 쇠퇴하는 것처럼 보이자, 미·중간의 관계는 동등하고 보다 상호적인 형태와는 오히려 반대로 진전되었다. 2008년 7월 미 태평양사령관 Timothy Keating 제독은 수개월 전 하와이 소재 미 태평양사령부를 방문했던 중국대표단 해군소장이 언급한 내용을 다음과 같이 소개하였다:

> 중국은 항공모함을 건조할 예정이다. 이미 건조하고 있다. 우리가 제안하는 것은 미국은 하와이 동쪽을 갖고, 즉 미국의 항공모함과 함정들이 미 본토와 하와이 사이에서 일어나는 모든 일을 관리한다. 중국은 하와이 서쪽에서 인도양까지 중국의 항공모함과 함정들이 그 곳에서 발생하는 모든 일을 미국에 알려주되 중국이 관리하겠다. (그러면 미국이 서태평양으로 나오는 수고를 덜게 된다.) … 이것이 중국의 의도이다.[49]

Keating 제독은 이를 감안할 때 중국이 서태평양 지역의 패권을 희망하고 있는 것으로 보인다며 만약 미국이 이 지역 내 군사력 현시를 포기하지 않겠다면 중국이 어떻게 반응할지 불확실하다고 피력했다.

한편, 2009년 11월 17일 오바마 대통령이 중국을 방문하여 미·중 양국 정상 간의 공동성명에 합의하였다. 당시 공동서명에는 후진타오(胡錦濤) 주석의 요구, 즉 양

---

[49] "Adm. Keating (USN) Delivers Remarks at the Heritage Foundation," Admiral Timothy Keating (USN), Commander, US Pacific Command, CQ Newsmaker Transcripts, Special Events (July 16, 2008); "Former PACOM Chief: How Will China Use Its New Weapons?," Military.com, February 10, 2011. https://www.military.com/defensetech/2011/02/10/former-pacom-chief-how-will-china-use-its-new-weapons; .

국은 주권과 영토의 존엄성을 존중하며, 특히 해양현안에서 각국의 관할권과 권익을
준수하며 각국의 핵심 이익을 존중하는 것이 극도로 중요하다는 점이 합의되었다.[50]
오바마 대통령은 이를 합의함으로써 중국이 미국의 의도를 의심하는 것을 완화시킬
것이라고 생각했던 것으로 전해진다. 오바마는 2009년 취임 후 무엇보다도 중국과의
관계를 개선하는데 많은 관심과 정성을 기울였기 때문이었다.

그로부터 얼마 후인 2010년 1월 초 덴마크 코펜하겐에서 개최된 기후변화
(Climate Change) 관련 국제회의에서 중국 실무대표가 청중 앞에서 큰소리로 손가락을
흔들며 오바마 대통령을 공개적으로 비난하는 일이 발생했다.[51] 또한 이 회의의 일환
으로 중국 원자바오(溫家寶) 총리가 주관하는 소(小)그룹 회의에 오바마 대통령 일행
이 참석하려 하자 중국 보안팀이 이를 막는 소동이 발생했다. 이러한 사례는 외교적
매너나 예의를 떠나 세계금융위기 후에 중국이 어떻게 당시 미국을 평가했는지를 대
변하였다. 즉, 미국이 쇠퇴하고 중국이 부상한다면 중국은 더 이상 미국에 존경심을
보일 필요가 없고 이제 중국은 미국의 개혁 강의(講義)를 거부할 수 있거나 때로는 조
롱할 정도로 자신감이 생겼다는 의미였다.[52]

이와 관련, CSIS 중국 전문가 Bonnie S. Glaser는 만약 중국이 "미국은 쇠퇴하고
있으며 중국이 곧 초강대국으로 부상할 것이라 믿는다면 중국은 정말 문제가 되는 방
식으로 미국에 도전할 수도 있을 것"이라고 경고하였다.[53] 또한 Johns Hopkins대학
교 중국학 처장 David M. Lampton은 오바마 행정부가 어떤 식으로든 '미국이 중국을
더 필요로 한다'는 인상을 중국에게 주었고 '미국이 탄원자(supplicant)의 역할을 하게
되었다'고 탄식하였다.[54]

당시 이 같은 중국의 자신감과 적극적 대외정책을 주창하는 사례로서, 2011년 9
월 중국공산당 기관지 Global Times에 중국의 전략분석가이자 저장(浙江)대학 연구원
롱타오(龍韜)는 "남중국해에서 군사행동을 취하기에 적기(A good time to take military

50) The White House, Office of the Press Secretary, "U.S.—China Joint Statement," November 17, 2009.
51) Edward Wong and Jonathan Ansfield, "China Insists That Its Steps on Climate Be Voluntary," *The New York Times*, January. 29, 2010.
52) Orville Schell, "The Death of Engagement," *The Wire China*, June 7, 2020.
53) John Pomfret, "U.S.—China relations to face strains, experts say," *The Washington Post*, January 3, 2010, p. A3 재인용.
54) Pomfret, 상게서, 재인용.

action in the South China Sea)"라는 제하의 칼럼55)에서 중국정부는 남중국해에서 도서 영유권을 주장하면서 가장 많은 잡음을 내고 있는 필리핀과 베트남에 대해 전쟁을 선포하라고 촉구하였다. 이를 통해 '살계해후(杀鸡骇猴)', 즉 한 마리의 닭을 잡음으로써 다수의 원숭이를 놀라게 하는 효과(killing one chicken to scare the monkeys)를 거둘 수 있는 것처럼 소규모 전투 몇 개를 치름으로써 큰 전쟁을 예방할 수 있다는 의미였다.

이런 행동이 미국의 군사개입을 유도할 것이라는 질문에 대해 그는 미국은 현재 중동 대(對)테러 전쟁에 묶여있어 남중국해에서 제2전선을 열기는 곤란하다며 2008년 조지아를 침공했던 러시아의 '결정타(decisive shot)'가 하나의 모델(a model)인 것처럼 국제무대에서 강대국의 군사행동은 초기에는 충격을 주나 장기적으로는 강대국 간 전략적 화해(great power strategic reconciliation)로 지역안정이 달성될 수 있다고 주장하였다.

이 같은 언동은 미국이 쇠퇴하고 중국이 상승하고 있다는 중국의 인식을 반영하며, 중국은 향후 더욱 공세적이고 일방적으로 행동하기로 결심한 것으로 보인다. 중국의 새로운 자신감은 이후 남중국해에서의 해양팽창과 동중국해 센카쿠 열도 영유권 분쟁으로 표출된다.

나. 핵심 이익으로서 남중국해

2010년 이후 중국은 남중국해를 티베트, 대만과 같은 '핵심 이익'이라 부르기 시작하였다. 2010년 3월 중국 국무위원 다이빙궈(戴秉國)가 클린턴 국무장관에게 남중국해는 중국의 핵심 이익이라고 반복해서 언급했다.56) 이는 중국이 남중국해를 자국 안보에 핵심적인 것으로 보고 이곳에서의 해양자원과 전략수역을 수호하겠다는 의도를 명확히 한 것이었다. 이에 대응하여 오바마 행정부는 남중국해에서 항행의 자유는 미국의 국익이라고 선언하며 향후 미국이 남중국해 문제를 더 이상 방관하지 않을 것임

---

55) 또한 그는 현재 남사군도에 있는 1,000여 개의 채굴시설과 4개의 유전은 중국 소유가 아니므로 군사행동을 통해 남중국해를 '불바다(a sea of fire)'로 바꿀 수 있다고 주장했다. 관련내용은 J. Michael Cole, "Chinese analyst calls for war in South China Sea," *Taipei Times*, September 30, 2011.

56) Edward Wong, "China Hedges over Whether South China Sea Is a 'Core Interest' Worth War," *The New York Times*, March 30, 2011.

이라 반박하였다.

중국에 있어서 남중국해 문제의 본질은 세 가지, 즉 주권, 경제, 전략이라 볼 수 있다. 먼저 중국은 이름 그대로 남중국해가 역사적으로 자국의 바다라고 주장한다. 1947년 장개석(將介石)이 남중국해 전역에 대한 영유권 근거로 11단선(段線: eleven-dash line)을 주장하였다. 1958년 중공은 이를 '9단선(nine-dash line)'으로 수정하여 역사적 연원설(淵源說)에 근거하여 이곳의 영유권을 주장하고 있다. 이후 중국은 1974년 당시 월남이 점유하던 서사(Paracel)군도를 무력으로 점령하였고 1988년 남사군도 (Spratly) 근해에서 베트남과 무력 충돌한 후 Johnson Reef를 점령하였다. 1994년 UN 해양법협약(UNCLOS)이 시행되자 1994년 말부터 1995년 초까지 중국은 미국의 동맹국인 필리핀과 군사충돌 후 Mischief Reef를 점령하였다.

경제적인 측면에서 남중국해는 전(全) 세계 물동량의 약 1/3~1/4이 통과하는 해상교통로가 존재한다. 특히 CSIS, China power, 2017에 의하면 중국 에너지 수입의 80%, 해상교역의 약 64%가 남중국해를 통과한다.[57] 통계마다 약간의 차이가 있지만, 남중국해 해역 내 석유 부존(賦存)자원은 매우 풍부하여 제2의 페르시아해(second Persian Sea)로 불리기도 한다.[58] 기타 남중국해에는 세계 어획량의 12%에 상당하는 어족자원이 존재하는 것으로 알려진다.

마지막으로 중국은 전략적 차원에서 남중국해를 핵억제 임무를 수행하는 성역으로 간주한다.[59] 중국은 해남도(海南島)에 새로운 잠수함 기지를 건설하여 2008년경 신형 094 진(晉)급 SLBM탑재 잠수함을 배치하였다. 그리고 중국은 2013년 말부터 남

---

57) "How Much Trade Transits the South China Sea?," China Power Project, https://chinapower.csis.org/data/trade-flows-south-china-sea/

58) US Energy Information Administration(2013년)은 남중국해에 증명되었거나 또는 개연성 있는 부존자원으로 유류 110억 배럴, 천연가스는 190조 ft³로 평가한다. CSIS, "South China Sea Energy Exploration and Development," *Asia Maritime Transparency Initiative*. 한편 중국의 평가에 의하면, 남중국해에 유류 1,300억 배럴이 매장되어 사우디아라비아에 이어 세계 두 번째로 많은 유류가 매장되어 있다고 전해진다. 이것이 사실이라면, 중국은 남중국해를 장악함으로써 소위 '말라카 딜레마(Malacca dilemma)'를 완전히 해소할 수 있다. Robert D. Kaplan, "Why the South China Sea is so crucial," *Business Insider*, Briefing, February 20, 2015.

59) 종전까지 중국은 092 하(夏)급 전략핵미사일 잠수함을 칭다오(靑島) 잠수함 기지에 배치해 왔으나 황해 발해만은 평균수심이 25m 정도에 불과하여 핵잠수함의 활동 자체가 매우 취약하다. 중국은 지역 내 가장 중요한 해상교통로가 위치하는 남중국해를 전략핵잠수함의 성역으로 만듦으로써 비(非)취약한 핵 억제력을 보유하는 동시에 항모를 남해함대에 배치하였다.

중국해 7개 간조노출지(LTE)에 인공도서를 건설한 후 이를 군사 기지화하여 남중국해 전역에 대한 통제를 가속화하고 배타적 해양영역으로 기정사실화를 시도하고 있다.[60] 특히 중국이 건설한 인공도서의 군사기지화로 중국군의 전력투사(projecting power) 및 작전범위는 동남쪽으로 1,000km나 확장 가능하며 이를 통해 남중국해는 서태평양으로 진출하는 일종의 통로(corridor)가 되었다.[61]

다. Scarborough Shoal

한편, 2010년 9월 일본과 중국 간 센카쿠를 둘러싼 심각한 갈등이 발생한 것을 시작으로 2012년 중국이 필리핀 EEZ 내 Scarborough Shoal을 강압적으로 점유하자 지역해양안보에 커다란 파장이 일기 시작하였다. 먼저 2012년 4월 필리핀 해군이 Scarborough Shoal 근해에서 조업 중이던 8척의 중국어선을 나포하려 시도했으나 중국 해경선박에 의해 차단되는 사건이 발생했다. 중국은 필리핀산 바나나의 수입을 금지시키고 중국인의 필리핀 관광금지 등 보복 조치를 취했다.

당시 캠벨(Kurt M. Campbell) 미 국방부 동아·태 차관보가 양국 해군의 철수를 중재하여 필리핀은 현장에서 해군함정을 철수하였으나, 중국 해군함정은 현장에 잔류한 가운데 중국해경, 어업지도선이 오히려 동(同) 해역 내 암초를 무력 점령하는 결과가 되었다. 2013년 6월 필리핀은 미국의 권유에 따라 중국을 국제해양법재판소(ITLOS)에 제소하였다. 중국은 재판에 참여하는 것을 거부하는 한편, 2014년 외국선박은 중국정부로부터 허가받은 후 이 해역에 진입할 것을 공포(公布)하였다.

2016년 7월 국제해양법 재판소(ITLOS)는 남중국해에서 중국의 모든 영유권 주장을 불인정하며 필리핀의 승소판결을 내렸다. 이에 대해 중국은 판결을 무시하고, 자국의 해양권익을 수호하기 위해 필요시 무력사용도 불사하겠다고 선언하였다. 한편, 미국 정부는 침묵을 지키며 중국의 불법행동을 사실상 방치하였다.[62]

---

60) 2012년 7월 중국은 남중국해 서사(西沙), 남사(南沙), 중사(中沙) 군도 등 총면적 200만㎢ 해역을 해남도 산하 삼사(三沙) 행정관할(Municipality)로 정식 편입하였다. Alexa Olesen, "China builds newest city on disputed island," *The Associated Press*, July 29, 2012.

61) Gregory B. Poling, "China's Military Power Projection and U.S. National Interests," Statement before the U.S.—China Economic and Security Review Commission, February 20, 2020.

62) ITLOS 판결 후 미국 관리가 방중(訪中)했을 시 중국의 판결불복을 거론도 하지 않았고 심지

미국의 무반응은 지역안보에 대한 미(美) 공약의 신뢰성에 심각한 타격을 주었다. 뿐만 아니라, 이는 향후 동·남중국해 영유권 분쟁에서 중국으로 하여금 보다 더 강경한 입장을 취하도록 유도하는 요인이 되었다. 그로부터 1년 후 2013~4년 중국은 남중국해에서 대대적인 인공도서 건설에 착수하였고 외부로부터 별다른 저항 없이 7개소의 인공도서를 군사기지로 만들었다. 이제 시간이 가고 건설된 군사기지가 기정사실화되면 남중국해는 사실상 중국의 내해가 되는 것이다.

2013년 말부터 시작된 중국의 인공도서 건설 및 군사화에 대해 미국과 동맹이 아무런 억제조치를 취하지 않았기에 중국은 사실상 '백지 위임장(carte blanche)'을 부여받은 격이었다.[63] 미국은 남중국해 문제, 특히 중국의 인공도서 건설이 갖는 군사전략적 중요성을 무시하고 이에 대한 명확한 대응전략도 가지고 있지 않았다. 오히려 미군 내부에는 중국이 인공도서를 건설하고 군사기지로 만들어도 이는 전시(戰時)에 손쉬운 표적(sitting ducks)이나 사격훈련용(target practice) 표적만 될 뿐이라고 안일하게 여겼다고 전해진다.[64]

한편, 미국의 무반응은 훗날 동맹국 필리핀과의 관계를 소원하게 만든다. 2016년 7월 두테르테 필리핀 대통령이 취임 후 ITLOS에서 자국의 승소(勝訴) 판결을 뒤로 하고 친중(親中) 정책을 추진하자 양국 관계가 소원해졌다. 두테르테는 1995년 중국이 필리핀의 Mischief Reef를 무단 점령할 때 미 클린턴 행정부는 이를 거의 무시했고, 2012년 중국이 Scarborough Shoal을 탈취할 때 오바마 행정부는 필리핀

어 중국도 미국이 전혀 반응하지 않을 것이라고 예측하지 못했다고 전해진다.

63) Krista E. Wiegand and Hayoun Jessie Ryou-Ellison, "U.S. and Chinese Strategies, International Law, and the South China Sea," Journal of Peace and War Studies, 2nd ed., (October 2020), p. 58.

64) John Power, "Has the US already lost the battle for the South China Sea?," South China Morning Post, January 18, 2020.

의 군사개입 요청을 거절한 적이 있었다며 미국은 믿을 만한 동맹이 못된다고 비판했다. 그 결과 미국과 필리핀 동맹관계는 미국의 아시아전략에서 중요한 요소로 인식되지 못하는 상태가 되었다.[65] 이는 미국이 중국의 거센 도전에 맞서 지역 내 동맹 및 파트너와 함께 강력한 안보 네트워크를 구축하려는 노력에 심각한 장애물이 되고 있다.

그렇다면 미국은 왜 중국의 팽창행동에 애매한 대응을 했을까? 미국은 남중국해 도서 영유권 문제에 대해 수많은 역사적 요소로 인해 '중립적 위치'를 고수하였다. 1974년 중국이 무력으로 파라셀과 주변 도서를 점령할 때 미국은 미·중 데탕트를 추진하고 있어서 '불개입'을 선언하였다. 한편, 1994년 UN 해양법 협약이 발효된 후 미국은 남중국해 관련 주권문제에 대한 중립(中立)과 '분쟁의 평화적 해결' 원칙만 표방하되, 항행의 자유, 해양 규범의 준수 등을 강조하였다.

그러다 2009년 3월 남중국해에서 중국이 미 해군의 해양조사선 Impeccable호의 활동을 방해하자 2010년 오바마 행정부는 '주권문제에는 중립을 견지하되, 불법행동은 수용하지 않을 것'이라 선언하였다. 2010년 ASEAN 회의에서 클린턴 미 국무장관은 남중국해 문제가 강압 없이 해결되기를 희망하며 남중국해가 미 국익에 관련된 문제라고 선언하였다. 중국 외무장관은 이에 대해 '실질적으로 중국에 대한 공격'이며 남중국해를 국제이슈 또는 다국(多國)간 이슈로 만들지 말라고 미국에 경고하였다. 이후 중국은 남중국해 문제에 미국의 간섭을 배제하기 위해 주변국에 대해 '분리·정복 전략(divide and conquer strategy)'을 구사하기 시작하였다.

그 후 남중국해 문제가 대만문제에 이어 미·중간에 또 다른 갈등요인으로 대두하였다. 이는 미 해군력의 상대적 축소로 인해 지역 내 중국의 힘과 영향력의 팽창을 견제하지 못한 결과 일어난 불가피한 현상이었다.

---

65) 그 후 두테르테 대통령은 필리핀 해군에 미 해군과의 연합훈련 참가를 금지시키고 서태평양에서 분쟁이 발생할 때 필리핀 내 군사기지가 미군에 의해 반중(反中) 목적으로 사용되지 않을 것임을 언급하기도 하였다. Richard Javad Heydarian, "Duterte bans exercises with US in South China Sea," *Asian Times*, August 4, 2020.

라. 센카쿠 열도 사건[66]

중국의 공세적 대외정책은 남중국해뿐만 아니라 동중국해에서도 발생하였다. 일본과 중국 간 센카쿠를 둘러싼 해묵은 도서영유권 문제가 지역 내 심각한 갈등요소로 등장한 것이다. 2010년 9월 일본 해상보안청(海上保安廳) 선박 2척이 센카쿠 열도 근해에서 조업 중이던 중국어선과 충돌하자 일본정부는 중국어선의 선장을 구속하였다. 이에 대해 중국정부는 사과 및 보상을 요구하고 보복조치로 희귀광물의 대일(對日) 수출을 차단하였다. 이로 인해 중·일간에 심각한 마찰이 발생했다.

그로부터 2년 후 2012년 9월 일본정부가 센카쿠 열도 5개 도서 중 4개에 대해 국유화를 시도하면서 양국 간에 심각한 위기상황이 다시 촉발되었다. 중국은 강경대응하며 경제보복을 단행하였고 중국 전역에는 격렬한 대규모 반일시위가 발생하였다. 일본의 국유화 시도는 중국의 자부심과 위상에 또 하나의 깊은 상처를 주는 행동으로 인식되었다. 과거 '치욕의 세기'에서 서구열강과 함께 중국을 약탈한 주역으로서 반일(反日) 감정이 되살아 난 것이었다.[67]

(1) 역사적 경위

센카쿠 열도는 지역 내 전략거점인 오키나와가 포함된 류큐 열도 내 위치한다. 오키나와는 제2차 세계대전 중 아시아 대륙에 대한 공중·해상 전력투사가 가능한 태평양의 핵심(Keystone of the Pacific)으로 알려지며 미국의 가장 중요한 전략거점이 되

---

66) Paul J. Smith, "The Senkaku/Diaoyu Island Controversy a Crisis Postponed," *Naval War College Review*, vol. 66, no. 2 (Spring 2013), pp. 31–48.

67) Merriden Varrall, "Chinese Worldviews and China's Foreign Policy," *Lowy Institute*, November 26, 2015.

었다. 해양전략 사상가 마한(A. T. Mahan)이 언급한 '주위에 중요한 영향력과 사태의 진전이 모이는 곳'으로서 일본의 방위뿐 아니라 아시아 전역의 방위를 위해 미국의 아·태지역 안보전략상 가장 중요한 군사기지가 오키나와이다.

제2차 세계대전 종전 후 승전국 미국은 류큐 열도에 대한 방위책임의 일환으로 행정책임을 보유하고 있었다. 그러다 1960년 체결된 미·일 동맹의 갱신을 앞두는 시점에서 미국은 일본의 요청에 부응하여 오키나와를 포함, 류큐 열도에 대한 잔여주권(residual sovereignty)을 일본에 반환하려고 검토하였다. 미국의 전략은 지역 내 핵심 미군기지인 오키나와를 계속 보유할 것이냐, 아니면 미·일 관계 증진을 위해 이를 일본에 반환할 것이냐에 집중되었으나 결국 반환하기로 방침을 정했다. 1961년 케네디 미 대통령은 동(同) 열도가 일본본토의 한 부분이라고 선언하였고[68] 그 후 미·일 간 오키나와를 포함하는 류큐 열도의 반환협상이 개시되었다. 미국정부는 이를 태평양에서 평화의 근간인 미·일 안보동맹 유지에 핵심적 사안으로 인식하였고 1969년 11월 미·일 양국은 1972년 부로 반환하기로 최종 합의하였다.

그러자 대만과 중국도 류큐 열도에 대한 영유권을 주장하고 나섰다. 특히 1968년 UN 아시아개발위원회의 에너지탐사 결과, 동중국해에 세계 최대 매장량의 석유자원이 부존되어 있을 가능성이 높다고 예측된 이후, 미국 내 대만, 중국교민들이 류큐 열도를 일본으로 반환하는 것을 반대하며 대규모 시위를 벌였다. 1970년 9월 주미(駐美) 대만대사는 반대서한을 미국정부에 제출하였고 3개월 후 중국도 신화통신(新華通訊) 성명으로 동(同) 도서가 대만, 즉 중국에 속한다고 주장하였다.

한편, 미국은 류큐 열도 반환 문제가 당시 막 시작한 미·중 데탕트에 부정적 영향을 줄까 우려하였다. 미국 내에서 심지어 영유권 문제가 해결될 때까지 미국이 행정권을 유지하자는 주장도 출현하였다. 1971년 7월 키신저가 중국을 방문했을 때, 베트남 전쟁을 종식할 수 있는 여건 조성에는 중국과 원칙적으로 합의했으나 이 문제에 대해선 전혀 언급하지 않았다. 1971년 6월 닉슨 대통령은 영유권 문제를 언급하지 않는 가운데 류큐 열도를 일본에 반환하기로 최종 결정하였다. 미국은 '반환으로 영유

---

68) 케네디 대통령은 당시 오키나와가 포함된 류큐 열도의 반환 없이는 미·일 안보조약의 갱신을 기대할 수 없다고 판단하였고 일본이 동(同) 제도를 환수한 후에도 핵무기 반입을 포함, 미국의 오키나와 기지 사용에 있어서 최대한의 신축성을 부여할 것이라 기대하였다. 또 당시 일본 내 부상하는 민족주의와 반미(反美) 정서를 회유(懷柔)할 필요도 있었다.

권에 대한 판단을 하는 것은 아니고 이는 관련당사국이 해결해야 할 일'이라는 공식 입장을 표명했다. 다시 말해 미국이 일본으로부터 행정권한을 접수하였으므로 '행정권은 반환하되, 영유권 문제에 대해서는 중립을 견지'하는 방식이 미국의 공식입장이 되었다.

1972년 5월 15일 일본은 오키나와/류큐 열도에 대한 주권을 회복하고, 센카쿠 열도의 행정권(administrative control)도 환수했다. 미국은 오키나와를 반환한 후에도 대규모 군사시설과 43,000명의 미군을 계속 주둔할 수 있게 되었다. 다만, 미국은 향후 B−52 폭격기와 같은 전략적 자산은 일본정부와의 협의 하에 배치하기로 하였다.[69]

(2) 왜 미국은 그렇게 정책결정을 했을까?

미국은 장차 안정적인 서태평양의 안보환경 조성이라는 전략적 시각에서 정책을 결정하였다. 미국은 류큐 열도에 대한 행정권한을 일본으로부터 획득했기 때문에 류큐 열도와 함께 센카쿠 도서를 일본에 반환할 수밖에 없었다. 반환은 미·일 동맹을 강화하고 일본으로 하여금 아시아에서 보다 많은 안보역할을 하도록 진작시키는 계기로 인식되었다. 1968년 대통령 후보였던 닉슨은 일본정부가 아시아에서 보다 많은 리더십 역할을 하는 조건으로, 오키나와를 일본에 반환하겠다는 개인적 의지를 표명하였다. 결국 1969년 5월 미 국가안보결정메모(National Security Decision Memorandum: NSDM) 13은 미국이 오키나와에서 핵무기를 유지하기를 기대하지만, 최종협상 과정에서 다른 조건이 만족된다면 미국이 핵무기의 비상 저장 및 이송 권한(emergency storage and transit rights)은 보유하되, 핵무기는 철수한다는 기(既)계획대로 1972년까지 오키나와를 일본에 반환한다고 명시하였다.[70]

한편, 미국은 오키나와를 일본에 반환하면서 주권문제는 뒤로 미뤘다. 무엇보다도 중국과의 관계정상화 필요성이 컸기 때문이었다. 미국은 주권문제에 대해 일본을 지지하지 않고, 소련의 힘과 영향력을 상쇄하는 예비세력으로서 중국에게 추파를 던

69) Tillman Durdin, "Okinawa Islands Returned by US to Japanese Rule," *The New York Times*, May 15, 1972, p. 1.
70) National Security Decision Memorandum 13, Washington, May 28, 1969. *Foreign Relations of the United States, 1969−1976*, Volume XIX, Part 2, Japan, 1969−1972, p. 53.

진 셈이었다. 결국 미국 정부는 미·일 동맹 간의 긴장관계는 감수하면서 일본정부가 주일(駐日) 군사기지를 미국에게 계속 사용하도록 보장하는 메커니즘의 일환으로 영유권 문제는 의도적으로 미해결한 채 행정권만 일본에 반환한 것이다. 일본은 미국의 '중립 입장'에 반대를 표명하였고 류큐 열도 관련 영유권 분쟁이 존재하지 않는다는 공식입장을 견지하였다. 미국도 휘발성이 큰 이 문제에 대해 더 이상 언급하지 않았다.

1972년 미국이 오키나와와 류큐 열도를 일본에 반환한 이래 중국·일본 간 도서 영유권 분쟁이 시작되었다. 중·일 수교협상 시 중국은 이 섬들이 명(明)의 영토였다가 대만영토가 된 후 1895년 일본에 병합되었다며 영유권을 주장하였다. 일본은 도서 관련 영유권 분쟁 자체가 존재하지 않는다고 맞섰다. 그러자 중국은 차후 이 문제를 해결하기로 합의 후 영토분쟁 문제를 덮어 두었다고 전해진다.71) 1978년 중·일간의 평화협정 협상과정에서 140여 척의 중국어선이 이 도서해역에 진입하며 중국의 영유권을 주장하였지만, 양국은 현안을 미결 상태로 남겨두고 평화협정을 체결하였다.

(3) 동아시아의 지정학적 환경에 미치는 영향

그 후 중국이 경제성장에 힘입어 해군과 해경의 전력을 증강하면서 영토분쟁은 점점 가열되었다. 특히 중국은 강대국으로 급부상하는 반면, 일본은 경제, 인구, 군사적 균형에서 상대적으로 침체된 가운데 양국 간의 힘의 전이가 발생하면서 센카쿠 열도가 위치한 동중국해가 점점 '경합된 공간'으로 등장하고 이 문제의 중요성은 더욱 가중되었다. 그 후 센카쿠 열도 해역에서 수백 척의 중국어선이 해경 함선의 보호 하에 조업하며 현상변화를 시도하고, 일본은 이를 차단하는 상황이 반복되며 양국의 항공기, 함정 간 오산(誤算)이나 사고로 인한 우발적 무력충돌의 가능성이 상존하는 상황이 계속되고 있다.72)

---

71) 등소평은 '현 세대가 현명하지 못하니 보다 현명한 미래세대가 문제를 해결하도록 하자'고 언급한 것으로 전해지나, 일본은 '이 문제의 해결을 미래로 미룬다는 합의는 없었고 도서분쟁 자체가 존재하지 않는다'는 입장을 고수하고 있다.
72) 2008년 중·일간 동중국해 유류자원의 공동개발이 합의되었으나 2010년 센카쿠 분쟁으로 공동개발은 중단되었다. 2011년 6월 중국해군의 전투함 11척이 오키나와, 미야코 섬 사이를 통과하고 태평양으로 진출하며 제1도련 돌파를 시도하였고 일본은 남서제도(南西諸島)의 경보·감시, 방위태세를 강화하며, '동적방어(dynamic defense)' 교리로 맞대응하였다.

미국으로선 영유권 문제에 대한 중립을 유지하는 가운데 중·일 관계가 무력분쟁으로 발전하지 않도록 관리하는게 중요한 과제로 부상하였다. 이러한 가운데 미국 정부가 센카쿠 열도 문제는 미·일 방위조약 제5조의 적용범위 내에 포함된다고 공식 발표하면서[73] 센카쿠 문제에 미·중 관계도 연루되는 결과를 초래하였다. 미국의 공약은 일본과 중국 간 우발적 무력분쟁을 억제하는데 기여하지만, 무력분쟁이 발생 시 미국은 일본을 지원해야 하는 상황, 즉 '센카쿠 역설(Senkaku paradox)'[74]이 발생한 것이다. 이로 인해 영토분쟁이 다국간 전쟁으로 확전되고 일본이 센카쿠 열도에 대한 실효지배(영유권)를 강화하는 행동을 함으로써 긴장을 더욱 고조시킬 가능성도 존재한다. 이처럼 센카쿠 열도 문제는 지역 내 언제라도 불꽃이 튈 수 있는 요소가 되었다.

여기서 주목해야 할 문제는 센카쿠 사태가 발생했을 시 대만 마잉주(馬英九, 2008. 5~2016. 5 대만총통) 정부가 중국의 입장을 지지한 점이다.[75] 역사적 이유로 대만의 해양 영유권 근원이 중국의 주장이 된 것이다. 당시 미국 오바마 행정부의 아시아·태평양 재(再)균형은 동맹 및 파트너와의 밀접한 협력 및 조율을 전제로 했던 것인데 대만이 재(再)균형과 공·해전투(AirSEa Battle) 개념에서 제외될 수도 있는 상황이 발생한 것이다. 현재 대만이 중국과 대립각을 세우고 있지만, 동·남중국해에서의 영토나 해양영역과 관련된 문제에는 여전히 중국과 같은 입장을 견지하고 있다. 이는 동아시아의 안보상황이 얼마나 복잡한 문제인가를 대변하고 또 국제정치에서 때로는 피가 물보다 진하다는 것을 보여주는 사례이기도 하다.

반면에 중국은 센카쿠 열도와 Scarborough Shoal 사건을 통해 다음 두 가지 교훈을 얻은 듯하다.[76] 첫째, 중국은 오바마 행정부의 아·태지역 재균형 전략에 대응

---

73) 2010년 10월 미국 동아·태 차관보 캠벨(Kurt Campbell)은 센카쿠가 일본 시정권한(통치지역에 대하여 입법, 사법, 행정의 삼권을 행사하는 권한)이 미치는 영역으로 1960년 미·일 안보조약 제5조의 적용을 받는다고 언급하였다.

74) Michael E. O'Hanlon, *The Senkaku Paradox: Risking Great Power War Over Small Stakes* (Washington, DC: Brookings Institution Press, 2019).

75) 마잉주 총통은 2008년부터 중국과 적극적인 협력정책을 추구하였고 중국이 동·남중국해에서 주변국들과 해양관련 분쟁에 연루되었을 때 대체로 중국의 입장을 두둔하였다. 이는 미국의 재균형 정책에도 부정적인 영향을 미치는 것으로 인식되었다. Robert G. Sutter, et al., "Balancing Acts: The U.S. Rebalance and Asia−Pacific Stability," Sigur Center for Asian Studies, George Washington University, August 2013, p. 21.

76) Ryan Martinson and Katsuya Yamamoto, "Three PLAN Officers May Have Just Revealed What China Wants in the South China Sea," *The National Interest*, July 9, 2017.

하여 적극적 대외정책을 추진함으로써 미국 중심의 동맹체계를 흔들고 중국이 목표로 하는 궁극적 승리가 달성 가능하다는 자신감을 얻었다. 둘째, 이를 토대로 중국은 향후 필요시 지역 내에서 위기상황을 의도적으로 만들어 이를 교묘하게 이용하며 중국의 이익을 보호하는 공세적 대외정책을 취하게 된다. 특히 중국은 위기상황에서 미국의 동맹국을 희생시켜 교훈을 가르치고 다른 국가들이 공모(共謀)하지 못하도록 한다는 '살계해후(杀鸡骇猴)'의 가치를 깨달은 것이다.

현재 센카쿠 열도는 중·일 관계에서 가장 휘발성이 높은 무력분쟁 요소이다.[77] 미국은 중국이 이곳을 무력 침공할 시 미·일 안보조약 제5조의 발동 요건에 해당한다고 밝혔으나 일본은 이 공약을 100%까지는 신뢰하지 않고 있다. 일본은 무력분쟁 발생 시 일본의 기대대로 미국이 군사지원을 실행할지 여부에는 의문의 여지가 있다고 인식하고 있다. 미국은 일본과 공동순찰, 항모 외교까지 실행하고 실제전투에는 불참할 가능성도 있다. 2012년 중·필리핀 간 Scarborough Shoal 분쟁에서 미국은 중립을 선언했다. 따라서 일본의 입장에서는 현상유지가 최선의 방책이라는 시각이 많다.

이와 관련 중국전문가 아마코 사토시는 일본의 센카쿠 열도 분쟁대처 원칙으로 다음 네 가지를 제언한다: 첫째, 반드시 미국을 연루(개입)시킨다. 센카쿠 분쟁이 미국은 제3자의 위치가 되고 중·일간의 분쟁이 되면 곤란하다. 미연(未然)에 중국의 무력 행동을 저지하기 위해 미군과 자위대의 방위협력 체제가 구축되어야 한다. 둘째, 중국이 상륙하면 일본은 반드시 이를 구축(驅逐)해야 한다. 중국이 실효지배를 기정사실화 한 후, 미·일이 함께 군사행동에 들어갈 가능성은 적다. 신속 행동개시하여 중국의 상륙행동을 저지하고 도서의 실효지배 체제를 구축하는 것이 가장 중요하다. 섬 일부에 중국 국기가 세워지는 사태가 발생해도 단기간에 강행 돌파하여 상륙한 중국군을 배제하고 원상을 회복해야 한다. 셋째, 미국이나 UN에 먼저 상담하지 않는다. 그러면 센카쿠열도는 영원히 중국령(中國領)이 되어 버린다. 마지막으로 일본은 중국을 먼저 도발하는 행위, 특히 미국 이상으로 중국을 도발하는 행위는 그만 두어야 한다. 그렇지 않으면 미국이 빠진 중·일간의 분쟁이 되고 만다. 즉, 일본이 솔선하여 반(反)중국 포위망 형성을 추진한다는 인상을 줘서는 안 되며 중국과 일본 간의 '양웅

---

77) Robert C. Watts, Ⅳ, "Origins of a "Ragged Edge": U.S. Ambiguity on the Senkakus' Sovereignty," *Naval War College Review*, vol. 72, no. 3, 2019.

(兩雄)병립 관계' 실현을 지양(止揚)해야 한다.[78]

오늘날에도 동(同) 도서 근해에서 다수의 중국어선이 중국 해경(海警)과 함께 활동하며 일본어선의 조업을 오히려 단속하는 추세이다. 중국은 2020년 5월 일본어선에 대한 추적 감시활동을 강화하고, 이 해역에서 조업하는 것을 '불법행위'라고 처음으로 공언하기 시작하였다. 2021년 2월 중국은 「해경법」을 개정하여 중국의 관할해역에서 외국 선박이 위법으로 활동하며, 중국해경의 정선 명령에 따르지 않을 경우, 무기를 사용할 수 있도록 함으로써 센카쿠 열도 주변해역에서 일·중 양국 간의 긴장이 고조되고 우발적 군사충돌의 가능성이 더욱 높아지고 있다.[79]

냉전 기간 중 미국은 소련이라는 주적(主敵)을 봉쇄하기 위해 중국을 끌어들이는 대전략(grand strategy), 즉 개입정책을 추진하였다. 그 결과로 미국이 냉전에서 승리했다. 하지만, 냉전 승리 후 미국은 '제국(帝國, empires)의 무덤'이라고 불리는 중동 아프가니스탄에서 대(對)테러전, 그리고 이라크에서의 지상전에 개입하면서 결국 엄청난 전비(戰費)로 국력을 낭비하며 상대적 쇠퇴의 길로 접어든다.

특히 미국이 중동에서 전쟁의 수렁에 빠져있는 동안, 중국은 지속적으로 경제를 성장시키고 이를 토대로 그동안 지연되었던 군사력의 현대화를 본격적으로 추진할 수 있는 귀중한 시간을 벌게 되었다. 그 결과 2008년 세계금융위기를 기점으로 중국은 경제 초강대국으로 등장하고 정치, 외교, 군사 분야에서의 영향력도 급속도로 확장되기 시작하였다.

그 후 중국은 남중국해에 대한 핵심 이익 선언, 필리핀 Scarborough Shoal 해역 무단 점유 및 센카쿠 열도에 대한 공세적 영유권 주장, 2016 UN 해양법 재판소의 판결 무시, 남중국해 인공도서 건설 및 군사화 등 일방적이고 공세적인 대외정책을 추진하였다. 결국 미국의 힘과 영향력, 특히 미 해군력의 쇠퇴는 중국이 남중국해에서 '모래로 만든 만리장성(a Great Wall of Sand)'[80]을 쌓도록 허용한 것이라 볼 수 있다.

78) 아마코 사토시 지음, 이용빈 옮김, 『중국과 일본의 대립: 시진핑 시대의 중국읽기』(파주: 도서출판 한울, 2014년), 263–4 쪽.
79) "中国の海警局「準軍事組織」に: 新法で位置づけ明確化," 日本經濟新聞, 2021年 1月 22日.

　　문제는 중국의 일방적·공세적 행위에 대해 외부로부터 이렇다 할 저항이 없었고 특히 미국은 중국의 도발행위를 사실상 방치함으로써 자국이 주도하는 세계질서와 군사적 주도권을 흔드는 상황을 자초한 것이다. 이는 오랫동안 미 해군의 함대규모가 축소됨에 따라 대응능력이 부족했기 때문에 발생한 일이다. 중국은 이를 미국의 불가피한 쇠퇴라 인식하고 있다.

　　중국의 팽창적 대외정책이 전혀 도전받지 않고 진행되면 진행될수록 중국의 영향력은 더욱 빠르게 확장하며 지역 안정은 손상되고 힘의 균형이 중국에 유리한 방향으로 기울어질 것이 분명하다. 특히 중국의 A2AD 능력이 빠르게 증강하는 것과는 달리, 미 해군력이 과거에 비해 크게 쇠퇴하는 것으로 인식됨에 따라 지역해양안보 보장자로서 미국의 신뢰성은 더욱 손상되었다. 미국은 이러한 부정적 추세를 중단시킬 새로운 전략과 수단이 필요해지고 이러한 배경에서 오바마 행정부의 아·태지역 재균형 정책과 공해전투(AirSea battle)개념이 출현한다.

---

80) Roger Wicker and Jerry Hendrix, "How to Make the U.S. Navy Great Again," *The National Interest*, April 18, 2018.

제8장

아시아 · 태평양으로의 재균형

2009년 출범한 오바마 행정부는 중국과의 관계를 중시하고 개입정책을 지속 추진하였다. 아·태지역에서 오바마 행정부의 장기적 도전요인은 미·중 관계에서의 마찰을 관리하고 중국의 국제사회로의 통합으로 종전 그대로였다. 중국이 경제대국으로 급부상하는 동시에, 정치·군사적으로 더욱 적극적·공세적인 노선을 추구하자 미국의 패권질서가 흔들리며 아·태지역은 물론, 범세계적 힘의 균형이 미국에 불리하게 변화하는 것처럼 인식되기 시작하였다.

그러자 2012년 1월 미 국방부는 중국의 힘과 영향력을 봉쇄하기 위한 새로운 국방전략지침(DSG: Defense Strategic Guidance)[1]을 발표하며 유럽과 중동 중심의 미 전략의 축(軸)을 아·태지역으로 이동하는 재(再)균형, 즉 'pivot to Asia−Pacific' 정책을 선언하였다. 중국의 군사적 영향력과 A2/AD 전략을 극복하는 미군의 작전개념으로 '공·해전투(AirSea Battle) 개념'이 출현하였다.

냉전의 종식 후 미국의 군사패권과 동맹 체제, 특히 미·일 동맹체제의 강화는 중국으로 하여금 러시아와의 전략적 연대를 더욱 공고히 하도록 유도한다. 이를 통해

---

1) US DoD, "Sustaining U.S. Global Leadership: Priorities for 21st Century Defense," January 2012. https://archive.defense.gov/news/Defense_Strategic_ Guidance.pdf

무엇보다도 중국은 북방위협을 제거함으로써 미국의 아·태지역 재(再)균형에 맞서는데 필요한 해양 전선(前線)에 국력을 집중할 수 있게 되었다. 한편, 러시아는 2014년 우크라이나 침공이후 미국을 비롯한 서방의 제재에 대항하기 위해서 중국과의 협력이 필요했다.

1. 흔들리는 미국의 패권질서

중국이 센카쿠 열도 사건으로 일본과 심각한 외교적 갈등을 일으키고 필리핀 EEZ 내 Scarborough Shoal을 강점하며 남중국해를 핵심이익으로 선포하는 등 과거와 다른 공세적이고 적극적인 대외정책을 추진하자 2012년 초 미·중 양국 간의 패권경쟁은 불가피하며 이미 시작되었다는 주장이 나오기 시작하였다. 미국이 중국과의 개입정책을 시작한 지 불과 30년 정도가 지났는데 양국 간 패권 다툼이 언급되기 시작한 것이다. 특히 중국은 급속한 경제발전에 힘입어 지역 안보환경에 지대한 영향을 미칠 수 있는 해군력을 집중 건설하는 동시에, 폭격기와 미사일 전력을 중심으로 하는 '반접근·지역거부(A2AD)' 전력을 증강하면서 이제까지 지역해양안보를 유지해 왔던 미군의 해양통제, 공중우세를 위협하는 요인으로 부상하기 시작하였다.

특히 지역 내 핵심 해상교통로의 안전이 우려되었다. 1992년 중국은 '중국의 영해 및 접속수역에 관한 법'을 제정하여 남중국해 전역을 자국의 영토라고 일방적으로 규정한 이래, 2010년 초부터 남중국해를 '핵심 이익(core interests)'이라고 표현하였다. 이는 남중국해를 방호하기 위해 무력사용도 불사하겠다는 의미였다. 중국해군과 A2AD 능력이 증강되면서 중국은 남중국해 전역을 타국이 건드릴 수 없는 일종의 '출입금지선(a red line)'으로 만들려는 의도였다. 중국이 주도적 해군국가로서 위상을 확보하고 주변의 도련(島鏈)을 통해 A2AD와 같은 차단막(a screen)을 구축하면 주변국들은 중국과의 교역에 의존한 상태에서 미국의 반격능력을 확신하지 못하며 중국이 요구하는 방향으로 정책을 변경할 수밖에 없게 된다.[2]

중국은 자국 EEZ 내에서 외국의 군사활동을 규제할 수 있다는 입장을 견지하였

---

2) Henry A. Kissinger, "The Future of U.S.–Chinese Relations: Conflict Is a Choice, Not a Necessity," *Foreign Affairs*, vol. 91, no. 2 (March/April 2012), p. 45.

다. 이는 사실상 남중국해 전역이 중국의 영해임을 인정하라는 요구였다. 더 나아가 이는 아·태지역 내에서 이루어지는 미국의 군사활동을 압박하고 미국 안보정책결정 자들로 하여금 중국을 의식하여 지역 내 군사작전 수준을 가능한 한 낮추도록 강요하기 위한 전략이었다. 결국 중국의 의도는 서태평양을 주도하는 '중국 중심의 아시아 블록(a Sino-centric Asian bloc)'의 창설로 유도할 것이며 배타적 블록에 의해 미국이 아시아에서 쫓겨나는 것을 의미하는 것으로 해석되었다.3)

반면, 중국은 미국을 상처 입은 초강대국으로 인식하며 특히 중국이 강대국으로 부상하는 것을 방해할 것이라고 보았다. 중국의 입장에서 미국과 협력하는 것은 중국을 무력화하려는 미국의 목표에 기여할 뿐이었다. 한편, 중국은 경제성장에 힘입어 중화 민족주의가 부상하며 지역 내 더 많은 역할을 모색하려 하지만, 이에 대한 지역 내 반발을 어떻게 무마하느냐?가 과제로 대두하였다. 이에 따라 후진타오 주석은 '화평굴기(和平崛起)'를 대외정책의 전면에 내세우게 된다. 여기에서 화평(peace)은 다른 나라의 몫이고 굴기(rise)는 중국의 몫이라는 의미였다.

한편, 역내 국가들이 중국의 부상(浮上)에 대하여 개별적으로 취할 수 있는 대응 방안은 사실상 제한되었다. 중국은 이미 경제·정치적으로 이들이 쉽게 상대할 수 없는 강대국이 되었기 때문이었다. 특히 중국의 거대 경제력은 이미 아시아 시장 대부분을 잠식하였다. 그렇다고 지역국가들은 중국의 조공(朝貢)질서에 포함되는 것도 원치 않았다. 또한 이들은 미국의 대중(對中) 봉쇄정책이나 중국의 자유화를 목표로 하는 개입정책의 한 지원요소로 인식되는 것도 원하지 않았다. 그들은 미·중과 좋은 관계를 갖기를 희망하나 양국 중 하나를 선택하는 것에는 저항하였다. 결국 지역 내에 경제는 중국에 의존하되, 안보는 미국에 기대는 형태의 2중적인 지역질서가 구축되기 시작하였다.4)

2008년 금융위기에서 노출되었듯이 미국은 상대적 국력 쇠퇴로 인해 제2차 세계 대전 종전 이후 지속되어온 경제, 금융, 군사 분야에서의 패권적 영향력을 더 이상 행사하기가 곤란하다고 인식되었다. 특히 중동 대(對)테러전에 빠져 있는 미국이 부상(浮上) 중인 중국의 힘과 영향력에 맞서기에는 위험이 너무 크고 미·중간 무력분쟁이

---

3) Kissinger, 상게서, p. 45.
4) G. John Ikenberry, "Between the Eagle and the Dragon: America, China, and Middle State Strategies in East Asia," *Political Science Quarterly*, vol. 20, no. 20, 2015.

발생하면 어느 쪽도 승자가 될 수 없는 상황이라면서 미국의 지역 안보역할에 대한 의구심은 가중되었다.

  동아시아에서 중국의 영향력이 군사, 외교 분야까지 확대되면서 결국 미국은 중국의 힘과 영향력을 봉쇄하거나, 아니면 중국에 일종의 영향권(a sphere of influence)을 양보해야 하는 상황으로 발전하였다. 이와 관련, 2012년 키신저(Henry A. Kissinger)는 '현 상황이 요구하는 것은 미국의 가치를 포기하는 것이 아니고 실현 가능한 것과 절대적인 것을 분별하는 것이며 미·중 관계는 영합게임(zero-sum game)으로 간주되어선 안 되고 번영하고 강력한 중국의 출현은 미국의 전략적 패배(an American strategic defeat)로 여겨질 수 없고 향후 미국과 중국은 불가피하게 서로를 지속되는 현실(enduring realities)로 여겨야 될 것'5)이라면서 새로운 미국의 안보정책이 지향해야 할 방향으로 다음을 제안했다:

  미국은 약 60년 동안 핵전쟁의 참화(慘禍)를 예방하기 위해 미 지상군에 의한 국지적 지역방어에 의존했다. 하지만, 이제 미국은 재정적 고려로 영토방위에서 잠재적 침략자가 도발할 때 감수하지 못할 보복위협을 실행하는 것으로 전환하였고 이는 중국 주변을 둘러싸는 기지(基地)보다 신속개입 및 세계적 작전범위를 갖는 군사력을 요구한다 … 미국정부가 절대 해서는 안 될 일은 예산 제한에 처한 국방정책을 무제한적인 이념적 목적에 기반한 외교와 조합하는 일이다. 미·중은 평화로운 경쟁의 한계가 정해지는 영역을 함께 정의해야 한다. 이것이 현명하게 수행되면 양국 간 군사대립과 지배는 예방될 수 있고, 그렇지 못하면, 긴장의 확산은 불가피하다.6)

  결국 이러한 상황에서 오바마 행정부는 대외정책의 대전략(grand strategy)으로 '아·태지역으로의 재균형'을 추진한다.7) 중국은 이에 대해 '중국을 봉쇄하기 위한 냉전 스타일의 음모'라고 비난하며 강력하게 저항한다.8)

---

5) Kissinger, "The Future of U.S.-Chinese Relations: Conflict Is a Choice, Not a Necessity," 전게서, p. 50.
6) Kissinger, 상게서, pp. 51-52.
7) Robert G. Sutter, et al., "Balancing Acts: The U.S. Rebalance and Asia-Pacific Stability," *Elliott School of International Affairs*, George Washington University, August 2013, p. 55.
8) Sutter, et al, 상게서, p. 3.

2. 아시아·태평양으로의 재균형

2011년 11월 오바마 대통령은 호주를 방문하면서 아·태지역에서 미국의 역할을 확대하고 강화하겠다는 소위 아시아·태평양 재균형(pivot 또는 rebalance) 정책을 발표 하였다. 미국은 아·태지역을 자국의 지정학적 중심(重心)으로 간주하며 경제, 외교 및 군사적 전략태세를 강화하는 한편, 중국의 증가하는 공세적 대외정책에 대응하여 동 맹 및 파트너와의 방위협력을 강화하겠다는 것이 그 요지(要旨)였다. 그 후 재균형 정 책은 미국 대외정책의 상징이 되었다.

2012년 1월 미 국방부는 새로운 국방전략지침(DSG: Defense Strategic Guidance) '미국의 세계적 리더십의 지속: 21세기 국방을 위한 우선순위'를 발표하였다.[9] 이 전 략은 부상하는 중국의 영향력에 균형을 맞추기 위해 미 대외정책, 군사정책의 중심 (重心)이 아·태지역으로 전환되며 미국의 전략 및 우선순위도 이에 맞게 조정되어야 한다는 의미였다. DSG는 이후 계획된 미국의 국방예산이 감축되더라도 동(同) 지역 에서의 군사태세는 영향을 받지 않으며 미 해군 전력의 60%를 아·태지역에 배치하 기로 결정하였다. 그 대신 육군과 해병대 전력은 감축하여 보다 소형, 탄력적이고 신 속하게 동원 가능한 전력구조로 전환하는 동시에, 특수전력과 정보·정찰·감시(ISR), 무인체계 및 사이버 능력과 같은 새로운 기술 및 첨단능력을 구축한다고 DSG는 명 시하였다.[10]

그러나 군사 분야에서의 재균형 정책은 정책목표 그 자체보다는 수단의 변화였 다. 중동과 남아시아에서의 '지상군 중심의 테러와의 전쟁'으로부터 중국의 A2AD와 같은 비대칭 수단에 의해 항행의 자유 및 미군의 접근이 위협받는 아·태지역 내 새 로운 정세에 부합된 전반적인 군사 대비태세의 보강이었다. 즉, 어떤 능력을 새로 개 발하고, 어떻게 현존전력을 조정 배치하여 역내 군사력 균형을 미국에게 유리한 상태 로 회복, 유지해 나갈 것인가? 가 관건이었다.

---

9) US DoD, Sustaining U.S. Global Leadership: Priorities for 21st Century Defense, January 2012.

10) Catherine Dale and Pat Towell, "In Brief: Assessing the January 2012 Defense Strategic Guidance (DSG)," *Congressional Research Service*, August 13, 2013.

이를 위해 미국은 무엇보다도 압도적인 전력투사 능력을 보유해야 하며[11] 특히 장거리 타격체계와 같은 첨단 군사기술의 우위(優位) 유지가 미국에게 가장 중요하다고 인식되었다.[12] 무엇보다도 해·공군의 전력투사 임무가 중요해진 것이다. 이에 따라 미 해군은 버지니아급 공격 핵잠수함에 장거리 타격능력을 부여하는 방안을 강구하였으며, 항공모함에 탑재하여 장거리 ISR 및 타격임무를 수행하는 무인 전투항공체계(N-UCAS: Naval Unmanned Combat Aerial System)[13]를 개발하기로 했다. 미 공군도 생존성이 강화된 새로운 장거리 정찰·폭격기를 전개하는 방안을 검토하고 해군과 함께 합동 순항미사일의 개발에 착수했다.[14]

특히 미 해군은 현존 전력의 조정 배치도 활발하게 추진하였다. 먼저 LA급(SSN-688) 핵잠수함 3척이 하와이에서 괌으로 전진 배치되었다. 미 해군 내 최대 규모 중무장 Seawolf(SSN-21)급 핵잠수함 3척 전부와 특수전 능력을 추가시킨 개조 트라이덴트(SSGN) 핵잠수함 2척도 태평양함대에 배치되었다. 또한 탄도미사일방어(BMD) 능력을 보유한 거의 모든 이지스 순양함 및 구축함이 태평양으로 전개되었고 이 중 일부가 일본 요코스카와 하와이로 전진 배치되었다. 연안전투함(LCS)의 싱가포르 순환 전개도 결정되었다. 그 결과, 2010년 9월 미 해군은 보유 중인 항모 11척 중 6척, 잠수함 전력의 58%, 수상전투함 총 318척 중 181척(58%)을 아·태지역에 배치하게 되었다.[15]

그러나 재(再)균형 정책에는 두 가지 위험요소가 있었다. 첫째, 미 국방자원이 압박을 받는 환경에서[16] 아·태지역의 중요성이 강조됨으로써 다른 곳에서의 미군의 역량이 감소할 것이었다. 특히 아·태지역 내 군사력 배치를 재조정하고 미 해군의

11) US DoD, *Quadrennial Defense Review Report, February 2010*, p. 60.
12) Wendell Minnick, "China Ramps up Missile Threat with DF-16", *Defense News*, March 21, 2011, p. 12.
13) '미 항모 킬러'라 불리는 중국의 대함 탄도미사일(ASBM)에 대한 대응수단으로 개발하려 했던 항모탑재용 무인기 프로그램이나 기술상의 이유로 개발이 중단되었다. Ronald O'Rourke, *China Naval Modernization : Implications for US Navy Capabilities-Background and Issues for Congress*, Congressional Research Service, February 3, 2011, p. 64. Minnick, 상게서, p. 12.
14) US DoD, *Quadrennial Defense Review Report, February 2010*, pp. 31-4.
15) Ronald O'Rourke, *China Naval Modernization*, 전게서, p. 67.
16) 2011년 예산통제법에 의거 2012부터 향후 10년 동안 국방예산의 4,870억 달러를 삭감하는 국방예산강제삭감조치(sequestration)를 시행하였다.

전력감축을 최소화함으로써 국방예산은 더욱 제약될 수밖에 없었다. 둘째, 지역 내 동맹 및 파트너국가들은 아·태지역 재(再)균형을 환영하겠지만, 중국은 이를 자국에 대한 새로운 봉쇄전략으로 인식할 것이었다. 즉, 재균형 정책이 중국 내 강경분자들의 입지를 강화하며 다양한 현안에서 미국과의 협력을 더욱 어렵게 만들 것이란 우려였다. 결국 미국은 중국과의 건설적 개입정책을 계속 추구하는 동시에, 중국의 공세적 대외정책을 억제해야 할 필요성을 인식하였다.

3. 공·해전투 개념의 출현

한편 중국이 장거리 정밀타격 대함(對艦) 미사일을 중심으로 A2AD 전력을 중점적으로 증강하자 이에 대한 대응전략으로 미 국방부는 공·해전투(ASB: AirSea Battle) 개념을 발전시키고 있었다.

가. 등장 배경

미국은 당초 중국이 해군력을 증강하지만, 가까운 미래에 미 해군의 전력투사 능력에 필적할 만한 수준에 도달할 수는 없으며 중국의 A2AD 전략은 지역 내에서 미군의 전력투사 비용을 끌어올려 미군의 개입을 억제하거나, 개입하더라도 그 규모나 수준을 제한하도록 강요하려는 목적이라고 보았다.[17] 즉, 중국이 미군 전력의 자유로운 접근과 개입을 차단하고 행동의 자유를 박탈함으로써 자국의 전략적 방어종심을 확장하려는 의도로 판단되었다. 그리고 경제 규모 제1, 2위인 미국과 중국의 상호의존성을 고려할 때, 양국 간의 직접적 무력충돌 가능성은 그리 높지 않은 것으로 미국은 판단하였다.

---

17) ASB는 원래 공지전투(AirLand Battle) 개념에서 기인한 것으로 2009년 미 해군, 공군에서 중국과 이란을 의미하는 서태평양과 페르시아만의 '비대칭 위협'을 다루는 교리로서 명문화되었다. Andrew F. Krepinevich, *Why AirSea Battle?*, CSBA, 2010, p. 25. Roger Cliff, Mark Burles, Michael Chase, Derek Eaton, Kevin Pollpeter, *Entering the Dragon's Lair*(Santa Monica: RAND Corporation, 2007), p. xviii. Air−Sea Battle Office, *Air−Sea Battle: Service Collaboration to Address Anti−Access & Area Denial Challenges*, May 2013.

그러나 중국의 A2AD 능력과 해군력 증강으로 인해 지역 내 힘의 균형이 점차 변화함으로써 평시 지역국가들의 대외정책은 미국보다는 중국을 의식하는 방향으로 전환될 수 있다는 점이 심각하게 우려되었다. 미국이 중동 테러와의 전쟁에 몰두하여 아·태지역 안보에 관심을 기울이지 못하면서 역내 배치된 미군 전력도 중국의 군사력 증강속도에 맞서지 못하자, 미국은 '종이호랑이'[18]이며 미국의 방위공약이 약화되고 있다는 인식이 확산되었다. 즉, 중국의 A2AD 능력과 해군력 증강이 이제까지 미국 중심의 해양동맹 체제의 해체와 약화를 목표로 하는 중국의 장기전략 포석이라고 재해석된 것이다.

따라서 미국은 중국의 A2AD에 맞설 수 있는 신뢰할 만한 능력을 과시하여 서태평양에서 안정된 군사력 균형을 회복하고, 미국에 도전하려는 경향을 억제하며 군사적 충돌 가능성을 낮출 수 있는 전략적 처방이 필요해졌다. 이를 통해 미국이 지역안보 및 동맹과의 방위공약을 준수할 의지·능력이 확고하다는 점을 재(再)확신시키고 중국과의 전쟁은 피하면서도 급신장하는 중국의 군사력을 억제하기 위한 일종의 위험분산(hedging) 전략이 필요해진 것이다.

나. 개념 발전

2009년 9월 미 국방부는 특히 제1도련 내 해역에서 중국과의 잠재적 충돌에 공해전투(ASB) 개념을 적용하기 위한 교리발전 연구에 착수하였다. 먼저 다음과 같은 시나리오가 상정되었던 것으로 전해진다.[19] 2028년경 중국은 현대화된 항공기, 함정, 잠수함으로 구성된 반(反)접근 전투플랫폼, 우주 통제능력, 다양한 탄도·순항미사일 등 막강한 거부능력을 보유하여 미국을 서태평양에서 몰아내기 위한 책략을 추진한다. 먼저 중국은 아·태지역 내 미 해·공군 기지에 대해 미사일로 선제 기습공격을 시도한다. 당연히 한국과 일본 내 미군기지도 중국으로부터의 초전 기습공격을 받는다.

중국 전략의 핵심은 초전에 미군 전력에 상당한 피해를 입히고 미군의 작전템포

---

18) 마이클 맥데빗, "중국의 해군력 증강과 동아시아에서 미 해군의 전략적 함의," 한국해양전략연구소 편, 『중국 해군의 증강과 한·미 해군협력』 (서울, 한국해양전략연구소, 2009년), 134쪽.
19) Richard Halloran, "AirSea Battle", *Air Force Magazine*, August 2010, pp. 44−8.

를 지연시키면서 미국이 동맹들을 방어할 만한 능력이 없음을 역내 국가들에 부각시키는 것이다. 만약 초전 목표가 달성되면, 중국은 전략적 수세로 전환하여 미국이 초전상황을 기정사실(a fait accompli)로 받아들일 때까지 미 증원전력의 전구(戰區) 접근을 거부할 것이다.

이에 대한 미군의 대응 시나리오는 초전에 증강된 대(對)탄도미사일 방어(BMD) 능력을 이용하여 중국의 미사일 기습공격을 감당해 내고 우군피해를 감소시킨다. 이를 위해 초전기습 피해를 최소화할 수 있는 대공 무기체계를 정비하는 동시에, 전자전 및 사이버전 등 다양한 방책도 운용한다. 이후 미국은 성능이 우수한 항공기, 함정, 잠수함 및 전투원들의 월등한 전기(戰技)로 전(全) 전장영역에서 주도권을 회복한다. 미국과 동맹들은 중국의 정찰기, 감시위성, 장거리 초수평선 레이더 등 중국군의 눈과 귀 역할을 하는 기지들을 무력화하기 위한 전면 반격에 나선다. B−52 폭격기나 오하이오(Ohio)급 핵잠수함도 중국의 주요 기지를 무력화할 것이다. 본토로부터 증원전력들이 투입되면서 분쟁은 지연전의 양상을 띤다. 동·남중국해와 말라카해협 등 주요 해협에서 미국 주도의 연합전력은 중국에 대한 장거리 봉쇄를 실시한다.

다. CSBA의 ASB 개념

2010년 5월 워싱턴 소재 전략예산평가센터(CSBA: Center for Strategic and Budgetary Assessments)는 "공해전투: 하나의 출발점으로서 작전개념(AirSea Battle: A Point−of−Departure Operational Concept)"을 발표하였다.[20] CSBA는 ASB 개념이 중국군과의 전쟁(war) 개념이 아니며 중국의 A2AD 위협이 증가함에 따라 이를 상쇄하기 위한 전략의 일환으로[21] 미국의 전력투사 능력을 어떻게 보존할 수 있는지, 즉 서태평양 지역 전체에서 안정적이고 유리한 재래식 군사력 균형을 유지하기 위해 작전적 수준에서 여건을 조성하는 데 도움이 되는 새로운 작전개념으로서 두 단계(stages)로 이루어졌다며 다음과 같이 소개하였다:[22]

---

20) Jan van Tol, Mark Gunzinger, Andrew F. Krepinevich, Jim Thomas, "AirSea Battle: A Point−of−Departure Operational Concept," Center for Strategic and Budgetary Assessments, May 2010.

21) Jan van Tol, et al., 상게서, p. 9.

22) Jan van Tol, et al., 상게서, p. 53. 또 정호섭, "反접근·지역거부 對 공·해전투 개념: 미·중

첫째 단계는 적(敵)의 적대행위로 시작되며 4개의 뚜렷한 작전선(lines of operation)으로 구성된다. 즉, 1) 초기 적(敵) 공격을 감내하고 미군 및 연합군과 기지에 대한 피해를 제한한다. 2) 중국군 전투네트워크에 대한 맹목(盲目) 작전(blinding campaign)을 실행한다. 3) 중국군 장거리 정보정찰감시(ISR) 및 강습 체계에 대한 진압(鎮壓) 작전(a suppression campaign)을 실행한다. 4) 공중, 바다, 우주 및 사이버 영역에서 주도권을 장악하고 유지한다.

두 번째 단계는 유리한 조건으로 장기적 재래식 갈등을 해결하는 방책을 만들어 미국의 전략을 뒷받침하기 위한 다양한 작전으로서, 1) 다양한 영역에서 주도권을 유지하고 활용하는 것을 포함하는 장기(長期) 캠페인을 실행한다. 2) 원거리 봉쇄(distant blockade) 작전을 수행한다. 3) 작전적 군수를 지속 지원한다. 4) 산업 생산(특히 정밀유도 탄약)을 증가시킨다.

공해전투개념23)

결국, ASB 개념은 해·공군의 첨단 네트워크화된 통합 종심공격(networked, integrated attack-in-depth)을 실시함으로써 필요한 장소에서 적(敵) A2/AD 능력을 교란(Disrupt), 파괴(Destroy), 타도(Defeat)하는 NIA/D3 개념이었다. 따라서 ASB는 중국

패권경쟁의 서막?," 『Strategy 21』, vol. 14, no.2 (2011년 겨울), 5-32쪽 참고.
23) "What is Air-Sea Battle?," *The Washington Post*, August 1, 2012.

의 증대하는 A2AD 위협에 맞서 태평양의 '거리의 전횡(tyranny of distance)'을 극복하고 미군의 전진기지와 전력투사 능력을 보전(保全)하여 군사력 균형을 유리하게 유지하기 위해 군사 분야에서의 혁신(RMA: revolution in military affairs)에 입각한 정밀유도포탄(PGM), 지휘·통제·통신·컴퓨터·정보정찰감시(C4ISR) 수단 등을 중점적으로 활용하는 개념이라 볼 수 있다.

라. 개념 평가

먼저 전략적 수준에서 ASB 개념은 해양·공중전구(戰區)인 서태평양에서 미국의 군사주도권을 계속 유지하고 미 해군에 의해 유지되어온 해양통제를 계속 행사하려는 것이 목적이었다. 이를 통해 중국과의 군사분쟁 가능성을 낮추어 지역 내 평화와 협력을 증진하고, 억제 실패 시 군사적 대응능력을 확보하고 지역에 대한 방위공약을 준수할 수 있는 미국의 힘과 의지를 재(再)확신하려는 것이었다. 따라서 ASB 개념은 억제와 재확신 전략이었다고 평가할 수 있다.

한편, 작전적 수준에서 ASB 개념은 중국의 A2/AD 네트워크의 핵심요소를 제거하기 위해 통합 운용되는 해·공군력으로 중국의 공역을 침투, 공격하는 해·공 합동작전 개념이었다. 또한 이는 유사 시 중국내륙의 지휘통제 및 정보통신(C4ISR) 핵심노드를 신속 타격함으로써 중국이 장거리정밀유도 전력을 운용하지 못하도록 하는 일종의 '마비전' 개념이었다. 2009년 당시만 해도 미군이 중국군에 비해 압도적인 해양통제, 공중통제 속에 군사기술의 확실한 우위를 유지하는 상황이었기에 이 같은 작전개념의 구현이 가능하다고 판단된 것으로 보인다.

결국 ASB 개념은 해양·공중전구(a naval and air theater) 아·태지역에서 중국의 반(反)접근·지역거부 도전에 맞서 이 지역으로의 접근을 보장하려는 미·중간의 역량경쟁, 또는 상쇄능력 경쟁(war about countervailing power), 즉 본격적인 미·중 패권경쟁의 서막으로 볼 수 있다.

마. 비판

그러나 미국의 아·태지역으로의 재균형 정책과 공해전투 개념에 대한 비판의 목소리도 상당히 많았다.

(1) 유명무실한 재균형 정책

먼저 오바마 대통령의 재균형 정책이 중동에서의 대(對)테러 전쟁이라는 개입에서 벗어나 21세기 세계경제의 중심지인 아·태지역으로의 균형을 다시 맞추려는 의도에서 추진되었다. 하지만, 이 정책이 현실적으로는 다른 부분에서 심각한 부작용을 일으켰다는 지적이 있었다. 예를 들어 미 육군 법무장교 John Ford는 다음 네 가지를 지적한다.[24]

첫째, 재균형 정책은 미국의 외교정책이 이전에 아·태지역을 소홀히 했다는 것을 가정하는데 과거 부시 행정부의 아시아 정책이 소홀하기는커녕, 오히려 성공적이었다는 지적이다. 즉 부시 행정부는 중국, 대만 간의 긴장을 낮은 수준으로 유지했고 호주, 한국, 싱가포르 등과 자유무역협정(Free Trade Agreement)을 체결하였고 환태평양 경제동반자협정(TPP: Trans-Pacific Partnership)의 협상에 참여했으며 인도와 민간 핵 협정을 체결하고 아프가니스탄을 다루기 위해 파키스탄과 파트너십을 구축했다는 것이다.

둘째, 재균형이 가장 잘못한 부분은 불필요하게 군사 분야를 너무 강조함으로써 중국의 반발을 유도했다는 점이다. 아·태지역이 세계경제의 중심(重心)이 되고 있었기 때문에 다른 지역보다 더 중요하다는 것이 재균형의 전제(前提)였으면, 군사대응이 아니라 경제대응이 더 요구되었다. 그런데 미국이 ASB 개념을 논의하자 중국은 재균형 정책은 자국에 적대적인 의도를 가진 군사적 봉쇄전략으로 인식하게 되었다. 특히 미국은 TPP를 추진하면서 중국은 배제한 채, 중국이 추진하던 아시아 인프라투자은행(AIIB)에 미국이 가입할 것을 제안하자 이를 거절함으로써 상호협력의 기회를 스스로 놓치는 전략적 우(愚)를 범했다는 지적이다. 결국 미 국방부의 ASB 개념은 중국과의 건설적 개입정책에 거의 도움이 되지 못하였다는 의미이다.

셋째, 재균형 정책은 유럽과 중동상황을 더 악화시키는 결과를 가져왔다. 유럽에서 러시아가 우크라이나를 침공하는 모험주의가 발생했고, 발트 해 국가에 대한 러시아의 위협이 증가하였으며, 폴란드와 헝가리에서 민주주의의 침식이 뒤따랐다. 그리고 미

---

24) John Ford, "The Pivot to Asia Was Obama's Biggest Mistake," *The Diplomat*, January 21, 2017.

국이 중동에서 철수한 후, 시리아 내전으로 1,100만 명이 이주하는 난민 위기가 발생했고, 이란의 영향력이 지역 전체로 확대되면서 걸프 동맹국과의 관계가 악화되었다.

마지막으로 재균형 정책은 아·태지역에서도 좋은 결과를 내지 못했다. 재균형은 중국의 부상을 봉쇄하지 못했다. 오히려 중국은 남중국해와 센카쿠 열도에 대한 영유권 주장을 압박하면서 더욱 공격적으로 변했다. 또한 중국은 미국과의 군사력 격차를 계속 좁혀갔다. TPP는 미국에서 추동력을 상실한 반면, 중국은 지역 내 주요국들과 무역협정을 추진하며 중국경제는 계속 성장하였다. 결국 재균형 정책은 아시아에서도 요망효과를 달성하지 못했고, 유럽과 중동에서는 문제가 오히려 악화되면서 모든 면에서 실패했다는 비판이었다.

그 외에도 오바마 행정부의 재균형 정책은 다음 두 가지 이유로 목표달성이 곤란하였다. 첫째, 재균형 정책은 미국 스스로의 노력뿐만 아니라 지역 내 동맹 및 파트너와의 공조된 노력과 협조에 의존했다. 그런데 지역국가들은 미국뿐 아니라 중국과 상호의존 관계를 형성하고 있었다. 이들은 중국을 견제하기 보다는 오히려 미·중 갈등에 연루되지 않으려 더욱 신중하게 처신하였다. 둘째, 2013년 3월 미 연방정부의 국방예산 강제삭감(Sequestration)이 발동되면서 국방예산은 더욱 제한되어 아시아로의 군사개입을 강화하는 재균형 정책의 실현은 거의 불가능해졌다. 특히 미국이 중동에서의 대(對)테러 전쟁에 여전히 연루되는 가운데 재균형 정책은 유명무실한 정책이 될 수밖에 없었다.

(2) 전략의 정반대(antithesis)로서 ASB 개념

한편 아·태지역 재균형을 군사적으로 지원하는 ASB 개념은 '너무 도발적'이라는 비판에 직면했다. 즉, 분쟁 초기부터 중국 본토에 있는 핵심 C4ISR 노드에 대한 맹목 타격을 시행할 경우, 위기가 급격히 격상되고 자칫하면 핵전쟁으로 비화(飛花)될 위험성이 있다는 지적이었다. 특히 미국이 이런 위험부담을 안고 있다는 점을 중국이 인식할 경우, 중국의 무력도발에 대한 억제력은 오히려 약화될 우려가 있었다. 다시 말해 ASB 개념은 중국과의 일전(一戰, 즉 battle)을 위한 너무 직선적인 작전개념이자 중국을 봉쇄하려는 공격적 의도로서, 억제에 필요한 투명성이 부족하다는 의미였다.

특히 핵무장국인 중국과의 분쟁이전 단계, 억제, 또는 동맹형성 등 대중(對中) 군사전략의 발전이 선행된 후에야 비로소 이러한 전승(戰勝)을 위한 작전개념이 의미 있게 된다는 지적도 받았다. 그러다보니 ASB 개념이 부상 중인 중국의 영향력에 대한 재균형 정책을 지원하여 실제로 어떻게 적용되어야 하는지?에 대한 아이디어가 부재하다고 지적되었다. 그 결과, ASB 개념은 전략이 아니고 중동 대(對)테러 전쟁에 참전함으로써 육군, 해병대에 주로 할당했던 미 국방예산을 과감하게 삭감해야 한다는 편성지침에 불과한 것이라고 호된 비판을 받았다.

또한, ASB는 중국의 A2AD 위협에 대해 주로 해·공군의 합동작전으로 대응하는 교리였다. 그러나 이는 과거 태평양전쟁 중 과달카날 전역(The Guadalcanal campaign)에서 육·해·공군, 해병대 등 모든 군(services)이 전(全) 작전영역(operational domains)에 걸쳐서 조율하며 동시화된 후에야 전장(戰場)을 지배할 수 있었다는 역사적 교훈을 망각하고 있다는 비판도 제기되었다. 해·공군만이 아니라 육군과 해병대도 참가하여 전군 간의 완전한 상호의존성에 기반한 작전교리가 되어야 한다는 지적이었다. 더군다나 중국의 A2AD 능력 하에 미 항공모함의 운용이 자유롭지 못하게 될 것으로 예상되면서 지상 기반 항공기가 해역통제 측면에서 더욱 지속적이고 일관된 지원을 할 수 있고 동(同) 지역의 수많은 도서의 존재로 지상군이나 해병 원정군이 해·공군의 작전을 보강하는 전진기지(forward bases)를 확보하며 ASB을 더욱 촉진시킬 수 있다는 제언도 있었다.[25] 이는 결국 오늘날 출현하고 있는 미국의 '해양압박 전략'의 핵심적인 개념이었다.

이러한 비판 속에 결국 ASB 개념은 2015년 1월 '국제공역에서의 접근과 기동을 위한 합동개념(JAM-GC: Joint Concept for Access and Maneuver in the Global Commons)'의 하위개념이 되었다. 향후 ASB는 JAM-GC의 지원개념으로서 적(敵)에 대해 작전적 이득을 얻는데 필요한 다(多)영역(multi-domain) 작전수행 능력에 추가하여 행동의 자유, 즉 국지적 항공우세, 해양우세, 우주 및 사이버 공간에서의 우세를 달성하고 유지하는 통합된 전력개발 개념으로서 초점을 맞추게 되었다. 결국 ASB에 육군, 해병대의 역할을 반영한 것이 JCM-GC라 볼 수 있다.

그 후 중국군의 A2AD 능력과 해군력이 더욱 증강하고 사이버, 우주능력, 대규모 장거리 정밀 대함(對艦) 탄도·순항미사일 능력이 계속 발전되면서 더 이상 미군의 해

---

25) Russell A. Belt II, "Air-Sea Battle Concept: Back to the Future?," Master of Military Studies Research Paper, USMC Command and Staff College, Marine Corps University, April 23, 2012.

양·공중통제가 곤란한 딜레마가 발생하게 된다. 이에 따라 거부적 억제전략인 미국의 해양압박 전략이 출현한다(제10장에서 상세 설명). 이 새로운 전략개념도 본질적으로는 JAM-GC의 틀 내에서 중국의 A2AD 능력에 맞서 육·해·공군, 해병대가 서태평양의 제1도련을 중심으로 전자전, 사이버전 능력을 구비한 장거리 정밀 타격(미사일) 네트워크를 구축하고 해병대와 육군은 중국 연안으로 침투하여 해·공군의 ASB 개념을 지원하는 개념이라고 볼 수 있다. 따라서 미국의 ASB는 더 이상 거론되지는 않지만 그 본질적인 개념은 여전히 미국의 대중(對中) 거부적 억제전략 개념으로 살아있다.

바. 제3차 상쇄전략(Third Offset Strategy)

ASB 개념은 미국으로 하여금 제3차 상쇄전략[26]을 추구하도록 유도하였다. 앞서 언급했지만, ASB 개념은 중국 내 종심 깊숙이 은폐되어 있는 중국의 A2AD 핵심 노드, 즉 지휘소, 위성 및 레이다 기지, 통신시설 및 이동미사일 발사체 등을 정밀 타격하는 개념이다. 이를 구현하기 위해서는 원거리에 있는 엄호된 표적을 찾아내고 중국의 공역을 침투하여 넓은 지역에 분산된 이동표적을 식별 후, 정밀 타격하는 능력이 필요하기 때문이었다.

과거에도 미국은 상쇄전략을 두 차례 추진했다. 제1차 상쇄전략은 1950년대 초 냉전초기 아이젠하워 대통령이 New Look Strategy를 통해 동유럽 전선에서 압도적 수적 우위를 차지하던 바르샤바 조약기구(WTO)를 재래식으로 억제하는데 필요한 엄청난 군비(軍備)를 예방하기 위해 당시 미국이 보유한 핵무기의 소형화, 다수화, 장거리 폭격기·미사일 등 운반수단의 우세에 기반한 핵 억제를 강조한 것이었다.

제2차 상쇄전략은 1975~1989년간 미국이 국방예산은 급감하고 미·소간 핵전력이 동등해진 가운데 바르샤바군이 나토군보다 수적으로 3:1로 우세한 상태가 되자, 이를 상쇄하고 유럽에서의 억제를 회복하기 위해 Harold Brown 미(美) 국방장관이 기술적 수단, 즉 정보화 기술과 디지털 마이크로프로세서를 중심으로 한 센서(sensor)

---

26) 여기서 상쇄(offset)란 재래식 억제를 보강하고 확장하기 위해 군사경쟁에서 비대칭적 수단(능력과 새로운 작전·조직개념)으로 자신의 약점을 보상한다는 의미이다. 즉, 과학·기술 분야에서의 우위라는 미국의 장점을 활용하여, 적(敵)이나 잠재적 적국에게 비용을 부과(cost imposition)함으로써 평화를 보전한 채 상대적 우위를 유지하려는 경쟁전략이다.

와 정밀유도포탄(PGM) 차원에서 기술적 우월을 추구한 것이었다. 제2차 상쇄전략의 결과, 핵심 체계로서 B-2, JSTARS, AWACS, F-117 스텔스(stealth) 전투기, GPS, ATACMS 등 PGM을 통합한 전투 네트워크(battle networks)의 초기 단계가 출현하여 1980년대 AirLand Battle 개념의 초석이 되고 훗날 제1차 걸프전에서 미국의 새로운 전쟁방식을 과시하는 군사분야에서의 혁신(RMA) 기반이 되었다.

특히 미국이 지난 10여 년간 중동 아프가니스탄과 이라크에서 지상전을 수행하는 동안 중국과 러시아는 자국의 군사력을 현대화하고 분쟁의 모든 영역에서 미국의 전통적 군사기술의 우위를 위협할 만한 파괴적 무기를 개발, 확산하는 상황이 되었다. 이러한 추세를 차단하려는 노력의 일환으로 2014년 11월 미 국방부는 국방혁신구상(DII: Defense Innovation Initiative)을 발표하였다. 이는 21세기 미국의 군사주도(military dominance)를 유지하고 증진하기 위한 노력으로 핵심은 장거리 연구개발 계획프로그램(Long Range Research and Development Planning Program)이었다. 이 프로그램은 특히 2025-2030년대에 결정적인 영향을 미치는 5개의 핵심 체계개념(system concepts)을 다음과 같이 선정, 제시하였다[27]:

① 무인작전(Unmanned Operations) UAV, UGV, USV, UUV 등 각종 로봇체계, 체계자율성, 소형화
② 확장범위 공중작전(Extended-Range Air Operations): B-1, B-2, B-52 등 장거리 전략폭격기(LRS-B: Long Range Strike Bomber) 비행거리 확장, 공중 급유기, 유·무인 폭격기 등
③ 저(低)탐지 공중작전(Low Observable Air Operations): F-35, F-22 등 저(低)탐지 공중작전 플랫폼 등
④ 수중전(Undersea Warfare): SSBNs, UUV, 대잠전 기술 등
⑤ 복합체계 공학, 통합, 운용(Complex Systems Engineering, Integration, Operations): 이질적, 지리적 분산 플랫폼을 하나의 범세계적 감시-타격 네트워크로 연결하는 능력 등

---

27) Robert Martinage, "Toward A New Offset Strategy: Exploiting U.S. Long-term Advantages to Restore U.S. Global Power Projection Capability," Center for Strategic and Budgetary Assessments (CSBA), 2014, pp. 39-45.

　　이어서 2014년 11월 헤이글(Chuck Hagel) 미 국방장관은 제3차 상쇄전략(The Third Offset Strategy)을 발표하였다.[28] 헤이글 장관은 국방예산의 제약 속에서 미 국방부가 집중 투자해야 할 기술분야로 로봇공학(robotics), 자율체계(autonomous systems), 소형화(miniaturization), 빅 데이터, 3D 프린팅을 포함한 첨단 공법(advanced manufacturing)이라고 제시하였다.

　　그 후 중국·러시아 등 경쟁국이 미국의 네트워크 중심 작전(NCW)에 대항하는 사이버, 전자전 및 對우주 능력을 집중 개발하는 동시에, 공·지·해 영역에서 대규모 장거리 정밀강습 능력 등 핵심 군사분야와 전구급(theater-wide) 전투 네트워크에서 미국과 거의 동등한 수준에 도달하였다. 2016년 Bob Work 미 국방부 획득담당 부장관은 제3차 상쇄전략의 추가요소로서 AI 및 자율성을 강조하며[29] 6개의 목표분야로서 A2/AD, PGM, 수중전, 사이버 및 전자전, 인간-기계 티밍(teaming), 전쟁연습과 신(新) 작전개념 발전을 제시하였다.

　　그는 또 제3차 상쇄전략의 5개 기술-작전구성요소로서 ① Deep-Learning Systems, ② 인간-기계협동(Human-Machine Collaboration), ③ 인간-기계 전투 티밍(Human-Machine Combat Teaming), ④ 지원된 인간작전(Assisted Human Operations) 즉, 착용식 전자기 체계(wearable electronics) 전투 앱(combat apps), 헤드셋 전시기(heads-up displays) 및 exo-skeletons 등, ⑤ 네트워크 지원 자율 사이버 강화무기(Network-Enabled autonomous, Cyber-Hardened Weapons) 등 사이버 안보의 중시 및 지향성 에너지, 전자기적 레일 건(EMRG), 극초음속 무기 등을 선정하였다. 기술뿐만 아니라 전(全)영역, 전(全)플랫폼을 연결하여 센서, C4I, 효과(무장), 군수/지원 그리드(grid)에서 보다 빠르고, 효과적으로 작전하는 작전 및 조직적 구조분야에 대한 혁신도 강조되었다.

　　그러나 문제는 이러한 game-changing 기술의 연구개발을 지원할 수 있는 예산의 확보였다. 특히 미국이 중동 테러 및 지상전쟁에 여전히 개입하며 엄청난 국가 부(富)를 쏟아 붓고 있는 동시에, 의회는 국방예산의 강제삭감(sequestration)을 시행하고 있는 현실에서 미군은 현존 전력의 전비태세를 유지하기에도 벅찬 상태가 계속된다.

---

28) US Secretary of Defense, "Memorandum, Defense innovation Initiative," November 15, 2014.
29) Cheryl Pellerin, "Deputy Secretary: Third Offset Strategy Bolsters America's Military Deterrence," *DoD News*, October 31, 2016.

한편, 미국이 중동에서 대(對)테러 및 지상전의 수렁에 빠져 있는 동안, 중국은 경제·군사대국으로 등장하면서 더욱 공세적이고 일방적인 대외정책을 추진하였다. 그 결과, 미국의 패권질서는 더욱 동요하고 반대로 시진핑 국가주석이 등장하며 중국의 도전은 한층 더 거세지는 상황을 맞게 된다.

4. 미국의 여러 가지 대(大)전략(Grand Strategy) 구상

그런 가운데 미국 내에서 급증하는 중국의 힘과 영향력에 어떻게 대응할 것인가에 대한 여러 가지 전략방안이 제기되었다. 대부분은 국력의 상대적 쇠퇴에 따라 미국은 선택적 긴축주의(selective retrenchment)를 추진해야 한다는 주장이었다. 이제까지 미국이 수행한 세계 경찰관의 임무에서 완전 철수(disengagement)하기 보다는 선택적으로, 보다 덜 대립적인 대중(對中) 정책을 추구하며 중국과의 공존을 모색하고 중국의 정당한 세력권을 인정하자는 등 다양한 시각이 제시되었다. 이 중 다음 세 가지 시각은 미국이 향후 선택할 수 있는 전략대안에 대한 이해를 돕고 미·중간 패권 경쟁의 향방을 예측하는데 도움이 되므로 좀더 자세히 살펴보도록 하자.

가. 연안통제(offshore control) 전략[30]

연안통제(offshore control)는 대중(對中) 원격봉쇄(a distant blockade) 전략이다. 중국과 핵전쟁으로 확전될 가능성이 있는 전쟁보다 경제 소모전을 통해 협상을 강요하고, 현상복귀 등 전략목표를 달성하자는 개념이다. 즉, 미국은 현재 가용한 자원, 수단을 사용하여 동맹·파트너와 협력하여 이들을 보호하면서도 중국의 에너지, 천연자원의 수입과 제조품의 수출을 차단하는, 소위 '말라카 딜레마(Malacca Dilemma)'[31]를

---

30) T. X. Hammes, "Offshore Control: A Proposed Strategy," *Infinity Journal*, vol. 2, no. 2, Spring 2012, pp. 10−14.
31) 한 분석에 따르면 중국이 수입하는 에너지의 약 87%가 말라카 해협을 통과하는데 유사 시 미국이 이곳을 봉쇄하면 중국 GDP의 6.6%(호주 경제규모에 상응)가 감소하고 통상이나 산업의 효율성이 심각하게 저하되는 심각한 타격을 입게 된다. Xunchao Zhang, "A U.S.−China War in Asia: Could America Win by Blockade?," *The National Interest*, November 25, 2014.

이용하자는 전략이다.

연안통제의 요지는 미국을 선택하기로 자원(自願)한 동맹에 대한 방어망을 먼저 구축하고, 그 후 제1도련 내 해양배제구역(a maritime exclusion zone)을 선포하여 중국의 해양·공중영역 사용을 거부(deny)하고 해상교통을 차단하는 원격봉쇄를 시행하며, 제1도련 외곽해역을 미 동맹이 주도함으로써 동맹의 해상교통은 보장하되, 중국의 해상교통은 차단한다는 개념이다. 이를 통해 중국 내 기반체계(infrastructures)에 대한 물리적 공격이나 분쟁의 신속한 확전 없이 중국 경제의 탈진을 통해 미국의 목표대로 분쟁을 종식시킨다는 것이다. 다시 말해, 중국의 자원유입과 수출을 차단하여 중국의 기초경제를 공격하는 아주 공세적인 개념이 연안통제 전략이다.

장점은 투명성과 적절성(feasibility)으로 인해 억제와 확신(assurance)을 증진하고 평시 전역수행에 필요한 미 군사능력의 유지비용을 낮춤으로써 전쟁 억제효과를 제고하며 주(主) 전장을 중국의 모든 자산과 맞서야 하는 중국대륙보다는, 미·동맹측의 통합된 지상·해양·대공(對空) 방어로 전환시켜 유리하다는 점이다. 이를 통해 미국이 중국의 A2/AD 능력을 극복하고 중국을 위험에 처하게 할 수 있음을 중국에게 확신시켜 억제를 증진하고 신속한 확전의 가능성을 낮출 수 있다. 또한 이 전략을 수행하는 동안, 결심 시간대와 공간을 확장(expands decision space and time-lines)함으로써 위기를 점감(漸減, de-escalate)하는 것이 가능하다.

그러나 이 전략이 성공하기 위해서 동맹 및 파트너와의 군사협력이 반드시 필요하며 인도와의 협력은 결정적이다. 그 밖의 동맹의 협조, 특히 일본, 대만, 필리핀 등 제1도련의 도서를 분산된 공중·해양 방어망으로 이용하고 동맹으로 하여금 이 방어망의 일부분으로 기여토록 함으로써 중국연안의 해양·공중영역을 통제하는 것이라 볼 수 있다. 그런데 지역 내 어느 국가가 미국을 선택한 후 이러한 노골적인 반중(反中) 협력에 참여할 수 있을까? 과연 중국은 이를 수수방관할 것인가? 아마 중국은 일본, 필리핀, 대만 등이 미국에 기지 사용을 허용하지 못하도록 협박하거나 이들에 대해 사전(事前) 공중 미사일 공격 또는 봉쇄를 선포할 것으로 예상할 수 있다. 더 나아가 중국은 사이버 공격, 경제보복 등 가용수단을 모두 동원하여 동맹의 참여를 차단할 것이다.

나. 역외균형(Offshore Balancing) 전략[32)]

이는 미국은 유라시아 역외 세력으로 유라시아 대륙별로 전반적인 힘의 균형 (offshore balancing)만 추구하자는 개념이다. 즉, 미국은 주로 역외(바다, offshore)에서 대기하되, 국익에 핵심적인 지역, 즉 유럽, 동아시아, 중동 등에서 패권국이 출현하려 할 때에만 선택적으로 개입하여 힘의 균형을 유지하되, 서반구에서는 패권을 유지하 자는 개념이다.

결국 이는 제1, 2차 세계대전 때 미국이 독일이나 일본과 같은 지역 패권국이 등 장하기까지 기다렸다가 결정적 순간에 참전했던 방식으로 도서대륙 국가로서 미국은 지정학적 핵심이익이 요구하는 대로 유라시아에서 힘의 균형에 따라 군사태세를 적 절하게 조절하고, 지역 내 제일선 방위는 동맹 및 파트너에게 일임(一任)함으로써 패 권적 적대국의 출현을 예방한다는 전략이다. 그렇다고 이 전략이 유일 초강대국으로 서 미국의 지위를 포기하거나 '미국 요새(Fortress America)'를 구축하자는 의미는 아 니다.

현대 지정학자 George Friedman은 제2차 세계대전 종전 이후 미국은 28년간 (30%) 한국전, 월남전, 아프간전쟁 등에 참전하여 9만여 명의 미군이 전사하였고 제1 차 걸프전을 제외하고 거의 모든 전쟁에서 승리하는데 실패하였다고 지적한다. 특히 미국의 핵심 이익 지역 외곽에서 벌어진 한국전과 월남전은 냉전 당시 소련 공산주의 에 대한 '봉쇄전략'을 위해 지역공약의 신뢰성을 과시하는 차원에서 참전(參戰) 그 자 체가 목적이었다. 그 때문에 이기지 않아도 되는 전쟁이었고 그 결과, 신속한 승리는 물론, 종전(終戰)도 달성되지 못했다고 지적한다.[33)] 즉, 제1, 2차 세계대전은 미국에게 는 사활적 이익이 걸린, 도저히 패할 수 없는 전면전으로서 대(大)전략과 연계될 수밖 에 없었으나, 제2차 세계대전 종전 이후 미국이 치른 대부분의 전쟁은 미국 중심의 동맹체제(hub-and-spokes) 유지에 필요한 부차적인 국지전이었다는 의미이다.

역외균형을 주장하는 이들은 미군이 유라시아 주변에서 철수하면 핵 확산이 우

---

32) John J. Mearsheimer and Stephen M. Walt, "The Case for Offshore Balancing: A Superior U.S. Grand Strategy," *Foreign Affairs*, vol. 95, no. 4 (July/August 2016), pp. 70-83.
33) George Friedman, "Obama, Trump and the Wars of Credibility," *Geopolitical Futures*, October 29, 2019.

려된다는 논리도 허구라고 주장한다. 미군이 유라시아 주변에 전방 전개되었어도 인도, 파키스탄, 북한 등으로의 핵 확산을 예방하지 못했고 또한 일국(一國)이 핵무기를 보유했다고 약국(弱國)에서 강국(强國)이 되는 것도 아니고 이들의 핵 공갈·협박이 쉽게 허용되지 않는다는 주장이다. 특히 이들은 미국의 중동 대(對)테러 전쟁(Global War on Terrorism)의 승자는 다름 아닌 중국이라 주장한다. 과거 제1, 2차 세계대전 시, 미국이 가급적 대외전쟁에 불참하고 경제발전에 전념하여 최강국 지위를 획득한 것처럼, 현재 중국도 지난 30년간 동일한 대외정책을 추진하여 오늘날과 같은 경제대국으로 등장, 미국의 패권에 도전하고 있다는 주장이다.

따라서 미국은 해외 군사개입을 과감하게 줄이고, 특히 해외에 미군전력을 지속적으로 전개하기 보다는 오히려 군사력 현대화에 자원을 투자하는 것이 바람직하다는 주장이다. 이런 차원에서 역외균형 전략은 냉전 봉쇄전략과 미국의 전통적 고립주의의 중간 위치에 해당하는 전략개념이라고 볼 수 있다.

그런데 이러한 시각에 대해 하버드대학 Stephen M. Walt 교수는 오히려 냉전 봉쇄전략이 역외균형 전략의 중심 원칙을 명확하게 적용한 것이라는 흥미로운 주장을 한다. 그는 특히 현재 서태평양 지역에서 중국이 계속 부상하며 지역 패권을 추구하고 남중국해에서 언제라도 무력분쟁이 발생 가능한 상황이 전개되고 있는데 냉전 당시 대소(對蘇) 역외균형 전략이 대중(對中)전략으로도 유효하다고 주장하며 역외균형 전략의 올바른 해석을 주문한다.[34]

Walt는 과거 냉전기간 중, 미군이 소련 봉쇄를 위해 실행했던 전략이 바로 역외균형 전략이었다고 주장한다. 즉, 유라시아에는 그동안 잠재적 패권세력이 없었다. 미국은 중동에서 1960년대 중반 이전까지는 영국에 의존하거나 팔레비 국왕 치하의 이란과 같은 우방세력을 이용했고 이란이 적대국이 된 후, 미국은 신속전개부대를 창설하여 역외(域外)에서 유사시를 대비했다. 1990년 이라크의 쿠웨이트 침공은 지역 내 힘의 균형에 대한 위협이 되어 미군이 중심되어 연합군을 조직한 후 전쟁을 개시하며 이라크를 격퇴하였다. 즉 제1차 걸프전은 역외균형 전략에 따라 미국이 중동에서 '육지로 간(go onshore)' 첫 번째 경우였다.

그러나 미국이 역외균형을 포기하고 다른 전략을 선택한 경우, 그 결과는 항상

34) Stephen M. Walt, The United States Forgot Its Strategy for Winning Cold Wars, *Foreign Policy*, May 5, 2020.

재난(災難)이었다. 예를 들어 베트남은 미국에게 전략적 중요 지역이 아니었는데 참전하였고 클린턴 행정부의 이중봉쇄(dual containment) 전략[35]이나 최근 이라크, 아프간, 리비아 전쟁은 유리한 세력균형과는 관계없는 테러와의 전쟁이었다. 이라크의 경우, 중동에서 힘의 균형을 이란에 유리하게 만드는 오히려 잘못된 실패 사례였다. 결국, 미국이 최근 중동에서 지상전에 개입한 것은 역외균형 전략에 대한 오해에서 빚은 실수였다. 오늘날 셰일오일(shale oil)의 등장으로 화석연료의 가치가 하락함에 따라 중동 지역의 전략적 중요성도 하락하고 있다. 미국은 중동에서 철수하여 지역 내 경쟁국끼리 서로 세력균형을 달성하도록 차라리 방치해야 한다고 Walt는 지적한다.

그러나 서태평양 안보상황은 극도로 상이하다고 Walt는 주장한다. 중국은 잠재적 패권세력이고 앞으로도 상당기간 그러할 것이다. 비록, 아시아에는 일본, 한국, 호주, 인도 등 중급 수준의 국가들이 있지만, 이들이 자발적으로 중국을 효과적으로 상쇄할 만한 연합을 형성하기는 곤란하다. 미국이 이런 노력을 중재해야 하며, 동맹으로의 책임전가(buck-passing) 전략도 안 통한다. 현재 아시아에 한국과 일본 내 미 지상군이 주둔하고 있지만, 이는 역외균형 전략 원칙에 부합하는 것이다. 중국이 '일대일로(一帶一路)'를 통해 영향력을 확장하거나 다른 노력을 통해 외교적 영역을 확대하는 것은 막지 못한다. 그러나 지역 내에서 미국의 적극적 군사력 현시는 중국의 영향력을 제한하고 중국으로 하여금 초점을 외부로의 팽창보다는 자국 내부로 돌리도록 유도하는 데 도움을 준다. 따라서 미국은 유럽 공약을 감축하고 중동에서의 값비싼 군사개입을 종식함으로써 아시아에서 중국의 도전을 물리치는 데 필요한 자원을 집중해야 한다고 Walt는 주장한다.

결론적으로 역외균형 전략은 대부분의 성공적인 미국 대외정책의 기반이었고 이로부터 이탈은 재앙적 결과의 근원이었다. 특히 중동에서의 테러전쟁은 미국이 탈냉전 후 유일한 초강대국으로서 추구했던 자유적 패권(liberal hegemony)에서 기인하는 대(大) 재난으로서 그 대가로 미국의 주도권 쇠퇴를 가속화하고 다극적 세계를 출현

---

35) 이중봉쇄 전략이란 페르시아만의 안전을 보장하기 위해 주변 강국인 이라크와 이란의 침공을 미군이 억제하거나 격퇴하며 이들 국가의 정권변화(붕괴)를 도모한다는 클린턴 행정부의 전략이었다. 이에 대한 비판은 미국은 이란과 이라크 모두를 직접 상대할 것이 아니라 이 두 나라가 상호 힘의 균형을 유지하도록 해야 한다고 주장한다. Patrick Clawson, "Dual Containment: Revive It or Replace It?," *The Washington Institute for Near East Policy*, December 18, 1997.

시켰으며[36] 향후 미국이 어떤 대전략을 추구해야 하는가는 다양한 전략 대안(代案)의 적절한 이해에 달려 있다고 Walt는 주장한다.

결국, 역외균형 전략이 오늘날 미국에게 주는 교훈은 보다 선택적인 개입을 통해 미국의 방위소요 재원과 인력을 절약하고 그 대신 국가경제를 재건하는 데 집중 투자함으로써 오랫동안 중동에서의 전쟁으로 인해 국력이 소진된 것을 극복하여 미국이 향후에도 지구상 최강의 국가위상을 보전하도록 해야 한다는 점이다.

다. 최소노출 전략(Minimal Exposure Strategy)

선택적 개입을 최소화하자는 것이 최소노출 전략이다.[37] 이 전략은 국가적 관심과 자원을 미국 경제 및 사회 건설에 초점을 맞추고 세계에서 보다 자제된 미국의 역할(a more restrained role)을 주창한다. 즉 미국은 세계환경 변화에 부응하고 미국의 가치와 국익을 수호하는데 기여하는 역할만을 모색하며 최소한도로 노출하자는 개념이다. 특히 이 개념은 미국은 힘의 한계를 인식하고 달성 가능한, 보다 현실적인 역할을 선택할 것을 요구한다. 예를 들어 중국이나 러시아의 정당한 이익(영향권)을 인정하고 유라시아 동맹·파트너로 하여금 스스로의 방위를 위해 더 많은 역할을 하도록 진작하되, 미국의 대외정책 및 국제 업무의 편성을 위한 기준지표로서 주권 존중을 재확립하자는 주장이다.

최소노출 전략은 미국은 도서대륙의 유리한 지리적 특성으로 인해 외부의 군사위협으로부터 상당히 안전하며 미국의 핵무장은 미국에 대한 핵공격에 대해 신뢰할만한 억제력과 전략적 능력을 부여한다는 점을 기반으로 한다. 이에 반해 해외에서의 군사 모험주의는 상당한 비용과 위험을 수반하고 군사력의 해외 배치로 원성(怨聲)을 잉태하며 국가부채가 추가되고 미국을 불필요한 분쟁에 연루시킨다고 가정한다. 따라서 미국은 전략목표, 군사력 및 작전범위의 규모를 최소한으로 축소하고 방위임무

---

36) 그는 진정한 위협은 중국이 유라시아에서 팽창하고 일당독재 체제를 부과하는 것이 아니고 세계정치 및 경제의 틀을 놓는 규칙에 대해 점차 영향력을 확보하고 행사함으로써 미국을 영원히 불리한 위치에 놓는 것이라고 주장한다. Stephen M. Walt, "What Comes After the Forever Wars," *Foreign Policy*, April 28, 2021.

37) Kathleen H. Hicks, Joseph Federici, Seamus P. Daniels, Rhys McCormick, Lindsey R. Sheppard, "Getting to Less? The Minimal Exposure Strategy," *CSIS Briefs*, February 6, 2020.

및 개념에 있어서 과감한 변화를 추구하여 국민들을 제국 건설의 재정 부담에서 해소하면서 미국의 시간과 재능을 국내경제, 혁신, 사회발전에 투자하는 것이 미(美) 국익을 증진할 수 있는 핵심이라는 주장이다.

따라서 이 전략의 제안자들은 미 군사력은 미국 영토에 대한 핵공격을 억제하는데 최우선 초점을 맞추고 화생공격 및 재래식 공격에 대응하는 것에 주력하되, 범세계적 패권을 모색하지 않고 보다 엄격한 군사력 사용 기준을 확립해야 하며, 유럽과 NATO에서 군사력을 철수하고 아시아에서 동맹조약을 종식시키며 대만관계법과 Rio조약도 공식 폐기하자고 제안한다. 이들은 또한 미국은 동맹에 대한 핵 확장억제의 보장까지도 중단하는 대신, 국제교역이 지속 번성하도록 해양, 공역, 사이버공간, 우주에서의 자유를 유지하는데 더 기여해야 한다고 주장한다. 특히 최소노출 전략 하에서 해군은 상당히 감축하여 수상함대는 국제적 공동노력인 공해상에서 항행의 자유 작전에 기여하나 그 외에는 미 본토의 해안경비를 지원하여 영해 방위에 집중하되, 공격적 잠수함대가 억제와 강습에 초점을 맞춘 고강도 능력을 제공한다.

한편, 최소노출 전략은 해외에 개입함으로써 발생하는 인명 및 재산 비용을 줄일 수 있다는 장점이 있지만, 지리(地理)가 미 안보 및 번영의 결정요소라는 가정에 많은 위험이 도사리고 있다는 지적이 있다. 즉 미사일, 사이버, 우주, 정보작전 및 정치경제전 등 현대 위협은 지리적 거리와 무관하다. 또한 대량보복이 억제 효과를 보장하지 않는 소규모 침투 등에 대응하기 위해서는 다른 능력을 보유할 필요도 있다. 또한 미국 영토가 세계에 산재하며 미국의 경제이익은 범세계적으로 분산되어 신속 대응능력을 위해 더 많은 부대의 전방배치를 요구할 수도 있다.

결국, 최소노출 전략은 해외로부터 군사력을 철수하고 미국의 안보공약을 최소한의 수준으로 축소하되 외교개입과 군사 자제(自制)를 강조하는 일종의 '세계긴축(global retrenchment)' 전략이라 볼 수 있다. 이러한 긴축전략은 강대국 간의 경쟁 시대에서 특히 힘의 변화라는 현실에 입각하여 그동안 방만해진 미국의 대외정책과 해외 군사개입을 축소해야 한다는 논리로 미국 내에서 회자되고 있다.

지금까지 미국의 세계전략으로서 미국 내에서 제기되고 있는 세 가지 대전략 개념을 간략하게 살펴보았다. 물론, 이러한 전략개념이 미국 여론의 주류를 대변하는 것은 아니다. 미국 내에는 긴축전략이 너무 단순한 생각으로 오히려 불확실성의 시대로 돌입하는 길38)이며 불행동(不行動, inaction)의 위험과 대가가 가끔은 개입한 것보다 더 크다는 진실을 망각하는 것[39])이고 유라시아 주변에 구축된 미국의 동맹체제는 제2차 세계대전 종전 이후 등장한 미 주도권(primacy)의 대가(代價)[40])라고 보는 냉철한 시각도 많다.

특히 미국 내에서 긴축전략은 현재 서태평양 안보상황에는 맞지 않는 개념이라는 인식이 강하다. 중국이 현재 공세적인 국가이념, 즉 중국 특색의 사회주의를 해외에 수출하려고 노력하고 일대일로 등 대규모 프로젝트로 유라시아 대륙으로 팽창하려는 것은 미국 주도의 법과 규정에 기반한 기존질서를 흔들려는 심각한 위협이며, 이에 대응하기 위해서 무엇보다 힘의 균형이 필연적 요소라고 여겨지기 때문이다. 현재 미·중간 전략적 경쟁이 무력분쟁으로 쉽게 확전되지 않는 것도 미국의 힘과 억제력 때문이라는 시각이 주도적이다.

특히 인도·태평양지역에서 미국 중심의 동맹체제는 그동안 지역의 번영을 뒷받침하고 중국의 영향권 내에 있는 지역국가들이 민주체제를 보전하고 그들의 주권을 수호하도록 지원하는 기반이라는 시각이 여전히 우세하다. 그런 이유로 미국 내 여론은 물론, 의회 내에서도 강경한 대중(對中) 정책을 추진하는 것에는 원칙적인 합의가 되어 있는 것으로 보인다.

그럼에도 불구하고 미국 정부의 인도·태평양전략 외에도 그 대안으로서 무력충돌의 예방이나 긴축(retrenchment)을 촉구하는 시각이 미국 내 정책·전략커뮤니티 내에서 강하게 존재하고 있다는 점은 주지되어야 한다.

---

38) Thomas Wright, "The Folly of Retrenchment: Why America Can't Withdraw From the World," *Foreign Affairs*, vol. 99, no 2 (March/April 2020), pp. 10−8.

39) H. R. McMaster, "The Retrenchment Syndrome: A Response to "Come Home, America?" *Foreign Affairs*, vol. 99, no 4 (July/August 2020), pp. 183−6.

40) Mira Rapp−Hooper, "Saving America's Alliances: The United States Still Needs the System That Put It on Top," *Foreign Affairs*, vol. 99, no 2 (March/April 2020), pp. 127−40.

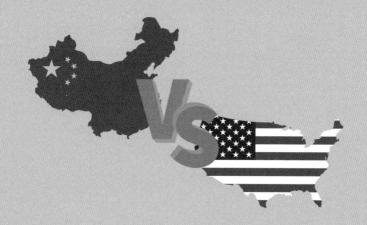

제3부

미·중 해양 패권경쟁

제9장

중국몽(中國夢)과 미 해군의 쇠퇴

1979년 미·중 수교 이래 수십 년 동안 미국은 대중(對中) 개입정책을 추진하며 중국의 경제성장을 진작시켜 왔다. 경제성장이 궁극적으로 중국 정치체제의 자유화를 유도할 것이라는 미국의 희망 때문이었다. 그런데 미국의 기대와는 달리, 중국은 고도의 경제성장을 달성했지만, 정치·사회체제는 전혀 변하지 않았다. 오히려 중국은 미국의 가장 무서운 경쟁상대로 부상(浮上)하였다. 특히 시진핑 국가주석이 취임한 이후 중국은 그동안 성장한 경제력을 바탕으로 제2차 세계대전 이후 미국이 주도적으로 구축해 온 국제질서에 정면으로 도전하고 있다.

더 나아가, 중국이 A2AD 능력의 비호아래 대만을 침공한 후 미군 증원전력이 현장에 도착하기 전에 이를 기정사실화하는 전략을 시도할 수도 있다는 우려가 등장했다. 서태평양에서 '거리와 시간의 전횡(tyranny of distance and time)'으로 미국은 개입을 포기하느냐? 아니면 확전하여 원상 복귀하느냐?를 결정해야 하는 난처한 입장에 빠진 것이다. 중국이 '확전 주도권(escalation dominance)'을 장악한 것이다.

한편 미국이 2001년 9·11 테러사건 이후 중동에서 대(對)테러 및 지상전에 개입하여 막대한 전비(戰費)를 소비하는 동안, 미 해군은 전방현시 임무에 매진하여 해상 전투준비 태세를 소홀히 하고 미래 강대국과의 전쟁에 대비한 전략적 역량에 대한 투자에서 관심이 멀어졌다. 중국이 '중국몽'을 통해 미국의 패권질서에 정식으로 도전장을 낸 바로 그 시기에, 제2차 세계대전 종전 이후 미국이 구축한 패권질서의 수호 수단인 미 해군력이 심각하게 쇠퇴하고 있었던 것이다.

1. 중국몽

가. 중국의 급부상

인터넷과 정보통신 기술의 발달로 인한 세계화·정보화 추세는 중국에게 급속한 발전의 모멘텀을 제공하면서 중국에게 소위 '전략적 기회'[1]가 당도하였다. 중국은 그동안 미국의 개입정책으로 거의 30년간 개방된 국제경제를 자국의 국가주의와 중상주의(重商主義) 체계를 강화하는 데 활용하며 미국에 이어 세계 제2위의 경제대국으로 부상했다.

뿐만 아니라, 중국의 경제력은 중국군을 현대전에서 승리할 수 있는 군대로 재조(再造)하기 위한 재원뿐만 아니라 군사과학·기술에 집중 투자할 수 있는 여력을 제공하였다. 중국은 말 그대로 부국강병을 위한 절호의 전략적 기회를 맞은 것이다. 중국은 서태평양 지역에서 60년 이상 유지된 미국의 군사주도에 도전하기 위해 해·공군력 분야를 집중 증강하고 군사 과학·기술 분야에 역점적으로 투자하기 시작하였다. 그 결과, 제2차 세계대전이래 미국이 자유롭게 작전하던 서태평양이 다시 경합된 공간이 되고 대만해협이나 남중국해에서 분쟁발생 시 중국이 미국보다 우세할 것이란 분석도 나오는 상황이 되었다.[2]

한편, 냉전 종식으로 소련이 붕괴하면서 북방위협이 소멸되자 중국은 해양 정면(正面)에 국가적 노력을 집중 투자할 수 있게 되었다. 특히 2014년 우크라이나를 침공한 러시아가 서방의 제재 속에서 중국과 전략적인 연대를 강화하면서 중국으로서는

---

1) 전략적 기회란 심각한 외부위협이나 도전 없이 중국의 국력, 경쟁력, 영향력이 증가하는 기간을 지칭하며 통상 중국공산당 창당 100주년이 되는 2021년 전후로 인식된다.
2) 예를 들면, 대만해협에서의 미·중간 War Game을 18회 실시했는데 18번 모두 중국이 승리했다는 주장도 있다. Nicholas Kristof, "This Is How a War With China Could Begin," *The New York Times*, September. 4, 2019.

일종의 횡재(橫財)를 만난 격이 되었다. 더 나아가 중국은 2013년 말부터 남중국해 7개 암초와 간조노출지(LTE)에 인공도서를 건설하고 군사화하면서 남중국해 전체를 일종의 '중국 호수(a Chinese lake)'로 만드는 대담한 해양팽창을 시도하였다.

2015년 시진핑 주석은 남중국해를 군사화하지 않을 것이라고 오바마 대통령에게 약속했지만, 곧바로 중국이 건설한 인공도서에 대한 군사화를 추진하였다. 여기에는 '더 늦기 전에 일을 저지르고 보자, 시간이 지나면 현상(現狀)이 기정사실화되고 고착된다'는 중국의 소망적 사고(wishful thinking)가 자리잡고 있다.

2016년 7월 UN 해양법 상설재판소(PCA: Permanent Court of Arbitration)가 중국의 9단선과 도서영유권 주장에 대해 필리핀이 제소했던 재판에서 중국의 완전 패소를 판결하자 중국은 이를 무시하면서[3] 필요시 자국의 주권과 권익을 수호하기 위해 무력사용도 불사하겠다고 선언했다.

이후 중국은 동·남중국해 분쟁해역에 수많은 해상민병대(maritime militia), 어업지도선, 해양조사선, 해경정, 해군함정 등으로 양배추처럼 겹겹이 둘러싸는 전략, 소위 '양배추 전술(cabbage tactic)'을 구사하며 해양팽창을 기정사실화하고 있다. 2018년 5월 중국은 남중국해 남사(Spratly) 군도 내 인공도서 3개소에 대함(對艦) 및 대공(對空) 미사일을 배치하고 서사(Paracel) 군도에서 핵무기 탑재 가능한 H-6K 장거리 폭격기의 착륙훈련을 실시했다. 이는 제1도련 내 방어적 완충(defensive buffer)을 보강하고 더 나아가 세계 물동량의 약 40%가 지나가는 남중국해를 중국의 '전략적 해협(a strategic strait)'으로 만들어 지역국가들을 강압하고 궁극적으로 미국을 구축(驅逐)하기 위한 것이다.[4]

2018년 6월 시진핑 주석은 남중국해에 대한 중국의 입장으로 당시 매티스(James Mattis) 미 국방장관에게 '조상이 물려준 영토의 1인치(any inch of territory)도 양보할 수 없다'[5]고 언급하였다. 중국은 이들 분쟁해역 및 도서들에 대한 사실상의 통제를

---

3) 중국정부는 동(同) 판결을 '하나의 휴지조각(a piece of scrap paper)'이라며 무시했다. 본래 중국정부는 재판에 불참하고 정당성을 불인정하며 판결에 불복종하겠다는 소위 '3 No' 정책을 표방했었다. Richard Javad Heydarian, "China's 'New' Map Aims to Extend South China Sea Claims," *The National Interests*, April 30, 2018.

4) Peter A. Dutton, "A Maritime or Continental Order for Southeast Asia and the South China Sea?" *Naval War College Review*, vol. 69, no. 3 (Summer 2016), pp. 10-11.

5) Phil Stewart, Ben Blanchard, "Xi tells Mattis China won't give up 'even one inch' of territory," *Reuters*, June 27, 2018.

행사할 수 있는 수준에 도달하였고 마음만 먹으면 남중국해를 지나는 국제 해상교통로(SLOCs)를 차단할 수 있다고 평가되었다.[6] 미국이 중동에서 테러분자들과 싸우고 내전에 개입하면서 국력을 소진하는 동안, 중국은 단 한 명의 희생자도 없이 남중국해를 거의 통제할 수 있는 상황에 이른 것이다.[7]

남중국해에서 중국 전력투사 능력의 범위[8]

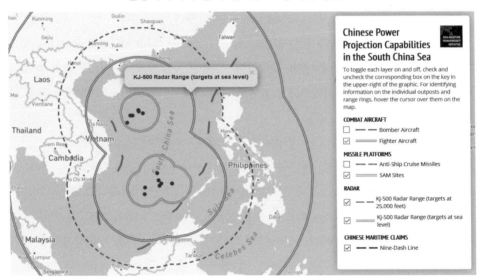

중국의 행동은 이제까지 UN 해양법 협약이나 항행의 자유 등 법과 규범에 기반한 해양질서의 기본을 흔들며 지역 해양안보와 안정을 해치는 행위로 인식되었다.[9] 중국의 일방적·공세적인 해양팽창 기도가 거침없이 진행되는 동안 국제사회로부터

---

6) 2018년 미 태평양사령관 내정자 Philip S. Davidson 제독은 미 상원 군사위 인준청문회 서면 답변에서 아·태 해역에서 팽창하는 중국의 군사력은 지역에 대한 전면지배에 한발 더 근접하였고 중국의 광범위한 영유권 주장을 강제할 만큼 강력해져 '미국과의 전쟁이 아닌 모든 상황에서 남중국해를 통제 가능하며 미국과의 무력분쟁만이 이에 제동을 걸 수 있다'고 언급했다. Tom O'Connor, "Only 'War' Could Stop China From Controlling South China Sea, U.S. Military Commander Says," *Newsweek*, April 21, 2018.

7) David Brennan, "How Does China's Navy Compare to the U.S.?", *Newsweek*, April 24, 2018.

8) The Asia Maritime Transparency Initiative and The Center for Strategic and International Studies.

9) K. L. Nankivell, J. Reeves, and R. P. Pardo ed., *The Indo-Asia-Pacific's Maritime Future: A Practical Assessment of the State of Asian Seas*, A Maritime Security Community of Interest Publication (London: The Policy Institute at King's, March 2017), p. 16.

이렇다 할 저항이 없었다. 특히 미국은 이러한 중국의 방종(放縱)을 묵인하며 스스로 건설한 지역 해양질서가 붕괴하는 것을 자초(自招)하였다.[10] 엄밀히 이야기한다면, 지역 내 중국의 불법행동을 억제할 만한 미국의 군사적 억제력이 부재했거나 부족했다. 이는 앞으로도 국제법을 무시하고 타국의 이익과 평화적 분쟁해결 노력을 경멸하며 중국이 마음먹은 대로 행동해도 괜찮겠다는 점을 중국지도자들에게 교육한 나쁜 선례가 된 것이다.[11]

한편 중국의 인공도서 군사화에 대한 대응으로서 미 국방성은 2018년 RIMPAC 훈련에 중국해군의 초청을 취소하기로 결정하였다.[12] 이 결정은 트럼프 행정부가 더 이상 중국의 도발적 행동을 묵과하지 않고 인도·태평양지역에서 실추된 미국의 신뢰를 되찾기 위한 노력을 강화할 것이라는 신호탄으로 해석되었다.[13] 그러나 미국 내에서는 대응이 미약하고 '너무 늦었다. 이미 상황은 끝났다,'[14] 또는 미국을 중심으로 하는 동맹체제의 무력함이 노출되었다고 보는 비판적 시각이 다수 등장하였다. 먼저 미국이 중국과 무력분쟁을 한다면 벌써 10여 년 전에 했어야 하고 미국이 이제 남중국해에서 중국을 강제로 쫓아낼 수 없는 상황이 되었다는 의미였다.[15]

중국정부가 과거 '치욕의 세기'를 청산하고 '중국꿈'의 실현을 상징하는 수단으로

---

10) 전(前) 미 국방부 전략 및 전력개발 담당 부차관보 Elbridge Colby는 남중국해는 필리핀을 제외하고 전통적 인도·태평양의 미국 방어경계 범위 내에 있지 않았고, 한반도나 중동같이 미국의 주요 분쟁 우려요소가 아니고 천천히 이동하는 위기로 인식되었다고 언급했다. John Grady, "Panel: Pace of Navy Freedom of Navigation Operations Stressing Force," *USNI News*, October 9, 2020.

11) Kurt M. Campbell and Ely Ratner, "The China Reckoning: How Beijing Defied American Expectations," *Foreign Affairs*, vol. 97, no. 2 (March/ April 2018), pp. 60−70.

12) Megan Eckstein, "China Disinvited from Participating in 2018 RIMPAC Exercise," *USNI News*, May 23, 2018.

13) 전(前) 미 태평양함대 정보참모 Jim Fanell 대령은 중국의 일방적인 행위에도 불구하고 2017년 6월 미 해군이 계속적으로 중국해군을 동(同) 훈련에 초청한 것에 대해 훗날 인도−태평양지역에서 미 영향력의 종식이 시작된 것으로 기억될 것이며 군사교류에 중국군을 개입시킴으로써 중국군의 절제된 행동을 유도할 것이라고 믿는 것은 미신에 가까운 것이라고 비판하였다. Bill Gertz, "Pentagon Blocks China From Joining Naval Exercise," *The Washington Free Beacon*, May 23, 2018.

14) Center for a New American Security 선임연구원 Mira Rapp−Hooper의 말 인용. Dan De Luce, Keith Johnson, "In the South China Sea: the U.S. is Struggling to Halt Beijing's Advance," *Foreign Policy Report*, May 25, 2017.

15) David Lague and Benjamin Kang Lim, "China's vast fleet is tipping the balance in the Pacific," *Reuters*, April 30, 2019.

해군력을 집중 증강하여 이제 근해(近海), 즉 황해, 동·남중국해를 통제하는 상황이 되었고 더 나아가 서태평양뿐만 아니라 인도양에서 미 해군의 지배권에 도전하며 만만치 않은 상황이 된 것이다. 또한 남중국해에서 중국의 일방적 행동을 제재하고 멈추게 할 수 있는 현실적·정치적·법적 방안이 없다는 점도 지적되었다. 중국은 1개소당 약 2.6조 원의 엄청난 재원을 투자하여16) 건설한 인공도서에서 결코 철수하지 않을 것이다. 과거 '치욕의 역사'를 청산하고 중국몽과 중국 민족주의의 상징이 된 남중국해를 포기하는 것은 시진핑을 포함, 중국 내 어느 지도자라도 수용하기 곤란한 일이 되었다.17) 결국, 인공도서 건설 및 군사화로 남중국해는 중국의 바다라는 인식이 거의 기정사실화(a fait accompli)되고 있는 것이다.

한편, 중국은 힘과 영향력이 팽창하면서 새로운 미·중 관계를 정립할 것을 주장하고 나섰다. 이제 미국과 견줄 수 있는 위상을 확보하였다고 인식한 중국은 G-2의 일원으로서 자국의 전략공간(戰略空間)을 극대화하려는 의도였다. 중국은 이제 경제 초강대국의 지위를 획득했으니 종전까지 국제규범·체계의 준수국(a taker)에서 이제는 이를 제조(製造)하거나 조성(造成)하는 국가(a shaper, or maker)로서의 역할을 요구하기 시작한 것이다. 동시에 중국은 러시아와 공조하면서 국제기구에서 미국의 주도권에 도전하는 동시에, 서태평양에서 미국의 힘과 영향력을 구축(驅逐)하고 궁극적으로 세계무대에서 중심국가로 도약하려는 중국몽을 선포하였다.

나. 시진핑(習近平)의 중국몽

2013년 3월 시진핑 국가주석 겸 공산당 총서기가 등장한 이후 중국은 제2차 세계대전 종전 이후 세계질서를 주도해 왔던 미국에 대해 지역적·세계적 수준에서 정면 도전하기 시작하였다. 2012년 11월 29일 중국 공산당 총서기로 선출된 후, 시진핑은 중국 국가박물관에서 열린 '부흥의 길(Road to Revival)'이라는 주제의 전시회에서

---

16) 예를 들어 Fiery Cross Reef(면적 2.74㎢, 높이 5m)에서 준설 및 3,000m 활주로 건설과 공항시설을 설비하는 데에 24억 US$(1$당 1,100원으로 환산 시 한화로 2조 6천억 원)이라는 경비가 소요된다는 분석이 있다. Tomohisa Takei, "The New Time and Space, Dimensions of a Maritime Defense Strategy," *Naval War College Review*, Vol. 70, No. 4 (Autumn 2017), p. 49.

17) Caitlin Doornbos, "Freedom-of-navigation ops will not dent Beijing's South China Sea claims, experts say," *Stars and Stripes*, April 4, 2019.

'중국몽'이라는 슬로건을 공개하였다. 이는 과거 제1차 아편전쟁(Opium War, 1839~1842)에서 청(淸) 제국이 몰락한 이후까지의 '치욕의 세기'에서 벗어나 중국공산당(CCP)의 영도 아래 모든 중국인이 갈망해 온 '중화민족의 대(大)부활'을 실현하자는 새로운 국가 비전(vision)이었다. 그 후 중국몽은 '중국 특색의 사회주의'와 함께 시진핑의 통치이념이 되었다.[18]

2013년 3월 17일 시진핑은 국가주석 취임 연설에서 '중국 특색의 사회주의'를 지향하며 불굴의 의지로서 일관적인 노력을 경주하고 '중화민족의 대부활'이라는 중국몽을 달성하기 위해 투쟁해야 한다고 강조하였다. 그 실현방법은 중국공산당 창당 100주년이 되는 해, 즉 2021년에 전면적인 소강(少康) 사회(a moderately well-off society)를 건설하고 중화인민공화국 건국 100주년이 되는 2049년에 완전한 개발국가(a fully developed nation)가 되는 것이었다.

중국몽이 그 어느 때보다도 세간의 관심을 집중적으로 받았던 것은 2017년 10월 18일 열렸던 제19차 공산당 대회였다. 이 대회에서 중국공산당은 새로운 시대의 시진핑 사상, 즉 중국 특색의 사회주의를 당헌(黨憲)에 반영하였다. 시진핑은 중국 특색의 사회주의가 가장 순수하고 광범위하고 효과적인 체제로서 그 목적은 인민의 뜻을 중시하고 인민이 국가를 운영하도록 체계적·기구적 보장을 제공하는 것이며, 반면에 서구 민주주의는 분열적이고 대립적이어서 위기와 혼란으로 둘러싸인 것이라 주장하였다.[19]

더 나아가 그는 중국이 틀림없이 세계 중심무대로 근접하고 인류에 커다란 기여를 하는 새로운 시대가 될 것이며, 중국은 강대국, 책임있는 국가로서 국제현안에서 자기 역할을 하고 현재 세계 지배체계를 혁신하고 발전시키는데 적극적인 역할을 수행할 것이라고 강조하였다.[20] 특히 시진핑은 '중국식 발전 모델'을 언급하며 "중국 특색의 사회주의 체제는 개도국들에게 새로운 선택이 될 수 있다"고 강조하였다.[21]

한편, 중국은 중국공산당 창설 100주년인 2021년까지 모든 면에서 번영된 사회 건설을 완료하고, 2035년까지 경제·기술 강국으로서 혁신분야의 세계지도국으로 부

18) Robert Lawrence Kuhn, "Xi Jinping's Chinese Dream," *The New York Times*, June 4, 2013.
19) Xi Jinping, "Full text of Xi Jinping's report at 19th CPC National Congress," *Xinhua*, November, 4, 2017. https://www.chinadaily.com.cn/china/2017-11/01/content_33985947.htm
20) Xi Jinping, 상게서.
21) Xi Jinping, 상게서.

상하여 군사력의 현대화를 거의 완성한 후, 건국 100주년이 되는 2049년까지 대만문
제를 해결하고 세계급 군(world−class military)22)을 보유한 초강대국으로 부상한다는
국가전략과 비전, 안보이익을 서열 순으로 구체적으로 제시하였다.23)

결국, 중국몽의 핵심은 초강대국이 된다는 국가비전을 제시하며 중국과 인민들
을 위해서 중국공산당의 일당(一黨) 독재가 최선이고 오직 시진핑과 중국공산당, 그리
고 당의 군대인 중국인민해방군(PLA)만이 중국을 다시 초강대국으로 만들 수 있다는
점을 각인시킴으로써 중국공산당 권력을 영속화하려는 것이라 볼 수 있다.

(1) 일대일로

이후 시진핑의 새로운 통치이념 중국몽을 지원하는 중요한 구상들이 연이어 발
표되고 국가적 사업으로 추진되기 시작한다. 그 중 다음 세 가지, 즉 일대일로, 중국
제조 2025, 군민융합이 주력(flagship) 프로젝트로서 가장 많이 언급된다. 첫째는 일대
일로(一帶一路, Belt and Road Initiative: 이하 BRI)다. 2013년 시진핑은 카자흐스탄과
인도네시아를 방문하면서 ‘21세기 실크로드’ 구상, 즉 BRI를 발표하였다. 이는 중국이
막대한 재원을 투자하여 아시아, 아프리카, 유럽을 관통하는 교역 및 교통 기반체계
를 대륙과 해상에 구축하여 중국과 이들 지역 간 교역망을 확대한다는 구상이다.

BRI는 과거 제2차 세계대전 종전 후 미국이 추진했던 마아샬 플랜(Marshall Plan)
보다 거대한 프로젝트이다. 이는 미국이 접근할 수 없는 유라시아에 철도, 에너지 파
이프라인, 고속도로, 항구, 항로 등 경제 기반구조 네트워크와 선전(深圳) 특별경제구
역을 본 딴 50개의 특별경제구역을 건설하며 중국의 인민폐, 즉 위안(元)화를 국제적
으로 통용시킴으로써 중국 중심의 지역질서와 공동체를 건설한다는 사업이다. 이를
통해 중국이 자국경제를 고소득 경제로 변화시키고 경제 초강대국으로서 지위를 공

---

22) 중국이 공식적으로 밝히지는 않았지만, 이는 미국과 동등하거나 세계최고(second to none), 최상층(top tier) 군대를 의미한다고 해석된다. Michael A. McDevitt, *China as a Twenty First Century Naval Power*, (Annapolis MD, Naval Institute Press, 2020), pp. 177−8.

23) Xi Jinping, "Full text of Xi Jinping's report at 19th CPC National Congress," 전게서. 여기서 이야기하는 국가 안보이익의 서열은 공산당의 영도, 한족(漢族) 심장부에 대한 집권화된 통치, 국경지역 소수민족·종교집단의 안정화, 지상국경 및 해양영역의 존엄성 보전, 근해 영역에서의 미해결된 주권, 즉 대만문제의 해결과 해외이익의 보호라 할 수 있다. US Office of the Secretary of Defense, *Military and Security Developments Involving the People's Republic of China*, 2020, Annual Report to Congress, (Washington DC, 2020), p. 30.

고히 하며 궁극적으로는 '중국몽'을 실현시키는 것이 그 목표이다.24)

중국의 일대일로(출처: Chinese state media)

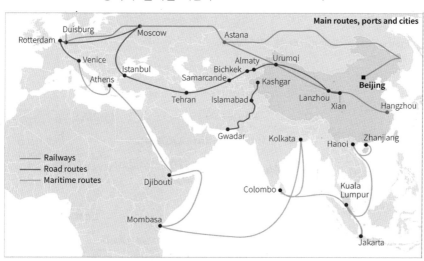

BRI 구상의 배경에는 중국의 지정학적·경제적 동기가 존재한다. 먼저 미국이 중국의 부상에 맞서 아시아로의 재균형(pivot to Asia) 정책을 추진하자 이에 대한 대응책으로서 중국정부가 'Made in China 2025' 전략과 함께 세계무대에서 중국의 영향력을 강력하게 확장하기 위한 경제개발 플랫폼이 BRI이다. 동시에 BRI를 통해 역사적으로 개발이 지체된 중국 서부지역을 세계 경제망에 연결하여 개발을 촉진함으로써 신장 지역의 분리주의 움직임을 차단하겠다는 의도도 내재되어 있다.25)

특히 중국·파키스탄 경제회랑은 중국의 소위 '말라카 딜레마'를 해소하려는 전략으로 인식된다. 즉, 인도양에 있는 과다르(Gwadar) 항구와 중국 서부를 잇는 경제회랑의 건설을 통해 중동 에너지를 말라카 해협을 경유하지 않고 육로로 바로 중국으로

---

24) BRI 프로젝트에 NATO 회원국인 이탈리아, 룩셈부르크, 포르투갈 등 65개 이상의 국가들이 참여하고 있다. 가장 규모가 큰 사업으로 파키스탄 항구 과다르(Gwadar Port)와 중국을 연결하는 중국·파키스탄 경제회랑(China-Pakistan Economic Corridor) 건설이 약 600억 달러(US$) 규모로 추진되고 있다. 자료에 따라 상이하지만, 중국이 BRI를 추진하려면 전체비용으로서 약 1.2~1.3조 달러(US$)이 2027년까지 소요될 것으로 예측되었다. "Inside China's Plan to Create a Modern Silk Road," *Morgan Stanley*, March 14, 2018.

25) Andrew Chatzky and James McBride, "China's Massive Belt and Road Initiative," *Council on Foreign Relations*, January 28, 2020.

수송하려는 국가적 프로젝트이다. 이는 유라시아 대륙국가 중국이 미국의 인도·태평양 주변전략(Rimland strategy)을 무력화하기 위해 러시아와 중앙아시아의 에너지 공급망을 보강하는 동시에, 지상교역 연결망을 확장함으로써 '말라카 딜레마'를 해소하려는 노력이라 볼 수 있다. 따라서 일대일로(一帶一路)는 중국 지도부의 오래된 '봉쇄 편집증(paranoia of encirclement)'을 반영한다.

중국의 진주목걸이(출처: www.quora.com)

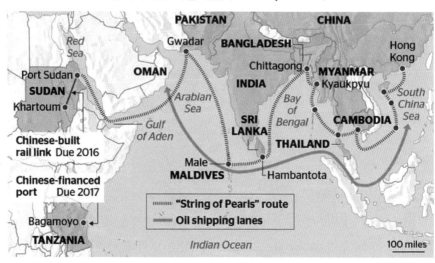

한편, 중국이 지정학적 영향력과 군사적 현시의 중추(中樞)를 건설하려는 전략으로 BRI와 함께 자주 언급되는 것으로 소위 '진주목걸이(String of Pearls)' 전략이 있다. 이는 중국이 건설하고 있는 인도양 핵심 해상교통로 주변에 주로 상업용이지만 잠재적으로 해군기지로 사용할 수 있는 항구 네트워크를 구축하는 전략을 지칭한다.[26]

2016년 중국은 '진주목걸이' 전략의 일환으로 지리·전략적 요충지인 아프리카 지부티(Djibouti)에 사상 최초로 해외 군사기지를 건설하여 중국군을 주둔시키고 있다.

---

26) '진주목걸이'에서 진주(pearls)란 미얀마, 스리랑카 함반토타, 방글라데시 치타공, 파키스탄 과다르 등 인도양을 연한 국가와의 협력으로 건설했거나 향후 건설할 초대형 기반체계 프로젝트, 즉 경제회랑, 도시, 항구, 지리·전략적 요충지 등을 의미한다. 최근 진주는 중국 연안에서 시작하여 남중국해, 말라카 해협을 통해 인도양을 거쳐 아라비아 해(海)와 페르시아 만(灣)으로 연결되고 멀리 아프리카 지역까지 확장하고 있다. 한편, 목걸이(String)는 이들 진주들을 중국해군이 인도양의 핵심 교통로와 연결할 가능성을 뜻한다.

지부티에는 미국의 군사기지가 이미 존재하며 일본과 프랑스의 군대도 일부 이곳에 주둔하고 있다. 중국은 남(南)수단에도 평화유지군의 일원으로 1개 대대병력을 파견하고 중국제 무기를 판매하는 등 제1 해외 투자국으로서 상당한 영향력을 구축하고 있다. 뿐만 아니라, 중국은 탄자니아, 케냐, 모잠비크, 나미비아, 마다가스카르, 나이지리아 및 앙골라 등 아프리카 여러 나라에 천연자원 및 에너지 공급을 위한 전략 지원기지를 두고 있다.

물론 '진주목걸이' 전략이 주로 상업적 목적이지만, 이를 통해 중국군의 해외 현시가 증진되고 세계무대에서 그들의 역할 및 영향력을 확대하려는 것임에 틀림없다. 따라서 진주목걸이는 BRI와 함께 유라시아와 아프리카, 그리고 인도양에서 경제, 군사노드(nodes)를 확장하려는 중국의 전략적 노력, 즉 부국강병(富國强兵)을 달성하려는 '중국몽'의 핵심 플랫폼이라 할 수 있다.

그러나 BRI와 관련된 기반체계 건설 프로젝트 비용이 치솟고 참여하는 정부가 높은 수준의 '부채의 함정(debt trap)'에 빠지면서 빚을 청산하기 위해 항만시설이나 도로 등 부동산을 중국에 장기 임대하는 현상이 연이어 발생했다. 그러자 일부에서 BRI가 중국의 지역주도 및 군사 확장을 위한 일종의 '트로이의 목마(a Trojan horse)'라고 해석하기 시작하였다.[27] 즉, BRI는 중국이 거대한 국가경제 역량을 이용하여 유라시아 전역으로 자국의 힘과 영향력을 더욱 확장하는 동시에, 미국과 동맹 및 파트너의 영향력은 축출함으로써 유라시아 중심(重心)에 중국을 위치시키고, 자유로운 국제질서를 중국 특색의 사회주의에 기반한 모델로 대체하려는 중국의 장기 전략으로 해석되기도 한다. 중국은 강대국이 되어도 결코 패권을 추구하지 않는다고 누차 선언했지만, 결국 BRI는 중국의 세계패권 전략이라는 의미였다.

이러한 인식에서 미국 트럼프 행정부는 2017년 국가안보전략(NSS: National Security Strategy)에서 중국의 힘과 영향력을 봉쇄하기 위해 인도를 끌어들이는 인도·태평양전략을 발표하고 더 나아가 남중국해, 인도양, 그리고 남태평양에서의 안보협력을 더욱 긴밀하게 도모한다는 목표로 미국, 일본, 호주, 인도로 구성된 'The Quadrilateral'의 활성화를 모색하게 된다.

---

27) Chatzky and McBride, "China's Massive Belt and Road Initiative," 전게서.

(2) 중국제조 2025

중국몽을 실현하기 위한 두 번째 플랫폼은 '중국제조(中國制造) 2025(Made in China 2025, 이하 MIC 2025)'이다. 이는 시진핑 정부의 산업고도화를 추진하는 핵심 전략이다. 2015년 3월 개최된 양회, 즉 전국인민대표대회(전인대)와 전국인민정치협상회의(정협)에서 MIC 2025가 처음 언급되었다. MIC 2025는 과거 중국의 경제성장이 '양적인 면'에서 '제조 강대국'이었다면, 앞으로는 혁신역량을 키워 '질적인 면'에서 '제조 강대국'이 되기 위한 전략이다. 특히 지난 수십 년간 중국경제가 제조업분야에서 고속 성장을 거듭했지만, 이제 노동집약적인 제조업으로는 어느 한계에 이르러 출현 중인 신기술과 제조분야로의 구조조정이 불가피하고 이를 통해 경제성장을 지속하려는 전략이 바로 MIC 2025이다. 동시에 이는 4차 산업혁명 시대에서 외국기술에 대한 의존도를 줄이고 세계시장에서 중국 하이테크 제조업의 점유율을 높인다는 기술혁신 전략이다.

MIC 2025는 향후 30년간 10년 단위로 3단계에 걸쳐 산업고도화를 추진하는 장기 전략이다. 특히 제1단계(~2025년) 목표로서 2020년까지는 핵심 부품 및 소재분야의 40%를, 2025년까지는 70%를 국산화하는 것으로 중국의 제조업을 기술 집약형 스마트산업으로 도약시키는 것이다.[28] 여기에 해당하는 것이 10대 핵심 산업분야, 즉 ① 차세대 IT 기술, ② 고정밀 수치제어 및 로봇, ③ 항공·우주장비, ④ 해양장비 및 첨단기술 선박, ⑤ 선진 궤도교통 설비, ⑥ 에너지 절약 및 신에너지 자동차, ⑦ 에너지 설비, ⑧ 농업기계 장비, ⑨ 신소재, ⑩ 바이오 의약 및 고성능 의료기기로서 이 분야에 대한 R&D를 집중하여 기술혁신을 도모하려는 것이다.[29]

더 나아가 중국은 특히 MIC 2025를 통해 Baidu, Alibaba, Huawei, SenseTime Group 등 중국의 IT 기업체에 의해 축적된 지식과 기술 등을 이용하여 로봇, 정보화기술, 청결에너지 등 신(新)기술을 집중 육성하고 특히 4차 산업혁명의 핵심기반인 빈틈없는 AI 환경을 구축하려고 노력하고 있다. 2030년까지 중국이 AI 분야에서 세계

---

28) Council on Foreign Relations, "Is 'Made in China 2025' a Threat to Global Trade?," https://www.cfr.org/backgrounder/made-china-2025-threat-global-trade.
29) Benjamin Talin, "Chinas Grand Strategy: 'Made In China 2025 (MIC25)'," *More Than Digital*, January 13, 2021.

최고가 되겠다고 중국정부(국무원)가 선언한 것도 이와 맥을 같이 한다.[30] 이는 결국 중국이 후발 산업국으로서 선진국을 따라잡는 것뿐만 아니라 이들을 추월하고 더 나아가 세계 제조업계에서 주도적인 초강대국의 지위를 달성하겠다는 당찬 국가전략이다.

MIC 2025가 궁극적으로 미국이나 선진국을 추월하는 기술 초강대국으로서 중국몽을 달성하려는 대표적 첨단기술 혁신 플랫폼의 하나로 식별되면서 미국정부는 이를 기술분야에서 미국의 주도권에 대한 생존위협으로 인식한 후, 적극 견제하기 시작한다. 최근 기술 및 제조업을 둘러싼 미·중간 무역전쟁의 와중에서 미국이 중국정부의 교역장벽 설치, 국영기업에 대한 불법 지원, 지적 재산권 침해(절도), 강요된 기술이전과 같은 불공정한 교역 등을 거론하며 '중국제조 2025' 전략을 중국 국가자본주의의 대표적인 사례로 공격하자, 중국은 이 프로그램을 더 이상 공공연하게 언급하지 않지만, 이를 지속 추진하고 있다.

(3) 군민융합

중국몽의 세 번째 지원 플랫폼은 군민융합(軍民融合, military－civil fusion 이하 MCF)이다. 이는 중국몽에서 중국군을 2049년까지 세계급 군으로 건설한다는 목표를 지원하는 국가정책이다. 즉, MCF는 항공·우주산업, 자동화, 정보기술 등 중국의 다양한 기술혁신 체계를 융합발전(融合發展)시켜 민·군 양용기술(dual－use technologies)로 강화하려는 플랫폼이다. 사실 중국의 국가자본주의(state－capitalism)는 국가와 기업 간 구분이 애매모호하다. 그럼에도 불구, 중국은 Baidu나 Tencent 같은 대기업을 육성함에 있어서 이런 측면을 간과해 왔다. 그런데 시진핑 주석이 취임 후 이를 야심차게 추진하기 시작한 것이다.[31]

2017년 1월 시진핑은 MCF 발전을 위한 중앙위원회를 창설하고 본인이 직접 위

---

30) "China announces goal of leadership in artificial intelligence by 2030," *CBS News*, July 21, 2017.

31) 중국공산당은 2014년, '모든 중국회사는 정보수집에 협조해야 한다'고 선언하였고 2017년 입법한 중국 국가정보법 제7조는 '모든 조직이나 시민은 국가정보 업무를 지원, 협조 및 공조해야 한다'고 명시하면서 기업, 연구소, 학계의 기술도 상업뿐만 아니라 군사 및 정보이익에 기여해야 한다고 요구하고 있다. Murray Scot Tanner, "Beijing's New National Intelligence Law: from Defense to Offense," *Lawfare*, July 20, 2017.

원장으로 취임하였다. 중국의 방위사업 계획에 있어서 MCF의 중심적인 위상과 그 시행에 있어서 관료주의의 장애를 극복해야 할 필요성 때문이었다.[32] 그 후 창설된 중국 전략지원군은 우주, 사이버, 전자전 분야를 책임지는 부대로서 대학이나 기업 연구소와 긴밀한 협력을 하는 동시에, 중국 내 각 지역별로 중국군과 민간기업, 학교·연구기관 간의 기술교류를 활발하게 전개하고 있다. MCF는 중국지도부가 얼마나 강력하게 조직적인 노력을 쏟아 부으며 중국군을 첨단 전투부대로 만들려 하는지를 보여주는 전형적인 사례이다.[33]

MCF는 결국, 첨단 기술개발을 통해 강병(强兵)을 지원하는 '중국몽'의 지원전략이다. 이러한 이유로 MCF는 이후 미국의 집중적인 표적이 되고 있다. 미 국무부는 MCF가 조직적으로 전 세계 민·관·군 연구기관의 지적 재산권을 절취하고 불공정 관행을 통해 첨단 연구기술을 빼낸 뒤 중국기업과 중국군에 동시에 전파하는 전략이라고 비판한다.[34] 또한 근래 중국이 신장(新藏) 위구르 소수민족과 티베트 지역의 불교신자들에 대해 강압적인 동화정책을 추진하자, 중국은 BRI와 MIC 2025, MCF라는 세 가지 기축(基軸) 플랫폼을 통해 세계적인 감시국가 체제를 구축하여, '동화(co-option), 강압, 은폐(concealment) 정책을 추진하고 있고 더 나아가 스파이 및 사이버 공격분야에서 범세계적 정보 네트워크를 만들어 전(全) 세계를 포위하는데 초점을 맞추고 있다'는 비판까지 나왔다.[35]

특히 시진핑 주석이 BRI, MIC 2025, MCF 등 자유·시장경제 체제에는 없는 다양한 국가도구로서 중국경제에 대해 중국공산당의 통제를 확립하며 경제성장 및 기술발전을 견인하고 있다면서 이러한 국가자본주의를 'CCP Inc(중국공산당 주식회사)'[36]

---

32) 위원회의 목표는 군사목표 달성을 지원하여 중국기업과 학계가 단합하여 향후 군을 지원하기 위해 전체시스템이 동원될 수 있도록 하는 것이다. Bonnie Girard, "US Targets China's Quest for 'Military—Civil Fusion'," *The Diplomat*, November 30, 2020.

33) Lorand Laskai, "Civil—Military Fusion: The Missing Link Between China's Technological and Military Rise," *Council on Foreign Relations*, January 29, 2018.

34) US Government, "The Chinese Communist Party's Military—Civil Fusion Policy," https://www.state.gov/military—civil—fusion/

35) 트럼프 행정부 국가안보좌관을 역임한 McMaster는 이는 결국, 우주, 사이버 공간, 생물학, AI 및 에너지 등 중국이 절도한 첨단기술을 중국군 전력증강에 신속하게 전달(fast tracking)하려는 것, 즉 스파이 행위(espionage)와 사이버 절도(cyber—theft)에 해당하는 것이라 주장한다. H. R. McMaster, "How China Sees the World," *Defense One*, April 25, 2020.

36) CSIS, "CCP Inc.: The New Challenge of Chinese State Capitalism," *Freeman Chair in China Studies*. https://www.csis.org/programs/freeman—chair— china—studies/ccp—inc

이라 부르는 시각도 있다. 이러한 배경에서 미국정부는 중국정부로부터 자금 지원을 받아 미국기업과 협력사업을 하고 있는 중국 핵심 기업의 명단(blacklist)을 작성하여 미국기업이 이들에게 수출할 때 반드시 사전 승인을 받도록 하는 등 규제를 강화하고 있다.

한편, MCF에 대해서 미국이 과잉 대응하는 것에 대한 경계적인 시각도 나온다. 먼저 MCF는 시진핑이 새로 도입한 구상도, 또 모든 중국기업을 총 망라하는 것도, 그리고 중국만 적용하는 전략이 아니므로 중국기업과의 '분리(decoupling)' 전략보다는 문제가 되는 불법행위에 집중하는, 좀더 조율된 대응이 필요하다는 의견이다.[37] 또한 MCF에 대응하여 미국도 그와 똑같은 접근방식을 적용하자는 주장이 나왔지만, 이는 정부의 통제를 강요함으로써 미국기업의 창의성과 혁신을 저해하는 역효과를 내므로 오히려 미국은 민간기업의 방위산업 진출을 더 자유롭게 보장하는 방식을 채택해야 한다고 반박하는 의견도 있다.[38]

결국, 중국은 MIC 2025, MCF와 같은 당(黨) 주도의 경제개발 프로그램을 통해 군(軍) 현대화를 지원하면서 대(對)위성 미사일과 같은 우주무기와 인공지능과 융합된 무인화 자동무기, 극초음속 미사일, 기동형 미사일 탄두(maneuverable missile warheads), 레이저와 같은 지향성 에너지 무기, 고속 레일건 등 새로운 군사과학·기술분야에 많은 투자를 하며 미국의 군사우위를 상쇄하고 아·태지역에서의 자국의 군사주도를 도모하고 있는 것이다.[39] 중국이 개혁, 개방을 추진한 지 약 30년 만에 세계적인 경제대국으로 부상하였고, 이제 냉전 당시 소련보다 더 가공할 만한 미국의 경쟁상대로 등장하며 향후 30년 내에 세계 초강대국이 되겠다는 의미이다.[40]

(4) 중국몽의 군사적 측면

한편, 중국몽의 군사 측면으로 중국의 전략 목표는 결국 미국을 서태평양 및 인

---

37) Elsa B. Kania and Lorand LaskaiI, "A Sharper Approach to China's Military−Civil Fusion Strategy Begins by Dispelling Myths," *Defense One*, February 4, 2021.
38) Anja Manuel and Kathleen Hicks, "Can China's Military Win the Tech War?: How the United States Should, and Should Not, Counter Beijing's Civil−Military Fusion," *Foreign Affairs*, July 29, 2020.
39) Tate Nurkin 외, *China's Advanced Weapons Systems, Jane's by IHS Markit*, May 12, 2018.
40) Campbell and Ratner, "The China Reckoning: How Beijing Defied American Expectations," 전게서.

도양에서 몰아내고 중국이 지역패권을 장악하는 것이라 할 수 있다. 중국이 지역 내 패권을 장악하고 태평양으로 진출하기 위해서는 적어도 세 가지 장애를 극복해야 한다. 첫째, 중국 해안을 포위하고 있는 동·남중국해의 소규모 도련(島鏈)이다. 둘째, 한국, 일본, 대만, 필리핀 등 미국의 동맹 및 파트너들의 저항을 극복해야 한다, 그리고 가장 어려운 것은 오랫동안 이 지역의 해양질서를 주도했던 미 해군의 해양우세를 무력화하는 일이다.

중국의 시각에서 본 서태평양[41]

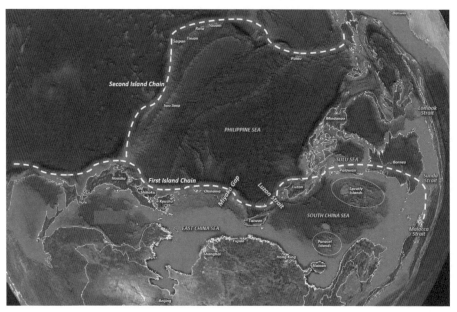

특히 대만에 대한 통제는 중국정부, 즉 중국공산당의 국가통일을 완성하고 해상에서 중국의 지정학적 상황을 극적으로 개선하는 요소이다. 대만을 통제하게 되면 일본-말련 사이의 제1도련을 붕괴시키고, 공세적인 해양확장을 추구함으로써 궁극적으로 서태평양에서 미국의 주도권에 도전할 수 있는 여건이 조성된다. 이것이 중국이 언급하는 '정상상태, 즉 동아시아의 패권 장악을 의미한다.

---

41) Thomas G. Mahnken et al., *Tightening the Chain: Implementing A Strategy of Maritime Pressure in the Western Pacific*, (Washington D.C.: Center for Strategic and Budgetary Assessments, 2019), p. 15.

이러한 배경에서, 2018년 3월 중국해군 관함식에서 시진핑은 해양은 국가안보상 주(主) 위협의 근원, 전쟁준비의 초점, 확장하는 중국 국익의 중심 등 세 가지 요소가 발견되는 곳이라며 '강력한 중국해군의 건설이 오늘날처럼 시급한 적이 없었다'고 강조하였다.[42] 또한 중국해군사령관 선진룽(沈金龙)은 당(黨)의 군대로서 중국해군을 '세계급 해군'으로 건설하며 그 의미로서 세계적 활동영역(global reach), 제해권(command of the sea), 그리고 신속한 해군력 증강을 통해 중국몽의 목표를 최단시간 내 달성하는 것이라고 언급하였다.[43]

그 후 중국해군은 북유럽 발틱(Baltic) 해에서의 중·러 연합훈련, 대서양에서의 음향정보 수집 등 작전영역을 전 세계 해역으로 확장하고 있다. 더 나아가 중국해군은 일대일로 중 해양분야에 보조를 맞춰 인도·태평양, 아프리카, 중동, 유럽, 미주로 빠르게 진출하고 있다. 2017년 6월 20일 중국정부(국가발전개혁위원회와 국가해양국)는 21세기 평화롭고 번영된 해양실크로드를 건설하기 위해 '일대일로 하 해양협력의 비전'과 연관된 3개의 '청색 경제통로(蓝色经济通道, blue economic passages)'를 다음과 같이 제시하였다:

① 중국-인도양-아프리카 및 지중해 항로로서 중국-인도차이나 반도 경제회랑, 중국-파키스탄 경제회랑(CPEC), 방글라데시-중국-인도-미얀마 경제회랑((BCIM-EC))과 연결
② 중국-오세아니아-남태평양(China-Oceania-South Pacific)
③ 중국-북극해-유럽(Europe via the Arctic Ocean)[44]

---

42) "How is China Modernizing its Navy?" *CSIS China Power*, December 17, 2018. 미 국방부는 중국이 이미 많은 분야에서 미국보다 우세한 것으로 평가한다. 2020년 초 기준, 함대 척수로서 중국해군은 130척의 주요 전투함 포함, 350척의 전투함을 보유하고, 미 해군은 293척을 보유하고 있으며 지상기반 탄도·순항미사일의 경우, 중국은 500-5,500km IRBM 1,250발을 보유하고 미국은 70-300km 사거리의 탄도미사일 1종만 보유하며 순항미사일은 보유하지 않고 있다. US DoD, *Military and Security Developments Involving the People's Republic of China 2020*, 전게서.

43) Ryan D. Martinson, "Deciphering China's 'World-class' Naval Ambitions," *Proceedings*, vol. 146, no. 8 (August 2020), pp. 50-4.

44) "Full text: Vision for Maritime Cooperation under the Belt and Road Initiative," *Xinhua Net*, June 20, 2017.

중국의 3개의 해양 실크로드[45]

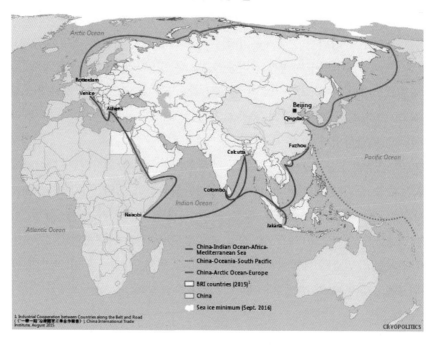

여기서 특기할 점은 중국이 북극해역에 새로 출현 중인 북해항로(Northern Sea Route: NSR)를 일대일로 구상에 포함했다는 점이다. 2013년 북극위원회 옵서버 자격을 획득한 이후 중국은 의도적으로 '근북극국가(近北极国家, near‒Arctic state)'라 스스로 지칭해 왔는데 이제 북극항로를 자국의 핵심 항로로 포함한 것이다. 북극지역 국가들은 중국이 화석연료, 자원, 잠재적 신(新) 항로로서의 경제적 혜택을 목표로 무단침입하려는 것이라 인식했지만, 중국은 에너지 프로젝트와 기반체계 공동 건설, 극지 기후변화와 같은 과학외교가 NSR을 일대일로에 포함하게 된 배경이라고 강조하였다.[46]

이를 통해 얻을 수 있는 전략적 이득은 남중국해, 인도양, 지중해 등 핵심 해상교통로와 다양한 외국항구에의 접근 권한을 획득함으로써 중국해군의 세계작전을 지원하고 특히, 상업목적으로 해양 실크로드 상에 위치한 세계적 항구 네트워크를 구축하여

---

45) Levon Sevunts, "China's Arctic Road and Belt gambit," *Radio Canada International, Eye on the Arctic*, Tuesday, October 3, 2017; "Industrial Cooperation between Countries along the Belt and Road," *China International Trade Initiative*, August 2015.

46) Marc Lanteigne, "Who Benefits From China's Belt and Road in the Arctic?," *The Diplomat*, September 12, 2017.

중국해군 함정의 물리적 현시를 증진시킴으로써 전력투사 능력을 획득할 수 있다는 점이 제기된다.47) 이에 추가하여, 중국 경제가 장기간 고속 성장함에 따라 필요로 하는 해외 에너지자원에의 접근을 보장하고 해외 중국인의 생명과 재산을 보호하는 임무를 수행함으로써 중군 해군이 범세계적으로 작전영역을 확장하는 수단이 될 수 있다.

한편, 2018년 시진핑 국가주석의 임기 제한이 폐지되어 사실상 앞으로 무기한 중국을 통치할 수 있는 길이 열렸다. 중국이 앞으로도 상당 기간 강력한 일인(一人) 통치 하에 국가역량을 총동원하여 해군력을 증강하고 동·남중국해에서 추진 중인 해양팽창을 기정사실화할 것이라고 예측할 수 있다. 현재 중국은 세 번째 항공모함을 건조하고 있고 과거 중국해군 사령관 류화칭이 설정했던 제1 도련 해역의 해양통제 (제해권)는 어느 정도 달성한 상태에서 시진핑 국가주석은 중국군을 더욱 치명적이고 효율적인 전력투사(power projection) 수단으로 만들기 위한 군 개혁을 주도하고 있다.

만약 중국이 미국을 서태평양에서 몰아내고 남중국해에서 팽창(확장)에 성공할 시, 어떤 결과가 나올까? 이 점에 대해 미국 Johns Hopkins대학 교수 Ott는 다음과 같이 주장한다:

> 무엇보다도 지역 내 동맹 및 파트너에 대한 미국의 안보지원 공약의 신뢰성이 무너지면서 세계 지정학은 새롭고 매우 상이한 시대로 진입할 것이다. 동남아는 중국의 의지에 굴복하고 순응할 것이며 호주는 아시아로부터 고립되고 미래가 불확실해진다. 또 한국과 일본은 경제 생명선인 해상교통로(SLOCs)를 중국이 통제하는 새롭고 위험한 현실 속에 살아야 할 것이며 오직 중국의 허가 하에 이를 사용하게 될 것이다. 한편, 인도는 남중국해 및 동남아로의 접근의 자유가 상실될 것이며 유럽 또한 아시아로의 접근은 중국의 허가 하에서만 가능해지는 상황이 될 것이다. 특히 이 모든 것이 세계경제의 중심으로 부상한 아시아 지역에서 일어난다는 사실은 과히 충격적이다.48)

결국, 중국이 남중국해를 주도하게 되면, 지역의 핵심 해상교통로를 통제하게 되고 그럴 경우, 한국, 일본, 대만 등 지역국가들은 중국의 정치, 군사, 경제적 요구에

---

47) James E. Fanell, "China's Global Navy: Today's Challenge for the US and the U.S. Navy," *Naval War College Review*, vol. 73, no. 4, 2020, p. 30.
48) Marvin Ott, The South China Sea in Strategic Terms, *Wilson Center*, May 14, 2019.

굴복하게 됨으로써 결국 미국의 국제적 리더십과 주도적 영향력이 종식되고 새로운 강국, 즉 중국이 그 자리를 차지한다는 의미이다. 중국몽이 지향하는 목표가 바로 이 것이라고 볼 수 있다.

2. 작전적 접근방식으로서 기정사실화 전략

2014년 러시아가 우크라이나를 침공한 후 이렇다 할 외부 간섭 없이 목표로 했던 상황이 기정사실화되는 방향으로 전개되었다. 한편 중국의 A2AD 능력과 해·공군력이 꾸준하게 신장하고 대외정책이 더욱 일방적·공세적인 방향으로 전개되면서 서태평양에서도 이와 비슷한 상황, 즉 러시아가 구사한 기정사실화 전략을 중국이 시도할 수도 있다는 우려가 제기되었다. 중국지도부는 미국이 쇠퇴하는 국가라고 인식하면서 G2의 일원으로서 그 어느 때보다 자신감을 가지고 행동하기 시작하였다. 중국은 장기전에서 아직 미국을 이길 수는 없지만, 지리적 근접성과 기습을 이용하여 서태평양의 핵심 지역(예: 대만, 센카쿠 등)을 신속하게 장악하고 미국이나 동맹이 대응하기 전에 상황을 종료할 수 있다는 점이 우려된 것이다.

가. 서태평양에서의 중국 A2AD 거품

특히 중국은 주로 다양한 첨단 탄도·순항미사일을 공중 및 해양방어 체계와 함께 운용하며 지역 내 미군작전을 견제하고 있다.[49] 중국의 A2AD 능력의 주력인 대지(對地), 또는 대함(對艦) 미사일은 주로 대만해협이나 남중국해에 집중되어 있어 인근 해역에서 작전 중인 미 해군의 항모강습단(CSG)이나 오키나와, 괌 등 지역 내 미군 기지를 사정권 내에 두고 있다. 이들은 첨단 재진입 항체 기술로 무장되어 정밀타격 능력과 대부분의 해상미사일 방어체계를 우회하는 능력을 보유하고 있다. 한편, 중국은 공역(空域) 거부를 위해서 공군전투기와 S-400이나 S-300 등 정교한 공중·

---

49) A2AD에 대해서는 Eric Heginbotham, et al., *The U.S.-China Military Scorecard: Forces, Geography, and the Evolving Balance of Power, 1996-2017* (Santa Monica, CA: Rand Corporations, 2015), chapter 2 참조.

미사일방어 플랫폼과 통합방공체계를 운용하고 있다. 또한 중국은 미국의 위성이나 GPS를 교란하기 위해 대(對)위성 무기도 운용하고 있다. 2018년 중국해군은 함정 및 잠수함 척수 측면에서 미 해군을 능가하는 한편, 신형 함정을 지속적으로 건조하며 미 해군과의 격차를 더욱 벌이고 있다.[50]

중국의 A2/AD 거품[51]

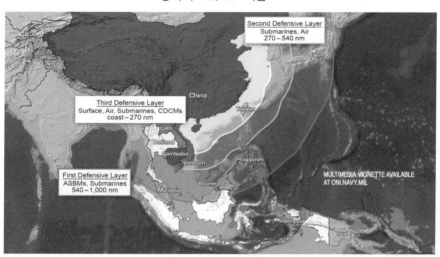

아·태지역에서 미국은 오랫동안 압도적인 미 해군의 전력투사 능력에 기반한 해양통제와 유사 시 긴급 해상수송(surge sealift) 능력을 통해 법에 기반한 지역 해양 질서를 유지해 왔다. 그런데 중국의 A2AD 능력 확산으로 이 같은 능력의 행사가 제한되는 상황이 온 것이다. 미국으로서는 지역 분쟁이 발생할 때 승리는커녕, 전장에 도착하는 데에도 극도로 비싼 대가를 치러야 하는 위험한 상황에 직면한 것이다. 반대로 중국은 대함(對艦) 탄도·순항미사일과 해·공군력을 중심으로 하는 강력한 A2AD 능력으로 기정사실화(a fait accompli)를 위협함으로써 싸우지 않고도 이길 수 있는 상황이 되었다.

---

50) 중국은 2020년 기준, 준장거리 탄도미사일(IRBM) 발사대 약 200대와 DF-21D 대함탄도미사일 200발 이상을 배치하고 있다. US DOD, *Military and Security Developments Involving the People's Republic of China 2020*, 전게서.

51) Missile Defense Advocacy Alliance, "China's Anti-Access Area Denial(A2AD)?" August 24, 2018.

나. 기정사실화 우려

　　서태평양에서 기정사실화란 한번 현상(status quo)이 변경되면 중국의 A2/AD 하에 그 원상회복이 극도로 곤란하다는 것을 이용하여 중국이 새로운 현상으로 굳히기에 들어간다는 뜻이다. 특히 서태평양에서 유사(有事) 상황 발생 시, 미군은 본토에서 태평양 또는 대서양을 넘어 대규모 증원전력을 수송하는데 수반되는 '거리·시간의 전횡'으로 인해 즉각 대응(현지전투)은 곤란하다. 또 분쟁구역 외곽에 도착한 미군 전력이 중국의 A2/AD 네트워크를 통과하는 것도 매우 도전적인 일이다. 미군은 전선(戰線)에 도착하기 위한 전투부터 먼저 치러야 한다.

거리와 시간의 전횡[52]

　　중국이 기정사실화 전략을 구사하기 위해 선택할 수 있는 대상은 첫째, 미국이 개입하기 어렵거나 미국의 동맹 및 파트너 네트워크 중 가장 취약한 국가, 둘째 미국의 개입은 회피하면서도 중국이 초전에 확보한 이득을 기정사실화할 수 있을 정도로 신속, 충분한 전력으로 침공할 수 있는 곳이다. 이에 맞는 곳은 동·남중국해, 대만 또는 센카쿠 열도로 압축될 수 있다. 그런데 남중국해의 경우, 중국이 소위 '살라미 자르기(salami slicing)' 전략, 회색지대(grey-zone) 작전,[53] 해군, 해경, 해상민병대[54]

---

52) Thomas G. Mahnken, *Tightening the Chain: Implementing A Strategy of Maritime Pressure in the Western Pacific*, 전게서, p. 14 및 CSBA, "AirSea Battle" (presentation slide deck), May 18, 2010.

53) 중국의 회색지대 전략(grey zone strategy)은 해경과 어선(해상민병대)의 조업을 이용하여 분

등을 활용한 '양배추 전략(cabbage strategy)' 등을 통해 현상을 변경한 후 이미 기정사실화에 들어갔다. 이제 시간이 가고 고착되면 남중국해는 중국의 영역이 되고 중국은 남중국해에서 군사 주도권을 장악하고, 사실상의 해양통제를 행사하게 된다.

동중국해에서의 기정사실화 시나리오는 이와는 조금 다르다. 현상을 기습적으로 변경한 후에 미군이 개입하기 전에 이를 기정사실화해야 한다는 점이다. 중국이 신속하고 결정적으로 대만이나 일본 류큐 열도의 센카쿠 등을 점령한 후, 미국이 동맹을 지원하기 위해 군사 개입을 하며 중국과 확전하는 데 너무 비싼 대가를 치르도록 함으로써 개입을 아예 포기하도록 만들어야 한다. 최근 사례로서 2014년 러시아의 크리미아 침공 형태와 유사하다.

특히 대만이 중국의 기정사실화 전략에 좀더 적합한 요소가 있다. 첫째, 대만에 대한 통제는 중국공산당의 국가적 통일과업을 달성하는 요소이다. 둘째, 대만에 대한 통제는 해상에서 중국의 지정학적 상황을 극적으로 개선시킨다. 셋째, 중국 A2AD 능력의 확장으로 더 이상 미국이 대만에 대한 중국의 침공을 억제하기가 곤란해진 상황이 되었다. 즉, 이제까지 대만해협의 평화를 유지해 온 미국의 대만관계법(TRA)의 소위 '전략적 모호성(strategic ambiguity)'[55]이 더 이상 억제요소로 충분하지 않게 된 것이다. 마지막으로 중국은 필요 시 대만 본토가 아닌, 중국 본토에 인접한 마조(馬祖), 금문(金門), 그리고 팽호(澎湖), 더 나아가 남중국해 북단에 있는 동사군도(the Pratas)나 남사군도 최대의 섬인 타이핑타오(太平島, Itu Aba)를 기습점령한 후 이를 기정사실화할 수도 있다.

미 해군대학의 중국전문가 Lyle J. Goldstein은 중국군은 현재 대만을 수 주(週)

쟁영역에서 중국이 주장하는 영유권을 확립하되, 절대적으로 필요하지 않는 한 해군 함정, 항공기의 직접 운용은 삼감으로써 미국의 군사대응을 유발하지 않는 것을 의미한다.

54) 해상민병대(People's Armed Forces Maritime Militia: PAFMM)는 남중국해에서 중국이 주장하는 영유권을 확립하는 소위 '살라미 자르기(salami-slicing) 전략'을 시행하는 핵심 수단으로 중국 해양력의 중요 요소이다. 주로 무장선원이 승선한 어선으로 구성되며 중국 민병대의 하부 조직으로 기본적인 지원임무를 수행하기 위해 동원된 무장 예비전력이라 볼 수 있다. 그동안 2011년 베트남 해양조사선의 방해활동, 2012 필리핀 Scarborough Shoal 불법점령, 2014년 베트남 석유탐사선과의 대치 활동 등에서 지원역할을 수행했다. 남중국해에서 싸우지 않고 중국의 정치목적을 달성하기 위한 강압(强壓) 활동의 주역이다.

55) 1979년 미국이 중국과 국교를 수교하면서 동시에 입법한 대만관계법은 대만 방위에 필요한 미국의 지원을 전략적으로 애매하게 명시함으로써 중국의 무력사용을 억제하는 동시에, 대만의 독립추구를 막는다는 목적으로 입안(立案)된 것이다.

내로 점령할 수 있는 능력을 가지고 있다고 경고하며 고도로 훈련된 특수전 팀이 공정, 헬기, 소형 보트(小舟艇)로 침투하여 대만 후방에 혼란한 상황을 조성하면 후속부대가 대만 내 공항과 항구를 점령하고, 동시에 장거리 로켓·포병체계와 순항·탄도미사일로 대만의 핵심 지휘소 및 방공체계, 해·공군을 무력화시키고 교통망을 파괴할 것이라고 예상한다. 더 나아가 그는 미국이 대만 상황에 개입할 시 치명적인 군사패배로 귀결되고, 핵전쟁의 위험으로 몰고 갈 수 있다는 것이 전혀 과장된 것이 아니며 미국이 적극 개입하여 중국과 대만이 무력충돌의 위험에서 물러나도록 해야 한다고 권고한다.[56]

Washington Examiner의 Jamie McIntyre 선임기자는 중국군은 전쟁에서 패배하는 것이 정치적으로 용납될 수 없는 상황에 있음으로 어떠한 대가를 치르더라도 승리를 추구할 것이며 시진핑은 '미국과 중국이 충돌 침로에 있으며 미국과 무력분쟁 없이 중국이 패권국으로 부상하기를 희망하지만 어떠한 형태이든 미국과의 분쟁이 불가피하다고 생각하며 그것은 언제, 어떠한 환경에서 발생할 것인지가 문제'라고 주장한다.[57]

결국, 중국은 미사일 중심의 A2AD 능력 비호아래 해군, 해경, 해상민병대로 구성된 해상전력으로 기정사실화(a fait accompli)를 포함, 사실상 모든 카드를 손에 쥔 채, 서태평양에서의 미국의 힘과 영향력을 무력화시킬 수 있는 상황이 된 것이다. 따라서 미국과 동맹에 의해 중국의 A2/AD를 상쇄하고 기정사실화를 차단하는 조치가 취해지지 않을 때, 서태평양 작전전구에서의 군사균형은 미국에 더 불리하고 불안정하게 될 것이다.

이제 미국은 분쟁의 억제태세를 강화할 뿐만 아니라 현시(顯示)를 통해 중국의 회색지대 작전, 즉 기정사실화를 거부하는 효과적 즉응태세를 구축해서 중국의 무력 침공이 엄청난 대가를 수반할 것임을 중국이 믿도록 해야 한다. 그것도 선언이나 공약이 아닌 행동으로서 미국의 의지와 능력을 보여줘야 하는 상황이 된 것이다. 결국, 중국이 '중국몽'이라는 공세적인 국가 통치이념으로 무장하여 과거 냉전 시기 소련보

---

56) Lyle J. Goldstein, "Beijing has a plethora of military options against Taiwan after 2022," *The Hill*, March 10, 2021.

57) Jamie McIntyre, "What US war with China about Taiwan would look like," *Washington Examiner*, March 11, 2021.

다 더욱 막강한 힘과 영향력을 보유한 극히 위험한 존재로서 미국 역사상 가장 강력한 적대국으로 등장한 것이다.

이렇게 중차대한 시기에 미국의 패권질서를 수호하고 지원하는 가장 중요한 정책수단인 미 해군의 전투준비 태세 및 미래전에 대비한 전략적 역량이 크게 쇠퇴하고 있었다는 점이 드러난다.

3. 미 해군의 쇠퇴

중국해군이 신속한 해군력 증강을 통해 범세계적 활동영역(global reach)과 제해권(command of the sea)이라는 목표를 설정하여 세계급 해군으로 발전함으로써 '중국몽'의 목표를 최단시간 내 달성하려는 이런 중차대한 시기에 미 해군은 오히려 빠르게 쇠퇴했다. 2001년 이후 미국이 중동 대(對)테러 및 지상전의 수렁에 빠져 있는 동안 미 해군의 전비태세가 심각하게 손상되고 미래 전쟁에 대비한 전력발전에 투자를 소홀히 한 결과, 단기에 치유할 수 없는 불구화(不具化)가 진행된 것이다. 미국의 경제적·군사적 패권질서 유지에 가장 중요한 국가정책 수단인 미 해군의 전투역량이 심각하게 녹슬고 있었던 것이다.

가. 전비태세 실종

2017년 서태평양에서 미 해군의 주력인 미 7함대 소속 이지스(Aegis) 구축함 2척(USS Fitzgerald, USS John S. McCain)이 상선과 각각 치명적인 충돌사고를 일으켜 승조원 17명의 귀중한 인명과 전투력이 장기간 손실되는 일이 발생했다. 그 결과, 미 해군의 전비태세에 대한 불신이 확산되고 지난 100여 년간 쌓아온 세계 최강 미 해군의 명성 및 신뢰성이 심각하게 손상되었다. 기본적인 안전 항해조차도 쉽지 않은 상태에서 복잡한 전투상황에서의 임무수행은 어떻게 감당한다는 말인가? 이 사고는 당시 미 해군이 안고 있던 고질적인 조직, 작전, 전략적 문제요소를 총 망라하며 미 해군 전투력의 실상을 대변하는 사례였다.58)

사고원인으로는 다음 세 가지가 거론되었다. 첫째 먼저 7함대 소속 함정들의 훈련 부족이었다. 냉전 종식 후 지난 25년간 미 해군 함정 척수가 크게 감소한 결과, 함정들이 너무 바쁜 것(too small, too busy)이 탈이 났다는 것이다. 미 해군전력은 매 2년 주기로 전개(deployment), 정비, 훈련, 그리고 전개 임무수행을 위한 인증(認證) 단계로 구성된 순환식 전비주기(rotational readiness cycle)를 사용한다. 2015년 미 의회 회계감사원(GAO: Government Accountability Office) 보고서에 따르면 미 본토에 배치된 구축함/순양함은 대략 전개 40%, 정비 및 훈련 60%의 시간을 할당받는데 비해, 일본에 배치된 7함대 함정들은 전개 67%, 정비 33%의 시간을 할당받으며 훈련을 위해 부여된 기간은 별도로 없었다.59) 매년 함정 승조원의 약 1/3이 새로 전입(轉入)되어 오는데 이들이 소정의 기본적 전술기량을 습득하고 승조원 모두가 적정 수준의 팀워크(team work)를 유지하는데 필요한 환기(換氣)훈련(a refresher training)이 불가하다는 의미였다.

둘째, 예산제약으로 인한 정비 불량이다. 2012년부터 국방예산 강제 감축(sequestration)이 시행된 후 예산부족으로 정비가 지연되거나 부실하고 수리부속의 공급도 원활하지 않아 항공기나 잠수함보다는 수상함정, 특히 해외배치 함정들의 전반적인 전비태세의 하락현상이 계속되고 있다고 GAO 보고서는 분석하였다.60) 이러한 배경에서 타기(舵器)나 추진기 등 장비의 오(誤)작동이 사고원인으로 제시되기도 하였다. 또한 중동 지상전에 필요한 인원을 염출하고61) 예산절약을 위해 함정 승조원의

---

58) Roger Wicker and Jerry Hendrix, "How to Make the U.S. Navy Great Again," *The National Interest*, April 18, 2018.

59) Sam LaGrone, "Chain of Incidents Involving U.S. Navy Warships in the Western Pacific Raise Readiness, Training Questions," *USNI News*, August 21, 2017.

60) Daniel Straub and Patrick Cronin, "Course Correction: The Navy Needs to Invest in People, Not Just Platforms," *War on the Rocks*, September 1, 2017.

61) 2006-2009년간 순양함과 구축함의 승조원 1,200명이 차출되어 중동 지상전에 파견되었다.

정원을 과도하게 축소한 결과, 적은 인원으로 과거 보다 더 많은 임무를 수행해야 하는 승조원의 피로도는 나날이 악화되었다.

셋째, 항해당직자들의 무사안일과 함 기동(機動)에 대한 불철저한 지휘가 사고원인으로 거론되었다. 다시 말해 작전템포(tempo), 승조원 훈련 수준, 예산(정비) 등 제3의 요소를 사고원인으로 탓하는 것은 무책임한 행동이라는 시각이었다. 이번 사고들이 전투진형(陣形)이나 기동훈련, 또는 등화(燈火) 관제나 무선통신의 침묵 등이 요구되는 특정 전술상황이 아닌, 가장 기본적인 단독항해 중에 발생했다는 점에서 이러한 지적이 나왔다.

하지만, 사고원인으로 국제 해양안보 연구센터 CIMSEC(Center for International Maritime Security)의 Dmitry Filipoff는 2001년 미국이 중동 지상전에 개입한 후 지난 15년 동안 미 해군이 그렇게 불요불급하지 않은 전방현시 임무에 매진(all in)한 결과, 정말 중요한 임무인 전투준비에 소홀해졌기 때문에 전비태세가 총체적인 부실에 빠진 것이라며 다음과 같이 주장하였다: 첫째 중동 대(對)테러 전쟁이나 지상전에 기여할 수 있는 이렇다 할 임무가 없다보니 미 해군은 전방현시(forward presence) 임무에 몰두했고, 둘째, 급격히 감축된 전력으로 전투사령관(combatant commanders)들의 현행 작전 소요에 부응하기 위해 더 많은 현시임무를 수행하다 보니 함정의 전개소요가 급격하게 늘어났으며, 셋째, 그 결과 함정들의 정비유지(maintenance)는 지연되고 교육·훈련 시간은 점점 더 단축됨으로써 물질적·인적 전투준비 태세는 더욱 열악해진 상태에서, 넷째, 작전·훈련 인증이 피상적 겉핥기식으로 진행되어 승조원들이 기본적 전기를 갖추지 못하는 상태에서 사고가 발생하였다.[62]

Filipoff는 미 해군의 훈련 상태를 다음과 같이 지적한다. 그동안 미 해군이 실시한 주요 훈련의 키워드(key words)는 높은 킬 비율(high kill ratios), 한 번에 한 가지 전기(戰技, skill sets) 훈련, 형편없는 훈련 결과분석(debriefing), 약한 대항군이었다. 해군

또한 당시 Vern Clark 미 해군참모총장이 효율성을 추구한다는 명분으로 함정 승조원의 교육·훈련을 컴퓨터 매체로 대체하고 함정의 견시(lookouts)까지 삭감하는 등 승조원 정원을 대폭 감축하였다. 충돌사고 배경으로서 미 해군의 여러 가지 구조적 요인은 Robert Faturechi, Megan Rose and T. Christian Miller, "Years of Warnings, Then Death and Disaster: How the Navy failed its sailors," *Propublica*, February 7, 2019 참고.

62) Dmitry Filipoff, "A Navy Astray: Remembering How the Fleet Forgot to Fight," *CIMSEC*, September 9, 2019.

의 연습·훈련 인증구조는 일반적으로 개별적인 전기(戰技)와 전쟁영역, 즉 대(對)수상전 및 대공전 등에 초점을 맞추는 형태를 취했고 대개 각본으로 구성되었고 그 결과는 사전에 알려졌으며 대항세력은 일방적으로 패배하도록 계획되었다. 더군다나 함정들은 빡빡한 전개일정에 따라 시간에 쫓기는 가운데 '전개 가능'이라는 인증을 취득하기 위해 반드시 실시해야 하는 훈련항목은 너무 많다보니 전술·전기의 극히 피상적·부분적인 감각만 겨우 다루면서 지난 15년 간 훈련해 온 것이다. 이런 상황 속에서 수상함, 잠수함, 항공기가 함께 참여하는 다중영역(multi-domain) 방식의 실전적인 연습이나 훈련은 거의 실시되지 않았다.

나. 미래전 준비의 소홀

한편, 해군의 실전적 교육훈련·연습 부족은 함정이나 승조원의 전투기량 문제보다 훨씬 더 심각한 요소, 즉 미래 전쟁에 대비한 전력발전과 직결되었다. 함정들이 전방현시 임무에 현실적으로 너무 바쁘다보니 실전적 연습·훈련의 기회도 적었을 뿐만 아니라 전쟁수행을 위한 아이디어가 거의 시험되지 못했다. 또 어떤 아이디어가 전쟁연습에서 시험될 수 있었다 해도 각본이 짜여 대항군의 역할이 거의 없는 가운데 실시됨으로써 미래전 수행을 위한 전술이나 전력발전으로 연결되기가 어려웠다. 또한 형식적 각본훈련으로는 노련한 전투전문가를 발굴, 양성하는 일도 불가능하였다. 과거 미 해군은 노련한 원·상사들이 주축이 되어 함정을 운용했는데 이제 그런 노련한 전투전문가는 찾아보기가 힘들어졌다.

사실, 지난 15년 동안 중동 지상전쟁 중 스스로를 위해 일할 수 있는 시간과 정신적 여유를 가진 군(軍)이 있었다면, 그것은 바로 미 해군이었다. 해군과 달리 육군과 공군은 바쁜 지상전쟁의 와중에도 전력을 순환시키는 실전적인 연습·훈련을 정기적으로 실시하였다. 공군은 Red Flag 훈련을 실시했고 육군은 종종 큰 손실을 입히고 동시에 다양한 자산을 운용하는 적대세력에 맞서 경쟁하는 실전적인 훈련을 실시했다. 미 해군도 전방현시 임무를 수행하는 동안에도 본연의 임무인 해양에서의 전투준비에 적절한 시간과 노력을 할당하며 부단하게 전비(戰備)태세를 가다듬어야 했다.

특히 당시 중국해군이 무서운 속도로 전력을 증강하며 미 해군의 전통적 해양우세에 도전하고 있던 시점에서 미래전쟁에 대비하여 해군 스스로 전투력 향상을 위해 노력하는 것은 당연한 본연의 임무였다. 그러나 미 해군은 전방현시, 즉 전투사령관 (combatant commanders)들의 현행작전을 지원하는데 어렵게 준비된 해군력을 소진(消 盡)한 것이다. 미 해군이 전력부족으로 현행작전 소요를 충족하는데 급급하다보니 전 비태세 유지와 미래전쟁에 대비한 전투발전 업무 측면에서 모두 실패한 것이다.

문제는 당시 미 해군의 문화가 십여 년 동안 구축된 매우 비정상적·비(非)실전 적인 업무 및 교육·훈련에 의해 무겁게 형성되어 '무능함이 새로운 정상(正常)이 되 고 있었다(Incompetence is the standard)'[63]는 점이었다. Fitzgerald(DDG-62)함과 John S. McCain(DDG-56)함의 충돌사고 후 검토된 2017 전략적 대비태세 검토보고서 (Strategic Readiness Review)는 이에 대해 다음과 같이 지적 한다:

'일탈(逸脫)의 정상화(normalization-of-deviation)'는 함대의 문화기반으 로 자리 잡고 있다. 지휘관과 조직이 무엇이 바른 것인지에 대한 감을 잃고 변질 되고 낮아진 전비태세 표준을 새로운 정상상태(the new normal)로 수용하고 있 다.[64]

그 결과, 세계 최강 미 해군에 대한 신뢰가 땅에 떨어졌다. 미 해군은 제2차 세 계대전 종전 이후 미국의 패권질서를 수호하고 지원하는 가장 중요한 국가정책 수단 으로서 전 세계의 해양안보를 보장하고 특히 아·태지역이 세계 경제발전을 추동하도 록 만드는데 기여하였다. 또한 현재 미 해군은 지역 내 중국의 일방적·공세적인 해 양확장 공세를 견제하는 주도적인 역할을 하고 있는데 이번에 드러난 전비태세의 부 실로 그 신뢰성에 금이 간 것이다. 미 해군이 냉전 종식 이후 누적되어 왔던 여러 가 지 구조적 부실이 드디어 한계점에 도착한 것이었다.[65]

국제관계에서 일국(一國)의 군사능력에 대한 신뢰성과 평판은 그 국가의 힘과 영 향력을 행사하거나 적대국 또는 잠재 적국의 기도(企圖)를 차단하고 도발을 억제하는 데 매우 중요한 요소이다. 이와 관련, 중국의 반응이 주목할 만하다. 중국 인민일보

---

63) Faturechi, et al., "Years of Warnings, Then Death and Disaster: How the Navy failed its sailors," 전게서.

64) Secretary of the Navy, *Strategic Readiness Review 2017*, December 3, 2017, p. 3. http://s3.amazonaws.com/CHINFO/SRR+Final+12112017.pdf

65) Bushrod Washington, "Strategic Readiness Review: The Navy is at a Breaking Point," *The Federalist Papers*, December 15, 2017.

(人民日報)는 2017년 미 구축함 Fitzgerald의 충돌 사고원인으로 발표된 형편없는 씨맨십(seamanship)과 항해당직에 있어서 결함(缺陷)을 인용하며 미 해군이 남중국해에서 항행의 자유를 보장하기 위하여 전력을 배치하고 있다고 주장하는데, 이 사건은 오히려 미 해군의 존재야말로 아시아 해역에서 통항선박에 대한 방해(妨害)요소가 되고 있으며 누가 이 해역을 군사화하고 또 통항에 위협이 되고 있는지를 이제 누구라도 말할 수 있게 만들었다고 비난하였다.66)

다. 긴급증강(surge) 역량의 위축67)

　　냉전 종식 이후 미 해군은 함대의 근본적인 작전구조, 전비주기에 대한 대대적 개혁을 실시했다. 앞서 언급했지만, 해군의 전비주기는 지정된 기간 내에 준비된 해군력을 생산하는 전개, 정비, 훈련, 전개 및 인증단계의 표준화된 기간이다. 전비주기는 함정이 주기 내 다양한 단계에서 어떻게 움직이고 있는지, 그리고 필요에 부응하여 전력운용이 가용하게 되는 시기와 관련이 있다.

　　그러나 미국이 중동 지상전에 개입한 직후 미 해군은 짧은 시간에 함대를 급증시키는 긴급증강(surge) 능력을 높이고 전방해역에서 지속적인 현시(顯示)를 높일 필요가 있다고 인식했다. 이를 통해 미 해군의 존재감을 과시함으로써 해양에서 잠재적 불안정요소가 출현하는 것을 아예 근절하겠다는 의도였다.68) 이에 따라 다수의 항모 전투단이 동시에 급하게 증강되어 전개되는 훈련을 자주 실시하였다. 이는 정해진 전비주기를 스스로 파괴하는 효과를 가져 왔다. 또 전방현시를 중시하는 새로운 전략은 종종 함정의 전개 기간을 연장하도록 유도했다. 그 결과 얼마 되지 않아 해군의 전비주기는 전력운용의 표준으로서 규범력을 상실했다.

　　특히 미 해군 함정들은 전방현시 임무소요가 나날이 늘어나면서 함정의 전개기

---

66) "US Navy becoming a hazard in Asian waters: China Daily editorial," *China Daily*, August 21, 2017.

67) Dmitry Filipoff, "How The Fleet Forgot to Fight, PT. 5: Material Condition and Availability," *CIMSEC*, October 22, 2018.

68) 미 해군·해병대는 이라크 전쟁이 시작된 직후 '해군 변환 로드맵(2003)'을 시행하며 네트워크화, 해상기반의 전력투사, 전 세계로의 접근보장 능력을 목표로 설정하여 혁신을 추진했다. Department of the Navy, *Naval Transformation Roadmap: Power and Access … From the Sea*, Washington, D.C., 2003.

간이 계속 연장되었다. 이미 전개된 일부 함정은 짧은 시간에 임무가 연장되었다. 그 결과, 늘어난 전개임무로 인해 더 많은 정비소요가 발생했다. 당연히 함정은 계획했던 정비기간을 수개월까지 뒤로 늦춰야 하고 정비소요 기간이 계획보다 증가하는 현상이 비일비재 발생했다. 심지어 일부 함정은 정비기간이 계획의 세 배로 늘어났다. 정비기간의 초과가 자주 발생하다보니 정비 중인 함정의 기(旣)계획된 작전운용(전개)을 충당하기 위해 다른 함정은 예정보다 더 빨리 전개되어야 했다. 한편, 함대가 압박을 받으면 받을수록 장비사고(事故) 및 정비소요는 더욱 증가하였고 정비 및 교육·훈련 문제가 나날이 악화되었다.

그 결과, 많은 함정이 예상보다 훨씬 오랜 기간 정비 및 복잡한 성능개량을 실시함에 따라 유사(有事)사태가 발생하더라도 짧은 시간에 함정을 전개하기가 더욱 어렵게 되었다. 이렇게 악순환이 반복되다 보니 자연스럽게 함정의 전비태세를 유지하고 장비 성능을 정상 발휘하도록 하는 일이 더욱 더 어려워졌다. 휴식부족으로 인한 승조원의 사기 문제는 더욱 심각해졌다. 함정의 정비, 교육·훈련이 복잡하게 꼬이면서 결국 긴급증강, 즉 surge 능력이 더욱 감소한 것이다. 결국, 함정과 항공기를 양호한 상태로 유지하고 정비소요를 단단히 통제하는 방법을 아는 것이 유사 시 긴급증강(surge) 역량을 보존하고 미래전쟁에 대비하는 핵심적인 요소였던 것이다. 그러나 함정의 전비주기가 무의미해지고 함정의 운용이 불규칙적으로 파행되자, 미 해군은 함대 긴급증강 능력을 스스로 파괴하면서 강대국 전쟁과 관련된 중차대한 전략적 역량의 손실을 자초한 것이다.

현행작전 소요와 관계없이 잠재적 긴급증강(surge) 역량을 유지하는 것은 초강대국의 가장 중요한 국가안보 소요 중 하나였다. 그것은 유사 시 국가 주요 사태에 효과적으로 대응하는 데 필요한 유연성을 제공한다. 특히 미국은 전방으로 함대를 급하게 증강하기 위해 대양을 건너야 한다는 점에서 군사적 대응에 있어 지리학적으로 큰 불이익을 받고 있다. 러시아와 중국과 같은 경쟁국들은 주요 사태가 자기 앞마당에서 발생할 가능성이 높기 때문에 시간·공간 및 전력의 집중에서 상대적 이점을 쉽게 얻을 수 있다. 특히 모항에서 훨씬 더 가까운 곳에서 전력을 운영함으로써 이들은 상황이 급박한 전쟁 초기에 매우 우수한 surge 능력이라는 이점을 보유한다. 이에 비해 미국은 상대적으로 전방 전개된 군대가 전체 전력의 일부이며, 증원증력은 먼 거리에서 긴급증강(surge)해야 한다.

특히 해전은 해군 능력의 집중된 특성 때문에 무장 성능의 작은 차이에서 오는 화력 불균형(firepower overmatch)으로 승패가 결정된다. 이러한 경향은 미사일 시대에 단 한 번의 타격만으로도 쉽게 함정을 불능화(不能化)할 수 있다는 사실이 증명한다. 따라서 무장이 조금 열세한 함대는 쉽게 패할 수 있다. 이러한 점은 긴급증강(surge) 능력을 성공의 기초로 만든다. 그런데 미 해군은 전방현시를 지원한다고 이 같은 긴급증강(surge) 역량을 희생한 결과, 미래 강대국 간의 전쟁에서 꼭 필요한 전략적 역량을 가장 심각한 방법으로 스스로 저하시킨 것이다. 더욱 심각한 것은 이로 인해 미 해군의 자신감이 심각하게 손상된 것이다.

라. 전략 해상수송 능력의 부식

미 해군 현존전력의 긴급증강(surge) 능력뿐만 아니라 유사 시 본토에서 증원전력의 긴급증강(surge)에 필요한 전략 해상수송(strategic sealift) 능력도 심각하게 부식(腐蝕)되었다. 해양국가 미국은 바다 너머 유럽과 아시아와의 교역으로 경제발전을 도모하는 동시에, 유라시아에서 유리한 힘의 균형을 유지하는 안보전략을 발전시켜 왔다.[69] 유라시아에 유사(有事)사태가 발생하면 미국은 미 본토에서 태평양과 대서양을 건너 엄청난 분량의 육군·해병대 장비와 물자를 해상으로 수송하여 전장(戰場) 부근에서 압도적인 전력을 건설한 후 전쟁에 참여한다. 이러한 수단이 바로 전략 해상수송 능력이다.[70] 해상수송(Sealift)은 전쟁 속도로(at the speed of war) 장거리에서 미군 전력을 지속 지원하는 능력이다. 아무리 4차 산업혁명시대의 기술로 무장된 첨단전력이라도 전장(戰場)에 제때 도착해야 기능발휘가 가능하다. 따라서 전략 해상수송 능력이 전력투사의 기초이자 전쟁 억제력의 한 핵심 요소이다.

그런데 미국이 냉전 종식 후 오랜 기간동안 이 중요한 전략 해상수송 능력에 투자를 게을리 하였다. 그 결과, 초강대국 미국의 패권질서를 유지하는데 필수적인 또

---

69) Rob Wittman, "Military sealift is America's Achilles' heel," *Navy Times*, June 30, 2020.

70) 한반도 유사 시 대규모의 미 증원전력이 '시차별 부대전개목록(TPFDD)'에 따라 전개되는데 이들 장비와 물자를 수송하는 것도 바로 전략 해상수송 능력이다. 제2차 세계대전 중 미국은 2,700여 척의 화물선(Liberty ships, 척당 14,245톤)을 건조하였고, 태평양 전구를 지원하기 위해 365척의 군수선박으로 구성된 지원전대를 운용하였다. Kennedy Hickman, "World War II: The Liberty Ship Program," ThoughtCo, July 21, 2019.

하나의 전략적 전쟁준비 역량이 심각하게 손상된 것이다. 특히 서태평양에서 미·중 간 언제 어디서 우발적 무력분쟁이 발생할지 예측 곤란한 상황이 전개되고 있는 시점에서 미국의 전략 해상수송 능력은 그 어느 때보다 중요한 요소였다.

(1) 미국의 전략 해상수송 능력

미국은 중국·러시아 등 강대국 간의 경쟁 시 억제전략을 위해 육군, 해병대 장비의 90%를 수송할 필요가 있다. 그동안 중동 지상전쟁에서 이런 훈련을 실시하지 않아 수송능력이 크게 감퇴했다. 2001년 Operation Iraqi Freedom 때 미군은 200만 톤 이상의 화물 및 장비를 해상으로 수송했다. 당시 지속지원(sustainment) 수송물량의 85%를 민간선박으로 처리하다 보니 2001년 말 시작된 수송작업이 2003년 3월 침공 작전이 시작할 때까지도 완료되지 않았다.

미 해군 해상수송사령부 함선(2020년)[71]

---

71) Juan A Oliveira, "Infografía: Ships of the US Navy's Military Sealift Command (2020)," *VA DE BARCOS*, February 4, 2020.

현재 미국의 전략 해상수송 능력은 크게 사전배치선(pre-positioning), 긴급증강 (surge), 지속지원(sustainment) 등 세 가지 임무로 구성되어 아프간과 이라크 등 해외에 미군을 전개하고 작전임무를 수행토록 지속 지원하고 있다. 첫째, 사전배치선은 미 수송사령부(Transportation Command) 산하 해군구성군 부대인 군 해상수송사령부(MSC: Military Sealift Command) 소속 26척의 수송선박이 인도양(디에고 가르시아)과 태평양(마리아나 군도) 사전배치 전대로서 육군 및 해병대용 장비를 사전 탑재한 상태로 해상에 대기하고 있다. 각 전대는 1개 육군·해병여단의 전투 장비를 탑재하도록 되어 있으나 현재는 그 2/3만 탑재한 상태이고 선박의 선령은 평균 25년 정도이다.

둘째, 해외병력에 대한 물자·장비 긴급증강(surge)을 위해 미 교통부 (Department of Transportation) 소속 MARAD(Maritime Administration)도 46척(41척으로 감소했다는 이야기도 있음)의 상비 예비함대(RRF: Ready Reserve Force) 선박을 관리, 감독하고 있다. 그런데 이들 선박은 평균 선령 44년(혹자는 50년이라 주장)으로 매우 노후 되었고 전비태세를 유지하지 않아 이 중 얼마나 많은 선박이 사전 5일 경고 하에 비상소집에 응할 수 있을지 의문인 상태이다.

마지막으로 미국적 상선단 소속 180척의 대형선박도 군(軍)을 위한 지속지원(sustainment) 임무를 수행한다.[72] 이 중 99척의 상선이 미국의 연안항로에서 임무를 수행하다 유사시 군사용으로 전환되고 나머지 81척은 국제항로에 운용 중이며 그 중 60척이 미국 정부가 운영비의 일부를 지원하는 '해양안보 프로그램(MSP: Maritime Security Program)'에 가입되어 범(汎) 세계 공급네트워크를 제공하며 유사시 미 군사작전의 지속지원을 담당하도록 되어 있다. 그런데 이 선박들도 현재 사설 해운회사의 편의치적(便宜置籍, flag of convenience) 하에 운용되고 있어 유사 시 미 정부의 해상수송 지원 요청을 수락할 수 있을까 의문인 상태이다.

---

72) 냉전 종식 무렵이던 1990년 미국적 대형상선은 400척에서 현재 200척 이하로 축소되었다. 2020년 1월 1일 기준, 전 세계 총톤수(gt) 1,000톤 이상 상선을 대상으로 중국은 6,869척(1위), 2억 2,925만 톤(3위)의 선복량(船腹量)을, 미국은 1,933척(8위), 5,769만 톤(10위)의 선복량을 보유하고 있다. UNCTAD, Home/Maritime transport, Merchant fleet, December 7, 2020. https://stats.unctad.org/handbook/MaritimeTransport/MerchantFleet. html#ref_Unctad_2020a

(2) 전략 해양수송 능력의 상태

2018년 국방전략(NDS)을 검토하기 위하여 미 의회가 설치한 국방전략위원회 (NDSC: National Defense Strategy Commission)는 전략 해상수송 능력의 심각한 결함을 처방하지 않으면 전략적 경쟁자들에 대한 전력투사나 전투 지속지원 능력이 위험에 처할 것이라고 경고하였다.[73] 2019년 4월 CSBA(Center for Strategic and Budgetary Assessments)가 작성한 보고서 "전투의 지속지원: 새로운 시대를 위한 탄력적인 해양 군수(Sustaining the Fight: Resilient Maritime Logistics for a New Era)"[74]는 다음과 같이 평가했다:

중국과의 높은 템포의 분산해양작전을 유지하기 위해서 해군의 전방전개 부대인 7함대는 매월 유조선 14척에 적재된 유류 양만큼 연료를 소비할 것이며 매일 360개의 수직발사장치(vertical launch system)에 장전된 수의 미사일을 사용할 것이라며 분산전력과 전진기지를 지원하기 위해 적어도 60척의 군수용 신형 유조선이 필요하다.[75]

미 해군은 우선 서태평양 해역 내 주둔전력(전방현시)의 증강이 가장 중요하지만, 2차적으로는 미 본토로부터 전력의 긴급증강 즉, 해상수송에 의한 원정작전 태세 완비가 시급하다는 의미였다.

CSBA는 러시아나 중국과의 잠재적 미래분쟁에서 필요한 군수를 지속 지원함에 있어서 군(軍)이 직면하고 있는 여러 가지 도전요인, 즉 선박(현 역량은 전시 소요의 65% 만 충족)과 선원의 부족(1,900명 이상), 상선단의 방호전력 부족, 정부소유 해상수송 수단의 전비태세 노후화 등과 같은 문제를 식별하며 해상수송 능력의 시급한 보강 필요성을 지적하였다. CSBA 보고서에 의하면, 미 해군은 향후 30년 동안 장차 소요에 부응할 수 있는 현대화된 수송함대를 건설하는데 현 예산에 반영된 것보다 480억 달러

---

73) Commission on the National Defense Strategy, *Providing for the Common Defense: The Assessments and Recommendations of the National Defense Strategy Commission*, United States Institute of Peace, November 13, 2018, pp. 41-2.
74) Timothy A. Walton, Ryan Boone, Harrison Schramm, *Sustaining the Fight Resilient Maritime Logistics for A New Era*, Center for Strategic and Budgetary Assessment, 2019.
75) Walton et al., 상게서, p. 32.

정도의 더 많은 예산지출이 필요하다고 분석하였다.[76]

한편, 미 교통부 MARAD 책임자 Mark Buzby는 현재 미 상선대는 지속지원에 필요한 해상수송 소요에 부응할 만한 능력을 보유하고 있지 않으며 유사 시 경합된 작전환경에서 수상 및 육상전력이 4~6주 이상 작전하는데 필요한 연료유를 운송하기 위해서 적어도 86척의 유조선이 더 필요하며 상비 예비함대(RRF)와 군 해상수송사령부(MSC) 선박에 정원(定員)을 배치하는 데에만 1,800명의 선원이 추가로 필요하다고 언급하였다.[77]

2019년 9월 미 수송사는 전략 해상수송 부대의 대비태세를 점검하는 '신속부대창설 훈련(Turbo Activation drills)'[78]을 실시하였다. 중국·러시아 등 강대국 간의 경쟁으로 인해 잠재적 무력분쟁의 발생 가능성에 대비할 필요가 있어 실시된 훈련이었다. 이는 1994년 Operation Iraqi Freedom 이후 25년 만에 다시 실시된 가장 큰 규모의 신속부대창설 훈련이었다. 이 훈련은 미 수송사령부 산하 MSC, 교통부 산하 MARAD 선박 28척(선원 682명)에 대해 거의 사전 통보 없이 대서양과 중동 연안 항구에서 실시되었다. 평가기준은 평소 감소된 운용(선원의 일부만 배치) 태세에서 5일 이내에 완전 배치(거주공간+화물장비 준비)된 상태로 전환한 후 즉각 출항 후 3~5일 동안의 해상시험항해를 실시하는 것이었다.

그동안 통상 약 90%의 RRF 선박이 평가기준을 통과했다고 알려져 왔으나,[79] 평가 결과, 60%의 선박만이 준비되었고 이 중 40%만이 항구를 떠나 항해가 가능했다. 또 해상에서 선박이 척당 30-40명의 선원을 보유하며 지속 운용된다고 가정할 때, 1,800명의 선원이 부족하다는 결과가 나왔다. 결론은 현 RRF 임무체제로는 더 이상 기능 수행이 불가능하다는 것이었다.

76) Paul McLeary, "How Much Sealift Does US Have For Crisis? It's Not Sure," *Breaking Defense*, August 12, 2019.
77) John Grady, "Buzby: Declining Ship Numbers, Opportunities Causing Merchant Marine Talent Loss," *USNI News*, August 22, 2019.
78) John Vandiver, "Military launches massive sea drill in warfighting test," *Stars and Stripes*, September 18, 2019. David B. Larter, "US military triggers 'turbo activation' of wartime sealift ships," *Defense News*, September 17, 2019.
79) 훗날 이 평가는 잘못된 것이며 해상수송 전비태세가 더욱 불량한 상태이며 군 지휘부에서 관심을 안 가져 이런 문제가 발생하였다고 지적되었다. Ben Werner, "DoD IG: Inaccurate Military Surge Sealift Fleet Readiness Reporting Undercuts Operational Plans," *USNI News*, January 28, 2020.

(3) 전력보완 방안

CSBA는 전략 해상수송 역량의 결함을 시정하는 데 있어 1) RRF 선박이 너무 노후하여 일부는 수리 후 재가동시키고 또 다른 일부는 신조(新造)선박 또는 중고선박을 획득하여 전력이 증강되어야 하나, 상당한 예산이 소요되며, 2) 미국 내 조선소나 수리시설의 선박 수리역량이 너무 제한되므로 시설투자를 지원하여 경쟁적으로 일할 수 있도록 해야 하며, 3) 해양안보 프로그램(MSP)의 지원을 받는 선박을 확대하고 미국적 선박이 수송하는 화물량을 늘려서 해운업계를 부흥시킴으로써[80] 국내 선원수를 증가하는 방안을 강구해야 한다고 지적하였다.[81] 문제는 미 해군이 함대규모를 현재 300척 미만에서 355척으로 확대하려고 다수의 함정 건조를 모색하는 상황 속에서 해상수송 자산 획득을 위한 예산확보는 사실상 불가능하다는 데 있다. 오랫동안 누적된 미 해군 및 해양력의 부식(腐蝕)이 단기간 내 수정될 수 없다는 의미였다.

마한(A. T. Mahan)은 진정한 해양력은 상업적·군사적 분야를 모두 포괄한다고 했는데 제2차 세계대전 종전 이후 세계 최강 해양국가 미국의 해양력이 상업적·군사적 측면 모두에서 쇠퇴하고 있었다. 이는 결국 냉전 승리 후 경쟁상대가 없어지면서 해상에서의 전쟁 준비, 즉 해양통제의 중요성이 경시되고 전비태세 유지에 대해 무관심한 가운데, 중동 대(對)테러 및 지상전에의 개입으로 해양력에 대한 투자를 게을리하고 미래 강대국과의 전쟁 준비에 소홀했기 때문이었다.

---

80) 최근 중국이 해양공급망을 지배하려고 모색함에 따라 미 의회에서 LNG와 원유의 일정량은 반드시 미국에서 건조되고 등록된 선박을 통해 수송토록 함으로써 미국의 조선·해운산업의 기반을 유지하고 해양방위산업의 발전을 촉진하려는 법, Energizing American Shipbuilding Act가 추진되고 있다. US Navy League, *China's Use of Maritime for Global Power Demands a Strong Commitment to American Maritime*, https://www.navyleague.org/document.doc?id=3179.

81) CSBA는 더 나아가 미 의회, 교통부, 해군, 해병대, 해안경비대, 조선소, 해운회사, 상선단 등을 포괄하는 하나의 국가해양전략(A National Maritime Strategy)을 발전하여 국가의지를 결집할 필요가 있다고 제언하였다. Bryan Clark, Timothy A. Walton, Adam Lemon, *Strengthening the U.S. Defense Maritime Industrial Base: A Plan to Improve Maritime Industry's Contribution to National Security*, CSBA, February 2020.

특히 미 해군지휘부는 함대 규모가 과거보다 상당히 감축되었음에도 불구하고 왜곡된 전방현시 임무에의 전력(全力) 집중, 즉 불요불급한 전방 현시 임무소요에 부응하기 위해 모든 시간과 노력, 그리고 어렵게 구축한 함정의 전투준비 태세를 소진하며 심각한 정비 및 교육훈련 문제가 발생하도록 방치하였다. 이를 통해 중·러 등 강대국 간의 분쟁에서 실제로 필요한 지구력(endurance), 즉 함정의 긴급증강(surge) 능력과 전략적 해상수송 능력을 손상시키며 초강대국 미국의 가장 중요한 전쟁역량을 시들도록 한 것이다. 그 결과, 미 해군은 전기(戰技) 및 근육이 녹슬어 새로운 도전자가 출현할 때 역량을 즉각 발휘하는 것은 물론, 강대국과의 장기전을 수행하기 어려운 상태, 즉 '자기가 거둔 승리의 희생자(a victim of its own success)'가 된 것이다.[82]

혹자는 세계최강 미 해군이 냉전에서 승리한 후 경쟁자가 없어진 상태에서 이는 불가피한 결과였다고 말할지도 모른다. 그러나 문제는 이 같은 전략적 일탈 모두 미 정부와 군(軍)의 리더십, 특히 미 해군 지휘부 스스로가 자초한 것이었다는 점이다. 미 해군은 미국의 패권질서를 수호하는 국가안보의 창끝이며 이 창끝을 튼튼하고 날카롭게 유지하는 것은 해군 지휘관들의 가장 중요한 본연의 임무로 볼 수 있다. 특히 해군의 전투역량을 축적하고 관리하는 것은 미 해군의 존재이유이다. 이러한 해군력의 역할과 중요성에 대한 국가 및 군 지휘부 스스로의 전략적 통찰력이 부족했던 결과, 오늘날 서태평양에서 미국이 중국의 힘과 영향력에 의해 밀리고 있는 것이다.

그 결과, 미국의 해양력은 군사적으로나 상업적으로 그 경쟁력을 상실하고 있다. 제2차 세계대전 종전 이후 미국 중심의 패권적 질서를 유지하면서 타의 추종을 불허하던 미국의 경제력과 군사력이 냉전에서 승리하여 미국이 패권을 달성한 직후 오히려 빠른 속도로 동시에 쇠퇴하고 있는 것은 매우 역설적이다. 이제 미국은 무엇보다도 부상하고 있는 중국과 러시아의 도전에 직면하여 미국이 구축한 세계질서를 유지하고 전 세계에 산재한 국익을 수호하며 해외 안보공약을 준수하기 위해 가장 중요한 수단인 미 해군을 가능한 조기에 재건해야 하는 기로에 서 있다.

---

82) James R. Holmes, "The U.S. Navy Has Forgotten What It's Like to Fight," *Foreign Policy*, November 13, 2018. James Holmes, "Great Responsibility Demands a Great Navy," *Proceedings*, vol. 147, no. 2 (February 2021).

제10장

인도 · 태평양 전략과 대중(對中) 거부적 억제

중국이 미국과 함께 경제 초강대국, 즉 G-2로서 부상하면서 중국 특색의 사회주의를 표방하며 일대일로(一帶一路) 등 유라시아 프로젝트를 통해 세계무대에서 중심 국가로 거듭나겠다는 중국몽을 추진하자, 미국 트럼프 행정부는 강대국 간의 경쟁시대가 부활했다고 선포하며 특히 중국의 힘과 영향력의 확장을 견제하기 위한 인도 · 태평양 전략을 추진하기 시작하였다.

이를 위해 미 국방부는 전력구조 및 대비태세를 강대국 간의 고강도(high-end) 분쟁에 대비하는 것으로 조정하고 중국의 A2AD 능력 하의 기정사실화 전략에 대한 대응책으로 해양압박 전략이라는 거부적 억제 개념에 부합된 전비태세로 전환 중에 있다. 특히 미 해군은 지난 15년 동안 중동 지상전에의 개입으로 쇠퇴한 전비태세를 회복하고 전쟁 역량을 재건하는 노력을 강구하기 시작한다.

1. 미국의 인도·태평양 전략

가. 강대국 간 경쟁시대

2001년 9·11 테러사건 이후 미국은 중동 대(對)테러 전쟁과 그 이후 수행된 아프가니스탄과 이라크 등에서 국가건설을 위한 지상전에 개입하며 천문학적 수준의 전비(戰費)를 쏟아 부으며 국력을 낭비하였다.[1] 세계 GDP에서 미국이 차지하는 비중도 계속 하락하여 제2차 세계대전 후에는 약 1/2 정도였다가, 1991년에 1/4, 그리고 2019년에는 1/7로 축소되며 미국이 유라시아에서 유리한 '힘의 균형'을 유지하기가 더욱 더 힘든 상황이 되었다.

한편 세계 최강의 미군도 냉전 당시의 1/3 수준으로 규모가 축소하였고 특히 중동 지상전·특수전에 집중하느라 미국의 힘의 상징인 해군력에 대한 투자 및 전비유지가 소홀해졌다. 미 해군은 함정 척수 580여 척에서 270여 척으로 감축되고, 주 임무도 해양통제에서 지상전에 대한 전력투사 및 전방현시로 초점이 전환되어 전투준비 태세 및 교육·훈련은 물론, 미래전에 대비한 전쟁수행 역량이 부실해짐으로써 서태평양에서 중국의 A2AD 위협 하에 해양통제가 위태로운 상황이 초래되었다.

한편 미국이 중동에서 지상전의 수렁에 빠져 있는 동안, 중국은 경제초강대국으로서 부상하였다. 중국의 GDP는 1991년 미국의 약 20% 수준에서 2019년에는 구매력 기준으로 미국을 추월(1.2배)하였고 2020년대 중반에는 미국의 GDP를 추월하여 세계 최대의 경제대국으로 부상할 것으로 예상된다. 1979년 미중 수교 이래 약 40년 만에 중국은 냉전시대 소련 이후 미국의 가장 필적할 만한 경쟁상대로 등장한 것이다. 중국은 미국 역사 240여 년 만에 규모, 범주, 역량 면에서 가장 역동적이고 두려운 상대라고 평가되기도 한다.

여기에 추가하여 중국이 러시아와 전략적 연대를 구축하여 자국 세력권 내에서

---

[1] 자료에 따라 상이하지만 미국은 2001~2020년간 중동 테러와의 전쟁에서 총 7,000명의 미군 병력이 전사하고 총 6.4조US$, 즉 연 평균 3,200억US$, 약 352조 원(1$ 1,100원으로 환산)의 전비(戰費)를 소모했다. George Petras, Karina Zaiets and Veronica Bravo, "Exclusive: US counterterrorism operations touched 85 countries in the last 3 years alone," *USA Today News*, February. 25, 2021.

미국의 힘과 영향력을 축출하려는 노력을 공조함에 따라 미국은 유라시아에서 가장 곤란한 지정학적 도전에 직면하게 되었다. 제2차 세계대전 종전 이후 형성된 미국 중심의 세계질서가 흔들리고 강대국 간의 경쟁시대가 부활한 것이다.[2] 이러한 가운데 출범한 미국의 트럼프(Donald Trump, 2017-2021) 행정부는 안보전략의 초점을 강대국 간의 경쟁에 맞추는 한편, 중국의 군사력을 상쇄하는 데 보다 적극적인 노력을 경주하게 된다.

나. 자유롭고 개방된 인도·태평양 전략

트럼프 행정부는 2017년 12월 국가안보전략(NSS: National Security Strategy)과 2018년 1월 국방전략(NDS: National Defense Strategy)을 발표하며 '자유롭고 개방된 인도·태평양(FOIP: Free and Open Indo-Pacific)'[3] 전략을 추진한다고 선언하였다.[4] 이는 아·태지역에서 중국의 급부상으로 안보환경이 돌변하면서 미국 중심의 패권질서가 흔들리자 인도양의 종주국 인도와 연대하여 이를 견제하려는 미국의 새로운 지역 안보전략이라 할 수 있다.

(1) FOIP 전략

냉전이 종식된 후 동아시아가 세계경제의 추동력으로 발전하고 인도양이 이들 경제를 뒷받침하는 석유, 자원, 교역의 핵심 통로로 인식되면서 인도·태평양이 세계 경제의 중심(重心)으로 인식되기 시작한다. 특히 2010년 미국의 현대 지정학자 카플란(Robert Kaplan)이 *Monsoon: The Indian Ocean and the Future of American Power*[5]라는 제목의 책을 발간하여 인도양이 향후 세계정치와 국제분쟁의 진정한 축

---

2) 2015년 6월 오바마 행정부의 군사전략(National Military Strategy)은 지난 20년간 발간된 주요 전략문서 중에서 최초로 '미국이 다른 강대국과 전쟁에 들어갈 수 있다'고 경고하였다. US Joint Chiefs of Staff, *The National Military Strategy of the United States of America 2015: The United States Military's Contribution To National Security*, June 2015.

3) 용어 배경에 대해서 Rory Medcalf, "The Indo-Pacific: What's in a Name?," *The America Interest*, October 10, 2013.

4) *National Security Strategy of the United States of America*, December 2017 및 *Summary of the National Defense Strategy: Sharpening the American Military's Competitive Edge.*

5) 그는 인도양 지역에 이슬람국가들이 포진해 있어 이슬람세계의 정치적 미래가 이곳에서 결정되며 지난 500년 동안 지속되어 온 서구세력의 통제가 중국이나 인도 등 지역 내 세력의 영

이 될 것이라고 제안하면서 미국 내에서 인도양에 대한 관심이 높아지기 시작했다. 미국 부시 행정부는 동아시아를 넘어 인도양에 대해 더 많은 관심을 가지게 되고 인도와의 안보협력을 강화하기 시작한다.[6] 이어 등장한 오바마 대통령도 2011년 아시아·태평양 재균형 정책을 통해 태평양과 인도양을 연계하려는 생각을 가지고 있었으나[7] 당시 미국이 중동에서의 지상전에 깊이 관여하고 있어 이러한 노력에 그리 큰 힘을 싣지는 못하였다.

그러나 중국의 행동은 더욱 일방적이고 공세적인 방향으로 발전하였다. 2013년 말부터 중국은 남중국해 7개 암초에 인공도서를 건설하고 이를 군사화하는 동시에, 2016년 7월 UN 해양법재판소 판결을 전적으로 무시하였다. 2018년 5월 중국은 남중국해 남사(Spratly) 군도 내 인공도서 3개소에 대함 및 대공미사일을 배치하고 서사(Paracel) 군도에서 핵무기 탑재 가능한 H-6K 장거리 폭격기의 착륙훈련을 실시하며 법과 규범에 기반한 지역의 해양질서를 송두리째 흔드는 동시에, 경제 및 군사적 수단으로 타국의 행동을 강압하면서 지역안보 및 안정에 심각한 위협으로 인식되었다.

그 결과, 트럼프 행정부는 2017년 12월 발표한 NSS에서 강대국간 경쟁시대의 부활을 선포하고 특히 서태평양에서 중국의 도전에 적극 대응하기 위한 FOIP 전략을 아시아 지역전략으로 언급하였다. NSS는 인도·태평양지역의 안정과 번영은 강건한 미국의 리더십에 달려있다고 인식하면서 미국의 우선과제로서 지역 내에서 부상하는 중국의 군사위협과 일대일로(一帶一路)에 대한 대응이라고 제시하며 이를 위해 the Quad, 즉 미국, 일본, 호주, 인도와의 안보협력 틀을 주 허브(principal hubs)로서 동맹 및 파트너와의 안보 네트워크를 강화하겠다고 천명하였다.[8]

향력에 의해 서서히 대체되기에 미국이 급변하는 세계에서 패권을 유지하려면 대외정책이 이곳에 집중해야 한다고 제언하였다. Robert D. Kaplan, *Monsoon: The Indian Ocean and the Future of American Power*, (New York: Random House, 2010).

6) Mark E. Manyin et al., "Pivot to the Pacific?: The Obama Administration's 'Rebalancing' Toward Asia," *CRS Report*, March 28, 2012.

7) 2012년 일본 아베 정부가 인도·태평양 전략을 발표했을 때 미국은 그 취지에는 공감하나 공개적으로 여기에 동참하려는 의도는 적었던 것 같다. 당시 오바마 행정부의 대중(對中)정책은 투키디데스 함정(Thucydides Trap)을 의식하여 중국을 봉쇄(포위)하려는 의도로 해석될 여지가 있는 일본의 인도·태평양 전략 개념을 공개적으로 지지하지 않았던 것 같다. Mark E. Manyin et al., 상게서.

8) 2021년 평문화된 Robert C. O'Brien 미 국가안보보좌관(NSC)의 "U.S. Strategic Framework for the Indo-Pacific" 문서 참고.

한편, 2018년 1월 발표된 NDS는 지난 20년간 중동 테러와의 전쟁에서 벗어나 강대국과의 고강도 전투수행(high–end warfighting)에 대비하여 보다 치명적·탄력적이며 신속하게 혁신하는 합동전력(a more lethal, resilient, and rapidly innovating Joint Force)을 건설해야 한다고 명시하였다.9) 또한 NDS는 미 정부 내 모든 기관에 걸쳐 외교, 정보화, 경제, 재정, 정보, 법 집행, 군사 등 여러 가지 국력요소를 빈틈없이 통합하여 강대국과의 경쟁 문제에 접근할 것을 요구하는 동시에, 미국의 강점으로서 동맹이나 파트너 국가와의 협력 중요성을 강조하였다.10)

2018년 5월 매티스(Jim Mattis) 당시 미 국방장관은 향후 미국이 인도·태평양 지역에서 일어나고 있는 중국의 군사 강압행위에 대응해 나가기 위한 조치의 하나로서 '태평양사령부'를 '인도·태평양사령부'로 개명(改名)하였다. 그리고 미 국방부는 중국이 남중국해 인공도서를 군사화한 것에 대한 첫 대응으로 2018 RIMPAC 훈련에서 중국해군을 초청하지 않기로 결정하였다. 이는 향후 트럼프 행정부가 더 이상 중국의 도발적 행동을 묵과하지 않고 강경한 대중(對中) 정책을 추진하려는 신호로 분석되었다.11)

같은 해 10월 Pence 부통령은 허드슨 재단(the Hudson Institute) 연설에서 중국의 팽창적 행동에 대응하기 위한 '전(全)정부 차원의 접근'을 선언하였다.12) 그는 중국은 제국주의적 정복과 해외에서 힘과 영향력을 확장하기 위해 일대일로라는 이름하에 '빚의 함정(陷穽) 외교(debt trap diplomacy)'를 추진하고 국내적으로는 위구르, 티베트 등에서 소수민족에 대해 동화(同化) 정책을 추진하는 동시에, 남중국해, 아프리카 지부티 등에 해외 군사기지를 건설하며 힘을 외부로 투사하고 있다고 비판하였다. 이는 사실상 냉전 기간 중 미국이 추진했던 소련에 대한 봉쇄정책에 버금가는 중요한 정책 선언이었다. 이에 따라 미 정부 내 모든 부서가 중국과의 경쟁태세로 재편하며 중국의 도전에 강력하게 대응하게 된다.

---

9) US Department of Defense, *Summary of the 2018 National Defense Strategy of the US: Sharpening the American Military's Competitive Edge*, January 2018, pp. 5–7.
10) US Department of Defense, 상게서, pp. 8–10.
11) Megan Eckstein, "China Disinvited from Participating in 2018 RIMPAC Exercise," *USNI News*, May 23, 2018; Bill Gertz, "Pentagon Blocks China From Joining Naval Exercise," *The Washington Free Beacon*, May 23, 2018.
12) "Remarks by Vice President Pence on the Administration's Policy Toward China," *The Hudson Institute*, Washington, DC, October 4, 2018.

한편, 미 의회가 2018 국방전략(NDS)을 검토하기 위하여 설치한 국방전략위원회 (NDSC: National Defense Strategy Commission)는 다음과 같은 요지로 경고하였다: 미국은 '국가안보의 최고위기(a full-blown national security crisis)'에 봉착했다.13) 미국의 군사적 우위는 약화되고 전략상황은 점점 위험한 방향으로 진전 중이다. 서태평양에서는 중국의 침공을 억제하기 위해 수중전에서 전략 공중수송(undersea warfare to strategic airlift)에 이르기까지 모든 능력에 대한 투자로 보강된 전방전개, 심층방어 태세가 요구된다. 그리고 만약 미국이 이러한 위기에서 군사력 우위를 재확립하기 위한 결정적인 조치를 긴박하고 진지하게 취하지 않을 경우, 미군은 다음에 싸우게 될 '국가 대(對) 국가 간 전쟁'에서 결정적인 군사패배를 당할 수 있다.'14)

미 국방부는 2019년 6월 1일 인도·태평양전략보고서(DoD Indo-Pacific Strategy Report)를 발표한다.15) 이 보고서는 중국공산당의 영도아래 중국이 군사현대화, 영향작전(influence operations), 타국을 강압하기 위한 약탈적인 경제를 통하여 인도·태평양지역을 자국에 유리하게 재편하려 시도하고 있다고 주장하였다.16) 이에 대응하여 미 국방부는 다른 정부기관·부서, 지역 기구, 지역 동맹 및 파트너들과 함께 지역의 평화와 번영을 보장하는 법에 기반한 질서를 지속적으로 유지해 나가고, 미 합동군사력이 동맹 및 파트너들과 함께 고강도 적(敵, high-end adversaries)에 대응하여 어떠한 분쟁도 개전단계에서 승리하도록 준비하고 살상력을 보장하는 전력에 우선 투자하겠다고 천명했다.

또한 미 국방부는 법에 기반한 지역질서를 지원하기 위하여 미국의 동맹과 파트너들을 하나의 네트워크화된 안보구조로 강화, 발전시켜 나갈 것이며17) 이와 함께 침공을 억제하고 안정을 유지하며 인류 공공재에 대해 자유로운 접근을 보장할 수 있도록 아시아 내부의 안보구조를 양성하는 노력도 계속하겠다고 명시하였다.18)

---

13) Commission on the National Defense Strategy, *Providing for the Common Defense: The Assessments and Recommendations of the National Defense Strategy Commission*, United States Institute of Peace, November 13, 2018, p. 11.
14) Commission on the National Defense Strategy, 상게서, p. 14.
15) The Department of Defense, *Indo-Pacific Strategy Report: Preparedness, Partnerships, and Promoting a Networked Region*, June 1, 2019.
16) The Department of Defense, 상게서, pp. 7-10.
17) The Department of Defense, 상게서, pp. 21-44.
18) The Department of Defense, 상게서, pp. 44-51.

미국이 그동안 추진해왔던 '개입정책＋위험감소(engagement plus hedging)'의 대중 (對中) 정책이 이제 '전(全) 정부 반격(whole of government pushback)'으로 전환한 것이 다. 결국 미국의 FOIP 전략은 지역 내 민주국가들이 강한 연대를 형성하고 협력을 증 진하여 중국의 공세적이고 일방적인 행태에 영향을 미칠 수 있는 여건을 조성하고 이 를 통해 법과 규범에 기반한 국제질서 및 해양 공역(公域)에의 자유로운 접근 등 범세 계적인 자유 가치를 지켜나가겠다는 의도라고 볼 수 있다.

(2) FOIP 전략의 제한점

미국의 아시아지역 안보전략으로 FOIP 전략이 출현했지만, 이것이 구체적인 행 동계획으로 추진될 것이라고 예상하기에는 몇 가지 제한점이 있었다. 무엇보다도 FOIP 전략을 통해 미국은 중국을 적(敵)으로 간주하며 대립정책을 추구함으로써 아 시아를 자유롭고 개방된 곳이기 보다는 오히려 덜 개방되고 덜 자유로운 곳으로 만들 것이라고 우려되었다.[19] 즉, 이 전략이 지역국가들로 하여금 미·중간의 경쟁에서 한 쪽 편을 선택하도록 강요함으로써 오히려 지역 해양공간의 양극화(polarization)를 부 추기고 지역안보와 안정을 해치는 결과를 가져올 수도 있다는 의미였다.

또 미국 정부가 FOIP 전략을 추진할 때 무엇보다도 일본, 인도, 호주와 다이아 몬드 형태의 4각 안보협력에 주로 의존할 것으로 예상되었다. 그런데 이들 국가의 관 심과 능력을 고려할 때 이것이 제대로 기능할 수 있을지는 여전히 미지수였다.[20] 인 도, 일본, 호주는 물론, 지역 내 어느 국가도 경제적 이유 또는 안보 차원에서 제로섬 (zero-sum) 성격의 미·중간의 양극화 경쟁에 연루되기를 원하지 않고 있다. 그 만큼 중국의 경제적·군사적 영향력이 무섭게 성장한 것이다.

특히 일본 아베 수상은 대중(對中) 봉쇄 목적으로 최초의 인도·태평양 전략(FOIP Strategy)을 천명하고 추진했다. 하지만, 2018년 이후 중국과의 관계가 호전되고 동남 아시아 및 남아시아 국가들이 아베의 구상이 너무 강하게 반중(反中) 성향을 보인다 고 비판하자, 2018년 9월 일본정부는 동(同) 전략을 '인도태평양 비전(FOIP Vision)'이 라 개명하고 아시아에서 기반체계를 건설하는 분야에서 중국의 일대일로와 긴밀하게

---

19) Michael D. Swaine, "Creating an Unstable Asia: the U.S. 'Free and Open Indo-Pacific' Strategy," *Foreign Affairs*, March 2, 2018.
20) Swaine, 상게서.

협력하고 있다고 전해진다.[21]

한편, 중국은 미국의 FOIP 전략에 대해 매우 부정적인 시각을 갖고 있다. 중국은 이 전략이 인도라는 새로운 강대국을 끌어들여 급부상 중인 자국을 봉쇄하는 네트워크를 구축하여 세계패권을 유지하려는 미국의 책략이라고 주장한다.[22] 특히 중국은 Quad가 궁극적으로 중국을 봉쇄하려는 '아시아판(版) 나토(an Asian NATO)'라고 인식한다.

그 결과, FOIP 전략은 기후변동이나 대(對)테러, 대(對)확산 등 범세계적인 사안에 있어서 미·중간의 협력을 더욱 어렵게 할 것이라고 분석되었다. 더 나아가 FOIP 전략은 중국 내 강경론자들의 입장을 강화함으로써 오히려 중국이 아·태지역 내 미국의 영향력을 더욱 감소시키고 패권을 추구하도록 유도할 수 있다고 우려된다. 이런 측면에서 미국이 변화하는 힘의 균형 속에서 현 상태를 유지하려고 중국을 적(敵)으로 취급하며 봉쇄정책을 추구하는 것은 자멸적인 접근방식이라는 비판도 존재한다.[23] 특히 동맹이나 미군 전력의 전방현시가 부족한 인도양에서의 새로운 안보공약은 미국을 또 다른 재난으로 이끌 수도 있다는 주장도 나왔다.[24]

결국, 미국의 FOIP 전략이 성공하려면 무엇보다도 지역을 양극화하는 대립정책보다는 미국이 지역안보를 위해 더욱 적극적인 노력을 함으로써 실추된 신뢰를 되찾는 것이 급선무이다. 그것이 중국의 일대일로(BRI)를 극복하는 길이기도 하다. 따라서 미국의 입장에선, 남중국해에서 진행되고 있는 중국의 일방적 해양팽창 및 군사화를 중단시키면서 지역안보 공약을 준수하고 법에 기반한 해양질서를 유지하려고 노력하고 있다는 점을 동맹 및 파트너국가에게 확신시키는 일이 무엇보다도 중요하였다.

다. 전략적 개입정책의 종식

미·중간의 전략적 경쟁이 아직 무력분쟁으로 악화되지 않도록 예방하는 요소는

---

21) Felix Heiduk and Gudrun Wacker, *From Asia−Pacific to Indo−Pacific: Significance, Implementation and Challenges*, SWP Research Paper 9, July 2020, pp. 17−19.

22) Wei Liping, "Mattis' trip to Asia meant to strengthen negotiating stance with China," *Global Times*, January 28, 2018.

23) Swaine, "Creating an Unstable Asia: the U.S. 'Free and Open Indo−Pacific' Strategy," 전게서.

24) Van Jackson, "America's Indo−Pacific Folly," *Foreign Affairs*, March 12, 2021.

결국 미국의 힘과 억제력이었다. 그런데 미국의 국방예산이 현 추세대로 지속적으로 감축되면 서태평양에서 힘의 균형은 미국에 더욱 불리해지고 미국이 전통적으로 유지해 온 혁신기술 분야에서의 우위도 점차 상실하고 말 것이다. 한편, 미국의 동맹체제도 중국의 영향권 아래 있는 동맹 및 파트너들의 민주체제를 유지하고 강화시키도록 지원하는 기반을 제공한다. 그러나 이들이 미국의 지원 없이 중국에 대항하는 것은 사실상 불가능하다. 결국 미국정부는 미 의회의 초당(超黨)적인 지원 하에 전(全)정부적인 대응을 통해 더 늦기 전에 중국의 행태를 변화시키기 위한 행동이 필요하였다.

이러한 배경에서 2020년 5월 미국 백악관은 대중(對中) 개입정책의 근본적 전환을 선언한다.[25] 중국과의 장기적인 전략적 경쟁의 불가피성을 인식하고, 원칙에 기반하여 '전 정부 접근방식'으로 미 국익과 영향력의 증진을 도모해 나가며 중국의 도전에 대응하겠다는 의도였다. 결국, 지금부터는 힘을 통한 평화 보전에 나서겠다는 선언이었다.

2. 대중(對中) 거부적 억제

한편, 미국의 입장에서 중국의 기정사실화 기도에 대한 대응방안을 강구하는 것이 급선무였다. 전(前) 장에서 언급했듯이 중국이 확전의 주도권을 장악하고 있는 상황이었다. 중국이 무력도발을 한 후 그 결과가 기정사실화(a fait accompli) 되면, 미국은 이를 새로운 정상상태(new normal)로 받아들이거나 아니면 원상 복귀해야 하는 매우 불리한 위치에 놓인다. 또 중국의 기정사실화 기도를 견제하지 않으면, 미국이 대응하지 못하거나 또는 아예 대응하지 않으려 한다고 인식되어 중국의 공세는 더욱 강화될 것이다. 반대로 미국이 원상회복을 위해 보다 높은 수준의 폭력사태로 확전(擴戰)하는 것도 곤란한 상황이었다. 그 결과, 미국의 동맹 및 파트너는 새로운 안보파트너로 중국을 선택하게 되고 제2차 세계대전 종전 후 유지되어 온 미국의 동맹체제는 붕괴될 수 있는 상황이었다.

---

25) White House, "US Strategic Approach to the PRC," May 20, 2020.

더 나아가 미국이 중국에 서태평양을 양보하면 그 다음 미·중간의 경쟁 전선(前線)은 동태평양, 즉 미 본토 서해안이 될 것이라는 주장까지 제기되었다. 다시 말해 중국은 현재 서태평양에서 지역패권을 달성하려 하지만, 궁극적으로는 태평양 전역에 대한 해양통제를 달성하는 것, 즉 서태평양은 중국의 '목표(objective)'가 아니고 태평양으로 나가기 위한 '통로(corridor)'일 뿐이라는 시각이다.

이는 미국의 핵심 안보이익, 즉 태평양전역에 대한 해양통제에 도전하므로 미국이 도저히 수용할 수 없는 것이었다. 이제 미국은 중국의 무력사용과 강압, 즉 기정사실화를 거부하는 새로운 억제전략의 틀을 짜서 중국에게 분명하게 전달해야 할 필요가 생겼다. 그것도 강력한 의지 표명(words)만으로는 불충분하고 실제로 행동(deeds), 즉 미군이 전쟁도 불사한다는 모습을 과시하는 것이 필요한 상황이 된 것이다.[26]

가. 왜 거부적 억제?

그러나 종전까지 미군의 원정작전 태세 즉, 대규모 전력이 특정 장소에 집결한 후, 모든 전장영역에서 압도적인 전력을 건설한 뒤 주도권을 탈환하고 결정적으로 반격을 실시하는 작전형태로는 기정사실화 기도를 거부하는 것이 곤란하다. 태세 구축에 너무 장기간이 소요되기 때문이다. 앞에서 언급했듯이, 중국의 A2AD 능력의 확장으로 이제까지 대만해협의 평화를 유지해 온 대만관계법(TRA)의 소위 '전략적 모호성(strategic ambiguity)'도 더 이상 억제요소로 충분하지 않게 되었다.

이제는 중국이 침공을 개시한 순간부터 이를 지연, 약화시키거나, 거부할 수 있는 능력을 과시하지 못하면, 중국지도부는 미 증원전력이 도착하기 이전에 침공을 성공시킬 수 있다고 믿게 된다. 따라서 미국의 군사전략가들은 중국의 대만 침공 가능성과 기정사실화에 대비하여, 서태평양 전방해역에서 압도적인 역(逆) A2AD 능력을 구축하여 침공의 대가를 더욱 비싸게 만들고 서태평양으로의 진출을 차단해야 할 필요성을 제기하게 되었다.[27]

---

26) Bonnie S. Glaser, Richard C. Bush, Michael J. Green, *Toward a Stronger U.S.-Taiwan Relationship*, A Report of the CSIS Task Force on U.S. Policy Toward Taiwan, Center for Strategic and International Studies, October 2020.

27) Stephen Biddle, Ivan Oelrich, "Future Warfare in the Western Pacific: Chinese Anti-access/Area Denial, U.S. AirSea Battle, and Command of the Commons in East Asia,"

이 같은 배경에서 미국은 중국 연안에서 중국의 기정사실화를 거부하고 중국의 힘과 영향력을 차단한다는 목표로 제1도련(島鏈) 중심의 '거부적 억제' 전략을 강구한 것으로 보인다.[28] 즉 중국이 A2/AD 체계를 이용하여 대만의 영토를 탈취하고 기정사실화를 기도할 때, 적대행위 개시부터 미 증원전력이 경합(競合)구역에 도착하기까지 초기공격을 약화시킨 후, 침공을 격퇴함으로써 중국의 기도를 신뢰성 있게 거부하는 개념이 요구된 것이다.

이 전략개념의 고려사항으로 첫째, 미국은 중국의 적대행위를 억제하고, 억제 실패 시, 적대행위 개시부터 중국군을 압도함으로써 중국의 기정사실화 시도를 거부하고 격퇴할 수 있는 능력을 입증할 수 있는 '전술적 명확성(tactical clarity)'이 필요하다. 둘째, 이로써 침공당할 때 미국이 반드시 지원한다는 '전략적 명확성(strategic clarity)'을 동맹 및 파트너에게 재(再) 확신시키고 중국에게는 확실하게 경고함으로써 거부적 억제 목적을 달성해야 한다.[29]

특히 중국의 기정사실화 시도로서 그 가능성이 가장 큰 대만에 대한 중국의 무력도발이 엄청난 대가와 위험을 수반하도록 만들고 미국의 개입을 효과적으로 보장하는 능력, 결국 무력분쟁으로 가기까지 가능한 시간을 끄는 능력이 필요하다고 인식되었다. 이와 동시에 대만으로 하여금 자체 방어전략을 수립하고 자위(自衛) 능력을 증강하여 미국이 개입하기 전까지 최대한 저항할 수 있도록 만드는 방책이 필요하였다. 이는 결국 다음 두 가지 문제로 압축되었다: 어떻게 대만이 미군의 지원이 도착하기 전에 최대한 버틸 수 있을까?. 어떻게 미국은 평시 대만 방어에 필요한 군사력을 대만 가까이에 유지할 수 있을까?

나. 거부적 억제 개념으로서 '해양압박' 전략

이러한 가운데 2019년 워싱턴 소재 전략예산평가센터(CSBA)는 중국의 기정사실화 시도에 대한 해결방안으로서 '해양압박(Maritime Pressure) 군사전략'을 제안하였다.

International Security, vol. 41, no. 1 (2016), pp. 7-48.

28) Andrew F. Krepinevich Jr., How to Deter China: The Case for Archipelagic Defense, *Foreign Affairs*, vol. 94, no. 2 (March/April 2015), pp. 78-86.

29) Glaser, et al., *Toward a Stronger U.S.-Taiwan Relationship*, 전게서, pp. 19-20.

먼저 CSBA는 이 전략의 배경을 다음과 같이 설명한다:

미군은 서태평양에서 '거리와 시간의 전횡'이라는 문제가 있다. 광대한 태평양을 가로질러 군사력을 수송하는 것은 미국에게도 결코 쉬운 일이 아니다 … 중국군은 미군이 대응하기 전에 신속하게 공격하여 현상(現狀)을 변경할 수 있는 능력을 구비하며 기정사실화 문제를 야기했다. 분쟁지역 외부에 위치한 미군은 중국의 A2/AD 네트워크를 뚫고 현 상황을 원상 복귀해야 할 것이다. 이런 상황에서 미국정부는 아무 일도 하지 않거나 또는 더 높은 수준의 전쟁으로 확전하느냐의 어려운 선택에 직면할 수 있다 … 역사는 침공자들이 기정사실화가 성공할 수 있다고 믿을 때 억제가 쉽게 실패한다는 점을 보여준다. 만약 미국이 중국의 기정사실화 시도에 대비하는데 실패하면 중국의 침공을 억제하고, 억제 실패 시, 격퇴하는 능력을 상실할 것이다.[30]

한편 CSBA는 이 전략이 필요한 이유에 대해 다음과 같이 설명한다:

방어지향적 거부전략으로서 해양압박은 중국 본토에 대한 봉쇄작전이나 보복강습(s blockade operations or punishment strikes)과 같은 대체 접근법을 보완하거나 대체(代替)할 수 있다. 이러한 대안(代案)은 중국과의 장기 분쟁에서 승리하기 위한 광범위한 캠페인의 일환으로는 유용하지만, 기정사실화를 저지할 만큼 빠르게 성공을 거두지 못할 것이며, 미국과 동맹국 정치지도자들의 위험허용 범위를 넘어 분쟁을 확전시킬 수 있다. 기정사실화를 예방하기 위한 전략이 없다면, 미국은 대체 접근법이 효과를 발휘하기 전에 전쟁에서 패배할 수도 있다.[31]

계속해서 CSBA는 이 전략의 목표에 대해 다음과 같이 제안한다:

거부적 억제전략으로서 해양압박은 서태평양에서 군사적 침공을 시도하는 것은 실패할 것이라는 점을 중국지도자에게 설득하여 이를 시도조차 하지 못하게 하는 것을 목표로 한다. 이 전략은 제1도련을 연(沿)하여 해군, 공군, 전자전 등으

---

30) Thomas G. Mahnken et al., *Tightening the Chain: Implementing A Strategy of Maritime Pressure in the Western Pacific*, Center for Strategic and Budgetary Assessments, CSBA, 2019, pp. 1–2.
31) Mahnken, et 'al., 상게서, p. 2.

로 지원되는 미국과 동맹의 고도로 생존성 있는 지상 기반 미사일 정밀타격 네트
워크의 구축을 요구한다 … 한마디로, 해양압박은 중국지도자들의 마음속에 기정
사실화 시도에 대한 의구심을 심어주어 애초에 이를 시도조차 하지 못하게 한
다.[32]

결국, 해양압박의 목적은 중국의 공세적 행위가 오히려 중국으로 하여금 값비싼
대가를 치르도록 강요함으로써 중국의 침공 기도를 봉쇄하고 군사 분쟁의 발생 가능
성을 낮추는 것이라는 의미였다.

(1) 기본개념

따라서 해양압박 전략은 다음과 같은 가정에 기반한다: 미국이 동맹 및 파트너
와 함께 제1도련을 중국의 동태를 감시하고 태평양으로의 접근을 차단하는 감시탑,
즉 일종의 '역(逆) 만리장성(Great Wall in reverse)'[33]으로 구축하면, 중국은 자국의
A2/AD 체계가 시련을 받고 아·태지역에서 침공이 실패할 것을 예상하며 기정사실
화를 시도조차 하지 못할 것이다. 이를 통해 미국은 중국의 A2/AD 능력을 극복하
고, 중국을 위험에 처하게 할 수 있음을 중국에게 확신시켜 거부적 억제를 달성하
는 것이다.

해양압박 전략의 기본개념은 내부－외부방어(Inside－Out Defense)로 구성된다.
먼저 제1도련을 따라 증강된 미 동맹의 지상배치 이동 장거리 미사일을 중심으로 고
도로 생존 가능한 '정밀타격 네트워크'를 구축한다. 이 네트워크는 해군, 공군, 전자전
및 기타 능력으로 지원받으며 서태평양 열도를 연(沿)해 분권화되며 지리적으로 분산
된다. 이 네트워크가 중국 A2/AD 거품 내에서 중국의 해·공군 침공전력의 기동을
거부하기 위해 최적화된 내부－외부방어선의 주력이다. 미식축구로 치면 방어선
(defense line)에 해당한다. 이들은 외곽 더 멀리서 전투에 합류 가능한 이동형 '외부전
력(outside force)', 즉 해·공군에 의해 지원을 받는다. 이들 외부전력은 미식축구로 치
면 linebackers로 기능한다.

---

32) Mahnken, et al., 상게서, pp. 4－6.
33) 미 해군대학 교수 James Holmes와 Toshi Yoshihara의 표현. Robert D. Kaplan, The
    Geography of Chinese Power: How Far Can Beijing Reach on Land and at Sea?, *Foreign
    Affairs*, Vol. 89 No. 3 (May/June 2010), p. 33 인용.

내부-외부방어(Inside-out Defense) 개요[34]

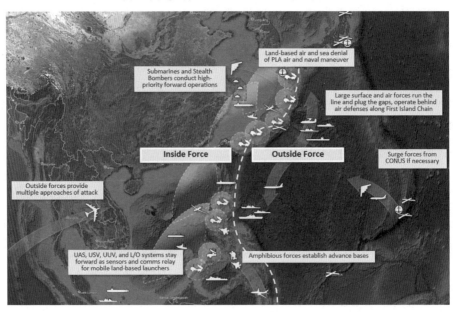

먼저 '내부전력(inside force)'으로 기능하는 육군·해병대 전력은 은폐, 분산을 위해 지형을 활용하거나 자체 엄폐화가 가능함으로써 생존성의 장점을 보유한다. 육군, 해병대는 상황 발생 이전에 전구 내에 이미 투입되어 거점을 확보한 기(旣)투입전력(stand-in forces)으로서 지상배치 대함(對艦) 및 대공(對空) 미사일을 적(敵) 해상·공중 표적에 대해 발사할 수 있어야 한다. 이들의 임무는 적지(敵地) 또는 중국 연안 전방 해역에서 문제를 일으키며 중국군을 괴롭히는 troublemaker의 임무를 수행한다. 이들 내부전력은 중국에게 이들을 성공적으로 격퇴하기 위한 정밀 표적화 노력과 대규모 탄약의 소모를 강요한다.

특히, 해병대는 소규모로 제1도련 내 도서(島嶼)나 심지어 중국 연안 취약장소로 침투한 후 교두보인 원정전진기지(expeditionary advanced base: EAB)를 구축하여 해상에 있는 해군전력을 지원하거나 필요시 연료나 무장을 재보급한 후, 다른 장소로 재(再)이동하는 등 적(敵) 후방에서 시간적·공간적 불확실성을 조성하고 적 표적문제 해결을 방해하며 적지 않은 비용을 부과한다.

---

34) Mahnken, et al., *Tightening the Chain: Implementing A Strategy of Maritime Pressure in the Western Pacific*, 전게서, p. 31.

한편 또 다른 내부전력인 잠수함과 스텔스폭격기는 본연의 기동성과 은밀성을 이용하여 중국 연안에 투입하여 높은 우선순위의 전방작전, 즉 적(敵) 핵심 기지에 대한 기뢰부설, 정보·정찰·감시(ISR), 특작부대의 침투 지원 등의 임무를 수행한다. 또 UAV, USV, UUV 등 무인체계 역시 중국연안 전방해역에 전개되어 제1도련 지상배치 타격 네트워크를 지원하는 센서(sensor)로서 표적정보 제공(ISR) 및 통신중계 임무 등을 수행한다. 이 같은 내부전력은 중국의 무장교전구역(weapon engagement zone), 즉 미사일 사거리 내에서 작전하므로 무엇보다 생존능력이 요구된다.[35]

제1도련 지상 타격네트워크[36]

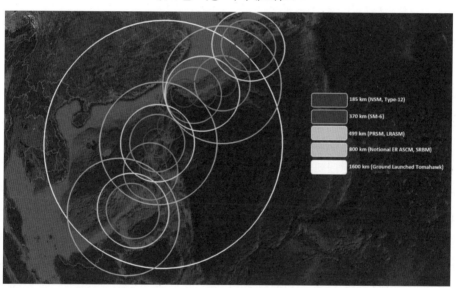

한편, 외부전력인 해·공군력은 전략적, 작전적 기동의 장점을 보유한다. 해양압박 개념에 따르면, 중국의 침공에 맞서 제1도련을 연(沿)해 전개된 미 동맹측의 지상배치 전력을 주로 사용함으로써 외부전력, 즉 미 해군·공군 전력은 중국 본토에 대한 감시정찰 및 군수체계 내 핵심 노드의 타격 등과 같은 보다 높은 우선순위의 임무

---

35) 이것이 결국 미 해병대가 주창하는 제1도련 내 '경합환경에서의 연안작전(LOCE: littoral operations in contested environments)'이라 할 수 있다.
36) Mahnken, et al., *Tightening the Chain: Implementing A Strategy of Maritime Pressure in the Western Pacific*, 전게서, p. 32.

를 수행하는 여건이 조성된다. 전방전개 공군전력은 새로운 기지 협약에 따라 지역 내 원정(遠征)공항으로 분산, 대기한다. 해군전력은 제1도련 후방 해역으로 출항한 후에 흔적을 최소화하기 위해 연안선을 따라 잠복, 대기한다.

즉, 해·공군 전력은 제1도련 대공(對空) 방어망 외곽의 덜 위협적인 환경에서 작전하며 지상 기반 정밀 타격 네트워크 전력이 남긴 전방방어의 허점을 보완하는 역할을 수행한다. 한편, 내부−외부전력이 최전선에서 중국 침공전력의 기동을 거부하는 동안, 미 본토에서는 긴급증강 전력(surge forces)을 위한 전략적 해상·공중수송이 진행된다.

따라서 해양압박 시나리오에서 무엇보다도 원활한 통신이 중요하다. 특히 미군 전력은 적(敵)의 전자전이나 재밍, 해킹활동 등으로 고도로 경합된 통신환경에서 동맹군 전력과 함께 작전하므로 때로는 상급제대와의 통신 연결이나 우주 배치 자산으로부터 정보제공 없이도 개별적인 연합·합동작전을 수행할 수 있는 분산 통신능력이 요구된다. 신형 무인 공중·수상 플랫폼, 대류권 산란 통신, 성층권 체계 등을 이용하거나 지형 C4ISR 아키텍처를 구축하여 통신이 두절되거나 전장정보가 적시에 제공되지 않는 환경에서도 작전이 지속 가능하도록 보장해야 한다는 의미이다.

또한 이러한 전방태세를 신뢰성 있게 만들기 위해서는, 미 동맹 및 파트너 간에 모든 전장영역, 즉 육·해·공, 우주, 사이버 공간에 걸쳐 밀접한 공조가 필요하다. 즉, cross−domain 작전이 해양압박 전략의 기본이다. 이는 다(多) 전장영역에서의 탄력적인 C4ISR 구조 및 反(counter) C4ISR 능력의 배치가 요구된다. 결국 이러한 배경에서 미 국방부는 합동 전(全)영역작전 지휘통제(JADOC2: joint all domain operations command and control) 시스템의 구축에 나서게 된다.[37]

이는 AI와 클라우드 컴퓨팅으로 지원받아 모든 센서(sensor)를 모든 무장(shooter)에 연결하여 분산된 전력이 수렴된 효과를 전달함으로써 적(敵), 중국이나 러시아군에게는 해결할 수 없는 다수의 딜레마를 부여한다는 개념이다. 이를 통해 지난 30여 년간 고강도 적과 싸우지 않는 가운데 수준이 떨어진 미군의 지휘·통제 능력을 다시 격상시킴으로써 중국이나 러시아의 방해 속에서도 다영역 작전에서 효과적인 합동·연합작전 수행 능력을 키우겠다는 의도이다.[38] 미군은 이 시스템을 개발함에 있어

---

37) David Deptula, "Moving further into the information age with Joint All−Domain Command and Control," *C4ISRNET*, July 9, 2020.

향후 동맹과도 공유할 수 있는 연합시스템으로 점차 확대해 나간다는 방침이다.

(2) 평가

결국 해양압박 전략은 다음과 같은 의미를 갖는다고 볼 수 있다. 먼저 종전의 공해전투(ASB) 개념은 지역 내 압도적인 해·공군력으로 중국 본토의 A2/AD 핵심 노드를 공격하고 제1도련 내 후속부대의 접근을 지원하기 위해 종심타격을 활용하는 공세적 개념이었다. 반면에 해양압박 전략은 중국의 A2/AD 거품 속 경합된 환경 내에서도 미국이 중국의 기정사실화 기도를 거부하는 작전을 수행하도록 허용하는 전략적 방책이다.

특히 미국도 항모강습단이 아닌, 비교적 저렴한 비대칭적 수단, 즉 탄도·순항미사일, 잠수함, 해상무인체계 등을 이용하여 중국을 억제하고 중국의 산법(算法)을 복잡하게 만듦으로써 중국지도자들에게 과연 무력도발이 성공할 수 있을까 재고하도록 강요하는 방책이라 할 수 있다. 따라서 해양압박 전략은 기정사실화 기도를 통해 중국이 장악한 '확전의 주도권(escalation dominance)'을 미국이 탈환하고 제1, 2도련 내에서 행동의 자유를 확보하는 동시에, 중국에게 미국의 강력한 의지를 전달하기 위한 전략적 구상이라 볼 수 있다.[39]

또한 이제까지 미국은 한국이나 일본 등 지역 내 소수의 대형기지에 대규모 미지상군 전력을 집중하여 중국의 첨단 A2AD 능력에 의해 생존성이 취약했다. 그런데 해양압박 개념은 다수의 소(小)도서 작전기지에 전력을 분산함으로써 집중의 취약성 없이도 규모의 장점(virtues of mass)을 달성 가능한 방책이다. 더 나아가 이는 공해전투(AirSea Battle) 개념과 같이 후속으로 봉쇄(blockade)와 같은 공세작전이 수행될 수 있는 여건을 조성하는 지원요소(enabler)로서 기능한다.

결국 해양압박 전략이 예상하는 최종상태(end state)는 중국 대륙에서의 중국 영향권과 서태평양 동맹 영토 주변의 미국 영향권, 그리고 동·남중국해의 상당 영역을 덮는 경합된 전장(戰場) 공간, 그 속에서 미국과 중국 어느 쪽도 전시(戰時) 수상 또는

---

38) Christopher M. Dougherty, "The Pentagon needs a plan to get punched in the mouth," *C4ISRNet*, May 20, 2021.

39) Tuan N. Pham, "Envisioning a Dystopian Future in the South China Sea," *CIMSEC*, May 10, 2021.

공중이동의 자유를 향유하지 못하는 교착상태이다.[40] 이는 중국의 A2/AD에 대항하여 제1도련을 연(沿)해 구축한 미국의 반(反) A2/AD, 즉 지상 기반 이동(mobile) 타격 네트워크가 효과적으로 기능한 결과, 향후 미·중간의 어떠한 충돌도 교착상태로 끝날 것이며 그 같은 전망은 애당초 중국의 기정사실화 기도를 단념케 함으로써 분쟁 발생을 예방할 것이며 결국 중국은 이길 수 없는 전쟁을 선택하지 않게 된다는 의미이다. 이것이 거부적 억제(deterrence by denial)이다.

더 나아가 해양압박 전략은 인도·태평양지역에서 중국의 무력도발을 억제하기 위한 전방전개 심층 방어태세를 구축함으로써 부상하는 중국의 힘과 영향력을 서태평양에서 봉쇄하는 전략목표도 달성 가능한 방책으로 평가된다. 이를 통해 지역국가들은 미국의 물질적 지원 하에 공격이나 강압행위로부터 중국을 억제하는 집단전선을 형성하는 것이 가능하다. 즉 미국은 동맹의 전투 네트워크를 통합하고 억제력을 증강함으로써 지역 내 군사균형을 불안하게 만들려는 중국군의 전략 기도(企圖)를 상쇄하는 효과를 거둘 수 있다는 의미이다.[41]

더 나아가 해양압박 전략은 지역 내 핵심 해협과 해상길목을 봉쇄하여 중국의 경제를 고사(枯死)시키는 봉쇄(blockade) 전략으로 연결됨으로써 단순히 중국의 기정사실화 기도에 대한 대응전략이라는 범위를 뛰어넘어 중국의 힘과 영향력을 봉쇄하는 미국의 서태평양 전역계획으로 인식되고 있다. 결국 해양압박 전략이 중국의 A2/AD 위협에 맞서서 '거리의 전횡(tyranny of distance)'을 극복하며 전방해역, 즉 제1도련에 미국과 동맹 및 파트너의 반(反) A2/AD를 구축하여 신속대응(rapid response) 체제를 구축하는 것으로서, 향후 서태평양에서 벌어질 전쟁의 모습이라는 것이다.

(3) 장애요인

한편, 해양압박 전략이 극복해야 할 장애요인은 크게 두 가지로 볼 수 있다. 먼저 비판적인 시각으로서 과거 공해전투(ASB) 개념과 같이 강대국 간의 전쟁 시나리오

---

40) 따라서 제1도련 내 동·남중국해 해역 및 공역은 중국의 호수가 되기는커녕, 전시에 누구에게도 속하지 않는 영역(no−man's−land, or no−man's−sea)이 되며 어느 쪽도 확실한 이동의 자유를 향유하지 못하게 된다는 의미이다. Biddle and Oelrich, "Future Warfare in the Western Pacific: Chinese Anti−access /Area Denial, U.S. AirSea Battle, and Command of the Commons in East Asia," 전게서.

41) Krepinevich Jr., "How to Deter China: The Case for Archipelagic Defense," 전게서, p. 80.

는 아무리 거부적 억제 차원이라도 부적절하다는 견해이다. 미국의 서태평양 전략은 중국의 힘과 영향력을 봉쇄하는 동시에, 중국과의 분쟁 예방에 초점을 두어야 한다는 뜻이다. 핵강대국 간의 분쟁은 그것이 아무리 정교한 전쟁수행 시나리오에서 파생된 것이라도 모든 관련 당사자에게 훨씬 위험한 재앙이라는 점이다.[42]

또 한 가지 장애요소는 어떻게 동맹이나 파트너, 특히 해양압박 전략의 성패가 달린 제1도련을 잇는 일본, 대만, 필리핀을 대중(對中) 시나리오에 참여시키고 이들 영토에 반(反) A2AD능력을 구축하느냐 이다.[43] 특히 전략적 차원에서 무엇보다도 대만 유사 시 미군의 지원전력이 도착하기까지 대만이 버틸 수 있는 능력을 증강하도록 지원하고 대만 방어에 필요한 지역 내 현존 군사력(staying power)을 강화함으로써 중국 근해에서의 즉응능력을 한층 더 강화하는 것이 필요하다.

이것이 결국 미국이 동맹 및 파트너와의 협력을 강화하고 새로운 안보협력 체제를 구축함으로써 '지역 내 안보 네트워크'를 강화하는 일이다. 그러나 지역 내 중국의 주도적인 영향력은 계속 신장하고 지역국가 대부분이 중국시장에 의존하는 상황에서 이는 결코 간단한 문제가 아니다(이 주제는 다음 장에서 상세하게 다루기로 한다).

3. 미 해군의 재건과 각 군의 전비태세 재편

해양압박 전략은 미국의 아·태지역 군사전략에 다음 세 가지 과제를 부여하였다. 첫째, 미국의 태평양전구(戰區) 전략은 이제 주로 해양영역(a maritime domain)인 서태평양에서의 거부적 억제로 초점을 변경해야 한다.[44] 둘째, 중국의 무력도발을 억제하고 기정사실화 기도를 거부하기 위해 제1도련에 '중국에 대항하는 무장 고슴도치(a weaponized porcupine)'[45]와 같은 미 동맹의 반(反) A2AD 체계를 구축해야 한다. 셋째, 미국의 역내 허브(hub)기지가 중국의 A2AD 능력에 취약해 짐에 따라 미 해군과

---

42) William D. Hartung, "America's Military Is Misdirected, Not Under-funded," *Defense One*, November 1, 2019.

43) Krepinevich Jr., "How to Deter China: The Case for Archipelagic Defense," 전게서, pp. 85–6.

44) Elbridge Colby, "How to Win America's Next War," *Foreign Policy*, May 5, 2019.

45) Pepe Escobar, "For Leviathan, its so cold in Alaska," *Asia Times*, March 18, 2021.

해병대는 물론, 육군과 공군도 새로운 전략환경에서 새로운 임무를 모색하고 거기에 맞는 전투준비 태세로 전환해야 한다.

무엇보다도 미국과 동맹의 연합전력이 중국 연안으로부터 가능한 가까운 곳에 위치하여 중국의 적대행위 개시부터 침공을 지연, 약화시키고, 후속부대와 함께 기정사실화를 거부하는 태세의 구축이 필요하다. 이들의 과업은 먼 곳에서 오는 긴급증강(surge) 부대가 도착할 때까지 시간을 벌고 중국에 지형, 즉 공간을 내주지 않는 것이다. 따라서 지역 내 미군 주둔기지와 작전 장소의 방호를 강화하는 한편, 보다 살상력 있고 민첩하며 상비된(more lethal, agile, and ready) 소규모 원정부대가 필요하고, 가능하면 지리적으로 널리 분산되어야 한다. 방공부대 및 장갑 차량과 같이 신속 전개가 곤란한 중무장 부대는 전장(戰場) 후방 대기구역에 배치하고 보병 및 전술항공기는 적(敵)이 기정사실화 완료 전에 전장에 도착, 교전할 수 있도록 훈련되어야 한다.

결국 해양압박의 관건은 미군이 종전의 중동에서의 대(對)테러 및 지상전 태세로부터 탈피하여, 새로운 해양전략을 구현할 수 있는 태세 및 능력을 구축하는 것이다. 특히 해양작전을 주 임무로 하는 미 해군과 해병대의 전비태세를 재건하는 것이 무엇보다 급선무였다.

가. 미 해군의 재건과 전비태세 복구

앞장에서 언급했듯이, 냉전 종식 후 전 세계 해역에서 미 해군의 해양통제를 위협할 수 있는 세력이 더 이상 존재하지 않게 되자, 역설적으로 미 해군의 함대 규모는 나날이 감축되고 해상 전투준비 태세는 빠르게 저하되었다. 또한, 유사 시 미 해군의 긴급증강(surge) 역량도 위축되었을 뿐만 아니라 미 본토로부터의 전략적 해상수송 능력을 비롯한 전쟁준비 역량 전반에 걸쳐 부식(腐蝕)이 진행되었다. 따라서 미 해군은 무엇보다 함대규모의 증강을 모색하는 동시에, 현존 전력의 전투준비 태세를 재건한 후 중국과의 무력분쟁을 억제하고 기정사실화를 거부하는 등 보다 실전적인 전투준비 태세의 구축이 시급하였다.

(1) 355척 함대건설

먼저 미 해군은 355척 함대로의 수적(양적) 증강을 시도하였다. 문제의 근본은 너무 작은 함대로 과거보다 몇 배나 늘어난 임무를 수행하는 것이었다. 2016년 미국 대선(大選)기간 중 트럼프 대통령 후보는 미 해군 전력을 당시 277척에서 350척 규모로 대폭 증강할 것임을 공약하였다. 같은 해 12월 Mabus 미 해군성 장관도 새로운 작전 환경 하에서 임무수행에 필요한 해군의 전력구조평가(FSA: Force Structure Assessment)를 실시하고 2050년대 초까지 355척 규모의 함대가 필요하다고 분석하였다.[46]

그 후, 355척 함대 건설은 2017년 미 의회를 통과해 국가가 필요로 하는 해군전투부대로서 2018년 국방수권법(National Defense Authorization Act)에 반영되어 입법화되었다.[47] 당시 미 의회가 해군력의 증강을 위해 얼마나 많은 예산을 추가적으로 승인할 수 있을지에 대해서는 회의적인 의견이 지배적이었다.[48] 실제로 미 해군은 2019년 예산요구(안)에서 향후 5년간 함정건조를 위해 매년 208억 달러를 요구하였다. 이는 2018년 3월 기준 282척의 미 해군 현존전력 수준을 유지하기에도 급급한 예산 규모였다.

당초 미 해군은 신형함정 건조에 추가하여 대형전투함의 수명연장(service life extension)이나 기뢰전함, 초계함 등 소형 전투지원함의 퇴역을 늦춤으로써 355척 목표를 2030년대까지는 조기에 달성할 수도 있다는 낙관적인 입장이었다. 그러나 당장 함정 척수는 늘어날 수 있지만, 이들 노후함정의 정비 및 작전 가능 상태로의 유지에 드는 엄청난 경비가 문제였다. 또 이들 노후함정들을 대체해야 할 시점이 되었을 때, 더 많은 수의 대체전력 획득이 현 국방예산의 제약 하에서는 거의 불가능한 수준이 될 것이라는 점도 지적되었다.

(2) 전비태세(readiness)의 복구 필요성

한편, 355척 함대로의 전력 증강에 발목을 잡는 새로운 장애요인이 발생하였다. 전비태세 대(對) 작전소요의 불균형문제이다. 앞서 언급했듯이 냉전 종식 후 미 해군

---

46) Document: Summary of the Navy's New Force Structure Assessment, *USNI News*, December 16, 2016.

47) David B. Larter, "Trump just made a 355−ship Navy national policy," *Defense News*, December 13, 2017.

48) 미 하원 군사위 Adam Smith 의원은 현 국방예산 규모 및 국방예산 강제삭감(Sequestration)과 매년 예산결정 절차를 고려할 때, 해군의 355척 전력 증강계획은 비현실적인 스케줄과 예산할당에 근거하며 환상(fantasy)에 불과하다고 혹평하기도 하였다. Ben Werner, "Lawmakers Not Satisfied with Navy 355−Ship Plan," *USNI News*, March 6, 2018.

이 전력을 급격하게 감축하고 신규투자에 소홀히 한 결과, 과거보다 적은 수의 함정과 항공기로써 훨씬 더 많은 현행 작전임무를 감당해야 하는 상황이 계속되었다. 그 결과, 함정이나 항공기에 필요한 정비나 승조원 교육·훈련 시간이 줄어드는 등 전비태세가 누적적으로 손상되었다. 이 같은 전비태세의 결손(缺損)으로 2017년 미 7함대 소속 이지스 구축함 John S. McCain함, Fitzgerald함 등 일련의 수상함 안전사고가 발생하면서[49] 미 해군은 엄청난 대가를 치르며 커다란 위기를 맞게 된다.

항공기의 경우도 2018년 봄에만 비(非) 전투임무로 25명의 인명이 손실되는 사고가 발생하였다. 그동안 투자를 소홀히 한 결과, 항공기들이 노후하였고 수리부속도 부족하였으며 노련한 정비인력이 감소했기 때문이었다. 급기야 2018년 9월 매티스(Jim Mattis) 미 국방장관은 미 해군, 해병대, 공군의 F-35, F-22, F-16, F-18 등 4개 주요 전술항공기의 임무 가동률(mission-capable rates)을 2019 회계연도(9월)까지 일괄 80%까지 격상시켜 놓도록 특별 지시하게 된다.[50]

다시 말해, 함대 규모를 수적(數的)으로 증강하는 것보다 기존 함정·항공기 승조원의 교육·훈련, 자격인증, 장비의 정격치(定格値) 유지, 계획정비 등 전비태세 복구에 자원을 우선적으로 할당해야 할 필요성이 더욱 시급한 문제로 대두한 것이다. 그 결과, 앞서 천명했던 355척이라는 수치(數値)의 중요성은 점점 경시되기 시작한다. 매티스 국방장관은 2018년 1월 국방전략(NDS)에서 보다 큰 규모의 함대가 필요하나 355척 함대는 매년 국방비가 실질적으로 3~5% 성장하지 않으면 달성하기가 어려울 것이며 전비태세를 다시 복구하는 것이 우선이라고 말했다.[51]

(3) 분산해양작전

따라서 미 해군은 보다 현실적이고 타협적인 접근방식을 모색한다. 355척의 조기 실현보다는 현존 함정의 살상력(lethality), 즉 능력을 신속하게 증강하는 접근방식

---

49) 미 해군이 파악한 함정 안전사고의 원인과 재발방지 대책에 관해서는 Admiral Bill Moran, "Status Report-One Year Later," *Proceedings*, July 2018 참고.

50) 당시 임무가동률은 F-16C 70.22%, F-35A 54.67%, F-22 49.01%라고 전해진다. Aaron Mehta, "Mattis orders fighter jet readiness to jump to 80 percent in one year," *Defense News*, October 9, 2018.

51) "Summary of the National Defense Strategy: Sharpening the American Military's Competitive Edge," 전게서.

을 찾게 된 것이다. 그것이 바로 '분산 살상력(DL: Distributed Lethality)' 개념이다. 이는 순양함, 구축함, 연안전투함, 강습상륙함 등 다양한 수상함의 공격능력을 높이고 지리적으로 분산시켜 적(敵)에게 방어 측면에서의 높은 비용을 강요한다는 개념이었다. 결국 DL은 미 해군의 수상 플랫폼 수(數)와 지리적 분포를 확대함으로써 적(敵)의 표적문제 해결을 복잡하게 하고 이에 대응하는 것이 그들의 현 능력범위를 초과하도록 만들겠다는 논리였다. 즉, 미 해군이 중국해군에 비해 수적 열세에 있으므로 이를 상쇄하기 위해 '떠있는 것은 모두 싸우게 만든다(If it floats, it fights)'는 개념이 DL이라 볼 수 있다.[52]

DL 개념은 중국의 A2AD 능력을 상쇄하기 위한 미 해군의 새로운 작전개념인 분산해양작전(DMO: Distributed Maritime Operations)으로 발전하였다.[53] DMO의 중심 개념은 다수의 이동 플랫폼이나 소규모 전력 패키지(package)를 보다 넓게 분산시켜서 중국의 정보·정찰·감시(ISR) 및 표적화 능력을 복잡하게 만들고 4차 산업혁명 시대의 혁신기술에 기반한 살상력(특히 미사일)을 모든 플랫폼에 탑재하여 중국의 중심 (重心, centers of gravity)을 타격함으로써 중국에게 비싼 대가를 강요하고 심각한 딜레마를 부여하겠다는 것이다.[54] DMO를 추진함으로써 적(敵)이 미 해군 함정들을 격퇴하는 데 필요한 공격의 규모를 키우고 더 많은 시간이 필요하도록 강요함으로써 침공을 억제하고 지연시킨다는 의미이다.

결국, 이는 냉전 종식 후 지속적으로 함대규모를 감축하여 과거보다 훨씬 적은 수의 함정으로 미 합참이나 전투사령부(combatant commands)의 현행작전 소요를 감당하면서도 중국의 도전에 대응하기 위해 미 해군이 유지하고 있던 기술적 우위라도 이용하겠다는 고육지책(苦肉之策)이라 볼 수 있다.[55]

따라서 이 작전개념을 만족시키기 위해서는 무엇보다도 적(敵) 표적문제 해결과

---

52) Kevin Eyer and Steve McJessy, "Operationalizing Distributed Maritime Operations," *Center for International Maritime Security*, March 5, 2019.

53) Commander, Naval Surface Forces, US Navy, Surface Force Strategy: Return to Sea Control, 2017; Bryan Clark, Timothy A. Walton, *Taking Back The Seas: Transforming the US Surface Fleet for Decision−Centric Warfare*, Center for Strategic and Budgetary Assessments, 2019.

54) Brian Garrett−Glaser, "China's Military Revolution: Smarter, Better, Faster, Smaller." *The Cipher Brief*, March 8, 2018.

55) David B. Larter, "With all focus for the surface fleet on readiness, what gets sidelined?" *Defense News*, April 09, 2018.

결심수립을 복잡하게 만들거나 적이 공격에 필요한 무장 수(數)를 증가시키고 탄약의 소모를 강요할 수 있을 정도로 많은 소형, 스마트 플랫폼이 필요하다. 결국, 어떤 전력이 A2/AD 환경에서 생존 가능한(survivable) 가운데 보다 더 살상력이 있고(lethal), 다수(many) 신속하게(urgently) 획득 가능(viable)한가?의 문제였다.

이러한 배경에서 미 해군은 USV, UUV 등 해양무인체계와 차세대 소형전투함으로서 미사일 호위함 FFG(X)를 다수 확보한 후, 지향성에너지, 극초음속무기, AI, 기계학습(machine learning), 자율성(autonomy) 등 출현 중인 4차 산업혁명 시대의 혁신기술을 활용, 이들의 살상력을 높이고 네트워킹을 통해 기존의 모든 합동전력과 통합함으로써 '분산해양작전'을 실질적으로 구현해 나간다는 선택을 한다.56)

미 해군은 향후 함대의 핵심 요소로서 배수량 약 2,000톤급 초계함 크기의 대형 무인수상정(Large USV) 10척으로 구성된 '유령함대(ghost fleet)'를 비롯하여 각종 USV 및 UUV 등 다수의 무인플랫폼을 건조하는 동시에, 미래 소형전투함으로써 Constellation급 미사일 호위함 FFG(X) 20척을 건조한다는 목표를 세우고 전력건설을 추진 중이다. 트럼프 행정부 말기에 Mark Esper 미 국방장관의 지시의거 수행된 미래 해군력연구(FNFS: Future Naval Force Study)결과, 발표된 'Battle Force 2045' 구상에도 이러한 노력이 반영되었다.57)

따라서 향후 미 해군은 해양압박 전략에서 제안하는 바와 같이 미래 해전에서 제1선은 잠수함과 무인해양체계의 군집비행 및 항행, 지상배치 항공기, 미사일로 초기 전투를 치르고 해상 및 공중위협이 안전한 수준으로 감소되면, 제2선에서 대기하던 항모강습단(CSG)이 투입되어 대지(對地) 전력투사 역할을 수행할 것으로 예측된다.58)

---

56) 이에 대해서는 정호섭, "4차 산업혁명 기술을 지향하는 미 해군의 분산해양작전," 『국방정책연구』, 제35권 제2호(2019년 여름), 61–93쪽.

57) Battle Force 2045는 2045년까지 530여 척의 세계최강 해군을 건설하는 계획으로서 공격잠수함 70~80척(Virginia급 매년 3척 건조), 항모 8~11척에 추가하여 경항모 6척(F-35B + MV-22 탑재 상륙강습함), 소형함 60~70척, 전투지원함 70~90척, USV와 UUV 140~240척, UAV 다수, 상륙함 50~60척 등으로 구성된 함대건설을 제안하였다. 이는 1980년대 레이건 대통령 시절 600척 해군에 근접한다. 혹자는 이는 미국의 국방예산 현실을 고려않고 단순히 '기존 355척 + 약 200척의 무인체계'로 구성되는 함대구조로서 소망성 사고, 순수 환상(pure fantasy)이며 속이 빈 함대(a hollow force)를 만들 위험이 있고 이 전력들을 지휘 통제할 데이터 네트워크도 취약하므로 기획문서로서 가치는 0이라고 혹평을 하였다. John R. Kroger, "Esper's Fantasy Fleet," *Defense One*, October 13, 2020.

한편 미 해군은 355척 함대로의 전력증강이 당장은 어려워지자, 현존 전투함에 장거리, 정밀타격 무장을 강화하는 방안도 강구하고 있다. 그 동안 대함(對艦) 무장이 취약했던 연안전투함(LCS)과 Constellation급 신형 미사일호위함에 Naval Strike Missile(사거리 114마일)을 탑재하고 DDG－1000급 구축함과 Virginia급 Block 5 잠수함(SSN)에 극초음속 무장인 Common Hypersonic Glide Body(C－HGB)를 장착하며 중국의 대함(對艦) 탄도·순항 미사일에 대항하는 수단으로 레이저 시스템 등 지향성 에너지(directed energy) 무기도 수상함에 탑재, 운용하려고 노력 중이다.[59]

분산해양작전의 또 다른 작전적 소요는 분산된 전력이 공세, 수세, 대(對) ISRT (정보·정찰·감시·추적) 등 기동전을 조율할 수 있는 강한 전구급 통신 네트워크를 구축하는 일이다. 이를 해결하기 위해 미 해군은 해군통합화력체계(NIFS－CA: Naval Integrated Fire System－Counter Air)의 구축에 나서고 전자기적 기동전(Electromagnetic Maneuver Warfare: EMW) 개념을 운용하기로 결정한다.

먼저 NIFS－CA는 전구(戰區) 내에서 분산되어 작전 중인 모든 해군 방공전력의 센서와 무장을 하나의 네트워크로 연결하여 공통으로 교전하는 체계를 의미한다. NIFS－CA는 현재 해군뿐만 아니라 해병대, 해안경비대의 센서 및 무장을 통합하기 위한 공통 네트워크와 통신을 구축하는 'Project Overmatch' 사업 아래 '해군작전 기반구조(Naval Operational Architecture)'라는 명칭으로 추진되고 있으며, 궁극적으로는 전군(全軍)의 센서 및 무장을 하나로 연결하는 네트워크인 합동 전(全)영역작전 지휘통제(JADOC2: Joint All Domain Operations Command and control)에 통합된다.

한편 EMW는 미 해군 전력의 방어역량과 공세확률을 증진시키기 위해 우군의 전자파 방사(放射)는 신중하게 관리하되 적(敵)의 방사는 이용하고, 운동성·비운동성 화력을 통합함으로써 전자기 영역에서의 통제를 달성하는 개념이다. 여기에 차세대 장거리 대함 미사일, 전자기적 레일 건(EMRG), 레이저 무기, 고출력 마이크로웨이브 무기 등 지향성 에너지 무기가 미 수상함대에 도입됨에 따라 미 해군은 대공전 능력뿐만 아니라 대함전 능력이 획기적으로 증대할 것으로 기대하고 있다.

---

58) Geoff Ziezulewicz and David Larter, "Twilight of the flattop?" *Navy Times*, May 6, 2019.
59) Bradley Peniston, "State of the Navy," in "State of Defense 2021," *Defense One*, April 29, 2021.

(4) 싸우는 조직으로의 체질 개선

전력 증강이나 전비태세의 복구뿐만 아니라 미 해군은 이제까지의 기(旣)계획된 각본 형태의 훈련방식과 과감하게 결별하고 싸우는 조직으로서 함대의 실전적인 전비태세(readiness)를 회복시키려고 노력하고 있다.

(가) 실전적 함대훈련

해양통제를 달성하기 위한 '일련의 함대 문제해결(Fleet Problems series)'훈련[60]이 바로 그것이다. 미 해군의 함대 해상훈련이 이제까지 테러와의 전쟁에서 전력투사나 전방현시 작전과 같이 비교적 단순한 임무에 치중했던 것과 달리, 해상에서 적(敵) 함대와의 고강도(高强度) 전투상황에서 실제로 발생할 수 있는 각종 위험에 맞서서 이를 극복하는 훈련을 반복하고 있는 것이다. 이를 통해 A2/AD라는 극한상황 하에서 장기간 배치되어 안전하게 작전하는 가운데 해군의 전통적인 임무인 해양통제를 달성하는 데 필요한 전투능력을 재(再)구축하려는 것이다.

이 훈련의 중점으로서 중국이나 러시아와 같은 잠재 적국 해군의 발전된 무기체계, 특히 대함유도탄이나 다수의 잠수함으로 방어되고 있는 전방 작전해역에서 미 항모강습단(CSG: Carrier Strike Group)이 생존하고 더 나아가 적대국 영토 내 고가치 표적(high value target)에 대한 강습(strike)을 실시하는 훈련이 주로 실시되고 있다. 특히 태평양지역에서 임무수행하는 CSG는 작전지역으로 이동하는 동안 실제 잠재 적국의 위협요소와 같은 역할을 하는 가상적군(a Red team)에 맞서서 자유공방전 형태의 실전적 훈련을 실시하며 다양한 전투임무를 숙달하고 있다. 실전상황을 부여하여 지휘관들의 창의적이고 주도적인 전투지휘술을 연마하는 것이 그 목표이다.

이를 통해, 현재의 미 해군 전력으로 중국·러시아 등 잠재 적국과의 경쟁이 불가피해진 현 전략상황에 부합된 방식으로 전투지휘관들이 지휘술과 가용한 도구와 기량으로써 '계획(각본)과 싸우지 않고 적(敵)과 싸우도록(stop asking for the plan; plan

---

60) 제1, 2차 세계대전 중간기에 미 해군은 실전과 같은 상황을 부여하여 함대 전비태세를 시험하고 지휘관의 창의적 전투문제 해결 기회를 부여하고자 일련의 함대 문제해결 훈련을 실시했다. 이를 현 상황에 맞게 다시 도입하여 실추된 수상함대의 전비태세를 끌어올리고 항모강습단의 통합전투력을 증강하고자 미 해군은 이 훈련을 재개하였다. Scott Swift, "Fleet Problems Offer Opportunities," *US Naval Institute Proceedings*, vol. 144, no. 3 (March 2018), pp. 22−6.

your solution)'[61] 훈련시킨다는 방침이다. 냉전 시절 막강한 소련함대에 맞서서 발전했던 미 해군의 해양통제 달성을 위한 전기·전술 및 교리(TTPs)가 중국해군을 대상으로 하여 조만간 다시 등장할 것으로 기대된다.

(나) 동적(動的)인 전력운용

실전적인 함대 훈련뿐만 아니라 미 해군은 새로운 전력운용 개념을 적용하고 있다. 2018 미 국방전략(NDS)에서 매티스 국방장관은 전략적으로는 예측 가능하나 작전적으로는 예측 불가능한 소위 '동적(動的)인 전력운용(Dynamic Force Employment)'을 예하에 지시했다.[62] 전력의 신축적인 운용을 통해 중국·러시아 등 경쟁국들이 미군의 행동을 예측하지 못하도록 함으로써 미국의 방책은 확대하고 경쟁국은 불리한 위치에서 미국에 대항하도록 강요하겠다는 것이 그 의도이다.

종전까지 미 해군은 2000년대 초 확립된 '최적화된 함대대응계획(OFRP: Optimized Fleet Response Plan)'[63]이라는 틀에 의거 전력을 운용해 왔다. 특히 항모강습단(CSG)의 경우, 2＋3의 형태, 즉 2개의 CSG가 전개되고 3개의 CSG는 1개월의 사전 경고 하에 긴급전개(surge)할 수 있도록 대비하는 패턴에 따라 운용되어 왔다. 이를 통해 각 CSG는 36개월 주기 내에서 7개월 전방 전개 후 약 15개월 정도 모항에서 대기(待機)하거나 해상훈련 등으로 유사 시 긴급 투입될 수 있는 태세를 유지하고 있었다. 중국·러시아 등 경쟁국들은 이러한 전력 운용패턴을 이미 잘 알고 있었다. 그 때문에 미 해군은 전력운용 방식을 변화시킴으로써 작전적 예측 불가성을 증가시키겠다는 의도이다.

그러나 미 해군이 CSG 전력운용에 변화를 추구하는 데에는 보다 근본적인 이유가 따로 있었다. 앞서 언급했던 전반적인 전비태세의 결손(readiness deficit) 때문이었다. 탈냉전 후 미 해군이 급격하게 전력을 감축한 가운데, 과거보다 적은 수의 함정과 항공기로써 훨씬 더 많은 전방현시 소요를 감당함으로써, 함정이나 항공기의 전비태세가 지속적으로 손상된 것이다. 그 결과, CSG는 계속 혹사되고 필요한 정비나 교육·훈

---

61) Swift, 상게서, p. 25.
62) US DoD, *Summary of the 2018 National Defense Strategy of the US: Sharpening the American Military's Competitive Edge*, 전게서, p. 7.
63) Megan Eckstein, "U.S. Fleet Forces: New Deployment Plan Designed to Create Sustainable Naval Force," *USNI News*, January 19, 2016; Don Donegan, "Redefine the Strike Group," *Proceedings*, vol. 144, no. 10 (October 2018), pp. 36－40.

련, 그리고 승조원이나 전투함정 등에 필요한 각종 작전인증(certification)을 내실 있게 실시할 시간이 주어지지 않아 전비태세에 허점이 발생한 것이다.

또한 그동안 미국 정부가 해군력에 대한 투자를 소홀히 한 결과, 핵 추진 항모의 정비를 담당하는 4개 해군 조선소(shipyards, 정비창)의 노후 시설과 설비, 저하된 정비 역량 또한 이러한 전비태세의 결손을 더욱 심화시켰다. 항모와 함재 항공기의 정비가 계속 지연되자 그 부정적 영향이 다른 항모에 연쇄적으로 파급되면서 함대대응계획 (FRP)이나 그 수정된 계획(OFRP) 모두 사실상 유명무실한 상태가 된 것이다.

이 같은 현실에서 미 국방부는 각 군의 손상된 전비태세를 회복하기 위해 '동적인 전력운용'을 지시한 것이다. 미 해군은 이에 따라 항모 투입 해역과 전개기간을 신축적으로 운용하는 등 기존 항모 전개주기에 근본적인 변화를 주어 CSG에 필요한 정비기간을 부여하고 강대국과의 경쟁에서 해양통제를 달성하기 위한 전력으로 재정비(resetting)하는 시간을 부여하려는 것이다. 이 밖에도 미 해군은 4개 해군 정비창/조선소의 현대화에 향후 20년간 210억 달러의 예산을 투자하는 법안을 미 의회에 제출하였다.[64)

결국 미 해군은 분산해양작전에 필요한 모든 수단과 방책을 강구하고 실전적인 훈련과 전력운용으로 이를 뒷받침함으로써 궁극적으로 중국과의 '고강도 전투 (high-end warfighting)'에 대비하겠다는 의도이다.[65) 이 모든 것은 향후 전쟁까지 불사한다는 자세로 실질적이고 가공할 만한 전투준비를 할 때에만 서태평양에서 중국의 일방적인 해양팽창과 중국해군의 무력도발을 억제하고 격퇴할 수 있다는 미국의 절박감을 반영한다.

한편 점점 확장되는 중국의 군사적 영향력을 상쇄하기 위해 미 해군은 전력 분산 차원에서 인도양, 태평양지역의 핵심 길목, 특히 싱가포르나 인도 Nicorba 도서 등 분쟁 발생 시 중국의 해양도전에 맞서는데 가장 효과적인 장소에 새로운 원정함대, 즉 제1함대를 재(再)창설해야 한다는 제안도 등장하였다.[66) 1함대는 인도와 남아

---

64) 이 법에는 미국 내 민간조선소 및 선박수리소의 시설 현대화 지원에 필요한 예산 40억 달러도 별도로 포함되었다. Mallory Shelbourne, "Bipartisan Bill Calls for $25B in Infrastructure Funds for Shipyards," *USNI News*, April 28, 2021

65) US Navy, "Chief of Naval Operations 2021 NAVPLAN," January 11, 2021.

66) 2020년 11월 Kenneth Braithwaite 미 해군장관은 과거 제2차 세계대전 직후부터 1970년대 초까지 싱가포르에 존재했던 미 1함대를 재창설하자고 제안했다. 이에 대해 싱가포르는 정식요

시아 해역을 책임지며 일본에 배치된 7함대의 임무부담을 경감할 것이며 미 해군의 인도·태평양 내 주둔전력을 증강하고 중국해군의 무력도발에 대한 가공할 만한 억제력으로 기능할 수 있는 것으로 예측되었다.

나. 미 해병대의 원정전진기지작전

미 해병대도 어느 군보다도 신속하고 강력하게 강대국 간의 경쟁시대에 부합하는 전비태세로 전환하고 있다. 그 핵심으로 규모는 작고, 로봇을 보다 많이 운용하며, 해군과 통합된 태세로 보다 탄력적이고 해양으로 지향된 전력을 구축해 나가는 것이다.[67] 지난 20년 동안 미 해병대는 주로 중동 테러전쟁과 지상전의 임무수행에 필요한 전술을 발전시키고 전력을 건설해 왔다. 그 결과 해병대는 너무 무거워 다루기 힘든(too heavy, too cumbersome) 전력이 되었다. 그러나 아·태지역에서 중국해군의 도전으로 미 해군이 그동안 유지해 왔던 해양통제가 더 이상 당연시 될 수 없게 되면서 미 해병대는 '해군을 지원하는 해병대(Green in support of Blue)'를 표방하며 본연의 존재이유인 준비된 해군원정전력(a naval expeditionary force in readiness) 또는 함대 해병전력(a fleet marine force)으로 복귀하려 노력하고 있다.[68]

또한 향후 작전환경은 무엇보다도 '해군-해병대 팀'에 보다 많은 임무를 부여할 것이므로 언제, 어느 해역에서도 작전할 수 있도록 '해군-해병대 간 보다 철저한 통합성(tighter blue-green naval integration)'을 구축하고 이를 위한 전력구조로 재편하고 있다. 과거 상륙작전은 주로 해군(blue)이 해병대(green)를 상륙지역까지 탑재하여 목표지역에 상륙시키는 형태(blue-in-support-of-green)였지만, 향후 해전은 해군함정이 해병대의 상륙을 지원하고 상륙한 해병대(green)는 해안으로부터 장거리 대함(對艦), 대공(對空) 미사일로 해군의 해양통제 달성을 지원하며 항공 및 함정의 기반화력

청이 없었다는 반응을 보였고 인도는 구체적 반응이 없었다. Geoff Ziezulewicz, "SECNAV calls for standing up new numbered fleet in the Indo-Pacific," *Navy Times*, November 19, 2020; Megan Eckstein, "SECNAV Announces the Return of the U.S. Atlantic Fleet, Focus Will be on Russian Threat," *USNI News*, December 2, 2020.

67) Patrick Tucker, "The Future of the Marines Is Smaller, More Robotic, More Naval," *Defense One*, October 3, 2019.

68) Megan Eckstein, "Berger: Marines Focused on China in Developing New Way to Fight in the Pacific," *USNI News*, October 2, 2019.

을 보강하는 함대의 탄약고로서 기능하는 형태가 될 것이라는 인식이다.[69]

이를 위해 미 해병대는 '경합환경 하에서 연안작전(LOCE: littoral operations in a contested environment)' 및 '원정전진기지작전(EABO: expeditionary advanced base operations)' 개념을 채택하여 이에 부합된 태세로 전환 중에 있다.[70] 이 개념들은 중국의 A2AD 거품 속에서 해병대를 목표해안에 상륙시키는 것이 힘들뿐만 아니라, 향후 미 해병대가 미 해군의 해양통제 달성을 직접 지원할 필요가 있다는 점에서 출발한다. 과거 태평양전쟁에서 미 해병대의 '도서(島嶼) 뛰어넘기 상륙전역'은 해군이 해양통제를 확립하거나 확장하는 것을 지원하기 위해 수행되었다. 이와 마찬가지로 이제 미 해병대는 바다에서 싸우거나 해안에서 해양전투를 지원하며 미 해군의 해양통제 또는 해양거부를 달성하거나 유지하는 데 기여하겠다는 의미이다.

즉, 서태평양에서 LOCE를 수행함에 있어 해병대는 소규모 부대에 의한 상륙기습을 통해 연안지역의 적(敵) 무장, 센서 노드(nodes)를 제거하고 군수, 감시, 화력지원을 위한 원정전진기지(EAB)를 구축한다. EAB는 해군 항공기의 원격 재급유·재무장 등 전방군수기지로도 기능한다. 더 나아가 EAB는 장거리 A2/AD 위협 하 경합된 지역에서 미 해군이 국지적 해양통제 또는 항공통제를 확립하는 것을 지원한다. 즉, EAB는 자체 화력을 직접 운용하여 우군 함정·항공기에 대한 육상 기반의 적(敵) 위협을 무력화하는 동시에, 적(敵) 함정이나 항공기, 필요시에는 적 해운(海運) 선단에 대해 대함·대공 미사일로 타격하고 정찰·감시임무를 수행한다.

이를 통해 EAB는 고가치 자산의 전장(戰場) 진입을 위한 안전한 여건을 조성하면서 해군 주력함대의 접근을 보장한다. 또한 중국 연안 제1도련 근처에 설치된 EAB에서 다수의 소형, 낮은 흔적(lower-signature)의 상륙함정으로 보급품, 병력 재배치, 지속지원 등의 역할을 수행하며 작전목표에 부합하여 차기 과업을 위해 재(再)이동하는 등 연안 기동전을 수행한다는 것이 EABO의 요지이다.

베르거(David Berger) 미 해병대사령관은 미 해병대가 직면한 주 도전요소는 제한된 재정자원 범위 내에서 '상비(常備) 해군 원정전력(naval expeditionary force-in-

---

69) Megan Eckstein, "Navy, Marines Practice 'Littoral Combat Force' Construct in Alaska," *USNI News*, September 23, 2019.
70) Steven Stashwick, "US Navy and Marine Corps Preparing for Combat in the Littoral," *The Diplomat*, April 28, 2017.

readiness)'으로서 임무를 수행하며 경쟁국과의 현대식, 고강도 해전에서 싸워 이길 수 있는 능력을 구축하는 것이라고 선언하였다.[71] 특히 베르거 사령관은 예산의 제약 속에서 필요하다면 기존체계와 병력규모를 과감하게 감축하더라도 EABO 작전에 필요한 실전적인 대비태세를 구축하겠다는 강력한 의지를 밝혔다.[72] 이러한 배경에서 미 해병대는 인도·태평양지역에서의 전쟁에 대비, 2030년까지 3개의 해병연안연대 (Marine Littoral Regiments: MLR)를 창설하여 미 해군의 해양통제나 해양거부를 지원한다는 방침이다.[73]

베르거 사령관은 전략수송(strategic lift) 능력으로서 미 해병대가 견지해 온 LPD, LPH 등 대형상륙함 38척의 소요를 과감하게 철폐하고 중국의 장거리 정밀화력 위협을 고려하여, 보다 소형이지만 살상력이 있고 위험한 전장에 투입할 만한 플랫폼을 모색해야 하며 '물 위에 떠 있는 것은 병력과 장비수송을 위해 어떻게 활용할 수 있는가를 심층 검토할 필요가 있다'[74]고 강조하였다. 또한 그는 적(敵)과의 물리적 교전이 해병대의 특징인데 이제 전투원을 가능하면 노출시키지 않고 무인체계를 적극 활용해야 한다며 해병대의 전통적 문화까지도 바꿔야 한다고 주문하였다.[75]

한편, 미 해병대는 오키나와, 일본, 괌, 하와이, 호주 등 인도·태평양지역에 걸쳐 전력을 재(再)분산시키는 계획도 검토하고 있다.[76] 즉 태평양지역의 미 전력태세를 재평가한 후 오키나와에 주둔 중인 미 해병대 병력의 거의 절반을 괌이나 호주, 하와이로

71) Megan Eckstein, "New Commandant Berger Sheds 38−Amphib Requirement in Quest to Modernize USMC for High−End Fight," *USNI News*, July 18, 2019.

72) Megan Eckstein, "Berger: Marine Corps May Have to Shrink to Afford Modernization, Readiness Goals," *USNI News*, April 30, 2019에서 재인용.

73) 각 연대는 1,800−2,000명의 해병·해군 병력으로서 각각 1개의 연안 전투팀, 방공(Anti−Air) 대대, 군수대대로 구성되어 순환제로 인도·태평양지역으로 전방 전개되며 필요시 그 외 지역, 즉 중동이나 발트 해, 흑해 등으로 전개하는 방안도 검토 중이다. 먼저 하와이 소재 제3 해병연대가 MLR로 전환될 방침이다. Mallory Shelbourne, "Marines Considering 3 Littoral Regiments for the Indo−Pacific," *USNI News*, February 8, 2021.

74) Tucker, "The Future of the Marines Is Smaller, More Robotic, More Naval," 전게서.

75) David Ignatius, "USMC commandant sets bar for reform," *Stars and Stripes*, August 9, 2019. 미 해군·해병대는 강대국 간 경쟁시대의 안보도전에 맞서서 사상 최초로 해군 통합 함대구조평가(naval integrated Fleet Structure Assessment)를 수행하기로 합의하였다. Megan Eckstein, "Navy, Marines Rethinking How to Build Future Fleet with Unmanned, Expeditionary Ships," *USNI News*, September 26, 2019.

76) Todd South, "Marine Corps plan to relocate from Okinawa to Guam needs a review, commandant says," *Marine Corps Times*, May 3, 2019.

분산, 이동시키려는 구상이다. 이를 통해 오키나와 기지(基地) 문제를 완화할 뿐만 아니라 중국의 공격 방정식을 복잡하게 만들며 중국이 한 지역에 탄도미사일 공격을 집중하는 것을 예방할 수 있다는 의미이다.[77] 이에 따라 2019년 7월 미 해병대는 오키나와, 하와이, 미 본토 등에서 차출된 1,700명의 병력을 호주 북부에 순환 배치하였다.[78]

다. 타군의 전비태세 재편

(1) 미 육군의 다영역작전(MDO: multi-domain operations)

미 육군도 전비태세 중점을 중동 대(對)테러전쟁에서 중국이나 러시아 등 강대국 간 무력경쟁에 대비하는 원정작전 태세로 전환하고 있다. 2021년 3월 미 육군은 '육군 다영역 혁신(Army Multi-Domain Transformation)'이라는 참모총장 문서 1호를 발표했다.[79] 이는 강대국 간 경쟁에서 미 육군이 어떻게 혁신해 나갈 것이냐에 관한 개념이다. 특히, 해양환경이 주도하는 아·태지역 내 중국과의 경쟁이나 분쟁에서 미 육군도 합동군의 일원으로 전역계획에 기여할 수 있는 태세로 혁신하겠다는 뜻이다. 미 육군은 중국과의 무력분쟁이 발생하면, 전역(戰域) 내에 이미 투입된 상태에서 적(敵)의 침공을 억제하고, 억제가 실패할 시, 제1도련과 같은 적(敵) A2AD 능력 내에서 기동하는 내부전력(inside forces)으로서 이동 장거리 화력, 지속지원, 방호 능력 등을 합동군에 제공하며 침공군을 격퇴하는 능력을 구축하겠다는 의미이다.[80]

미 육군은 특히 해양환경이 주도하는 아·태지역에서는 대규모 지상군의 기동공간이 협소하므로 대규모 지상전투를 수행하기 보다는, '주(主) 합동조력요소(the

---

77) Shawn Snow and Todd South, "Congress wants a review of the Corps' plan to distribute forces across the Indo-Pacific," *Marine Corps Times*, July 1, 2019.

78) 2012년 미국 정부는 아·태지역 재균형(Pivot to Asia-Pacific) 정책의 일환으로 매년 2,500명의 해병대를 호주에 순환 배치하겠다고 호주정부와 약속했다. 이는 자유롭고 개방된 인도·태평양에 대한 미국의 공약을 재확인하는 동시에, 중국이 서태평양 및 남태평양 지역의 수많은 도서국가에서 대규모의 건설 투자 사업을 유치하면서 힘과 영향력을 팽창하려는 것을 견제하기 위한 조치로 보인다. William Cole, "Marines head to Australia to counter China influence in Pacific," *Stars and Stripes*, July 7, 2019.

79) Headquarters, Department of the Army, *Army Multi-Domain Transformation: Ready to Win in Competition and Conflict*, Chief of Staff Paper #1, March 16, 2021.

80) James Holmes, "America's Maritime Army: How the US Military Would Fight China?", *1945*, March, 2021.

principal joint enabler)'로서의 기능을 스스로의 임무라고 인식하고 있다. 즉, 중국의 탄
도미사일 발사와 전자전 공격에 대항하여 항만 및 비행장의 안전을 확보하여 미 해군
함정이 기동하고 미 공군 항공기가 출격하는 것을 보장하는 가운데, 미 해병대와 공
정(空挺) 사단·유격연대 등 육군 경(輕)보병부대가 적(敵)과 직접 교전하는 등 장차작
전의 여건을 조성하는 역할을 수행하겠다는 의미이다.

이를 위해서 미 육군은 무엇보다도 '거리와 시간의 전횡(tyranny of distance and
time)'을 극복하여 어떻게 전장에 필요한 전력을 가능한 신속하게 투입(전개)하느냐가
중요하다. 따라서 미 육군은 아·태지역에 주둔한 병력규모를 꾸준하게 증가시키는
동시에, 기존에 실시해 왔던 'Pacific Pathways' 구상[81])에 의거 지정된 육군부대를 지
역 내 국가에 4개월 이상 순환 주둔시키면서 주둔국 군과의 관계를 증진하고 있다.
동시에 미 육군은 'Defender Pacific'이라 불리는 새로운 긴급전개 훈련의거 1개 사단
12,000명의 병력을 명령을 받은 후 2주 내에 미 본토에서 남중국해 또는 동중국해로
긴급 전개하는 훈련을 2020년 9월 실시하였고[82]) 이를 매년 실시할 예정이다.[83])

한편 미 육군은 MDO를 위해 인도·태평양사령부 산하 1개 여단(旅團) 규모의 다
영역(MD) TF를 창설했고 향후 인도·태평양지역과 유럽지역에 각각 1개의 TF를 추가
창설할 예정인 것으로 전해진다.[84]) 이에 추가하여 미 육군은 '전구급 화력사령부(a
theatre fires command)'를 설치하여 평시에 전구 내 중요 표적을 식별, 추적, 관리하다
가 전시에 이를 무력화함으로써 근접전투는 가능한 회피한다는 개념도 검토하고 있
다.[85]) 또한 미 육군은 향후 매 2년마다 전술 네트워크를 최신화 하여 기존 체계에 새

81) Todd South, "The Pacific push: New rotation, thousands more soldiers heading to the region as the Army readies for a new kind of fight," *Army Times*, May 8, 2019.
82) 2020년 9월 합동군을 괌으로 전개하고 여기서 다시 팔라우(Palau)로 기동시키는 훈련이 실시되었다. US Army Pacific, "Defender Pacific 2020 Expands Across Breadth of the Theater," September 10, 2020.
83) 이러한 연습을 통해 미 육군은 전구(戰區)에 도착하면 동맹국 전력과 협조하여 작은 도서거점 사이에 미사일방어 체계를 이동, 배치하거나 항만과 비행장에 통신설비를 가설하여 탄약과 식량, 의약품이 전장에 안전하게 도착하도록 보장하는 역할 등을 숙달함으로써 중국과의 잠재적 무력분쟁에 대비해 나간다는 방침이다. Jen Judson, "Humanitarian assistance? Regional security? Whatever the scenario, Defender Pacific isn't a war game, says general," *Defense News*, October 15, 2019.
84) Sydney J. Freedberg Jr., "Download, Disconnect, Fire! Why Grunts Need JEDI Cloud," *Breaking Defense*, August 14, 2019.
85) 미 육군은 소규모로 고도의 기동력을 보유하며 장거리 정밀화력, 전자전, 사이버, 우주군 요

로운 기술을 지속적으로 도입, 통합해 나가는 등 각종 연습과 실험, 워 게이밍 등을 통해 MDO 개념을 지속적으로 보완해 나가며 더욱 탄력적인 원정작전 체제로 전환해 나가고 있다.[86]

(2) 미 공군의 동적(動的)인 전력운용

한편, 미 공군도 가볍고 날씬하고 효율적인 전력구조로 재편하고 있다.[87] 거대한 기지가 거대한 표적이 되기 때문이다.[88] 또한 한군데에 정(停)위치하면 위험하므로 가능한 전력을 분산하고 신속하게 짐을 싸서 움직이는 기동성을 보유해야 할 필요성 때문이다. 2020년 4월 미 공군 전략폭격기 B-52(Stratofortress) 5대가 2004년 이후의 순환배치를 끝내고 미국 북(北) 다코타(North Dakota) 소재 Minot 화이트맨 공군기지로 복귀했다.[89] 이는 2019년 6월 발표된 미 국방부의 '인도·태평양 전략보고서'에 따라 중국의 A2AD 능력, 특히 DF-26 탄도미사일 위협에 대항하여 전략폭격기를 괌이라는 고정기지보다는 본토에 상시 배치하고 필요에 따라 한국, 일본, 호주 등에 전진 배치하되 어디에 배치될지 예측하지 못하도록 함으로써 생존성을 높이고 중국에게는 전략적 불확실성을 부여하는 동적(動的) 전력운용(dynamic force employment)의 일환으로 해석되었다.[90]

또한 미 공군은 2017년부터 탄력적 전투운용(ACE: Agile Combat Employment)이라는 개념을 적용하고 있다. 이는 잘 구축된 영구적인 허브(hub) 기지와 보다 원격되어

소를 운용하는 부대로서 MDTF를 미국 워싱턴 주에 설치했고 2021년 유럽에 1개를 추가 설치할 예정이다. Patrick Tucker, "US Army Europe Wants New Hub for Artillery Fire," *Defense one*, February 3, 2021.

86) "The Army is prepping how to change the future today," *C4ISRNet*, June 5, 2019.

87) Dave Makichuk, "Hell in Asia−Pacific: the USAF alters its plan," *Asia Times*, February 13, 2020.

88) 예를 들어, 주일 미군 공군·해군기지는 중국의 탄도·순항미사일 기습공격의 제1파에 의해 파괴될 것이라는 분석도 있다. Tanner Greer, "American Bases in Japan Are Sitting Ducks," *Foreign Policy*, September 4, 2019.

89) 미국은 2004년부터 지속적 폭격기 현시 프로그램(Continuous Bomber Presence program)에 따라 괌에 B-52H를 비롯, B-1B 랜서(초음속), B-2 스피릿(스텔스) 등 폭격기를 6개월 주기로 순환 배치해 왔다. 지역 내 어느 곳이든 전력투사가 가능한 핵심전초 기지로서 괌에 배치한 폭격기 현시는 그동안 미 억제력의 초석이었다. Stephen Bryen, "Why the US withdrew its bombers from Guam" *Asia Times*, April 28, 2020.

90) 또 한편으로는 예산문제로 전폭기가 2004년 181대에서 2021년 140대로 감축되어 공급부족과 수요급증에 대처하기 위한 불가피한 선택이었다는 시각도 있다. Bryen, 상계서.

꾸밈이 없는 스포크(spoke) 기지로 구성된 네트워크(a hub-and-spoke network)를 이용해 전구 내에서 전투력을 신속하게 전개, 분산, 기동하는 개념이다. 즉, 태평양 전구에는 물자와 장비를 이동하는데 필요한 도로나 철도시설이 없어 단기 경고 하에 어느 곳에서든 작전해야 하는데 이를 지원하기 위해 필요한 기량(技倆), 즉 미 공군의 '태평양 도서 뛰어넘기 캠페인'91)이라 할 수 있다. 민첩성과 기동성으로 중국과 러시아 같은 경쟁자들이 예측하고 표적화 문제를 해결하기 어려운 기동(unpredictable movements)을 하는 것이 ACE의 목표이다.

이를 위해 여러 가지 다양한 아이디어가 채택되고 있다. 예를 들어 미 태평양공군사령부는 우발사태 발생 시 상이한 종류의 항공기를 전방 전개할 수 있는 활주로를 식별하기 위해 인도·태평양 지역을 정밀 조사하였다.92) 이는 새로운 기지를 건설하는 것은 아니고 괌 북부 티니안(Tinian Island)과 팔라우(Palau) 등에 이미 존재하는 활주로를 식별한 후 유사 시 가능한 많은 기지를 운용하기 위한 준비이다. 또한 미 공군은 동맹 및 파트너 국가의 비행기지나 민간 비행장 같은 곳에서 전투기를 이륙, 귀환, 유지하는 방안도 모색하고 있다. 또한 아시아·태평양지역에 걸쳐 지역별 사전배치 장비집결소(regionally based cluster pre-position)를 지정, 신속 활주로 수리물자, 발전기, 통신기 등 원정작전을 위한 장비 등을 사전(事前) 배치하여 작전이나 훈련을 위한 공중이송 소요를 경감하는 방안도 강구되고 있다.

추가하여 수송기에 F-22용 보급품과 탄약을 미리 적재하여 이동보급 및 지휘기로 활용하는 방안, 비행기지가 피격(被擊) 시를 대비하여 약 30명 정도의 소규모 기지 요원을 평소 사용하지 않는 격오지 활주로로 급파하여 긴급 사용하도록 대비하는 방안, 기종별로 상이한 지원장비를 단일화시켜 쉽게 전개, 배치하는 방안, 폭격기에 탑재하는 폭탄 크기를 배가(倍加)시키기 위해 엔진을 교체하는 방안 등 미 공군은 단시간의 경고 하에 어느 곳에서든 작전하는데 필요한 기량을 연마하고 임시기지를 확충하기 위해 노력하고 있다.

---

91) Oriana Pawlyk, "How the Air Force Will Expand Its Pacific Island- Hopping Campaign in 2021," *Military.com*, December 22, 2020.

92) Brian W. Everstine, "PACAF Surveyed Every 'Piece of Concrete' in the Pacific for Agile Combat Employment," *Air Force Magazine*, November 25, 2020.

(3) 기타

마지막으로 미 해안경비대(coast guard)도 아·태지역에 경비함을 추가로 배치하여 전방현시(presence)를 증가하며 미 7함대 사령관 작전통제 하에서 여러 가지 군사임무를 수행하고 있다. 이를 통해 유사를 대비한 새로운 전장 환경에 숙달하고 미 해군과의 C4I 연동상태를 확인하는 것이다.[93]

한편, 전(前) 인도·태평양사령관 Phil Davidson 대장도 지역 내에서 법에 기반한 국제질서를 일방적으로 변화시키려는 중국의 시도를 거부하기 위해 장거리 정밀화력, AN/SPY-6 레이다를 장착한 구축함의 추가 전개, 미 육군 다영역TF(MDTF) 확장, 괌에 탄도미사일 방어시설 Aegis ashore 신설, 하와이, 알래스카, 괌에 훈련 기반구조 개선 등 태평양억제구상(Pacific Deterrence Initiative)을 위해 FY 2022년부터 FY 2027년까지 총 274억 달러의 예산지원을 미 의회에 요청하였다.[94]

중국의 도전에 맞서 미 육군·해군·공군, 해병대, 해경 등 모든 미군이 전(全)영역(all domain)에서 전력 간의 긴밀한 공조와 혁신적인 작전개념을 발전시키고 중국과의 고강도 전투(high-end warfighting)에 대비하여 보다 치명적이고 탄력적인 합동전력을 건설하기 위한 전비태세의 조정이 대대적으로 펼쳐지고 있는 것이다.

시진핑 주석의 중국몽으로 대변되는 중국의 힘과 영향력이 빠르게 확장되자 이에 맞서 미국은 인도·태평양전략을 채택하였다. 이는 미국의 패권을 유지하기 위해 인도를 자국의 전략구도에 편입시키고 'Quad'를 중심으로 중국을 해양에서 봉쇄하기 위한 것이었다. 한편, 점점 강경해지는 미국의 대중(對中) 군사 접근방식은 중국과 일전(一戰)을 불사(不辭)한다는 각오로 최고 수준의 전투수행 준비를 통해 중국의 도발

---

93) 2019년 미 해경의 최신 대형경비함 Bertholf 함이 서태평양 해역에 전개되어 미 7함대 작전통제 하에 초계임무를 실시하였고 또 다른 경비함 Stratton함과 임무 교대하였다. Dan Lamothe, "To help counter China, U.S. turns to the Coast Guard," *The Washington Post*, April 20, 2019; "As one cutter departs, another deploys to maintain Coast Guard presence in Western Pacific," *Stars and Stripes*, June 14, 2019.

94) Mallory Shelbourne, "U.S. Indo-Pacific Command Wants $4.68B for New Pacific Deterrence Initiative," *USNI News*, March 2, 2021.

을 억제하는 방향으로 전환되었다.

특히 중국의 A2AD 능력에 기반한 기정사실화 기도에 대해 미국은 제1도련을 중심으로 하는 해양압박 전략을 추진하기에 이르렀다. 아·태 해역에서의 지속적인 해양통제가 지역 내 평화 및 안정, 그리고 미국의 안보 및 국익을 위한 핵심적인 요소로서 인식되고, 미 해군과 해병대는 물론, 육군·공군·해경까지 모든 노력을 통합하여 이를 달성, 유지하려 노력하고 있다. 이런 전략적 필요성에서 미군은 합동 전(全) 영역작전 지휘통제(Joint ADOC2) 네트워크를 통해 모든 작전요소를 통합 운용하는 체계를 구축하고 있다. 결국 이는 제1도련을 중심으로 중국의 힘과 영향력을 차단하는 해군봉쇄(naval containment) 전략으로서 미국이 유사시 승리 카드로서 해군 금수(禁輸) 조치(a naval embargo)를 궁극적으로 선택할 것으로 예상된다.95)

한편 중국이 미국의 패권질서에 도전하는 전략적 경쟁자 또는 체계적 라이벌(systemic rival)로 등장하면서 미국의 개입정책은 사실상 끝났다. 2018년 미국 펜스(Mike Pence) 부통령은 Hudson Institute 연설에서 미·중 관계의 역사는 '자유로운 중국이 모든 면에서 개혁을 추구할 것이라는 희망으로 이어져왔지만, 이제 그 희망은 완수하지 못한 채 사라져 버렸다'고 선언하였다. 개입정책이 약 40년 만에 막을 내린 것이다. 미국의 개입정책이 중국공산당의 몰락을 가져올 것이라는 중국정부의 깊은 불신(ambivalence) 때문에 개입정책은 결국 실패하였다. 사실 중국의 자유화를 실현할 수 없는 개입정책은 미국에게도 더 이상 무의미한 것이었다.

결국 미국은 지난 20년간의 중동에서의 테러전쟁과 지상전의 수렁에서 벗어나 향후 중국과의 직접적인 무력충돌은 억제하면서 중국의 지역패권을 예방하고 중국의 힘과 영향력이 서태평양으로 확장하는 것을 봉쇄하기 위한 전략적 경쟁에 본격 나서고 있는 것이다. 이것의 성패는 결국 미국이 얼마나 신속하게 경제력과 해군력을 재건하는가와 어떻게 지역 내 동맹 및 파트너로부터 신뢰를 되찾고 그들의 협력을 얻어내느냐?의 문제로 되돌아간다.

---

95) Pepe Escobar, "Trump's Not−So−secret Art of Containing China," *Asia Times*, January 14, 2021.

제11장

확장되는 미국의 안보 네트워크

2017년 미국 안보전략(NSS)은 중국의 도전에 맞서 '자유롭고 개방된 인도·태평양전략'을 전(全) 정부 접근방식으로 추진하는 한편, 지역 내 미 군사력의 결점을 상쇄(offset)하기 위한 하나의 집단방위 전략으로 '해양압박 전략'을 모색하고 있다. 해양압박 전략의 성패는 제1도련을 잇는 일본, 대만, 필리핀을 대중(對中) 시나리오에 참여시키고 이들 영토에 어떻게 중국의 A2AD를 거부하는 반(反) A2AD를 구축해 나가느냐에 달려 있다.

또한 전략적 차원에서 무엇보다도 대만 유사 시 미군의 증원전력이 도착하기까지 대만이 버틸 수 있는 능력을 증강하도록 지원하고 대만 방어에 필요한 지역 내 현존 군사력(staying power)을 강화함으로써 중국 본토 인근해역에서의 즉응능력을 더욱 강화하는 것이 필요하다. 이를 위해 미국은 제2도련에 위치한 팔라우, 마샬군도, 미크로네시아 연합국 등 소(小) 도서국가와의 안보협력도 강화하고 인도양에서 군사력 현시 기반을 확대하려고 모색하고 있다.

한편, 미국은 인도·태평양 전략에서 가장 대표적인 지역 안보 네트워크 강화 노력으로 미국, 일본, 호주, 인도와의 안보협의체인 Quad를 실질적인 동맹체로 강화하는 방안을 모색하는 동시에, NATO를 끌어들여 대서양과 태평양의 연대를 강화하여 중국·러시아의 전략적 협력관계를 견제하고, 특히 아·태지역에서 급부상하는 중국의 힘과 영향력을 봉쇄하려고 노력하고 있다.

1. 미국의 대중(對中) 연합 구축 모색

강대국 간의 경쟁시대에서 미국은 중국·러시아로부터의 강력한 도전에 맞서 무엇보다 동맹 및 파트너의 도움이 필요하다. 미국의 2018 국방전략(NDS)은 경쟁국이나 다른 안보위협에 의해 제기된 도전에 대응함에 있어서 동맹 및 파트너의 지원을 강조하였다.[1] 한편, 2019년 6월 발표된 미 국방부 '인도·태평양전략보고서(DoD Indo-Pacific Strategy Report: IPSR)'는 지역 내 전략태세를 강화하기 위해 다음과 같이 천명하였다:

> 첫째, 미군의 '전비태세(preparedness)'로서 전투 신뢰성이 높은 전력을 전방 배치하고, 필요시 모든 전쟁영역에서 싸워 이기도록 준비하는 것이며 이를 위해 미국의 합동군사력이 동맹 및 파트너와 함께 고강도 적(high-end adversaries)에 대응하여 어떠한 분쟁도 개전 단계에서 승리하도록 준비하고 살상력(lethality)을 보장하는 전력에 우선 투자하겠다. 둘째, 동맹, 우방국의 능력 증진과 역할 분담을 통해 '파트너십(Partnerships)'을 강화한다. 마지막으로 '네트워크화된 지역 추진(Promoting Networked Region)'으로 이는 지역 내 기존 및 신규 동맹·파트너십을 증진하여 '네트워크화 된 안보구조(a networked security architecture)'로 강화함으로써 법에 기반한 국제질서를 지지하고 침공 억제, 안정 유지, 인류 공공재에의 접근을 보장할 수 있는 아시아 내(內) 안보관계(intra-Asian security relationships)를 계속 양성, 추진하겠다.[2]

---

[1] US DoD, *Summary of 2018 National Defense Strategy of the USA: Sharpening the American Military's Competitive Edge*, 2018, pp. 8-10.

[2] US DoD, *Indo-Pacific Strategy Report: Preparedness, Partnerships, and Promoting a Networked Region*, June 1, 2019.

2. 동맹 및 파트너와의 안보협력 강화

이를 위해 먼저 미국은 지역 내 전통적인 미국 중심의 'hub-and-spokes' 동맹 체계를 다시 정비하여[3] 동맹·우방과의 협력을 강화하고 새로운 파트너국가와의 협력 체제를 구축함으로써 '지역 안보 네트워크'를 강화하고 있다.

가. 동맹 및 파트너와의 협력 강화

먼저 미국은 2017년 국가안보전략(NSS)에 부응하여 '자유롭고 개방된 인도·태평양'에서 법에 기반한 질서를 유지하고 지역 해양안보를 지원하기 위해 역내 동맹 및 파트너들이 중국의 불법적인 해양팽창과 군사화에 대응하는 활동에 적극 참가하도록 요청하였다.[4] 뿐만 아니라 미국은 호주, 뉴질랜드, 캐나다, 영국, 프랑스 등 역외국가와의 연합훈련도 더욱 적극 실시하고 있다. 특히 이러한 활동은 과거 미국을 중심으로 동맹이나 지역국가가 협조하는 양국 간 훈련에서 탈피하여 이제는 3국간 훈련, 4국간 훈련 등 다양한 형태로 발전하고 있다.[5]

그 결과, 미국 이외에도 프랑스와 영국 등 동맹들도 항모나 대형상륙함을 중심으로 하는 기동전투단(task groups)을 아·태지역에 파견하여 해군력의 현시와 해군외교를 통해 자국의 영향력은 물론, 미국과의 동맹 유대를 과시하고 있다.[6] 중국의 일방적, 공격적인 행동을 제한하기 위한 이러한 일련의 다국간 훈련이나 해상기동은 점점 더 정규화되고 공조된 노력의 형태를 띠고 있다.

---

3) Kurt M. Campbell and Rush Doshi, "How America Can Shore Up Asian Order: A Strategy for Restoring Balance and Legitimacy," *Foreign Affairs*, January 12, 2021.

4) 2018년 12월 미 국방성 동아·태 담당 Randy Schriver 차관보는 호주 언론과의 인터뷰에서 동맹이나 파트너국가들이 국가에 상관없이(country-agnostic) 남중국해에서 '항행의 자유 작전(FONOPs),' 공동 초계 또는 현시 작전에 참가하여 중국의 불법활동을 더욱 압박해야 한다고 촉구했다. Seth Robson, "US urges Pacific allies to boost their military presence in South China Sea," *Stars and Stripes*, December 28, 2018에서 재인용.

5) David Scott, "Naval Deployments, Exercises, and the Geometry of Strategic Partnerships in the Indo-Pacific," *CIMSEC*, July 8, 2019.

6) Nick Childs, "Naval Task Groups Are Proliferating in the Indo-Pacific," *Defense One*, May 31, 2019.

한편, 미국의 동맹 및 파트너와의 안보협력 강화 노력은 지역 내 근본적인 문제 즉, 중국의 일방적인 해양팽창과 공세적인 행동을 원천적으로 해결하려는 것이 아니고 더 이상의 추가도발을 자제시키려는 의도로 보인다. 미 국방성 인도태평양 담당 슈라이버(Randall Schriver) 차관보는 중국이 남중국해에서 다수의 인공도서를 건설한 후 지형특성을 변화시키며 군사기지화하고 레이다 및 대공 미사일 등을 배치한 것은 이미 지난 일이고 향후 중국이 그 곳에 추가적인 군사체계를 배치하지 않고 또 이미 배치한 것들을 제거하길 희망한다고 말하면서 항행의 자유 작전(FONOPs)을 강화하고 지역 내 전력현시를 증가하려는 미국의 의도는 어느 나라도 국제법이나 남중국해의 지위를 더 이상 임의로 변화시킬 수 없다는 점을 확실하게 하려는 것이라고 언급했다.[7]

슈라이버는 또 중국의 남중국해 인공도서의 군사기지화 목적은 남중국해 전체 또는 소위 9단선 내 해역에서 불법적인 영유권 팽창을 일상화하려는 것이라고 언급하며 미국은 점점 더 많은 동맹이나 지역국가와 함께 FONOPs을 실시함으로써 남중국해의 지리적 특성이 전혀 변화하지 않았음을 과시하며 중국이 건설한 도서와 기지들을 가능한 수준까지 무의미한 것으로 만들고 중국의 목적이 달성되지 않도록 하는 것이 목적이라고 언급하였다.[8]

한편 미국은 지역국가들이 해양안보 능력을 스스로 강화하도록 지원하고 있다. 미 국방성은 동남아 해양안보구상(Southeast Asia Maritime Security Initiative)에 의거 필리핀, 말레이시아, 인도네시아, 베트남 등에 Scan Eagle 2 무인항공기와 P−3 해상초계기 등 잉여장비의 양도를 통한 공유된 해양상황주지(maritime situational awareness) 체계의 구축, 초계 및 감시능력의 보강, 인적교육 프로그램 제공 등을 꾸준히 지원하고 있다.[9] 미 해경도 해상밀수, 해적, 불법 조업활동 차단 목적으로 퇴역 경비정 Morgenthau함(전장 126m)과 수척의 15m급 알루미늄 고속주정(shark boats)을 베트남에 양도하였고 2018년에는 또 다른 퇴역 경비정 Sherman함을 스리랑카에 양도하였

---

7) Dzirhan Mahadzir, "U.S. Will Unveil New Indo−Pacific Strategy Next Month," *USNI News*, April 30, 2019.

8) Ben Werner, "Report: China Can't Execute Major Amphibious Operations, Direct Assault on Taiwan," *USNI News*, May 3, 2019.

9) Prashanth Parameswaran, "US Kicks Off New Maritime Security Initiative for Southeast Asia," *The Diplomat*, April 10, 2016.

다.10)

이 같은 군사적 적극개입 정책 외에도 미국은 자국의 대중(對中) 정책을 지역 내 동맹 및 파트너의 대외정책과 조율하며 이들의 더 적극적인 참여를 유도하고 있다. 일본의 '자유롭고 개방된 인도·태평양개념,' 호주의 '인도·태평양개념(Indo-Pacific concept),' 인도의 '전 지역을 위한 안보 및 성장정책(Security and Growth for All Regions policy),' 한국의 '신 남방정책(New Southern Policy),' 대만의 '신 남향정책(New Southbound Policy),' 그리고 아세안(ASEAN)의 '인도태평양에 관한 전망(Outlook on the Indo-Pacific)' 등이 바로 그것이다.11)

나. 제1도련 국가와의 협력 강화

미국의 전통적인 동맹 및 파트너와의 안보 네트워크 강화 노력은 특히 제1도련 국가와의 협력을 더욱 돈독히 하는 데 집중되고 있다. 앞에서 언급했듯이 '해양압박전략'은 제1도련을 따라 전방전개 심층 방어태세를 구축함으로써 중국의 A2/AD 능력에 맞서서 중국의 침공을 억제하고 기정사실화를 거부하는 거부적 억제전략이다. 더 나아가 해양압박은 지역해양안보를 유지하고 중국의 힘과 영향력이 서태평양으로 확장하는 것을 막을 수 있는 미국의 지역 군사전략 개념으로 등장하였다. 이 전략이 성공하기 위해서는 무엇보다도 제1도련 국가인 일본, 대만, 필리핀의 참여를 어떻게 보장하느냐?에 달렸다.

(1) 일본

일본은 6,000개 이상의 도서로 구성된 열도국가로서 중국 연안의 제1, 2도련의 가장 주도적인 위치를 점하고 있다. 미국의 핵심동맹으로서 일본은 지역 내 어느 곳

---

10) Dan Lamothe, "To help counter China, U.S. turns to the Coast Guard," *The Washington Post*, April 20, 2019.

11) 추가하여 미국은 인도·태평양지역에서 중국의 침공에 맞서고 있는 일선국가들에 더욱 많은 협력과 지원이 요구되며 이를 위해 다국간 접근방식을 추진함으로써 중국이 1:1로 지역국가를 상대하며 강압하는 것을 우회해야 한다는 의견도 있다. David J. Geaney, "America must build a coalition to counter China's accelerating aggression," *Defense News*, October 1, 2020.

에도 접근할 수 있고 전력투사가 가능한 미군의 가장 중요한 전략거점으로서 기능해
왔다. 이제 강대국 간의 경쟁시대를 맞아서 미국은 일본이 다시 한번 중요한 역할을
할 것이라 기대하고 있다. 서태평양으로 전력을 투사하고 기정사실화를 시도하려는
중국의 A2AD 능력에 맞서 일본의 류큐 열도를 어떻게 미국의 해양압박 전략을 지원
하는 연합방책(barriers), 즉 지상배치 재래식 이동 미사일 네트워크로 전환하느냐?가
핵심이다. 무엇보다도 류큐 열도는 중국의 동해안을 효과적으로 봉쇄 가능한 일종의
'불침(不沈) 항모'이기 때문이다.

　한편 일본은 무엇보다도 센카쿠 방어를 가장 중요시 하고 있다. 중국의 영유권
주장에 맞서서 일본은 이미 자체 A2/AD를 센카쿠 인근에 구축 중이다. 현재 센카쿠
열도 근해에서 중국 해경(海警)이 점점 더 강력해지면서 다수의 중국어선과 함께 활
동하며 일본어선을 오히려 단속하는 추세가 반복되며 우발적 무력분쟁의 가능성이
고조되고 있다. 일본정부는 중국의 영유권 강화 활동에 함선(艦船) 대(對) 함선으로 맞
서는 것은 하책(下策)이며 중국의 수적 우세를 고려 시, 일본이 군사균형을 재(再)회복
할 수 있는 방안은 분쟁해역에서 지상기반 정밀타격 능력을 강화하는 것이라고 인식
하고 있다.[12]

　이에 따라 일본 육상자위대는 300km 사거리의 이동 대함(對艦) 미사일기지를 센
카쿠 열도 주변에 신축하고 신형 레이다기지를 구축하여 해양 쪽으로 전력투사하기
위한 자체 지상기반 전력도 증강 중이다. 그럴 경우, 중국연안에서 서태평양으로의
출구는 대만 북동쪽 미야코 해협(폭 130nm)으로 중국군은 일본 육상자위대의 대함(對
艦) 미사일 방어망을 반드시 통과해야 한다. 또 다른 출구는 필리핀 근해 남중국해를
통과해야 한다.

　더 나아가 일본정부는 미국을 끌어들여 센카쿠 열도를 방어하려고 고심하고 있
다. '미·일 상설 연합기동부대(a Standing Bilateral Joint Task Force)'[13] 구상이 바로 그
것이다. 이는 센카쿠 방어를 위해 육·해·공 3자위대를 통합한 '상설 합동기동부대'를

---

12) Asia Maritime Transparency Initiative, CSIS, "Remote Control: Japan's Evolving Senkaku
Strategy," July 29, 2020.
13) 이에 대해서는 John P. Niemeyer, "U.S.−Japan Coordination in an East China Sea Crisis," in
Jonathan W. Greenert, Tetsuo Kotani, Tomohisa Takei, John P. Niemeyer, Kristine Schenck,
"Roundtable: Navigating Contested Waters: U.S.−Japan Alliance Coordination in the East
China Sea," *Asia Policy*, vol.15, no. 3 (July 2020), pp. 1−57 참고.

창설하고, 이 부대와 오키나와 주둔 미(美) 해병대와의 연대를 강화하는 구상이다. 비록 미국정부가 센카쿠열도 유사 시 미·일 안보조약 제5조의 적용을 받는다고 누누이 강조해 왔음에도 불구하고, 구체적인 계획이 부족하다. 이러한 새로운 구상을 통해 미국·일본 간 방위관련 소통을 더욱 강화하고 연합 대응능력을 향상시키는 동시에, 양국이 위기 발생 전(前)의 우발계획을 공유하고 확충하려는 의도이다.

물론 당장 센카쿠 분쟁수역에서 군사적 충돌이 일어날 가능성은 낮다. 하지만, 중국이 2035년까지 군사력의 현대화를 완성하고, 21세기 중반에는 세계 최대의 군사 강국이 되는 것을 목표로 하고 있는 점을 고려, 일본정부는 군사력 균형과 억제력의 강화를 통해 장기 대응책을 강구하고 있는 것이다. 미·중간 해양에서의 패권경쟁이 더욱 심화되는 상황 속에서 '미·일 상설 연합기동부대'는 양국 간 새로운 형태의 연합, 즉 단일 지휘구조(unified command structure)로 발전해 나갈 가능성도 제기하고 있다.14)

미국으로서도 센카쿠 열도는 아주 중요한 사안이다. 지역 내 가장 중요한 동맹국 일본과 직접 관련된 영유권 문제로서 센카쿠 열도가 만약 중국의 수중에 떨어지게 되면 중국 포위망의 교두보를 상실하게 된다. 따라서 미·일 상설 연합기동부대 구상은 미국의 '해양압박 전략'을 지원하고 미·일 안보조약 제5조를 실제로 적용하며, 미·일이 함께 센카쿠 열도를 방어하고 있다는 점을 부각함으로써 대중(對中) 억제효과를 배가(倍加)할 수 있는 구상이라고 평가된다.

더 나아가 전략적으로 센카쿠는 대만 방어에 있어 교두보와 같은 존재이다. 중국이 대만을 공격할 경우, 방위태세가 견고한 서쪽보다, 취약한 동쪽을 노릴 공산이 크다. 그 공격루트, 특히 잠수함 공격루트인 센카쿠 주변해역에서 대만으로의 접근이 최적이라는 점을 감안할 때, 미국이 중국의 센카쿠 루트를 막는 것은 대만 방어에 있어서도 사활적인 중요성을 갖는다. 더 나아가 미국은 센카쿠 방어를 지원함으로써 중국의 대만 침공이나 도발을 막는 억제노력에 일본의 적극적인 참여를 유도할 수도 있다.15)

---

14) 중국의 A2AD 위협에 대응하여 일본의 안보를 강화하는 방안 중 하나로 현재 미·일간 공동작전 체제를 한·미동맹과 같은 연합작전 체제로 전환하여 유사 시 일사불란한 지휘·노력의 통일을 기하여야 한다는 의견도 있다. Wallace C. Gregson, Jr. and Jefrfrey W. Hornung, "The US Considers Reinforcing its 'Pacific Sanctuary'," *War on the Rocks*, April 12, 2021.

15) 2021년 4월 일본 스가 요시히데 수상은 미국 바이든 대통령과 정상회담 후 공동성명에서 대

센카쿠 열도16)

일본전문가 Grant Newsham은 센카쿠 열도에 대한 연합방위 차원에서 다음을 제안한다: 1) 센카쿠 열도 주변해역에 대해 정기적으로 또 가시적으로 미·일 연합초계, 훈련, 연습을 실시할 것, 2) 1970년 말 이후 사용하지 않고 있는 센카쿠 열도에 있는 해·공군 사격장을 미·일이 함께 사용할 것, 3) 남서제도와 이시가키 섬에 해상자위대 함정을 전개할 것, 4) 중국공군 항공기가 센카쿠 영공을 침공, 비행할 때 미·일 항공기가 공동 대응할 것, 5) 일본의 남서제도 전체를 방어할 류큐 연합기동부대본부(headquarter, a Ryukyus Joint Task Force)를 설치할 것.17)

만해협의 평화와 안정의 중요성을 언급하며 대만 및 센카쿠 방위를 위한 미·일간의 강화된 방위협력을 시사하였다. Andrew Salmon, "Suga, Biden affirm 'ironclad' alliance, take aim at China," *Asia Times*, April 17, 2021.

16) News Story: Japanese city eyes change in name of disputed islands, *Pacific Sentinel*, September 23, 2017.

17) Grant Newsham, "Time for US, Japan to muscle up their alliance," *Asia Times*, March 22, 2021.

한편, 미국의 입장에서는 센카쿠나 대만 방위뿐만 아니라 강대국 경쟁의 시대에서 중국의 힘과 영향력을 상쇄하는데 미·일 양국의 전력을 더욱 밀접하게 통합, 운용하는 것이 필요한 상황이다.[18] 특히 미국 바이든 행정부는 출범 후 중국의 영향력을 봉쇄하기 위한 보다 효과적인 대비태세를 마련하기 위해 아·태지역의 전반적인 미군전력 배치를 재검토 하고 있다.

그러나 일본은 국내정치적 제약과 중국의 보복을 우려하며 제1도련 내 장거리 정밀타격 네트워크를 구축하려는 미국의 거부적 억제전략에는 소극적이다. 현재 일본이 희망하는 것은 센카쿠를 방어하고 중국의 도발을 억제하려는 미국의 노력을 지원하는 것, 그 이상도 그 이하도 아니다. 그리고 일본은 Quad뿐만 아니라 그보다 더 규모가 큰 다국적 구조를 희망하고 있다. 따라서 미국의 입장에서는 일본의 센카쿠 방위와 미국의 거부적 억제전략 태세 구축에 필요한 소요를 동시에 만족하는 분야를 찾아서 일본과의 협력을 점진적으로 확대해 나갈 수밖에 없는 상황이다.

그러한 노력의 일환으로 일본 내 소수의 장소에 대부분 집중된 미 해군·공군기지가 중국의 장거리 탄도·순항미사일에 의한 기습공격에 취약함에 따라 미국은 필요시 일본 내 제1도련에 위치한 100개 이상의 민간공항 비(非)사용 활주로(runways)에 항공기를 분산 배치하여 중국군의 표적화를 복잡하게 만들고 또 이러한 장소에 지상기반 정밀타격 네트워크를 구축해야 한다는 제언도 있다.[19]

비슷한 맥락에서 미국은 중국군의 활동에 관한 해양상황 주지능력을 확대하기 위해 미국, 영국, 호주, 캐나다, 뉴질랜드 간의 'Five Eyes' 파트너십에 일본을 추가하여 'Five Eyes-plus'를 추진하는 방안도 모색하고 있다. 비록 현재 일본이 미국의 대(對)중국 거부적 억제전략 구상에서 중추적 역할을 수행할 준비를 하고 있지는 않지만, 중국의 행동이 더욱 공세적·일방적이 되면 미·일 전력 간의 일체화된 작전이 다방면에서 확산될 것으로 예상되는 상황이다.

18) Jeffrey W. Hornung, "The United States and Japan should Prepare for War with China," *War on the Rocks*, February 5, 2021.
19) Tanner Greer, "American Bases in Japan Are Sitting Ducks," *Foreign Policy*, September 4, 2019.

(2) 대만

미국의 '해양압박 전략'에서 가장 중추적(pivotal) 역할을 하는 것은 대만이다. 대만은 제1도련(島鏈)에서 중앙의 위치를 차지하고 있다. 일찍이 맥아더(Douglas MacArthur) 장군은 '제1도련에서 미국은 해·공군력을 통해 블라디보스토크부터 싱가포르까지 아시아의 모든 항구를 주도하고 어떠한 적대적 움직임도 태평양으로 진입하는 것을 막는다'고 주장했다.[20] 그는 또한 '대만이 적대세력의 수중에 들어가면 적(敵)이 공세작전을 수행하고, 동시에 오키나와나 필리핀에 배치된 미(美) 동맹군에 의한 방어작전 또는 반격작전을 견제하는데 이상적으로 위치한 불침항모 겸 잠수함 모기지가 되어 남쪽으로부터 해상교역을 위협하고 서태평양에 있는 모든 해상교통로를 차단할 것'이라며 '어떤 경우에도 대만이 공산주의 세력의 통제 하에 들어가면 안 된다'고 경고한 것으로 전해진다.[21]

이렇게 불가결한 대만의 지정학적 중요성을 고려할 때, 대만에 대한 중국의 침공은 그것이 전면 침공이든 기정사실화 전략의 국지도발이든 지역안정을 해치고 궁극적으로는 미국 중심의 동맹체제를 붕괴시키고, 결국 미국이 지역에서 축출되는 결과가 발생할 수 있는 위중한 상황이 된다.

중국의 기정사실화 시도에 맞서 대만은 중국의 신속한 승리를 거부하기 위하여, 특히 중국의 상륙작전을 격퇴할 수 있는 자체 A2/AD 능력, 즉 기뢰, 무인체계, 잠수함, 이동 대함·대공미사일 등 비대칭 수단을 통해 침공을 지연시켜 미 증원전력이 전역에 도착하는 시간을 확보하고 침공군을 소모시키는 능력을 구축할 필요가 있다. 그러나 문제는 이에 대한 준비가 매우 불충분하다는 점이다. 특히 미국은 대만을 방어할 만한 대만 내 공·해 전투(AirSea Battle) 능력을 전혀 보유하고 있지 않다. 중국은 대만을 자국의 일부분으로 간주하며 대만에서의 현상을 변경하는 그 어떤 노력에도 내정간섭이라고 강력하게 반대하고 있다. 따라서 중국의 대만 침공이 시작될 때 미국

---

20) "General Douglas MacArthur's farewell address to Congress," April 19, 1951. John J. Tkacik, "Hegemony, Alliances and Power Transition in Asia: China's rise, America's "Pivot" and Taiwan's Choice," World United Formosans for Independence(대만독립건국연맹). http://www.wufi.org.tw/hegemony−alliances−and−power−transition−in−asia−chinas−rise− americas−pivot−and−taiwans−choice/ 재인용.

21) Michael Mazza, "Why Taiwan Matters," *The Diplomat*, June 24, 2019.

은 과연 어떻게 대만을 지원할 수 있을까? 그것이 핵심이다.

한편, 중국이 대만을 침공할 때 미국이 즉각 개입하는 것에 대해 비판적인 시각도 만만치 않다. 먼저 대만해협에서 국지분쟁이 발생하면 미군은 중국군에 비해 결코 유리한 상황이 아니며 미·중 양국 간 핵전쟁으로 유도할 수도 있는 매우 위험한 상황이라는 지적이다. 따라서 미국은 대응을 자제하고 대만 스스로 중국의 침공이 감당할 수 없을 정도로 비싼 대가를 치르도록 하는 것이 최선의 방위라고 지적한다.[22] 즉 대만으로 하여금 효과적인 자위능력을 구비하도록 진작시키는 것만이 중국의 무력침공을 억제할 수 있다는 의미이다.

현재 대만은 중국의 침공에 대비하여 미국이 제공한 대함미사일과 미사일 초계정(艇) 등 해상거부 전력을 보유하고 있지만, 이것만으로는 결코 충분하지 않다. 대만은 2021년 3월 새로운 4개년 방위검토(Quadrennial Defense Review)를 발표하였는데[23] 다수의 소형 이동형 스텔스 플랫폼과 이동 장거리미사일을 확보하여 종심타격(deep strike) 능력과 생존성을 증진함으로써 중국의 침공을 억제하는 것이 그 중점이라고 전해진다.[24]

결국, 미국으로선 대만의 방위력 증강은 중국군의 표적화를 혼란스럽게 만들고 미군의 작전부담을 경감하므로 환영하나, 이로 인해 오히려 중국을 자극하고 더 나아가 미국이 연루되는 상황을 어떻게 방지할 것이냐?가 중요한 현안이 되고 있다.

미국의 안보전략 전문가인 Stephen Bryen은 트럼프 행정부가 대만에 대한 중국 위협의 긴박성에 대해 군사적·외교적 눈을 뜨게 했다고 평가하면서 바이든(Biden) 행정부도 다음과 같은 방위협력을 강화해야 한다고 제안한다: 1) 미 국방부는 중국의 침공위협에 대응하기 위한 완전하게 조율된 능력을 편성하라는 명령 하에 '일본과 대만 방위를 위한 합동군사사령부(a Joint Military Command for the Defense of Japan and

---

22) 대만은 중국이 침공할 시 다른 대안이 없어 싸워야 하며, 대만이 성공적으로 방어할 수 있다면 그것은 중국에게는 엄청난 위기를 초래할 것이라는 의미이다. Daniel Davis, "How A War Against China Could Cripple The United States," *1945*, March, 2021.

23) Mike Yeo, "Taiwan releases new defense review aimed at countering Chinese tactics," *Defense News*, March 26, 2021.

24) 대만은 아음속 순항미사일로 토마호크와 비슷한 Hsiung Feng 2E(雄風, 최대 사거리 600 km)와 단거리 Hsiung Feng III(최대사거리 160 km)과 초음속 대지공격 순항미사일로 Yun Feng(사거리 1,200km)을 생산하고 있다. Michael Hunzeker and Alexander Lanoszka, "Taiwan Wants More Missiles. That's Not a Bad Thing," *Defense One*, March 24, 2021.

Taiwan)'를 창설할 것, 2) 대만, 미국, 일본 비행기지의 생존성을 보장하고 중국의 침공을 제지할 강력한 능력을 유지하기 위해 방공, 항공기 및 원격무기를 개선할 것.[25] 결국, 중국의 침공위협에 대응하여 미국과 대만, 더 나아가 일본으로 구성된 하나의 연합방위 체제를 구축해야 한다는 시각이다.

2020년 여름 중국이 홍콩에서 보안법을 강제로 통과시킨 후 대만 차이잉원(蔡英文) 총통이 재선에 성공하면서 중국의 다음 표적은 대만이 될 것이라는 우려가 확산되었다. 미 백악관이 2020년 5월 지난 40여 년 동안 추구했던 중국에 대한 개입정책의 실패 및 중단을 선언하였다. 미국 내에서 대만의 방위에서 더 이상 '전략적 모호성'이라는 요소를 털어내고 중국이 대만 침공 시 미국은 좌시하지 않을 것이라는 보다 확실한 의지를 중국에 전달해야 한다는 목소리가 많이 나오고 있는 것도 이러한 배경 때문이다.[26]

트럼프 행정부의 임기 말 이후 미국은 대만 해협에서의 '항행의 자유 작전(FONOPs)'을 더욱 자주 실시하고 대만에 대한 무기판매를 증가하며[27] 고위직 미국 관료들이 대만을 자주 방문하고 있다.[28] 이는 오랫동안 자제해 온 대만과의 외교교류에 대한 벽을 허물고 대만과의 군사협력을 증진하는 계산된 모험으로서 미국이 결코 대만을 포기하지 않을 것이라는 의지를 중국에 보내 중국의 무력침공과 기정사실화 기도를 억제하기 위한 의도적인 행동으로 해석이 가능하다. 바이든 행정부의 오스틴(Lloyd Austin) 미 국방장관도 의회 인준청문회에서 '미국의 노력은 중국이 군사침공을

---

25) Stephen Bryen, *Recommendations on How the United States Can Stop China from Invading Taiwan*, A Report for the Center for Security Policy, January 25, 2021.

26) Bonnie S. Glaser, Michael J. Mazarr, Michael J. Glennon, Richard Haass and David Sacks, "Dire Straits: Should American Support for Taiwan Be Ambiguous?," *Foreign Affairs*, September 24, 2020.

27) 2020년 10월에만 트럼프 정부는 대만에 하푼 지대함 미사일, ATACMS, HIMARS 등 42억US$에 상당하는 무기를 판매하며 중국으로부터 강력한 반발을 불러일으켰다. 또한 미 육군 특전사는 2020년 6월 16일 공식 Facebook page에 대만군과의 Green Berets 훈련장면을 공개하였다. Oseph Trevithick, "Army Releases Ultra Rare Video Showing Green Berets Training In Taiwan," *The Drive*, June 29, 2020.

28) 2021년 1월 폼페오 미 국무장관은 대만과의 공식교류에 대해 미 정부가 스스로 설정했던 모든 제한은 '무효(null and void)'라고 선언하였다. 하지만, 그는 대만과의 관계는 여전히 비공식적이며 대만정부를 공식 인정하는 것은 아니라고 말했다. 한편, 주미(駐美) 대만대표부 Bi-khim Hsiao(蕭美琴) 대표가 미 의회의 공식초청을 받아 Biden 대통령의 취임행사에 참석하였다. Idrees Ali and David Brunnstrom, "Pompeo Lifts Restrictions on Exchanges With Taiwan," *Reuters*, January 10, 2021.

선택하지 않도록 보장하기 위해 모든 일을 하는 것이며 대만에 대한 미국의 군사지원
은 수 년 동안 확고했고 미 의회의 초당적인 지원을 받고 있으며 미국은 대만의 독자
적 방위능력을 지원할 것'[29]이라고 증언하며 미국의 새로운 행정부도 대만에 대한 방
위공약을 준수할 것임을 분명히 하였다.

(3) 필리핀

필리핀은 인도태평양 전략의 중심무대인 제1도련에 위치한 미국의 핵심 동맹이
다. 따라서 미국의 해양압박 전략이 성공하기 위해서는 필리핀의 협력이 중요하다.
특히 미국의 입장에서 필리핀 두테르테 대통령이 친중(親中) 노선을 견지하고 있는
가운데 어떻게 필리핀의 도서들을 대중(對中) '해양압박 전략'의 전초기지로 활용하도
록 필리핀의 동참을 끌어낼 것인가?가 핵심이다.

2012년 중국이 필리핀 EEZ 내에 있는 Scarborough Shoal의 통제를 빼앗고 점점
공세적인 정책을 추진하자 미국과 필리핀은 '방위협력증진협정(EDCA: Enhanced
Defense Cooperation Agreement)'[30]을 체결했다. 그 요지는 1951년 체결된 양국 간 상
호방위조약(MDT: Mutual Defense Treaty)에 따라 필리핀 내 합의된 5개 군사기지, 즉
Basa 공군기지, Fort Magsaysay(루손), Antonio Bautista 공군기지(Palawan); Mactan-
Benito Ebuen 공군기지(세부), 그리고 Lumbia 공군기지(민다나오)에 활주로, 숙소, 창
고 등 군 시설을 건설하여 미 병력과 플랫폼이 접근하고 장비를 사전 배치하는 것을
허용하는 것이었다. 이를 통해 미군이 필리핀의 군 현대화를 지원하고 남중국해에서
중국의 침공행위에 신축적으로 대비하는 동시에, 동맹의 억제력을 증강하는 것이 목
적이었다. 당시 EDCA는 미국의 'pivot to Asia' 정책, 즉 중국의 부상을 봉쇄하기 위
해 미 해군력의 60%를 아·태지역으로 재배치한다는 오바마 행정부의 정책을 구현하
기 위한 '핵심 톱니(a vital cog)'[31]로 인식되었다.

---

29) Richard Javad Heydarian, "Biden and Xi fire hot first salvos over Taiwan," *Asia Times*,
    January 25, 2021 재인용.
30) 이는 중국의 추가 도발에 대처하는 동시에, 필리핀 근해에서 빈발하는 태풍과 같은 자연재해
    에 신축적으로 대응하기 위한 일종의 '동맹 현대화' 도구였다. Gregory Poling and Conor
    Cronin, "The Dangers of Allowing U.S.-Philippine Defense Cooperation to Languish," *War
    on the Rocks*, May 17, 2018.
31) Germelina Lacorte, "Duterte says America will never die for PH," *Inquirer Mindanao*,
    August 02, 2015.

그러나 2016년 7월 두테르테 대통령이 취임 후 친중 정책을 추진하자 양국 관계가 소원해졌다. 두테르테는 과거 중국이 필리핀의 Mischief Reef 와 Scarborough Shoal을 탈취할 때 미국정부는 필리핀의 군사개입 요청을 거절하였다며 미국은 믿을 만한 동맹이 못된다고 비판했다. 그는 이미 체결된 EDCA도 폐기하겠다고 위협하고 미국의 안보지원도 거절하며 중국과 경제적 개입정책을 추구하였다. 또 2020년 2월 두테르테 대통령은 미국정부가 필리핀 내 인권문제를 간섭하자 1998년 체결한 '방문국협정(VFA: Visiting Forces Agreement)'을 폐기하겠다고 선언하였다. 이는 지난 20여 년간 필리핀 내에서 미군의 작전을 허용한 법적 근거였다.[32]

그 후 2020년 11월 필리핀정부는 1951년 체결한 상호방위조약(Mutual Defense Treaty)을 양국 간 협상의거 어떻게 발전시켜 나갈 것인가에 대한 합의 가능한 조치를 찾기 위한다는 명목으로 VFA 폐기를 6개월 간 연기하기로 하였다. 이는 미국에 더 많은 안보지원을 요구하고 있는 필리핀정부가 새로 출범한 바이든 행정부와 이 문제를 다시 협상하기 위한 조치로 보인다. 결국, 2021년 7월 두테르테 대통령은 필리핀을 방문한 Lloyd Austin 미 국방장관과 회담을 한 후 VFA 폐기 선언을 철회하였다.[33]

이와 관련, 대만 정치대학 교수 Richard Javad Heydarian은 다음을 제안한다: 첫째, 2016년 UN PCA 판결과 관련, 미국은 1951년 상호방위조약(MDT) 의거 미국의 공약을 필리핀에게 분명하게 재(再)확신시키고, 둘째 양국은 해양안보 협력과 상호운용성을 극대화하기 위해 MDT의 지침에서 필요한 수정이나 새로운 지원조항을 추가시킴으로써 중국의 회색지대(gray zone) 작전에 대응할 수 있는 수단을 구비하며, 셋째 필리핀의 인접해역 감시 및 권익보호 수단을 갖추는데 미국이 지원해야 하며, 마지막으로 미국은 한국과 일본 등과 협력하여 필리핀이 남중국해에서 신뢰할 만한 억제력을 달성하도록 지원해야 한다.[34] 결국 향후 동·남중국해에서 중국의 행동에 대응하는 미 군사방책의 효율성은 필리핀이 미국의 전략에 얼마나 적극적으로 기여하도록

---

32) 두테르테는 필리핀군에 미국이 주도하는 '항행의 자유 작전(FONOPs)'에 참가하지 말 것을 명령하고 미·중 분쟁 시 미국은 필리핀의 기지를 사용할 수 없다고 선언하기도 했다. Abraham Mahshie, "US strategic position eroding as Philippines cozies up to China," *Washington Examiner*, August 4, 2020.

33) Rene Acosta, "Philippines Reverses Course and Commits to U.S. Visiting Forces Agreement," *USNI News*, July 30, 2021.

34) Richard Javad Heydarian, "South China Sea: A Biden–Duterte Reset," *Asia Maritime Transparency Initiative*, https://amti.csis.org/south–china–sea–a–biden–duterte–reset/

설득하느냐에 상당 부분 의존한다고 할 수 있다.[35]

다. 주둔전력(staying power) 기반 확대

한편, 중국이 장거리 정밀 미사일로 제1도련을 포화 공격 가능하고 제2도련 내 미국 전력을 위협하고 있는 상태에서 미국으로서는 지역 내 주둔전력(staying power)의 기반을 확대함으로써 중국 본토 인근해역에서의 즉응능력을 강화하는 것이 필요하다. 미국은 제2도련 방어태세를 보강하여 대만, 동·남중국해 등 제1도련에서의 합동작전을 지원하고, 제1도련 전구로 미국 및 동맹이 접근을 거부당할 시, 중국을 격퇴하기 위한 일종의 보험정책으로서 제2도련으로의 배타적 접근을 확보해야 할 필요성을 인식하기 시작하였다.

이를 위해 지역 내 강화된 안보 네트워크의 구축이 필요하지만, 동맹 및 파트너들이 남중국해와 관련된 현안에서 중국에 도전하거나 반대할 경우, 중국을 적대시하고 미·중간 경쟁이나 대립에 연루될 위험이 있다고 인식되는 상황에서 과연 얼마나 많은 국가들이 미국과 공조할 수 있는가?에는 사실상 한계가 있다. 예를 들어 두테르테 대통령의 필리핀이나 태국의 군사정부가 친중(親中) 노선을 추진하고 지역 내 가장 중요한 협수로인 말라카해협에 위치한 싱가포르마저 미·중간 중도노선을 걷되, 미·중 전쟁 시 중립을 선호한다고 선언하였다.[36]

이는 미국에게 지원되고 있는 싱가포르의 항구, 비행장 등 기반체계와 군수지원이 미·중 분쟁 시에 가용하지 않을 수도 있다는 의미였다. 여기에다 미국은 지역 내 대함용 장거리 정밀탄약의 재고량이 불충분하여 싱가포르 군수기지에의 접근이 상실되면 더욱 심각한 문제가 발생한다. 그로 인해 미국은 거부적 억제전략의 목표달성이 불가할 수도 있는 상황이 될 수도 있다.[37] 따라서 미국은 중국과의 전쟁 개시 때 연

---

35) 2021년 1월 27일 새로 출범한 바이든 행정부의 Antony Blinken 국무장관은 1951년 MDT가 남중국해를 포함하는 태평양에서 필리핀의 군부대, 공선(公船), 항공기에 대한 외부의 무력침공에 적용될 것이라는 점을 분명히 하였다. US State Department, "Secretary Blinken's Call with Philippine Secretary of Foreign Affairs Locsin," Readout, January 27, 2021.

36) 예를 들어 싱가포르 이선룽 총리는 주변국은 중국의 힘과 강압에 대해 우려하며 미국 없이 중국 문제에 대처할 수는 없지만, 그렇다고 미국을 따라 제로섬 분쟁에 뛰어들 것이라고 기대해서도 안 된다고 언급했다. Phillip Orchard, "Singapore Wants Nothing to Do With a New Cold War," *Geopolitical Futures*, August 7, 2020.

안에 위치한 기반체계의 상실에 대비하여 미 합동군에 의한 대규모 원정작전을 지원 가능한 전구 내 추가적인 능력 개발이 필요하였다. 이것이 소위 staying power이다.

(1) 제2도련

이에 따라 미국은 제2도련에 위치한 팔라우, 마샬 군도, 미크로네시아 연합국 (FAS: Freely Associated States of Palau, the Marshall Islands and Micronesia) 등 소(小) 도서 국가와의 안보협력을 강화하고 있다.

미국은 '자유연합협정(The Compact of Free Association)'을 통해 이들 도서국가의 안보에 대한 배타적 통제를 유지하고 있고 그 대가로 이들은 미국에게 자국 기지에의 전력 주둔 및 항만 접근을 허용하고 있다. 특히 FAS는 북태평양에서 아시아로 통하는 '전력투사용 초대형 고속도로(a power projection superhighway)'와 동일하며 FAS 지역 에서 행동의 자유를 확보하게 되면 미 본토 서해안에서 하와이를 경유, 이들 도서국 가에서 괌에 이르기까지 비교적 비(非)경합된 해역으로서 전력투사가 가능하다.

북태평양 소군도[38]

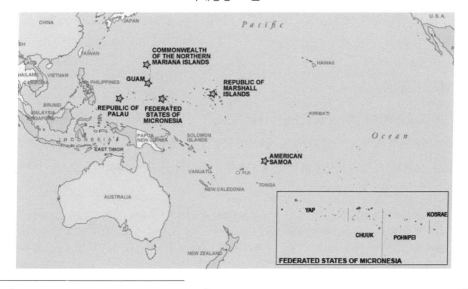

37) Blake Herzinger and Elee Wakim, "The Assumption of Access in the Western Pacific," *CIMSEC*, June 2, 2020.

38) National Association of Chronic Disease Directors. https://www.ruralhealthinfo.org/ project-examples/952

한편 중국은 2019년 일대일로(BRI)를 통해 키리바시(Kiribati), 팔라우(Palau) 등 태평양 소(小) 도서국가에 대한 영향력을 확대하고 제2도련 내 거점을 확보하려고 시도하였다.[39] 그러자 그 해 8월 트럼프 대통령은 FAS 지도자들을 백악관에서 만났고 폼페오(Mike Pompeo) 국무장관이 사상 최초로 미크로네시아를 방문하여 제2도련 도서국가와 방위협력 증진 방안을 협의하였다. 이후 에스퍼(Mark Esper) 미 국방장관과 Kenneth Braithwaite 해군장관이 팔라우 등을 방문하였다.[40]

미국의 입장에서 FAS와의 강화된 안보협력은 제1도련의 재(再)장악을 위한 전력구축, 보급, 무장 교전거리 내에서 수행 중인 합동작전을 지원하여 더 많은 증원전력을 투입하도록 허용하게 된다. 팔라우 등 도서국가들도 자국의 항구, 비행장, 해양감시시설 등 사회 기반체계 건설 및 공동사용을 위한 미국과의 협력 증진을 기대하고 있다.

더 나아가 미국은 사이판(Saipan), 티니안(Tinian), 로타(Rota)로 구성된 북(北) 마리아나 연방(CNMI: Commonwealth of the Northern Marianas)과 FAS 간의 더욱 밀접한 네트워크를 구축하여 괌을 중심으로 하는 hub-and-spokes 체제를 구축하려는 것으로 보인다. 미국이 2019년 8월 중거리 핵전력 조약(INF)으로부터 철수함에 따라 중국 미사일 위협에 맞서 지상발사 비핵 중거리(1,000km) 순항미사일을 개발하고 일본 등 지역 내 동맹국에 배치를 추진하고 있는데 팔라우, 괌, CNMI도 그 대상지가 될 가능성이 크다.[41]

(2) 인도양

한편 인도양이 미·중간 경쟁의 핵심무대가 되면서 미국은 새로운 안보 파트너인 인도와 협력하며 인도양에서 중국의 영향력을 상쇄하기 위한 군사력 현시 기반의 확장도 모색하고 있다. 전통적으로 인도양은 종주국 인도의 영향권으로 스리랑카를

---

39) 키리바시는 기후변화로 많은 도서가 수몰될 위기에 처하자 중국의 지원을 받고 2019년 대만에서 중국으로 외교승인을 변경하였다. Palau는 1994년 독립한 이후, 중국의 직접투자 및 관광객 수가 증가하다가 2017년 11월 중국이 대만 승인을 취소하라고 요구하자, 이를 거부하였고 중국은 중국인 여행객의 팔라우 방문을 금지시켰다. Steve Raaymakers, "China Is Expanding Its Island-Building Strategy into the Pacific," *The National Interest*, September 14, 2020.

40) Seth Robson, "Pacific island nation of Palau offers to host US military bases, report says," *Stars and Stripes*, September 9, 2020.

41) Derek Grossman, "America Is Betting Big on the Second Island Chain," *The Diplomat*, September 5, 2020.

비롯, 몰디브, 세이셜 군도, 모리셔스 등 주변 도서국가에 대해 인도가 주도적인 영향
력을 행사하고 있었다. 제2차 세계대전 종전 후 이들 국가는 모두 독립하였지만 인도
는 이들에 대해 여전히 상당한 영향력을 유지하고 있다.[42]

인도양에서의 강대국 경쟁(출처: International Maritime Bureau)

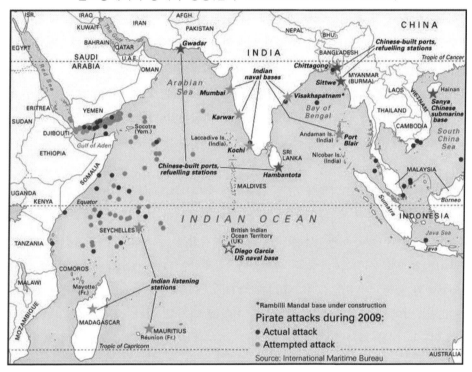

미국은 아·태지역과는 달리, 인도양에는 동맹이나 영토가 없어 특별한 방위공약
및 안보이익이 없다. 인도양에서 미국의 유일한 군사기지는 영국령(領) 차고스 제도
(Chagos Archipelago)에 있는 디에고 가르시아(Diego Garcia)이다.[43] 이곳은 현재 미군

---

42) Michael McDevitt, *Great Power Competition in the Indian Ocean: The Past As Prologue?*, (Washington DC, Center for Naval Analysis, March 2018).

43) 원래 차고스 제도는 아프리카 연안 모리셔스(Mauritius) 소속 도서였으나 영국 식민지가 된 후 1968년 모리셔스가 독립하기 이전인 1966년 영국은 디에고 가르시아를 미국에 50+20년 간(1차로 2016년, 그 후 20년 연장하여 2036년까지) 임대하는 비밀협정을 체결했다고 전해진다. 이는 당시 미국이 개발한 Polaris SLBM을 영국에 제공한 대가의 일부였다는 설도 있다. 임대 당시 거주하던 원주민은 미군기지가 건설되면서 강제로 세이셜 군도(Seychelles)나 모리

이 주둔하여 주로 전략폭격기를 지원하는 작전기지로서 과거 걸프전과 중동 대(對)테러 작전을 위해 많이 활용되었다. 한편 중국은 2008년 세계 금융위기 이후부터 인도양으로의 진출을 목표로 '진주목걸이(String of Pearls) 전략'이라 불리는 적극적인 경제 및 군사병용 정책을 추진했다.

중국은 인도 주변에 있는 스리랑카의 내전을 틈타 정부군에 비밀리에 무기를 원조하고 내전 종식 후에는 경제재건에 필요한 자금과 물자를 지원함으로써 인도의 영향권 하에 있던 스리랑카를 중국에 의존하는 국가로 만들려 시도했다. 특히 2013년 시진핑 주석이 일대일로(一帶一路)의 일환으로 인도양의 전략 요충에 자리잡은 Hambantota항을 건설한 후 2017년 7월 스리랑카정부는 건설 대금으로 중국정부 소유 회사에 이 항구를 99년간 임대하는 협정을 체결하였다. 스리랑카정부는 이를 오직 교역 목적이라 주장했지만, 중국정부는 오히려 이 협정에 군사목적도 포함된다고 명확히 했다.

또한 중국은 인도 남쪽에 있는 도서국가 몰디브(Maldives)에도 상당 규모의 경제 지원을 제공함으로써 몰디브정부도 친중 정책을 추진하고 있었다. 더 나아가 중국은 2017년 지부티(Djibouti)에 사상 최초의 해외기지를 설치하고 파키스탄의 과다르(Gwadar)항에서 시작하는 중국·파키스탄 경제회랑(CPEC: China Pakistan Economic Corridor)과 중국·미얀마 경제회랑(CMEC: China Myanmar Economic Corridor) 등을 건설하며 인도양에서 자국의 힘과 영향력을 확장해 나가고 있다.

인도는 이를 자국의 영향권으로 침입, 인도를 포위하려는 중국의 팽창전략의 일환으로 인식한 후 비동맹 정책에서 탈피, 미국의 인도·태평양 전략을 적극 포용하는 한편, Quad나 프랑스·호주·인도 3개국(trilateral) 협력 등을 통해 중국의 팽창에 대응하고 있다. 한편 2019년 11월 스리랑카에서 Hambantota항의 99년간 임대를 재협상하는 것을 공약으로 내세웠던 새로운 정부가 출범하며 '인도 우선 접근방식(India first approach)'으로 복귀할 것을 약속하였다. 2021년 3월 스리랑카는 인도 민간회사가 콜롬보 항에 대규모 컨테이너 부두를 건설하고 운영하는 의향서를 인도 정부와 체결하였다.[44] 또한, 인도는 자국의 영향력이 강한 세이쉘 군도(Seychelles) 및 모리셔스

셔스로 퇴거되었다. 2019년 2월 국제사법재판소는 영국이 이 제도를 모리셔스에 반납해야 한다고 판결했으나 영국과 미국은 불복하고 있다.

44) MK Bhadrakumar, "India's China fears put to rest in Sri Lanka," *Asia Times*, March 19,

(Mauritius)와의 안보협력도 강화하고 있다.

한편, 미국은 2020년 9월 인도양에 있는 몰디브와 인도양의 평화와 안보를 지원하여 교류 및 협력을 증진하고 양국 간 파트너십에서 중요한 진전으로서 새로운 '방위협력협정(Framework for U.S. Department of Defense−Maldives Ministry of Defense and Security Relationship)'을 체결하였다.[45] 양국은 지역 내 모든 국가의 안보와 번영을 증진하는 '자유롭고 개방된 인도·태평양'에 대한 공약을 약속했다. 몰디브와 정식 안보협정을 맺음으로써 미국은 인도양에서 군사력의 현시 기반을 다양화하고 있다고 해석되었다.[46] 몰디브정부는 그동안 친중(親中) 정책을 추진하다가 2018년 11월 Ibrahim Mohammed Solih 현 대통령이 취임한 이후 '인도 우선' 정책으로 전환함으로써 과도한 중국에의 의존에서 탈피하고 있는 것으로 해석되었다. 그로부터 약 3개월 후 일본정부는 몰디브정부와 몰디브 해양경찰의 능력을 지원하기 위한 협정을 체결하였다.

한편 미국이 인도·태평양 전략의 일환으로 인도양으로 안보 네트워크를 강화하려는 노력에 대해 경계적인 시각도 존재한다. 즉, 동맹이나 영토가 없는 인도양에서 중국의 힘과 영향력을 견제하기 위해 미국이 무리하게 인도양으로 군사력 투사를 도모하면 또 하나의 재난으로 유도할 것이라는 경고이다.[47]

3. 새로운 안보 네트워크 강화

가. 아시아의 NATO로서 Quad

한편 미국의 안보 네트워크 강화 노력으로 가장 대표적인 것은 미국, 일본, 호주, 인도와의 안보협의체인 Quad를 실질적인 동맹체로 강화하는 것이다. 이에 추가하여 한국, 베트남, 뉴질랜드 등을 포함한 Quad Plus라 불리는 일종의 '아시아의 NATO'를

2021.

45) US DoD, "The Maldives and U.S. Sign Defense Agreement," September 11, 2020.

46) 그 해 10월 Pompeo 미 국무장관은 몰디브 수도 말레(Male)를 방문하여 조만간 미국 대사관을 개설할 것임을 발표했다. 이에 대해 인도는 몰디브가 중국의 '진주목걸이 정책에서 이탈하는 것'이라고 환영했다. Adithyan Nair, "US−Maldives Defense Agreement: New Dynamics of Indo−Pacific in South Asia," *International Affairs Review*, November 20, 2020.

47) Van Jackson, "America's Indo−Pacific Folly," *Foreign Affairs*, March 12, 2021.

구성하는 방안도 등장하고 있다. 또 한편으로는 모든 이슈를 포괄하는 대(大)연합에 초점을 맞추기 보다는 교역, 기술, 공급망, 표준 문제 등에 집중할 수 있도록 G−7에 한국, 인도, 호주를 추가한 민주국가 그룹, 즉 D−10을 만들자는 의견도 등장했다.[48)]

(1) Quad의 부활

먼저 Quad는 2004년 쓰나미로 인해 동남아 일대 대재난이 발생했을 때 이들 4개국이 핵심그룹으로서 인도적 지원을 위하여 군대를 신속하게 파견했던 일이 기원이다. 그 후 이들 4개 민주, 해양국가가 중국의 부상에 대비하여 협력과 대화를 촉진시킨다는 취지로 2007년 5월 마닐라에서 최초이자 마지막 회의가 열렸으나 중국의 강한 반대와 호주, 인도의 소극적인 태도 등으로 중단되었다. 2017년 11월 4자간의 회담이 재개되었지만, 이렇다 할 성과 없이 느슨한 안보협의체로 존재해 왔다. 그러다 2020년 5월 백악관이 대중(對中) 개입정책의 종식과 함께, 힘에 의한 평화 추구를 선언하고 그 해 7월 폼페오 미 국무장관이 남중국해에서 중국의 영유권 주장을 불법이라고 선언한 후 Quad가 다시 살아났다.[49)]

2020년 8월 31일 비건(Stephen Biegun) 미 국무부 아·태차관보는 미국·인도 전략적 파트너십 포럼 연설에서 인도·태평양 전략은 민주주의, 시장경제 및 동일한 가치에 초점 맞춘 전략이며 이 전략이 성공하기 위해선 지역의 모든 경제, 안보협력, 규모를 활용해야 하며 이를 위해 Quad, 즉 4개국 안보협력체의 발전이 핵심이라고 밝혔다. 하지만, 그는 Quad가 배타적인 것은 아니며 다른 국가도 이런 토의에 합류할 수 있다면서 한국, 뉴질랜드, 베트남이 참석하는 Quad Plus 구상[50)]을 예로 들며 인도·태평양지역은 NATO나 EU와 같은 강력한 다국간 구조가 부족하여 가끔 그러한 구조를 공식화할 필요가 있다고 언급했다.[51)]

---

48) Kurt M. Campbell and Rush Doshi, "How America Can Shore Up Asian Order: A Strategy for Restoring Balance and Legitimacy," *Foreign Affairs*, January 12, 2021.

49) 폼페오는 Quad 4개국은 최근 중국이 인접해역에서 해군력을 현시하고 남아시아와 동남아시아 국가들에 대한 경제적 강압 등 전략 공세를 지속하는 것에 맞서 종전의 느슨한 동맹을 제도화함으로써 중국의 도전에 정면 대응할 것임을 시사했다. Richard Javad Heydarian, "Quad gains traction as unified anti−China front," *Asia Times*, October 6, 2020.

50) Giuseppe Paparella, "What Comes After COVID−19? Political Psychology, Strategic Outcomes, and Options for the Asia−Pacific 'Quad−Plus'," *The Strategy Bridge*, July 21, 2020.

51) US Department of State, "Deputy Secretary Biegun Remarks at the U.S.−India Strategic

그 후 Quad의 협력은 4개국 간의 해군훈련으로 2020년 11월 벵갈만(灣)에서 Malabar 2020이 실시되었다. 또한 일본·인도는 ACSA(Acquisitions and Cross Servicing Agreement)협정을 체결하여 양국 간 장기적인 방위협력과 해군 상호운용성 강화를 위한 방안에 합의하였다. 호주는 미국에 이어 남중국해에서 중국의 영유권 주장을 불법이라고 선언하였다. 2020년 10월 6일 일본에서 Quad 장관급 회담이 개최되었다.

(2) 제한 요소

비록 미국이 Quad를 실질적인 동맹체로 강화하여 중국을 견제하려고 노력하나, 이것은 결코 간단한 문제가 아니다. 일본, 호주, 인도는 지역 내 중국의 힘과 영향력이 계속 신장하는 것에는 우려하나, 중국에 대항하는 완전한 균형(balancing)에 개입하는 것은 원하지 않고 있다. 이들은 미·중 사이에서 어느 한쪽을 선택하라고 강요하는 어떤 구상도 성공할 수 없으며, 중국을 배제하는 어떤 구상이나 전략도 지역 내에서 실질적인 성과를 거둘 수 없다고 인식하고 있다.[52] 이러한 상황은 지역경제에 부정적 영향을 미치고 지정학적 불안정을 가져와 미국과 중국을 포함, 모든 국가의 국익에 반하기 때문이다.[53]

먼저 인도는 그동안 견지해 왔던 비동맹 정책노선으로 제3국과의 동맹관계를 꺼리고 있고 자국의 행동 자유를 보장하고 외교이익을 보전하기 위해 중국과 갈등과 협력이 병존하는 관계를 모색해 왔다. 인도는 중국이 주도하는 상하이 협력기구(SCO)의 회원국이자 아시아 기반체계 투자 은행(Asian Infrastructure Investment Bank)의 최대 채무자이다. 또한 중국에 비해 훨씬 적은 경제력 및 국방예산을 고려할 때 인도는 해군력을 증강하는 데에는 많은 제한이 있으며[54] 외국산, 특히 러시아 무기체계에의 의존

Partnership Forum," August 31, 2020.
52) Campbell and Doshi, "How America Can Shore Up Asian Order: A Strategy for Restoring Balance and Legitimacy," 전게서.
53) 이에 추가하여 미국의 국력이 상대적으로 쇠퇴하는 가운데 지역 안보공약이 점점 더 신뢰성을 상실하고 있기 때문이다. Ken Moak, "Why US Indo-Pacific strategy will fail," *Asia Times*, August 20, 2020.
54) 중국과 인도의 해군력을 간략하게 비교하면, 주요 수상전투함(순양함, 구축함, 호위함 등)의 경우 중국은 인도의 약 3배, 공격/유도미사일 잠수함은 4배, 탄도미사일 잠수함의 경우 중국은 4척, 인도는 한척, 그리고 항모는 중국은 현재 2척을 보유하며 향후 5~6척까지 증강이 예상되고, 인도는 시험 중인 단 1척을 보유하고 있다. Meia Nouwens, "China and India: competition for Indian Ocean dominance?," *IISS Military Balance Blog*, 24 April 2018.

도가 매우 높다. 미국이 기대하는 만큼 인도가 인도양에서 안보구조를 구축하고 군 현대화를 추진하기에는 너무 부담이 큰 것이 현실이다.

또한 인도는 UN 해양법 협약(UNCLOS)에서 규정한 자국의 배타적 경제수역(EEZ) 에서 외국군의 훈련이나 해양조사 활동을 위해서 사전 통지 또는 동의를 요구하고 있다.55) 그리고 인도의 핵심 이익은 중국의 해양팽창이 진행 중인 동남아시아나 인도·태평양의 동쪽 해역보다는 에너지자원이 있는 중동(中東) 등 서쪽에 있다.56) 또한 현재 인도가 당면한 안보위협은 해양이 아닌 인도·중국 간의 육상국경이며 Quad로서는 인도·중국 국경분쟁을 해결하는데 아무런 도움을 기대할 수도 없다.

이와 관련, 인도의 전직 외교관인 MK Bhadrakumar는 '인도는 독립적 대외정책 추구를 표방'하는 나라로서 Quad는 '국민의 의사에 반(反)하여 인도를 체계적으로 미국과 군사동맹으로 이끄는 것'이며 현재 중·인도 국경분쟁은 이러한 움직임에 정당성을 부여하고 있으나, Quad에 가입하는 것은 '인도가 초강대국의 하렘에서 또 하나의 소실(小室)이 되는 것(to be another concubine in the superpower's harem)'이라며 비판한다.57) 따라서 인도는 인도·태평양 전략을 적극 포용함으로써 미국에 의존하는 동맹보다는 가능한 중국과 협력하되, 꼭 필요한 경우에만 Quad 등을 통해 경쟁하는 보다 실용적인 입장을 취할 것이라 예측할 수 있다.

한편 경제적으로 더욱 막강하고 강력한 해군력을 보유하고 있는 일본도 인구고령화에 따라 중국 '시장과 공장'에 크게 의존하고 있어 미국의 FOIP 전략을 지원하는데 그리 자유롭지 못하다. 자위대의 확대된 군사역할에 대한 헌법 및 정치적 제약도 만만치 않다. 또 일본은 만약 중국과의 전쟁에 연루되면 요코스카나 오키나와, 사세보 등 주일 미국기지가 가장 먼저 타격받는 표적이 될 수 있으므로 다수의 일본 국민들은 이러한 노력에 반대하며 경계하는 태도를 견지하고 있다. 일본은 센카쿠 열도에서 중국의 해양팽창 기도에 매우 강경한 입장이지만 중국을 봉쇄하려는 어떤 제안에

---

55) 인도는 2021년 4월 미 해군이 인도 EEZ 내 Lakshadweep 도서에 대해 사전 통보 없이 '항행의 자유 작전'을 실시하자 이에 반대한다고 밝혔다. "India objects to US Navy ship's transit without consent," *Navy Times*, April 11, 2021.
56) Sameer Lalwani and Liv Dowling, "Take Small Steps to Advance the US−India Relationship," *Defense One*, December 21, 2017.
57) MK Bhadrakumar, "India gains nothing from an 'Asian NATO'," *Asia Times*, September 4, 2020.

도 찬성하지 않는 등 노골적 적대행동은 자제함으로써 만일의 경우에 대비한 위험분산(hedging)을 꾀하고 있다. 미국은 남중국해에서 '항행의 자유 작전'을 일본과 함께 실시하기를 희망하지만 아직 성사되지 못하고 있다.

또한 일본은 총 수출액의 22%를 중국에 수출한다. 중국 내에는 14,000개의 일본 기업이 진출해 있다. 2018년 10월 아베 수상이 일본총리로서는 7년 만에 중국을 방문, 시진핑 주석과 회담을 하며 민간교류, 경제협력, 지역 해양안보 증진을 위한 소통 강화, 2020년 도쿄 올림픽 및 2022년 베이징 동계 올림픽에서의 상호협력 등을 논의하면서 2010년, 2012년 센카쿠 열도 사건으로 긴장상태에 놓였던 양국 관계를 정상화시켰다.[58] 이후 양국은 비교적 안정적인 협력을 도모하고 있으며 2020년 스가 요시히데(菅義偉) 일본총리도 취임 직후 시진핑 중국주석과 30분간 통화하며 양국 간 협력을 강화해 나가는 데 뜻을 같이 했다.

한편 호주도 지리적인 특성상 FOIP 개념을 주창하고 있지만,[59] 미국의 대중(對中)전략에 적극 참여하는 것은 그리 쉽지 않아 보인다. 호주는 2018－2019년 기준 수출의 약 33%를 중국에 의존하며 지속적인 경제성장과 국내안정을 위해 중국과의 교역이 중요하기 때문이다.[60] 또 호주도 중국 ICBM 사거리 내 위치해 있어 중국과의 전쟁에서 파괴되거나 심각하게 손상받을 가능성이 있다. 그 결과 호주는 미국·중국 어느 한쪽에 편들지 않고 양국에 균형된 접근방식을 취하는 동시에, 유엔 해양법협약(UNCLOS)과 같은 국제규범과 법에 기반한 해양질서를 주창하는 것이 국익을 위한 최상의 방안이라고 인식하고 있다.[61]

얼마 전 호주가 COVID－19의 기원(起源)에 대해 국제적 조사를 공식 요구하자

---

58) 日本外務省, 安倍総理の訪中(全体概要), 2018年10月26日. https://www.mofa.go.jp/mofaj/a_o/c_m1/cn/page4_004452.html

59) 예를 들어 호주의 2017년 외교백서는 모든 국가들의 권리가 존중받는 '개방되고 포괄적이면서 번영하는 인도·태평양지역'을 추구한다고 명시하였다. *Foreign Policy White Paper*, Australian Government, 2017.

60) 2015년 호주는 미국의 반대에도 불구, 미 해병대가 6개월 주기로 순환 배치되는 Darwin항을 5억 달러에 중국 기업(Landbridge)에게 99년간 임대해 주었다. Darwin항은 호주 북부에서 남중국해로 진입하는 길목에 위치한 전략요충이다. Jane Perlez, "US cast Wary Eye on Australian Port Leased by Chinese," *The New York Times*, March 20, 2016. 그러나 호주·중국 관계가 악화되자 호주정부는 이 임대결정을 재고하고 있다. Michelle Grattan, "Australia rethinks China's 99－year Darwin Port lease," Asia Times, MAY 8, 2021.

61) 이에 대해서 David Andre, "Turnbull's Choice: Australian Security Policy Evolves to Face a Rapidly Changing Pacific," *Center for International Maritime Security*, May 15, 2018 참고.

중국은 경제보복을 가함으로써 양국이 갈등관계에 놓여 있다. 중국은 호주를 미국의 대리인, 즉 표적으로 하여 교훈을 가르침으로써 미국편에 서려는 다른 나라에게 본때를 보여주며 이들이 공모하지 못하도록 하는 살계해후(殺鷄駭猴)를 구사하고 있는 것으로 보인다. 이를 두고 혹자는 만약 지역국가가 민주, 법에 의한 지배, 인권 등에 기반한 미국 편에 서면 어떤 대가를 치러야 하는가를 의도적으로 보여주고 있는 것이며 '중국에 반대하라는 미국의 요구에 굴복하면 호주는 산 채로 매장당할 수도 있다'는 지적도 나온다.[62]

결국, 최근 Quad 4개국 간의 더욱 강한 안보연대 가능성이 다시 제기되고 있지만, 미국이 이를 지역 내 안보동맹체로 강화하여 중국을 견제하는 것은 생각보다 쉽지 않은 일이다. 지역 내 어느 국가도 경제 또는 안보 차원에서 제로섬(zero-sum) 성격의 미·중간의 양극화 경쟁에 연루되기를 원하지 않기 때문이다.[63] 2021년 3월 미국 바이든 대통령이 화상으로 Quad 정상회의를 개최했지만, 회의 의제는 중국문제보다는 기상변화, 경제협력, COVID-19 공동대응이었다. Quad가 다뤄야할 가장 시급한 해양안보, 즉 중국의 일방적·공세적 해양팽창으로 인해 무너지는 법과 규정에 기반한 지역 해양질서는 정작 다루지 못했다는 지적이 나온다.[64]

이러한 배경에서 싱가포르 국립대학의 아시아 전문가인 Mahbubani는 현재 아시아에서 진행되고 있는 강대국 간의 게임은 군사가 아니고 경제이기 때문에 Quad의 Malabar 해군훈련이 '아시아 역사의 바늘을 이동시키지는 못할 것'이며 '4개국의 상이한 경제이익과 역사적 취약성으로 Quad의 존재이유는 점점 더 설득력이 떨어지며 이것이 미국의 가장 강력한 동맹 중 하나인 한국이 Quad에 가입하지 않으려 하는 이유'라고 분석하였다.[65]

그 결과, Quad는 중국 위협에 대응함에 있어 4개국의 공조된 모습을 보여주는 효과적인 도구이지만, 당분간 정식기구로서의 조직을 보유한 집단 방위체제보다는

62) Bhim Bhurtel, "Morrison digging a grave for Australia," *Asia Times*, September 22, 2020.
63) ASEAN 여론조사 결과, 대부분(83%)은 미·중간 경쟁에서 어느 일방을 선택하지 않고 이들로부터의 압박을 물리치기 위한 탄력성과 단합을 선호한다. Seah, S. et al., *The State of Southeast Asia: 2021* (Singapore: ISEAS-Yusof Ishak Institute, 2021), p. 32.
64) Salvatore Babones, "Friday's Quad Summit Will Show if It's Just a Talking Shop," *Foreign Policy*, March 10, 2021.
65) Kishore Mahbubani, "Why Attempts to Build a New Anti-China Alliance Will Fail," *Foreign Policy*, January 27, 2021.

하나의 단순한 안보협의체로 남아 있을 것이라는 시각이 지배적이다. 더 나아가 Quad보다는 중국이 주도하며 최근 발효된 지역 포괄적 경제 파트너십(RCEP: Regional Comprehensive Economic Partnership)이 아시아의 미래를 결정할 것이라는 주장도 있다.[66]

나. NATO와의 대중(對中) 안보연대 강화

한편 미국은 아·태지역뿐만 아니라, 프랑스, 독일, 영국 등을 중심으로 하는 NATO를 끌어들여 대서양과 태평양의 연대를 모색하며 중국·러시아의 전략적 협력관계를 견제하고, 특히 인도·태평양지역에서 급부상하는 중국의 힘과 영향력을 봉쇄하려고 노력하고 있다.

(1) 유럽의 인도·태평양 전략

2019년 4월 초 NATO 창설 70주년 기념식에서 Pence 미국 부통령은 '중국의 5G 기술, 일대일로(一帶一路) 구상에 의한 경제적 유혹, 남중국해에서의 팽창 등을 거론하며 향후 NATO에게 가장 큰 도전은 중국의 부상을 어떻게 대응할 것인가?'라고 강조하며 자유롭고 개방된 인도·태평양을 유지하기 위한 공동대응을 촉구하였다.[67] 그 결과, NATO 국가로서 아·태지역 내 영토를 보유하고 있는 프랑스와 영국의 해군력 현시 활동이 증가하고 있다.

먼저 2019년 4월 프랑스 호위함 1척이 대만해협을 통과하였고 이에 항의하여 중국은 그 해 4월 개최된 중국해군 창설 70주년 기념 국제관함식에 프랑스를 초청하지 않았다.[68] 2019년 5월 프랑스 항모 드골(Charles de Gaulle)함이 인도양 벵골 만에서 미국, 일본, 호주 함정들과 함께 La Perouse라는 명칭의 공동훈련을 실시한 후 싱가

---

66) Escobar는 RCEP가 미국의 인도·태평양 전략을 덮어 버렸다고 지적한다. Pepe Escobar, "Trump's Not−So−secret Art of Containing China," *Asia Times*, January 14, 2021.

67) White House, "Remarks by Vice President Pence at NATO Engages: The Alliance at 70," April 2019.

68) 미 해군도 2019년 4월 계획된 중국 해군창설 기념 국제관함식에 함정을 파견하지 않았다. Idrees Ali, Phil Stewart, "Exclusive: In rare move, French warship passes through Taiwan Strait," *Reuters*, April 25, 2019.

포르에 입항하였다.[69] 프랑스 Florence Parly 국방장관은 2019년 샹그리라 대화 (Shangri-La Dialogue)에서 프랑스는 인도양, 남태평양 지역에 산재된 다수의 도서영 토에 160만 명의 국민과 광대한 배타적 경제수역을 보유하고 있으므로 이 지역에 지 속적으로 개입할 것이며 매년 두 차례 이상 남중국해에서 '항행의 자유 작전'을 실시 하고 어떠한 기정사실화에도 굴복하지 않을 것이라고 선언하였다.[70]

한편 영국도 2030년까지 향후 세계무역에서 인도·태평양지역이 빠르게 경제 중 심(重心)으로 등장하므로 영국의 외교정책은 이 지역으로 편향할 것이라고 발표하였 다.[71] 또 영국은 아·태지역에 19개 영(英)연방국가와 역사적 유대를 갖고 있고 호주, 뉴질랜드, 말레이시아, 싱가포르와 5개국 국방협정을 체결하고 있어 지역 내 법에 기 반한 해양질서 유지에 기여하기 위한 해군력 현시도 계획하고 있다. 영국은 군사적으 로 중국에 대항할 만한 국가는 못 되지만, 해군력 현시를 통해 지역 내 소국(小國)들 에게 미국이나 중국에 편승(band-wagoning)하는 것이 아닌 제3의 안보방책(a third security option)을 제공할 수 있다고 주장한다.[72] 한편 2020년 9월 영국은 프랑스, 독 일과 함께 남중국해에서 중국의 일방적 해양영유권 주장을 비판하는 구상서(Note Verbale)를 UN에 제출하였다.[73]

그런데 영국의 인도·태평양지역으로의 편향에는 두 가지 요소가 난제이다. 하나 는 중국은 영국의 해군력 현시를 과거 '치욕의 세기'와 연결하려 한다. 즉 영국이 다 시 제국주의(a Return of Colonialism)로 복귀하고 있다고 비판하고 나선 것이다.[74] 또

---

69) Caitlin Doornbos, "US, Japan and Australia train with French aircraft carrier in Bay of Bengal," *Stars and Stripes*, May 16, 2019.

70) "France promises a presence in the Pacific amid an anticipated 'global confrontation'," *Defense News*, June 5, 2018. 또 프랑스 국방부는 지역평화와 안보에 기여하겠다는 취지의 인도·태평양 국방전략을 발표하였고 프랑스-호주-인도와의 대중(對中) 연대(Paris-Delhi-Canberra axis)도 강화하고 있다. French Ministry for the Armed Forces, *France's Defence Strategy in the Indo-Pacific*, May 2019 및 Directorate for Asia and Oceania, *French Strategy in the Indo-Pacific: For an Inclusive Indo-Pacific*, Paris 2020.

71) 2020년 9월 영국 Raab 외무장관은 '진정한 세계적 영국(a truly global Britain)'이라는 비전은 인도·태평양지역을 지향할 것이라고 언급했다. Parliament UK, "A brave new Britain? The future of the UK's international policy," September 2020.

72) 2021년에 영국 Queen Elizabeth 항모 강습단이 아시아·태평양 지역으로 출동하여 항구 방문 및 연합훈련을 통해 동맹 및 파트너와의 전략적 공조를 과시하며 그 후 영국은 동(同)지역에 2척의 해군함정을 영구히 전개한다. "Britain will permanently deploy 2 warships in Asian waters after aircraft carrier visits in September," *South China Morning Post*, July 21, 2021.

73) United Nations, Note Verbale, UK NV No. 162/20, New York, 16 September 2020.

다른 하나는 영국 또한 중국과 비슷하게 국제사법재판소의 판결에 불복하는 전례(前例)가 있다는 점이다. 영국은 인도양에 있는 챠고스 제도(Chagos Islands)를 원래 주인인 모리셔스(Mauritius)에 반환하라는 UN 해양법재판소 및 국제사법재판소(ICJ)의 판결, 그리고 UN 총회의 결정을 무시하고 있다.[75] 영국은 1960년대에 동(同)제도의 가장 큰 섬인 Diego Garcia를 미국에 임대하여 현재 미국이 전략폭격기 지원기지로 운용하고 있다.

한편, 독일도 2020년 9월 프랑스에 이어 두 번째로 인도·태평양 정책지침을 발표하며 지역 내 질서유지에 적극 참여하겠다는 의지를 천명하였다. 독일은 2021년 8월부터 2022년 2월까지 1척의 호위함을 남중국해에 파견하여 '법에 기반한 질서', '자유로운 해로(海路)', '다국적주의(multilateralism)'을 지원하겠다고 발표했다.[76] 이는 상징적인 의미로, 독일이 미국의 인도·태평양(FOIP) 전략에 편을 든 것은 아니지만 향후 자국의 번영과 지정학적 영향력이 아·태지역 국가와의 협력에 의존한다고 인식하며 지역 해양질서 유지에 강력한 관심과 기여 의사를 표명한 것으로 해석된다.[77]

그러나 독일은 NATO 및 EU의 일원으로서 중국의 공세적·일방적인 행동에 맞서기보다 자국의 이익을 우선하는 'Germany First' 정책을 추진한다는 비판에 직면해 있다. 먼저 2020년 9월 독일은 Nord Stream II로 불리는 독일과 러시아 간의 해저 가스 파이프라인 공사(110억US$ 규모)를 중단하라는 미국정부의 요청을 거부했다. 미국은 이 공사로 인해 러시아와 국경을 접하는 우크라이나, 발칸 국가들이 러시아의 천연가스를 이용한 협박에 취약하게 된다고 반대해 왔다. 미 의회는 95% 정도 진척된 이 공사에 참여하는 시공업체에 대한 제재조치를 입법했다. 또한 독일은 2020년 12월 EU의 이름으로 중국과 새로운 투자협정(Comprehensive Agreement on Investment: CAI)에 서명하였다.[78] 유럽 내 몇몇 국가들은 중국이 홍콩 민주화 운동과 신장 위구

74) Anisa Heritage and Pak K. Lee, "'Global Britain': The UK in the Indo-Pacific," *The Diplomat*, January 8, 2021.
75) Andrew Harding, "UN court rules UK has no sovereignty over Chagos islands," *BBC*, January 28, 2021.
76) Caitlin Doornbos, "State Department applauds Germany's plan to patrol the South China Sea this year, report says," *Stars and Stripes*, March 5, 2021.
77) Richard Javad Heydarian, "Germany wades into the Indo-Pacific fray," *Asia Times*, September 5, 2020.
78) 미국이 동맹 및 파트너와의 안보 네트워크 강화를 추진하자 중국은 이에 대응해서 바이든 행정부 출범 이전인 2020년 11월 한·중·일, 호주·뉴질랜드, ASEAN 등 15개국 간 역내 포괄

르족을 탄압하는 상황에서 이 협정에 서명한 것은 중국정부에 선물을 준 것이라고 비판했다.[79]

한편 NATO는 2019 런던선언(London Declaration)에서 사상 최초로 '중국의 증가하는 영향력과 국제정책이 기회와 도전으로 등장하여 동맹으로서 함께 대처할 필요가 있다'고 언급하였다.[80] 2020년 12월 NATO가 발표한 새로운 보고서 "NATO 2030: United for a New Era"는 권위주의의 확산과 영토적 야망의 확대로 인하여 중국의 힘과 세계적 영향력은 개방된 민주사회에 첨예한 도전이 되고 있어 '중국은 모든 영역에서의 구조적 라이벌(a full－spectrum systemic rival)'이라고 선언하며 'NATO는 중국과 관련, 동맹 안보이익의 모든 측면을 논의하는 협의기구를 설립할 것을 고려해야 한다'고 제안하였다.[81]

비록 군사조직은 아니지만 유럽연합(EU)도 2019년 8월 베트남과 방위협약(defense agreement)을 체결하였다. 이를 통해 베트남은 평화유지 작전, 밀접한 군사협력 등 유럽의 군사임무에 참가할 수 있는 길을 열었고 반대로 EU는 동남아시아에서 UN해양법 협약이나 '공해상 항해의 자유' 등과 같은 법과 규정에 기반한 국제질서의 유지를 지원하고 지역국가와의 경제 및 전략적 관계를 증진할 수 있게 되었다. 이는 다분히 중국의 불법적이고 일방적인 해양팽창을 견제하는 한편, 미국의 인도·태평양 전략에 힘을 실으려는 동기로 해석된다.[82]

(2) 대서양-태평양 파트너십

한편, Atlantic Council의 Scowcroft Center for Strategy and Security가 발표한 NATO의 미래 보고서 'NATO 20/2020: Twenty bold ideas to reimagine the Alliance after the 2020 US election'은 중국은 남중국해에서 공세적 행동을 지속하고 해군력

적 경제 동반자협정(RCEP: Regional Comprehensive Economic Partnership)에 서명했고 그 해 12월 EU와의 포괄적 투자협정(CAI)에 합의하였다. 그러나 CAI는 중국의 홍콩, 화웨이 문제를 이유로 EU 의회에서 제동을 걸고 있어 향후 귀추가 주목된다.

79) Daniel Williams, "Merkel's 'Germany First' ignores Biden's wishes," *Asia Times*, January 25, 2021.

80) NATO, "London Declaration," December 4, 2019.

81) NATO, *NATO 2030: United for a New Era*, November 25, 2020, pp. 27－8.

82) Richard Heydarian, "EU should expand maritime activity in Southeast Asia as China looms," *Nikkei Asian Review*, August 9, 2019.

을 인도양, 지중해, 북대서양, 북극해까지 확장하고 있으며 해외기지 및 전략항구의 구축을 포함하여 전 세계로 군사력 현시를 증가하고 있다고 지적하며 이는 NATO의 해양안보뿐만 아니라 세계 해상교역에의 접근에 대한 위협이 되고 있다고 진단한다. 더 나아가 이 보고서는 아시아와 유럽에서 증가하는 중국·러시아의 군사협력은 '공조된 수평 확전(a coordinated horizontal escalation)'의 가능성을 일으켜 동맹의 우발계획을 복잡하게 만들고 있으며 특히, 중국은 사이버전 및 스파이활동 등으로 보다 불순하고 은밀한 형태의 영향작전(influence operations)에도 개입하고 있다고 비판하며 대서양-태평양 파트너십(Atlantic-Pacific Partnership)의 구축을 제안하였다.[83]

　　대서양-태평양 파트너십은 NATO 회원국 30개국에 한국, 일본, 호주 및 뉴질랜드 4개국을 통합하여 '30+4 협의 네트워크'로 발전시키자는 구상이다. 정기적인 정치대화와 협의, 정보교환, 연습훈련의 공조 등 협력의 습관을 개발하여 대서양-태평양 집단안보태세를 구축하는 플랫폼으로서 유럽과 아시아에서 발생하는 중국의 전통적, 비전통적 위협에 대응하는 공조기반을 구축하자는 제안이다. 특히 이런 노력에 NATO가 앞장서고 미국과 합의로 대응방식을 도출한다면, 다른 나라의 시각에서도 세계적 정당성을 띠게 되며 미국이 민주국가 간 조율된 노력에 대한 공약을 유지하고 있다는 점을 아·태 국가들에게 재(再)확신할 수 있다고 이 보고서는 주장한다. 결국, NATO가 중국의 군사팽창 및 불순한 영향작전 등에 대한 전략적 상쇄력이 되는 데 당장 앞장서야 한다는 제안이다.

　　그 밖에도 급부상하는 중국의 힘과 영향력을 봉쇄하기 위한 동기에서 유럽 내에서 다양한 아이디어가 나오고 있다. 예를 들어 존슨(Boris Johnson) 영국 수상은 현재의 G-7 회원국에 추가하여 한국, 호주, 인도, 남아공 등을 초청하는 G-7 정상회담을 2021년 6월 개최하였다.[84] 영국은 EU를 탈퇴한 후, 세계적인 역할을 모색하기 위한 노력의 일환으로 이번 G-7회담을 민주국가 정상회담으로의 확대를 모색했으나

---

83) James Hildebrand, Harry W.S. Lee, Fumika, Mizuno, Miyeon Oh, and Monica Michiko Sato, "Build an Atlantic-Pacific Partnership," in *NATO 20/2020*, Atlantic Council, October 2020.

84) G-7을 개혁하려는 노력으로 2020년 트럼프 미 대통령은 기존의 G-7 회원국 7개국에 한국, 호주, 인도, 그리고 2014년 크리미아를 침공한 후 축출되었던 러시아를 다시 초청하자고 제안하기도 하였으나 결국 2020년 G-7 정상회담은 COVID-19로 무산되었다. Alberto Nardelli and Isabel Reynolds, "G-7 insecure as Boris Johnson floats D-10 with India, S. Korea, Australia to counter China," *The Print*, January 19, 2021.

이것이 궁극적으로 G−7을 약화시킬 것이라는 우려 속에 이탈리아, 독일, 프랑스, 일본이 반대한 것으로 전해졌다. 이 정상회담에서는 COVID−19, 기후변화, 세계경제 회복, 러시아, 중국 위협에 대한 공동대응 등이 의제로서 다루어졌고 특히 G−7 공동성명(joint communique)에서 중국의 신장, 홍콩 등에서의 인권문제를 언급하고 중국의 일대일로(BRI)에 대한 대안으로서 B3W, 즉 Build Back Better World라는 구상 등을 채택하였다.[85]

이러한 여러 가지 노력은 결국 중국과의 경쟁 시대에 들어 인도·태평양지역 내 법과 규범에 기반한 질서를 강화하기 위한 안보 파트너십의 중요성이 강조되는 가운데 NATO 또는 EU가 다양한 구상을 통해 이에 기여하려는 '유럽의 인도·태평양 전략'을 반영한다. 하지만, 이것도 말처럼 쉽지 않다. 무엇보다도 회원국 간의 중국에 대한 태도와 접근방식에는 다양한 차이가 있기 때문이다. 미국과 달리 터키, 헝가리 정부는 친중(親中) 성향이 깊고 이탈리아, 그리스, 포르투갈, 스페인 등은 잠재적 안보 위협보다 중국과의 교역 및 경제혜택을 우선시 하는 경향이 있다.

2020년 5월 미국 백악관은 1979년 미·중 수교 이래 지속되어온 대중(對中) 전략적 개입정책을 포기하고 힘에 의한 평화를 추구하겠다고 선언하였다. 이어 같은 해 7월 폼페오 미 국무장관은 남중국해에서 중국의 해양영유권 주장은 모두 근거가 없는 것이라고 선언하며 미국이 남중국해 문제에 적극 개입할 것임을 표명하였다. 미국의 새로운 대중(對中) 강경대응 노선은 남중국해가 중국의 내해(內海)가 되는 것을 미국이 더 이상 방치하지 않겠다는 마지막 경고신호로 해석 가능하다.

이제까지 미국이 서태평양 지역에서 중국의 A2/AD 전략과 전력에 맞서 항행의 자유 작전(FONOPs)이나 제한된 정찰감시(ISR) 외에는 이렇다 할 대응활동이 없었다. 이제부터 미국은 이러한 수동적 자세를 뛰어 넘어 군사·외교적인 차원에서 가능한

---

85) CARBIS BAY G7 SUMMIT COMMUNIQUÉ, *Our Shared Agenda for Global Action to Build Back Better.* 이에 대해 주영(駐英) 중국대사관은 '소규모의 국가에 의해 세계적인 결심이 좌우되던 시기는 끝났다'며 '소규모의 국가들이 모여서 블록정치를 추구하는 것은 결국 실패하게 되어 있다'고 G−7 정상회담을 비난하였다. "G7 News: Summit Ends With Agreement on Global Minimum Tax and Common Threats," New York Times, June 16, 2021.

모든 방책을 강구하며 본격적으로 중국과의 고강도 전투상황(high-end warfighting)에 대비하려는 것이다.

　그럼에도 불구, 미·중간 새로운 냉전은 곤란하다는 시각은 상존한다. 강대국 간의 무력분쟁은 아무리 소규모라고 하더라도 상당한 대가가 요구되며 핵전쟁으로 확전될 가능성도 있다. 이러한 점이 지역 내 미국의 동맹이나 파트너들이 미군의 작전을 위하여 외교적, 군사적 지원을 꺼리도록 만들고 있다. 이들에게는 무엇보다도 지역을 대(大)재앙의 나락으로 몰고 가는 강대국 간의 무력분쟁을 억제하는 것이 더 긴요한 것이다.

제12장

중·러의 전략적 연대

미국이 강대국 간 경쟁시대에서 동맹 및 파트너국과의 안보 네트워크를 강화하고 있는 이유 중 하나는 중·러의 전략적 연대 때문이다. 물론, 중·러 관계에는 과거 영토문제, 중앙아시아에서의 주도권 경쟁, 인도와의 관계 등 몇 가지 제한요인이 상존하지만, 당분간 미국이 종전의 패권질서를 유지하려고 노력하는 한, 이에 대항하는 양국 간 포괄적 전략적 파트너십은 계속 발전할 것으로 예상된다.

1. 중·러의 전략적 연대

중·러의 전략적 연대는 탈냉전 후 유일한 초강대국 미국의 세계 및 지역수준에서의 지배적인 영향력에 저항하며 미국 주도의 세계질서를 중·러에 유리한 다극적체제로 변화시키기 위한 동기에서 출발하였다. 양국은 미국이 자유·민주, 인권 및 투명성 등 소위 '보편적 가치'를 빌미로 타국의 내정에 간섭한다는 인식을 공유한다. 미국이 중·러 양국을 봉쇄하기 위해 주도하는 민주화 운동이나 국제제재 등 '미국위협'에 맞서 양국이 전략적 연대로써 공동 대응하고 있는 것이다.

가. 권위주의 체제 상호지원

중국·러시아의 전략적 연대를 촉진시킨 또 다른 요소는 양국 공히 권위주의 체제를 가진 국가로서 미국의 간섭이나 체제 전복 기도에 맞서 상호지원을 통해 정권의 생존을 보장하고 체제를 수호한다는 정치적 이익을 공유한다는 점이다. 중·러의 연대는 정권생존(regime survival)이라는 점에서 중국 시진핑 주석과 러시아 푸틴 대통령의 공유된 이익에도 부합한다.

푸틴 대통령은 2011년 자신의 대통령 재(再)선출에 대한 서방의 간섭, NATO의 동진(東進) 압박 속에 러시아가 완충구역을 유지하기 위해 획책했던 조지아와 우크라이나 크리미아 침공 이후 미국과 서방의 국제제재가 러시아의 정권변화(regime change)를 획책하는 것이라고 인식하였다. 이런 상황에서 중국과의 연대는 푸틴의 정권 생존을 지원하는 비(非) 서구권 방책(non-Western options)을 제공한 것이었다. 이후 러시아는 중국과의 관계증진을 통해 국제사회에서의 고립을 예방하고 정권생존을 같이 도모하며 때로는 자국의 경제, 안보, 정치적 이익까지도 과감하게 양보하는 자세를 보이게 된다.[1)

한편 중국은 미국이 동·남중국해에서의 해양·영토 영유권 문제에 개입하고 신장과 티베트에서의 소수민족 문제, 홍콩의 민주화 등 내정(內政)에 간섭하고 대만과 관련, '하나의 중국정책'을 부정하는 자세를 보이고 있다고 비판한다. 또 미국은 중국 주변에 Quad와 같은 적대국 네트워크 구축을 시도하고 있다. 따라서 중국도 서방의 압박에 맞서 국가주권을 중시하며 권위주의 체제를 공유하는 러시아와 협력하며 미국의 자유·민주 체제 확산 노력에 공동 대응하는 것이 중국공산당의 일당독재 체제 생존에 기여한다고 인식한다.

특히 중·러 양국은 역사적으로 과거 제2차 세계대전에서 러시아가 독일의 팽창에 맞서, 그리고 중국은 일본의 군국주의에 맞서 엄청난 국가적 희생을 치루며 싸운 결과, 연합군의 승리에 기여했고 종전 후 UN의 출범과 국제법의 기초 등 현재의 세계질서가 구축되는 데 기여한 점을 강조한다.[2)] 이를 통해 현재 중·러 양국이 국제체

---

1) 예를 들어 러시아는 5G 무선기술을 중국의 화웨이에 의존하기로 결정하였다. Joel Gehrke, "China and Russia plan to 'deepen' cooperation against US," *Washington Examiner*, December 11, 2020.

제의 현상(現狀)을 변경하려는 수정주의 세력이 아니고 오히려 현 국제체제를 구축한 주력으로서 양국의 권위주의 체제의 정통성을 고집하기도 한다.

시진핑은 2013년 국가주석으로서 최초 러시아를 방문한 후 푸틴과의 기자회견에서도 일본과 독일을 지목하며 제2차 세계대전에서 패전국에 대해 승전국, 즉 중국과 러시아 등이 부과한 판결과 결의안은 뒤집어질 수 없는 것이라고 강조하였다. 이는 중국과 러시아의 연대에 대항하여 미국이 독일과 일본과의 동맹을 강화하며 이들의 군사력을 증강하는 동시에, 일본이 북방 4개 도서의 반환을 러시아에 요구하는 것을 견제하려는 의도이다.

2020년 9월 중국 외무부장 왕이(王毅)가 모스크바를 방문한 후 중국·러시아 양국은 제2차 세계대전 종전 이후 결과를 수정하려는 어떠한 세력의 기도도 허용하지 않겠다는 공동선언을 다시 발표하였다.[3] 중국과 러시아의 시각에서 볼 때, 이러한 역사 수정주의는 역사적 사실을 의도적으로 왜곡하면서 반(反)중국·러시아 감정을 조장하고 실지(失地) 회복주의와 군국주의를 부추기는 행위로 인식된다. 또한 이러한 역사 수정주의는 미국에게 더 강력한 동맹을 제공하여 지역긴장을 심각하게 상승시키는 잠재력과 중국·러시아와의 전쟁을 예측하게 한다고 인식하며 양국이 이에 공동 대응하겠다는 의미이다.

나. 경제이익 상호 증진

중국과 러시아는 양국 간의 연대를 통해 상호 win-win하는 경제협력을 모색하고 있다. 푸틴은 구(舊)소련의 붕괴를 역사상 가장 커다란 지정학적 재난으로서 그 붕괴 이유가 소련 거시경제 정책의 실패, 즉 깊은 경제위기와 재정 파탄이었다고 인식하며 중국의 개혁·개방 경험을 높이 평가한다. 중국은 국가자본주의(state capitalism)를 통해 중앙행정의 도구를 최상의 방법으로 활용하여 시장경제를 발전시킴으로써 경제 초강대국이 되었다고 평가하는 반면, 소련은 이런 면에서 무력했고 비효율적 경

2) MK Bhadrakumar, "The factors drawing Putin and Xi together," *Asia Times*, October 5, 2020.
3) MK Bhadrakumar, "China and Russia wary of Japanese militarism," Asia Times, September 30, 2020.

제가 정치영역에 영향을 미쳐 결국 붕괴함으로써 러시아로선 전략종심(strategic depth)을 잃게 되었다는 해석이다. 이러한 교훈을 바탕으로, 러시아정부는 중국과의 경제협력을 통해 자국 경제에 대한 국가의 영향력을 확대하고 국민 생활수준을 향상시키려 도모하고 있다.

푸틴 대통령은 크리미아 병합과 동(東)우크라이나에서의 전쟁발발로 인해 야기된 서방의 제재 속에서 중국이 러시아에 교역을 허용하며 지원의 손길을 내밀 때 향후 미국 주도 국제체제에 대항하는데 있어 중국이 중요한 지정학적·경제적 파트너라는 점을 체감한 것으로 보인다. 즉, 푸틴 대통령은 자국 경제성장의 추동력으로서 지속 성장하는 거대한 중국 시장을 활용하고 자신의 정권을 유지하는데 도움이 되는 비슷한 권위주의적 체제를 보유한 중국에 편승(band-wagoning with the PRC)하고 있는 것이다.

2015년 시진핑과 푸틴이 합의한 러시아의 Eurasian Economic Union 및 중국의 일대일로(一帶一路, BRI) 구상의 통합 협력도 양국 간 경제, 정치관계를 강화하고 있는 요인이다. 그 후 경제, 군사, 정치영역에서 양국 관계가 급진전되고 특히 텔레콤, AI, 생명공학과 같은 첨단기술, 디지털 금융경제, 그리고 유럽과 극동을 연결하는 기반구조 프로젝트 등에서 활발한 협력이 진행되고 있다. 양국은 이를 통해 해외시장 점유율을 증가시키고 서방의 제재를 우회하며 미래 성장을 위한 경제모델로서 권위주의 체제의 영향력을 확장하고 있는 것이다.

특히 중·러 관계를 추동하는 핵심요소는 자연자원이다. 러시아는 석유와 가스, 광물 등 자연자원이 풍부하여 이를 수출하여 정부재정에 필요한 수입을 확보하고 국민생활에 필요한 소비재를 수입한다. 한편, 중국은 확장하는 자국 경제에 필요한 에너지 자원의 안정적인 공급원을 확보하고 중동(中東)으로부터 에너지를 수송할 때 취약한 해상교통로에 대한 의존, 소위 '말라카 딜레마'를 경감하는 한편, 러시아에 대한 소비재 수출로 해외시장에의 접근을 더욱 확대할 수 있다. 과거 러시아의 천연가스 파이프라인은 주로 서구로 연결되었으나 2019년 12월 시베리아 파이프라인(Power of Siberia) 완공 이후 중국은 독일에 이어 제2위의 러시아 천연가스 수입국이 되었다. 러시아는 중국의 최대 천연가스 공급국으로 등장하며 유럽시장에의 의존을 탈피하고 셰일가스(shale gas)의 등장에도 불구하고 안정적인 시장을 확보하게 되었다.[4]

중·러 간 천연가스 파이프라인(출처: Gazprom)

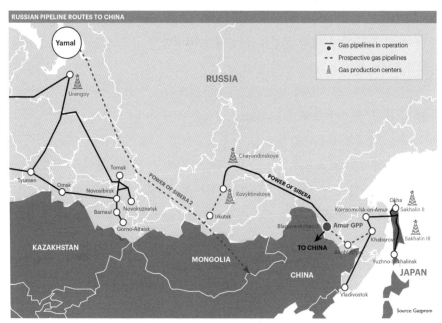

다. 기능적 군사동맹으로의 발전

중·러간 전략적 연대는 최초 양국 간의 경제 및 기술협력 등에 집중하다가 점차 대외정책의 공조 측면으로 확대되며 미국의 이중 봉쇄정책에 대항하는 '기능상 군사동맹(functional military alliance)'으로 진전 중이다. 2019년 6월 5일 시진핑의 러시아 방문 후 공동성명은 양국 관계를 사실상 군사동맹으로 끌어올린 것으로 해석된다. 당시 미·중 간 무역전쟁이 한창이었고 미국정부는 화웨이(Huawei)가 안보위협이라고 미국 내 활동을 금지시켰다. 러시아도 크리미아 침공과 시리아 내전 참전, 2016년 미 대선(大選) 개입 등으로 미국과 첨예하게 대립하던 시점이었다. 시진핑은 중·러 관계가 전례가 없는 수준에 도달하여 세계적인 파트너십이자 전략적 협력관계라고 선언했다. 러시아는 중국의 화웨이에게 러시아 내 5G 네트워크를 구축하도록 허용했고 미국의 독주 및 패권은 전략적 안정을 저해하며 이에 대항하여 양국이 세계현안에 더

---

4) 러시아는 2020년 3월 Power of Siberia 2 pipeline 건설 계획을 발표하였다. Vanand Meliksetian, "Russia Eyes Another Massive Gas Pipeline To China," *Oilprice.com*, July 8, 2020.

욱 긴밀하게 협력할 것이라고 선언했다.5)

　2019년 9월 푸틴은 러시아 국민들 앞에서 세계 전략적 안정을 위한 중국과의 동맹을 언급했고 그 해 10월 러시아가 중국의 미사일 공격 정보체계(Missile Attack Warning System) 구축을 지원했고 양국 관계가 '다방면의 전략적 파트너십을 의미하는 동맹관계'라고 언급하였다. 그동안 지적(知的) 재산권의 절도 문제 등으로 첨단무기를 중국에 제공하는 것을 꺼려왔던 러시아가 이 체계를 중국에 전달한 것은 중·러 관계가 진정한 군사·방위협력을 추진하는 사실상 군사동맹의 수준이라는 점을 과시한 것이다.6)

　이처럼, 러시아의 대중(對中) 무기판매도 양국 관계에서 중요한 요소이다. 과거 1990년대 중국이 천안문 사태로 무기금수(arms embargo)라는 국제제재 하에 있을 때 러시아는 구(舊) 소련의 잉여무기를 중국에 대량 판매하였다. 그러다 2000년대 초 중국의 무기기술이 향상되고 지적재산권(IP) 절도 문제로 인해 러시아의 대중 무기수출은 잠시 감소하였다. 2014년 러시아의 크리미아 침공 후 Sukhoi Su-35 전투기(최첨단 엔진 포함), S-400 Triumf 방공체계 등 첨단무기의 대중(對中) 판매가 재개되고 이번에 미사일공격 경보 체계의 판매가 승인된 것이다. 중국의 첨단기술과 러시아의 군사기술 간 협력은 상호보완적이고 비(非)서방 세계의 기술발전 측면에서 향후 더욱 증진될 것으로 예상된다. 특히 러시아의 첨단 잠수함 건조 기술은 중국이 노리고 있는 분야로서 이것이 성사되면 중국은 미 해군의 수중영역에서의 주도권도 빠르게 상쇄할 수 있게 될 것이다.

　뒤에서 언급하겠지만, 최근 러시아가 중국과 국경분쟁 중인 인도를 지원함으로써 중·러간의 '포괄적 전략 조율 파트너십(Comprehensive Strategic Partnership of Coordination)' 관계에 위험을 자초한 면이 있다. 이는 러시아가 유가하락으로 인해 경제위기가 날로 심각해지는 가운데 코로나 사태로 더욱 경제난이 악화되자, 러시아정부가 정권생존이라는 단기이익을 위해 필요시 장기 미래이익도 희생할 수 있다는 모습으로 비춰지기도 하였다.

5) Vladimir Isachenkov, "Russian, Chinese leaders hail burgeoning ties," *AP News*, June 6, 2019.
6) MK Bhadrakumar, "Russia and China cementing an enduring alliance," *Asia Times*, October 11, 2020.

한편 중·러간의 연합훈련도 활발하게 진행되고 있다. 2012년 양국 간 격년제 Joint Sea 훈련이 개시된 이래 2019년에는 칭다오에서 개최되었고 러시아 극동지역에서 실시된 Vostok 2018 훈련과 남서(南西) 러시아에서 개최된 Tsentr-2019 훈련에 중국군이 초청되었다. 최근 중·러 양국은 연합훈련을 통해 미국과 동맹 및 파트너의 관계를 이간하려고 시도하기도 한다. 2019년 7월, 그리고 2020년 12월 동중국해 및 동해 독도상공에서 다수의 중·러 공군기가 합동 초계를 실시한 것은 한·일 관계를 자극하고 한·미·일 3국간 협력을 분열시키고 궁극적으로 미 동맹 체제를 와해시키려는 고도의 '이간 전략(wedging strategy)'으로 보인다.

결국, 중·러간의 군사협력은 아직은 크게 눈에 띌 정도는 아니지만, 실용적인 수준에서 국경안보, 무기판매, 대(對) 테러, 연합훈련, 안보대화 등 양국 간의 상호 우려를 불식하고 신뢰를 증진하는 수준에서, 주로 양국의 공통이익에 부합하는 분야에서 추진된다고 볼 수 있다. 양국 간 공식 군사동맹의 형성 가능성에 대해 푸틴은 이미 준(準)군사동맹이기에 '불필요하지만, 향후 가능한 일'이라 언급하였다.[7] 이는 양국 관계가 미국을 견제하고 미국의 봉쇄에 공동 대응하기에 이미 충분히 강하므로 군사동맹은 만일의 경우를 대비하여 최후의 선택으로 남겨두겠다는 의미로 해석된다.

중·러 양국 간 군사협력은 점진적으로 강화되고 있지만, 가끔은 양국의 국가이익이 상충하고 또 상이한 안보위협에 직면한다. 중국의 주 위협은 미 해군이다. 러시아의 주 위협은 NATO의 지상전력이다. 따라서, 전력 간의 실질적인 상호지원은 쉽지 않다. 예를 들어 중국이 러시아의 서측 국경(유럽)에서, 또 러시아가 중국·인도 간 무력분쟁에서 무엇을 지원할 수 있을지 의문이다.[8] 양국 간 공식 군사동맹 조약은 쌍방 간 원거리에서 분쟁발생 시 상호 지원하는 의무를 부가하는데 이는 중·러 양국 간에는 현실적으로 구현하기가 무리일 수도 있다. 또 양국이 대외정책의 전략적 유연성을 확보하려는 의도일 수도 있다.

중·러 관계가 사실상의 동맹관계로서 새로운 단계에 진입하면서 미국은 최악의

---

7) Vladimir Isachenkov, "Putin: Russia-China military alliance can't be ruled out," *AP News*, October 23, 2020.

8) George Friedman, "The Unlikelihood of War With China and Russia," *Geopolitical Futures*, April 14, 2021.

경우, 태평양에서 중국과 유럽에서는 러시아와 2개 전선에서 동시에 대립해야 하는 불리한 상황에 직면할 수 있다. 예를 들어 만약 미국이 남중국해에서 중국과 싸울 때 러시아는 발트 해나 흑해에서 주변국에 대한 무력도발을 감행할 수도 있다.

2. 잠재적 장애요소

그러나 현실적으로 중·러 관계는 매우 복잡하다. 상호불신도 상당 부분 남아있다. 특히 중앙아시아와 극동러시아, 북극 지역에서 경쟁과 협력의 균형 필요성이 가장 명백하게 나타난다.

가. 중앙아시아

먼저 러시아는 전통적으로 중앙아시아를 자국의 영향권으로 인식하고 있다. 경제 초강대국 중국의 중아아시아 진출은 지역 내 새로운 변화를 일으키고 있다. 중국은 전통적인 러시아의 영향권에서 조심스럽게 움직이며 주도적 경제국이 되려 하고 있다. 이를 위해 중국은 주로 경제적 힘과 영향력을 이용하고 때로는 러시아에 양보하면서 접근[9]하고 있다.

러시아정부는 당초 중국정부의 증가하는 영향력에 대한 대응으로서 새로운 에너지 프로젝트를 통해 지역 내 종주국의 역할을 유지하기 위한 목적으로 유라시아 경제연합(EEU: Eurasian Economic Union)을 창설하였다고 전해진다. 그러나 중국의 일대일로에 비교할 때 러시아의 EEU는 너무나 초라하다. 또한 2014년 러시아의 크리미아 병합[10]과 동(東)우크라이나에서의 전쟁발발로 인한 서방측의 제재 및 영향으로 EEU가 가로막히자, 러시아정부는 중국과 보다 실용적인 관계가 필요해졌다. 또 다른 한

---

9) Reid Standish, "China's Central Asian Plans Are Unnerving Moscow: On the Kazakh border, a new city grows," *Foreign Policy*, December 23, 2019.
10) 러시아의 크리미아 점령은 러시아가 구소련 공화국의 주권을 존중하지 않는다는 증거로 지역 내 불신을 잉태했다. 그러나 러시아정부는 중앙아시아에서 아직 상당한 영향력을 견지하고 있다. 짜르(Tsar) 시대로 거슬러 올라가는 언어, 문화적 유대와 많은 중앙 아시아인이 러시아에서 이주 노동자로 일하고 있기 때문이다.

편으로 러시아는 극동지방의 경제개발을 위해 중국의 투자가 필수적이다. 따라서 러시아는 중국의 일대일로를 인정하고 그 불가피성을 수용하며 EEU와 일대일로를 조화시키며 추진하기로 합의하였다. 이후 양국 관계는 계속 발전 중이다.

러시아는 중앙아시아에서 중국의 경제적 주도를 인정하면서도 양국 간 일종의 역할분담을 시행 중이다. 즉, 중국은 경제를 주도하고 러시아는 자국 주도의 군사블록인 CSTO(Collective Security Treaty Organization)와 같은 정치, 군사연대를 통해 지역을 계속 주도하는 형태이다. 현재 중·러간의 역할분담이 그런대로 공정해 보이지만, 남쪽(티베트) 및 중앙아시아(신장)로부터 오랫동안 지속되는 불안정은 중국으로 하여금 안보태세를 천천히 증가하도록 강요하고 있다. 중국의 주도적인 경제 영향력이 안보 및 군사분야로 확장하는 것은 어쩌면 불가피한 일일 수도 있다.

러시아는 이러한 중국의 진출에 경계심을 늦추지 않고 있다. 예를 들어, 상하이협력기구(SCO)는 중국이 중앙아시아에서 자국의 영향력을 확장하기 위한 도구라고 인식한 러시아 정부는 중국의 주도적 영향력을 차단하기 위해 2017년 6월 상호 불편한 관계에 있는 인도와 파키스탄을 정식회원으로 합류하도록 주선하였다.

현재 중·러 양국 관계는 인구학 및 경제 규모 차이로 힘의 균형 측면에서 중국이 유리한 위치를 차지하며 러시아에 불리하게 작용하고 있다. 중앙아시아, 극동러시아, 북극해 지역에서의 중국의 확대되는 상업적 이익은 중국기업의 경쟁력을 점점 세계 규모로 증가시키고 있다. 이는 강대국으로서 러시아의 국가위상이나 역할 증진이라는 희망과는 상충한다. 즉, 양국 간 파트너십과 협력 증진에도 불구, 러시아는 '주니어 파트너'로 격하되고 러시아는 베이징의 '잠재적 교외(郊外, a potential suburb)'로 인식되어 양국 간 긴장이 조성될 가능성이 있다고 지적된다.[11]

하지만, 중국정부는 러시아가 자국의 위상에 대해 매우 예민하다는 점을 잘 인식하고 중앙아시아에서 러시아의 전통적 위상을 유지하도록 허용할 용의가 있는 것처럼 보인다. 특히 중국은 신장(Xinjiang)이나 티베트 지역의 안정에 대해 가장 민감하나, 중앙아시아 지역으로의 대규모 군대 배치는 원하지 않고 그 대신 러시아의 안보에 편승하는 것을 선호한다. 한편 러시아는 중국의 중앙아시아 안보 영역으로의 진입이 어차피 불가피하고 이것을 영합(zero-sum)게임으로 간주할 필요가 없다고 인식하

---

11) Gehrke, "China and Russia plan to 'deepen' cooperation against US," 전게서.

고 있는 듯하다. 그 결과, 중·러간에는 아직 미해결된 현안이 다수 존재하나, 적어도 중앙아시아 문제는 여기에 포함되지는 않는 것 같다.

나. 인도에 대한 러시아의 군사지원

한편 2020년 6월 히말라야 Ladakh에 있는 Galwan Valley 국경지대에서 발생한 중국과 인도 간의 무력분쟁에서 러시아는 인도를 지원하였다. 당시 인도군 20명이 사망하고 수자 미상(未詳)의 중국군도 사망하였다. 러시아는 중국의 만류요청에도 불구하고 인도에 전투기 33대(Su-30SM 12대 및 MiG-29 21대) 판매, 59대 성능개량 등 총 24억 달러(US$) 상당의 무기를 지원하였다.[12] 러시아는 세계 유가하락과 코로나 사태로 경제난이 심화되어 인도에 대한 무기판매를 포기할 수 없었다고 전해진다. 러시아와 인도 양국은 1971년 소련·인도 간 평화, 우호 및 협력조약(Treaty of Peace, Friendship and Cooperation)을 체결한 이래 일정 수준의 지정학적 연대를 꾸준히 유지하고 있다. 특히 인도는 해외도입 무기의 약 60%를 러시아에서 구입하고 있다.

이는 중국과 러시아가 현재 미국의 2중 봉쇄에 공동 대응하며 전략적 연대를 심화하고 있지만, 양국 간의 이익이 상충하는 곳이 존재한다는 의미이다. 아직까지 중국이 눈에 띄는 대응을 하지 않고 있는 점을 고려할 때, 중국은 러시아와의 이견보다는 연대 필요성을 더 중시하고 있는 것으로 보인다. 이는 미국, 중국, 러시아 3국간에는 힘의 분배에 따라 언제라도 다른 형태의 연대가 발생할 수 있다는 점을 시사한다.

다. 3극체제에서의 전략적 불확실성

즉, 현재 미·중·러 3극 체제에서는 이론 상 언제라도 합종연횡(合從連橫)과 이합집산(離合集散)이 일어날 수 있다. 과거 냉전 중 미국이 중국을 이용하여 소련을 상쇄

---

12) 또한 인도는 2018년 체결된 S-400 미사일방어체계의 구매계약(54억 달러)을 계획대로 추진하기로 확인하는 한편, R-73RVV-MD 전투 미사일 300발, R-77 RVV-SD 중거리 미사일 400발, R-27ET1/ER1 중거리 미사일 300발 등 다수의 순항미사일을 구매하기로 결정하였다. Chris Gill, "Chinese miffed after 'ally' Putin sells fighter jets to India," *Asia Times Financial*, July 03, 2020.

하려 했듯이 러시아가 만약 중국과 단절하고 미국과 연대하면 중국은 과거처럼 육지와 해양이라는 '2개 전선의 딜레마'를 안고 생존해야 하는 불리한 상황으로 급전할 수 있다. 전통적으로 러시아는 스스로를 서양세력이라고 간주해 왔던 점도 중·러 관계가 변할 수 있는 요소라 볼 수 있다.[13] 이러한 전략적 가변성이 중국·러시아 연대에서 주도적인 국가로서 중국의 야망을 제약하는 본질적 제한사항이다.

최근 Atlantic Council에서 '미국의 새로운 중국전략'으로서 케난(George Kennan)의 1946년 '장문의 전문(The Long Telegram)'을 연상시키는 논문이 익명으로 발표되었다. 이 논문의 저자는 '미국은 좋든 싫든 향후 러시아와 중국의 관계를 단절시키는 것이 미국의 동맹을 강화하는 것만큼 중요하며 지난 십년 동안 러시아로 하여금 중국의 전략권(戰略圈)으로 완전히 편향하도록 방치한 것은 향후 출범할 미 행정부들의 가장 큰 지정학적 실수가 될 것'이라고 경고한다.[14]

한편, 중국의 궁극적 목표가 중국의 패권(unipolarity)이기 때문에 러시아는 Quad를 부정적으로 인식하면서도 필요시, 전략적 재균형(rebalancing)을 도모할 수도 있다. 러시아 외교는 전통적으로 자국의 정책 방책을 계속 유효하게 만들기 위해 분쟁의 모든 당사자들을 지지해 왔다. 탈냉전 후 러시아가 인도·태평양지역에서 중국과 급히 연대하며 단기간의 국력상승을 도모하고 있지만, 이 연대는 러시아의 지역정책의 자율성과 기동성을 제한하기도 한다. 따라서 미국도 예를 들어 베링해협 지역의 지속가능한 경제개발, 북극 경제위원회 등과 같은 협력의 틀을 통해 러시아와 상호협력을 추구함으로써 양국 관계를 진전시킬 수도 있다.[15]

이러한 전략적 불확실 속에서도 미국이 이제까지의 주도권을 유지하려 하는 한, 중·러 양국 간 밀월관계는 웬만한 도전요인이 발생해도 당분간 지속될 것으로 보인다. 현재로서는 중·러가 경쟁보다 협력을 통해 얻을 것이 더 많기 때문이다. 중국은

---

13) 2019년 4월 미 국무부 정책기획국장은 미·중간의 경쟁이 치열한데 이는 '서양 가족 내에서의 싸움이었던 소련과의 냉전과 달리, 중국은 사상 최초로 비(非)서구(not Caucasian) 강대국이기 때문이라고 언급하여 국제적인 비난을 자초했다. 이러한 논리는 중국에게 미국과 러시아가 서양세력으로 언제라도 연합할 수 있다는 의구심의 근원이다. Bill Gertz, "State Department Policy Leader Unfairly Criticized as Racist, Supporters Say," *Free Beacon*, May 7, 2019.

14) Anonymous, "The Longer Telegram: Toward a new American China strategy," Atlantic Council, 2021.

15) Heather A. Conley et al., "The Return of the Quad: Will Russia and China Form Their Own Bloc?," *Center for Strategic and International Studies*, April 6, 2021.

양국 관계를 주도하는 입장이지만, 러시아의 대(對)서방 관계에서 침로이탈이 없도록 가능한 러시아의 입장을 수용하면서 양국 관계를 지속하려 노력할 것이다.

라. 기타 갈등 요인

그 밖의 잠재적 갈등요인도 상존한다. 특히 19세기 중국의 '치욕의 세기' 기간 중 러시아의 극동 팽창과정과 1960년대 국경충돌에서 생긴 역사적 적대감이 상존한다.[16] 특히 중국공산당의 입장에서 '치욕의 세기'의 완전 치유가 중국에서 영원한 통치를 위한 정당성 확보의 핵심이다. 또한 현재 중국이 일대일로를 통해 시베리아로 적극 진출하면서 경제적 격차와 인구의 불비례에서 기인하는 양국 간 불신도 상존한다.[17] 2018년 여론조사 결과 극동 러시아 주민의 60%가 중국의 부상(浮上)을 위협으로 인식한다고 전해진다.

또한 북극해지역에서 중국은 먼저 부존자원의 경제적 잠재력에 접근하고 점차 현실화되는 북극항로에서의 방해받지 않는 항해 보장 등 중국의 이익을 보호하고 러시아와의 파트너십을 통해 지역 개발을 위한 기반체계 건설 프로젝트에 참여하길 고대한다. 더 나아가 중국은 장차 북극해지역에서 핵탄도미사일 잠수함의 전략억제 초계활동을 통해 제2격 능력을 보장하는 한편, 동(同) 지역에 군사력을 현시함으로써 중국연안에 대한 미국의 압박을 감소시키려는 의도를 가지고 있다고 분석되기도 한다.[18]

현재 러시아는 북극해지역의 기반체계 개발과 자원 추출이라는 목표를 추진하기 위해 중국의 자본 및 기술지원이 필요하지만 북극지역에서 중국의 증가하는 군사활동은 지역 내 주권을 중시하는 러시아에게 점점 더 심각한 도전이 될 수 있다. 그 외

---

16) 러시아는 중국의 소위 '치욕의 세기'에 체결된 1858년 Aigun조약(Treaty of Aigun) 및 1860년 북경협정(Convention of Peking) 의거 당시 청(淸)으로부터 오늘날의 극동 영토를 획득했다. 중국은 이를 불평등 조약이라 간주한다. 이 책의 제4장 중국·러시아 간의 국경 변천과정 (1689~1860) 지도를 참조.

17) 러시아 극동지역에는 약 600만 명의 러시아인이 국경 넘어 만주 3개성(省, provinces)에 분포되어 있는 약 1.1억 명의 중국인과 함께 살고 있으며, 이 지역은 중국 상품, 서비스 및 노동력에 점점 더 많이 의존하고 있다.

18) Ryan D. Martinson, "The Role of the Arctic in Chinese Naval Strategy," *China Brief*, Jamestown Foundation, vol. 19, no. 22, December 20, 2019.

에도 무기판매 과정에서 중국의 지적 재산권(IP) 절도(theft) 문제와 사이버공간에서의 해킹 문제 등이 갈등요소로서 작용할 여지도 남아 있다. 특히 중·러간 무기기술 격차가 나날이 좁혀지면서 양국 간 무기기술의 협력여지도 점점 좁아지고 있다. 또 러시아는 중거리(intermediate-range) 전략핵미사일과 대륙간 탄도미사일(ICBM) 등 중국의 늘어나는 핵무기 보유량에도 적지 않은 심리적 부담을 갖고 있다.

3. 유라시아 통합?

한편 중·러 전략적 파트너십이 점점 더 발전하면서 자연스럽게 유라시아의 통합 가능성이 제기되고 있다. 영국의 지정학자 맥킨더(Halford Mackinder)가 주장한 이른바 '심장부 이론(Heartland Theory)'이다. 맥킨더는 1904년에 발표한 논문 "The Geographical Pivot of History"에서 유라시아 대륙은 세계정치의 중심으로 이곳의 심장부(러시아, 독일)를 통제하는 세력이 세계현안을 좌우하며, 러시아와 독일 간의 동맹은 방대한 유라시아 대륙의 자원을 해군함대 건설에 사용할 수 있게 하고 하나의 제국을 출현시키므로 당시 대영(大英) 제국의 지정학적 위치를 약화시키고 위협할 수 있다고 경고하였다.19) 또 그는 만약 유라시아가 철도 네트워크로 통합되면 이는 세계의 교역을 재편하고 해양강국 대영(大英) 제국의 주도권은 경감될 것20)이라고 예측했다.

더 나아가 그는 러시아 대신, 중국이 러시아 제국을 쓰러뜨리고 영토를 차지하면 대(大)유라시아 대륙의 자원에 해양전선(an oceanic frontage)을 추가하게 됨으로써 세계 자유에 대한 '황색위험(the yellow peril)'이 될 수 있다고 결론 맺었다.21) 약 100년전에 이미 러시아-독일 및 러시아-중국의 화해가 영국이나 미국의 해양주도권을 위협할 것이라는 경고와 함께, 미국이나 영국 등 해양세력으로서는 유라시아를 하나의 적대적 지상세력의 지배하에 둘 수 없다는 명제(命題)를 부각시켰던 것이다.

---

19) Halford Mackinder, "The Geographical Pivot of History," *The Geographical Journal*, Vol. 23, No. 4 (April 1904), p. 436.
20) Mackinder, 상게서, p. 434.
21) Mackinder, 상게서, p. 437.

중국과 러시아가 주도하는 유라시아 통일(출처: The Economist)

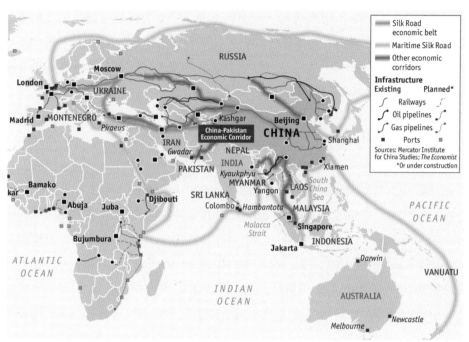

가. 중국·러시아·독일의 연대 가능성

소련 붕괴 이후 러시아는 독일, 중앙아시아의 구(舊) 자치공화국들과 긴밀한 관계를 유지하고 있으며 탈냉전 후에는 중국과 전략적 연대를 통해 '기능적 군사동맹' 수준의 관계로 발전시키고 있다. 특히 중국의 일대일로가 베이징(北京)에서 베를린에 이르는 교통, 철도, 항구, 경제회랑 등 사회 기반시설과 공급망을 구축하며 유라시아의 경제통합을 주도하고 있다. 이러한 중·러 간의 전략연대는 맥킨더가 경고한 유라시아의 통합 가능성에 대한 미국과 서방측의 우려를 불러일으키고 있다. 여기에 추가하여 독일의 수출주도 경제가 거대한 중국시장을 필요로 함에 따라 궁극적으로 유라시아에서 중·러·독 3국간의 연대 가능성도 제기되고 있다. 앞장에서 언급했지만, 독일은 2020년 12월 EU의 이름으로 중국과 새로운 교역 및 투자협정(CAI: Comprehensive Agreement on Investment)에 서명하였다.

그러면 러시아와 독일 간의 연대 가능성을 살펴보자. 미국의 지정학자 George

Friedman은 2015년 2월 Chicago Council on Global Affairs 강연에서 미국이 제1, 2차 세계대전에 참전하고 냉전 중에 추구했던 원초적인 이익은 러시아와 독일을 분리시키려는 것으로 두 나라가 연합하는 것만이 미국을 위협할 수 있었기 때문이라고 주장하였다. 이러한 배경에서 미국은 제2차 세계대전 종전 후 소련 주변에 완충지대, 즉 NATO를 설치하여 독일과 분리시켰다고 그는 언급했다.[22] 이처럼 러시아와 독일 간의 연대는 맥킨더의 경고, 즉 유라시아 심장부에 하나의 제국이 출현하면서 지정학적 중심이 해양제국으로부터 심장부로 이전하도록 만드는 요소로 인식될 수 있다.

현재 러시아와 독일의 연대를 유도하는 요인은 무엇보다도 에너지 협력, 즉 Nord-Stream이다. 이는 러시아에서 발트해 해저를 통해 독일에 연결된 천연 가스 파이프 라인으로 러시아 국영회사 Gazprom사가 소유한다. 현재 운용 중인 2개의 파이프라인(Nord StreamⅠ)에 추가하여 2개의 라인(Nord StreamⅡ)이 추가로 건설 중이다. Nord StreamⅠ은 2011-2년 설치되었다. Nord Stream Ⅱ는 2018년 공사가 개시되어 2020년 중반에 운용 개시될 예정이었으나 2019년 미국의 제재로 공사가 중단되었다가 2020년 12월 마무리 공사가 재개되었고 현재 95% 정도 진척되었다고 전해진다.

원래 독일은 2014년 러시아의 크리미아 침공 관련 국제제재에 동참하였으나 2017년 4월 Nord Stream Ⅱ 건설에는 공동 참여하기로 결정하였다. 만약 독일이 러시아 유류 및 천연가스 공급원을 상실하면 중동에서 전쟁이 발생하여 이란이 호르무즈를 봉쇄할 때 독일 경제는 단숨에 붕괴된다는 점을 러시아가 독일에게 설득했다고 전해진다.[23] 독일은 이 파이프라인이 EU의 에너지 정책에서 독일정부를 핵심적인 위치에 놓게 되어 미국과의 관계에서 보다 많은 자율권을 행사하게 되고 결국 독일의 주권을 보다 단호하게 강화할 것이라 분석되기도 한다.[24]

---

22) "US Tries to Prevent Eurasia's Integration Led by Russia, China," *Sputnik News*, August 06, 2016.
23) 독일은 천연가스 수입량의 50~75%를 러시아에 의존한다. Pepe Escobar, "Definitive Eurasian Alliance Is Closer than You Think," *Asia Times*, August 26, 2020.
24) Pepe Escobar, "Russia holds the key to German sovereignty," *Asia Times*, February 17, 2021.

러시아 가스 파이프라인(출처: 2016 Gazprom corporate brochure)

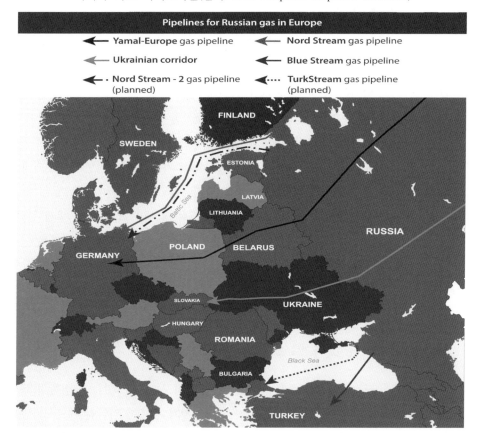

결국, 러시아는 독일에게 필수 에너지 자원의 안정적 제공을 제안함으로써 독일
과 러시아의 연대, 더 나아가 중국, 러시아, 독일의 3자 연대 가능성까지 열어놓은 셈
이 된 것이다.[25] 이와 관련, 언론인 Pepe Escobar는 세계경제의 중심(重心)이 중국을
중심으로 하는 동아시아로 이동하면서 유럽이 점점 '대(大)유라시아의 서(西)반도
(western peninsula of Greater Eurasia)가 되어가는 양상이 전개되고 있다'고 주장한다.[26]

한편 미국 의회는 2019년 12월 '2020 국방수권법(NDAA)'에 유럽 에너지안보 보
호법(Europe's Energy Security Act 2019)을 포함하여 Nord Stream II 건설을 위한 선박
판매, 임대, 공급에 기여한 외국기업을 제재하기로 결정하였다. 그 배경은 유럽의 동

25) Pepe Escobar, "Why Russia is driving the West crazy," *Asia Times*, February 10, 2021.
26) Escobar, 상게서.

맹 및 파트너들이 미국의 셰일가스(shale gas)보다 러시아 천연가스에 과도하게 의존하는 것을 예방하고 더 나아가 독일의 기술과 러시아의 천연자원 및 인력을 연결하면 미국의 주도권을 상쇄할 수 있다는 우려에 미국이 제동을 건 것으로 전해진다.[27] 맥킨더의 경고, 즉 러시아와 독일의 연합 가능성을 미국이 우려한 것이다. 그러나 2021년 7월 21일 미국 바이든 행정부는 NATO와의 관계를 강화하는 차원에서 독일의 입장을 수용하여 기존의 반대 입장을 철회하고 동(同) 공사의 완공에 동의하였다.

혹자는 러시아·독일 간의 또 다른 연대 가능성으로 양국 간 과거 '비스마르크식 재보장조약(a Bismarckian Reinsurance Treaty)'[28]의 체결 가능성도 제기한다. 그 결과는 사실상의 독-러-중 동맹이 되어 프랑스와 이탈리아를 포함한 '일대일로'에 걸쳐 새로운 유라시아 디지털 통화가 발행되는 상황이 될 수 있으며 그 이유로 현재 중국·러시아 간의 연대는 이미 거의 완성된 격이고 독일은 중국을 파트너겸 경쟁자로 인식하고 있어 연대가 진행 중이며, 독일·러시아 간의 연대는 아직 없지만, 머지않아 협상할 가능성은 있다는 주장이다.[29]

나. 유라시아 통합의 핵심 노드: 이란

한편 유라시아의 통합 가능성을 생각할 때 이란이 차지하고 있는 지정학적 핵심 위치를 고려하지 않을 수가 없다. 먼저 이란은 에너지가 풍부한 지역인 페르시아만과 카스피해 모두를 포용하는 유일한 국가로서 과거 비단길(실크 로드)을 연결하는 핵심 노드였다. 따라서 중국은 이란을 대체 불가한 일대일로의 초석으로 구축하는 동시에,

---

27) 현재 유럽은 러시아 가스 파이프라인이 지나가는 우크라이나, 슬로바키아 등에 연 20억 달러 정도의 수수료를 지불하는데 Nord Stream II 완공 시 수수료가 대폭 경감된다. 또한 이 파이프라인은 가격인상이나 공급 차단 등의 형태로 푸틴 러시아 대통령에게 너무나 많은 지정학적 무기를 제공할 것으로 우려되었다.

28) 1873년 독일 제국이 출범한 후 프랑스를 고립하기 위해 체결되었던 독일, 오스트리아, 러시아 간의 '3제(帝) 협약(Three Emperors' League)'이 1887년 오스트리아, 러시아 간 발칸반도 영향권 관련 갈등으로 붕괴되자, 독일 재상 비스마르크(Otto von Bismarck)는 동년(同年) 6월 18일 독일과 러시아 간의 비밀협정, 즉 재보장 조약을 체결한다. 이 조약은 양국이 타국과 전쟁에 연루될 때 중립을 지키되, 독일이 프랑스를 침공하거나 러시아가 오스트리아를 침공할 때는 이 규정을 적용하지 않기로 약속했다. 독일은 대가로 발칸·흑해에 대한 러시아의 영향권을 인정하였다.

29) Pepe Escobar, "Definitive Eurasian Alliance Is Closer than You Think," 전게서.

중·러 전략적 파트너십이 유라시아 통합의 핵심 노드로서 이란을 전략자산으로 보호할 것임을 분명히 하고 있다.

이란의 지정학적 위치[30]

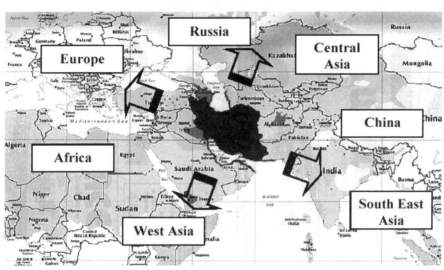

이러한 배경에서 2019년 12월 인도양과 오만 만(Gulf of Oman)에서 중국(구축함 1척), 러시아(함정 3척), 이란 3국간 사상 최초로 해군훈련(화재 및 해적의 공격으로부터 구조 및 사격훈련)이 실시되었다. 이 훈련의 배경은 같은 해 9월 이란이 실시한 것으로 의심되는 사우디 정유시설에 대한 공격 이후 미국이 이란에 대해 원유 판매 및 교역을 금지하는 제재가 시행되는 가운데, 중국과 러시아는 이란이 고립되도록 방치하지 않겠다는 점을 의도적으로 과시하려는 것이라고 분석되었다.[31]

한편 2021년 3월 중국과 이란은 '포괄적 전략적 파트너십(Comprehensive Strategic Partnership)' 협정에 서명했다. 이는 양국이 향후 25년간 약 4,000억 달러에 달하는 경제협력과 정보공유, 무기판매를 포함하는 안보협력을 추진하는 것을 골자로 한다. 특히 중국은 자국의 원유 소요를 사우디아라비아로부터 공급받고 있으나 사우디가 미국의 압력에 취약함에 따라 에너지 공급망의 다원화가 필요한 상황에서 이란의 원유

---

30) Organization for Investment, Economic and Technical Assistance of Iran, https://www.investiniran.ir/en/Iran−At−a−Glance

31) "Russia, China, Iran start joint naval drills in Indian Ocean," *Reuters*, December 27, 2019.

를 할인된 가격으로 공급받아 유사시(有事時) 위험을 분산하고, 또 이란 인근에 있는 중국－파키스탄 경제회랑(CPEC)을 통해 원유수송이 가능해 짐에 따라 '말라카 딜레마'도 경감 가능할 것으로 기대하고 있다.

　이란은 미국이 주도하는 국제제재를 우회하여 일대일로의 일환으로 철도, 항만, 에너지산업, 교통시설 등 대규모 투자를 유치하여 다양한 기반체계 건설에 박차를 가할 것으로 예상된다. 또한 이란의 상하이 협력기구(SCO) 가입이 추진되고 있는 것으로 전해진다.[32] 한편 이란은 협정 체결을 통해 군사력 증강도 도모하는 선택을 하였다. 이란은 러시아제 S－400 미사일 방공체제와 중국제 Tupolev Tu－22M3s 장거리 전투기, Sukhoi Su－34, Sukhoi－57 전투기 등 최신 첨단 무기체계를 도입하고 특히 호르무즈 해협 근처 차바하르(Chabahar)항[33]에 감시반경 5,000km의 정보감시소(intel. gathering listening stations)를 중국·러시아와 함께 설치하여 NATO와 UAE, 사우디아라비아, 이스라엘 등의 C4ISR 체계를 차단, 감시하는 능력을 구비할 것으로 전해진다.

과다르 항과 차바하르 항[34]

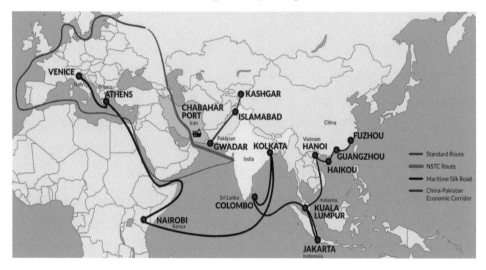

---

32) MK Bhadrakumar, "The China－Iran pact is a game－changer," *Asia Times*, April 2, 2021.

33) 2016년 이란은 인도와 전략항구 Chabahar항 건설 및 이를 아프가니스탄, 중앙아시아 및 인도로 연결하는 도로 건설에 합의했으나 인도가 미국의 대(對)이란 제재로 투자를 지연하자 이란은 인도 대신 중국을 투자자로서 대체하였다.

34) Apurva Agraval, "Chabahar Port: India's Gateway to Central Asia," *Steel 360 News*, 2 January 2017, https://news.steel－360.com/? p＝5752.

그 결과, 전략적으로 중국은 차바하르와 인근 Jask를 일대일로의 전략적 핵심 (hub) 항구로 건설하여 전략거점인 호르무즈 해협(Strait of Hormuz) 주변지역에 미국의 주도적 위상에 도전 가능한 또 하나의 발판을 마련한 셈이다. 이제 중국은 중국·파키스탄 경제회랑을 북방, 서방, 남방 축으로 확장하여 차바하르 항을 일대일로의 중요 허브인 과다르(Gwadar)항과 연결하고, 이란을 통해 육로로 유럽과 중앙아시아로 더욱 확장할 수 있으며 더 나아가 이란, 파키스탄은 물론, 터키와의 연대를 추진해 나갈 것으로 예상된다.35) 한편 이란은 중국의 지원으로 차바하르와 Jask를 집중 건설하여 페르시아만에서 오만 만(灣)으로 지전략적 초점을 전환함으로써 필요시 호르무즈 해협을 폐쇄 가능한 여건을 조성하려는 것으로 보인다.

이는 중국이 자국의 엄청난 석유소요, 대규모 경제투자, 군사 및 민간기술 제공, UN 상임이사국으로서 잠재적 정치지원 등을 이용하여 이란을 일대일로의 핵심노드로 활용하면서 세계적 초강대국으로 발돋움하려는 시도의 일환으로 보인다. 중국은 중동에서 미국의 주도권에 도전하고 기술 초강대국으로 서아시아 및 중동지역에서 자국의 힘과 영향력을 더욱 멀리 확장할 수 있는 여건을 조성할 수 있다. 이러한 노력을 통해 인도양에서 흑해까지 중국의 패권 기반이 조성되며 궁극적으로 중동 및 중앙아시아에서 '중국의 치세(Pax Sinica)'가 형성 중이라는 시각36)도 눈여겨 볼만하다. 즉 현재 터키는 투자 및 교역을 점점 더 중국에 의존하고, 이란과 파키스탄은 경제를 중국에 거의 의존하게 됨으로써 중국 중심의 블록이 출현하고 있으며 이는 미국의 Quad 파트너인 인도를 더욱 고립, 약화시키게 된다.37)

언론인 Pepe Escobar는 중국·이란 간 포괄적 파트너십 협정의 체결을 역사적 관점에서 '하나의 지역사적 주체(a geo-historic entity)' 또는 한쪽 끝에서 다른 쪽 끝까지 하나의 상호관계 체계로서 유라시아의 정신을 새롭게 하는 긴 여정에 들어가는 것이라고 그 중요성을 높게 평가한다.38) 즉 중국의 일대일로가 과거 유라시아 대륙 내

---

35) Alam Saleh, Zakiyeh Yazdanshenas, "Iran's pact with China is bad news for the West," *Foreign Policy*, August 9, 2020; Ariel Cohen, "China And Iran Approach Massive $400 Billion Deal," *Forbes*, July 17, 2020.

36) David P. Goldman, "A Pax Sinica takes shape in the Middle East," *Asia Times*, February 4, 2021.

37) David P. Goldman, "China shows it too can play rough in the Middle East," *Asia Times*, March 27, 2021.

38) Pepe Escobar, "Birth of a new geopolitical paradigm," *Asia Times*, March 29, 2021.

페르시아(이란), 그리스-로마(지중해), 그리고 아랍(중동) 제국 간의 관계를 통해 아시아와 유럽을 연결했던 것을 다시 구현하고 있다는 뜻이다.

그 후 유라시아의 육상교통은 15세기 이후 제국주의적 서구 해양세력의 등장으로 역사에서 거의 사라질 뻔 했으나 오늘날 중국이 일대일로를 통해 유라시아 공간을 다시 동서로 확장시키고 기반체계를 새롭게 건설하면서 혁신역할을 담당하고 있고 그 다음 작업으로 통합된 유라시아를 어떻게 관리하느냐가 될 것이라는 의미이다. 결국 지정학적 패러다임 측면에서 중국은 20세기까지 주변지역 세력(Rimland power)이었으나 이제는 러시아, 이란과 전략적 파트너십을 체결하면서 유라시아 심장부 세력(Heartland power)으로 부상했다는 의미이다.

이제까지 언급한 내용을 종합할 때, 유라시아에서 아직은 일국(一國)이나 하나의 세력이 주도권을 장악할 수는 없을지라도, 중국의 힘과 영향력, 특히 일대일로를 수단으로 하는 교역과 비단길의 연결을 통해 반(反) 서구적인 러시아, 터키, 이란 등 일단의 국가들이 연대하여 유라시아에서 주도권을 장악할 가능성이 커지고 있다. 이는 미국의 전통적인 전략 즉, 유라시아에서 유리한 힘의 균형을 유지함으로써 미국의 세계 주도권을 유지한다는 명제를 더욱 어렵고 힘들게 만들고 있다는 점은 분명해 보인다.

미국의 현대 지정학자 Robert D. Kaplan은 이러한 측면에 대해 웨스트팔리아 국가체계가 약화되고 오래되면서 세계화, 기술, 지정학 등 상호 보완하는 요소들이 유라시아 대륙을 '교역과 분쟁의 유동적이고 포괄적인 하나의 존재(one fluid and comprehensible unit of trade and conflict)'가 되도록 유도하고 있으며 러시아, 중국, 이란, 터키 등 오래된 제국의 유산이 보다 중요해지고 이제 중(中)유럽에서 중국의 본토까지 모든 위기가 상호 연결되어 '하나의 전장공간(one singular battlespace)'이 되었다고 주장하였다.[39]

이어서 그는 기술 발전 및 초대형 도시의 발달로 인해 더 많은 분쟁과 혼란이 증

---

39) Robert D. Kaplan, *The Return of Marco Polo's World and the US Military Response*, CNAS, May 2017, p. 1.

폭되는 한편, 대(大)인도양 대륙과 해양에서 새로운 인프라가 진전되며 어느 정도의 경제연합을 지향하면서 이제까지 미국의 주도적 영향력을 위협하는 세계를 상상해볼 필요가 있다. 미국은 앞으로도 단일국가로는 가장 강력한 국가로 남겠지만, 유라시아 국가들이 교역에 의해 밀접하게 연결되면서 이것은 점점 더 의미를 잃게 될 것이라 예측한다.

더 나아가 그는 '상대적 무정부 시대(age of comparative anarchy)'가 다가왔으며 이에 맞서는 미국의 군사대응으로서 아시아로의 재균형을 서태평양뿐만 아니라 인도양까지 포함하는 유라시아의 항해 가능한 주변지역 전부(the entire navigable rimland of Eurasia)로 확대하고, 과거 13세기 후반에 마르코 폴로(Marco Polo)가 중국에서 베니스(Venice)까지 해상으로 돌아온 항로를 따라 미국의 영향력을 확장해야 할 때이며 해양력은 지독하게 복잡하고 만만치 않은 육지 상황에 직면하여 가능한 범위 내에서 지정학의 여건을 조성하기 위한 '보상적 해결방안(compensatory answer)'이며 여기가 마한(Alfred T. Mahan)의 해양력 사상과 맥킨더(Halford Mackinder)의 심장부 이론이 만나는 곳이라고 주장하였다.[40]

그는 해양력은 '바다에서의 지배권(domination at sea)'을 반드시 의미하는 것은 아니며 또 미 해군의 상당한 확장을 요구하는 것도 아니고 이는 개념적으로 동·남중국해의 해군력 현시를 인도양의 그것과 합치는 것으로 아라비아 해 및 벵갈만에서 미국의 사실상 동맹인 인도의 증강하는 해군력을 도구화(leveraging)하는 것이라고 제안하였다.[41] 결국 그는 미국은 '오직 압도적인 국익이 강요하지 않는 한 유라시아 대륙에 군사적으로 개입하지 않는 상태로 머무르도록 모든 기회를 활용해야 하며 의식적으로 언제라도 전쟁할 수 있는 준비를 하고(consciously seeks to keep its powder dry) 동반구(東半球, Eastern Hemisphere)에서 어느 정도의 해양통제(sea control)를 유지하는 것만으로도 지정학적 시각에서 비교적 안전할 것'이라고 주장했다.[42]

그의 주장은 2017년 12월 출현한 미국의 인도·태평양 전략을 유도하면서 중동 지상전과 같은 전략적 일탈(逸脫)의 재발을 경계하며 미국의 대외정책이 '역외 균형전략(off-shore balancing strategy)'에 입각해야 한다는 주문으로 보인다. 이들은 모두 미

---

40) Kaplan, 상계서, pp. 32-3.
41) Kaplan, 상계서, p. 33.
42) Kaplan, 상계서, p. 34.

국의 패권질서를 유지하기 위한 제언이다. 결국 미국은 제2차 세계대전 종전 이후 지속되어온 자국의 패권을 쉽게 포기할 수 없을 것이다. 따라서 미국의 대외정책은 유라시아 내 지역 수준에서 유리한 힘의 균형을 유지하는 동시에, 수정주의 세력들의 침공은 억제하는 것이 되어야 한다는 전통적인 시각과 맥을 같이 한다.[43]

그러나 미국의 힘이 상대적으로 쇠퇴하면서 세력전이가 일어나고 있고 미국은 이를 늦추려 노력하나 시간의 문제일 뿐이다. 결국, 미국 주도의 패권질서를 영원히 유지하는 것은 환상이며 지정학적 경쟁은 영원한 것이고 국가 간의 경쟁은 지속된다. 특히 중국은 인구, 크기, 경제 잠재력 등에서 초강대국으로 일대일로와 러시아와의 전략적 연대를 통해 유라시아 대륙을 통합하려는 지정학적 대(great)게임을 진행하고 있으며 이로 인해 국제정치의 판도를 재편하는 핵심이동이 이미 진행되고 있다고 보아야 할 것이다.

---

43) Nadia Schadlow, "The End of American Illusion: Trump and the World as It Is," *Foreign Affairs*, vol. 99, no. 5(September/October 2020), pp. 35－45.

제4부

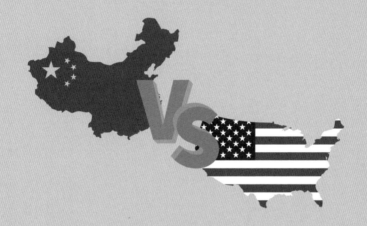

결 론

제13장

미·중 해양 패권경쟁과 향후 전망

지금같이 살펴본 미·중 해양 패권경쟁을 종합하면서 향후 이것이 어떻게 진행될 것인가를 전망한다.

1. 미국의 패권 유지 대(對) 중국의 도전

가. 미국의 패권 유지

제2차 세계대전 종전 후 전승국 미국은 세계 패권국으로 등장하여 UN, Bretton Woods 체제 등 미국 주도의 세계질서를 구축하였다. 대륙급 도서국가로서 미국은 패권을 유지하기 위해 유라시아에서 적대적인 패권국가 또는 세력의 출현을 예방하는 일이 전략적으로 가장 중요하다고 인식하였다. 그러한 적대세력이 출현하면 유라시아 대륙의 거대한 자원을 이용하여 도서국가 미국에 도전할 만한 해군력을 건설할 수 있기 때문이다. 따라서 미국은 유라시아대륙 내에서 일국(一國)이 타국(他國)의 지역패권에 대항하도록 함으로써 미국에 유리한 세계질서를 유지하는, 소위 '분리 및 지배(divide-and-rule)'의 원칙을 추구하였다.

이를 구현하는 개념이 미국의 역외균형(off-shore balancing) 전략이었다. 즉, 서유럽과 동아시아, 그리고 중동 등 유라시아 주변 중요지역에 일련의 동맹체제를 구축하여 해·공군력을 전방 전개시키고 미국의 핵심이익을 지키기 위해 꼭 필요할 때에만 대륙전쟁에 개입하는 접근방식이었다.[1] 이로 인해 장거리 폭격기, 항모전투단, 핵잠수함 등 전방 해·공역에서의 전력투사 수단이 미국의 핵심 군사력이 되었다.

특히, 대륙급 도서국가 미국에게 북대서양과 서태평양에 대한 해양통제(sea control)가 가장 중요한 안보이익이었다. 미 해군은 전 세계 해양에 대한 압도적인 해군력 현시를 통해 공해상 항행의 자유 등 국제법과 규범에 입각한 해양질서를 유지하면서 전쟁을 억제하고 지역 위기상황이 무력분쟁으로 확전되는 것을 통제하는 동시에, 자유로운 세계교역의 보장자 역할을 수행하며 미국의 패권질서를 지지하고 핵심이익을 수호하였다.

그러다 동·서 냉전의 등장으로 미국의 패권이 도전받는 상황이 전개되었다. 당초 소련과 신생중국 간의 알력을 이용하려 기도했던 미국은 한국전쟁을 계기로 소련과 중국이 분리할 수 없는 하나의 공산주의 세력으로서 세계를 공산화하려 한다고 인식한 후 범세계적인 봉쇄정책을 추진하기 시작하였다. 이후 미국은 아·태지역에서 중국 공산주의의 팽창을 막기 위해 월남전에 개입하여 막대한 전비를 지출하고 국내 반전운동이 확산되는 등 국가적 위기에 직면한다. 무엇보다도 월남전을 종식하는 것이 급선무가 된 것이다.

닉슨 대통령은 취임하자 중국·소련 간의 알력을 이용하여 월남전에서 철수하는 여건을 조성하고 소련의 힘과 영향력을 상쇄(相殺)하는 수단으로 중국을 활용하기 위한 대중(對中) 개입정책을 모색하기 시작하였다. 이를 통해 미국은 중국의 경제가 성장하고 중국 내 자유민주화가 진전되며 궁극적으로 중국이 국제사회에서 책임있는 당사자로 행동할 것이라고 기대하였다.

결국, 소련은 미국과의 과도한 군비경쟁으로 인해 경제가 파탄나면서 붕괴되었고 냉전에서 미국이 승리하였다. 미국이 유일 초강대국으로 다시 패권을 행사하는 위치가 된 것이다. 냉전 종식 후 얼마 되지 않아 미국은 전 세계에 자유·민주에 기반한 국제질서를 구축하려고 모색하기 시작하였다. NATO를 동진(東進)시켜 러시아를 압박

---

1) 이를 Spykman-Kennan containment mechanism이라 부르기도 한다. Pepe Escobar, "Why Russia Is Driving the West Crazy," *Asia Times*, February 12, 2021.

하고, 그동안 소련을 상쇄하기 위해 추진했던 대중(對中) 개입정책도 과거만큼 중요하게 인식되지 않았다. 그러다 9.11 테러사건 이후 미국은 중동에서의 대(對)테러 전쟁(GWOT) 및 지상전에 개입하면서 견지해오던 역외균형(off-shore balancing) 전략에서 일탈(逸脫)함으로써 해양세력이면서 동시에 대륙세력처럼 지상전쟁에 뛰어드는 전략적 과잉에 빠지게 되었다.

나. 새로운 강대국 경쟁 시대의 등장

이후 미국은 거의 20년간 중동 지상전으로 국력을 소진하고 일종의 전략적 탈진감(sense of strategic exhaustion)에 빠지게 되었다. 특히 이 과정에서 미국은 자국(自國)의 주도적 영향력을 행사하는 주(主) 수단인 해군력에 대한 투자를 소홀히 하며 전략적 핵심이익인 서태평양에서의 해양통제가 위태롭게 되는 상황을 자초하였다. 미 해군이 냉전 승리의 최대 피해자가 된 것이다. 세계 최강의 미 해군이 제1차 세계대전 이래 함대규모 및 전투준비 상태가 가장 낮은 수준으로 몰락[2]하며 세계 해양에서 공해상 항행의 자유 등 법과 원칙에 기반한 해양질서도 함께 흔들리기 시작한 것이다. 미 해군력의 쇠퇴는 해양제국 미국의 패권질서를 더욱 빠르게 몰락시키는 결정적 요소 중 하나가 되었다.

한편, 2008년 세계 금융위기 이후 '세계의 공장'으로 부상한 중국은 미국에 견줄 수 있는 경제초강대국으로 성장하였다. 특히 2012년 말 시진핑 국가주석의 등장 이후 중국은 미국과 동등한 초강대국, 즉 G-2로서 새로운 미·중 관계를 요구하며 국가대전략으로서 중국민족의 부활, 즉 중국몽(中國夢)을 천명하였다. 일대일로, 중국제조 2025, 군민융합 등 중국정부가 추진한 국가적 시책을 통해 경제성장을 지속하는 동시에, 중국군의 현대화에 집중한 결과, 군사력의 질적 수준에서도 중국군은 미군에 근접하거나 일부 분야에서는 오히려 앞선다고 평가되고 있다.

특히 중국은 등소평의 개혁·개방 이후 급속한 경제성장에 부합하여 해양중시 정책을 추진하고 해군력을 집중 증강하며 현대화에 힘쓴 결과, 2018년 미 해군을 능

---

2) 미 해군의 주력함정 척수가 1989년 592척에서 2015년 271척으로 격감했다. Jerry Hendrix, *Provide and Maintain a Navy: Why Naval Primacy Is America's First, Best Strategy*, (Annapolis, MD: Focsle LLP, December 19, 2020), p. xviii.

가하여 수적으로 세계 최대의 해군이 되는 한편, 남중국해에 인공도서를 건설하고 군사 기지화하는 동시에, 반접근 지역거부(A2AD) 능력을 이용하여 기정사실화 전략을 추구하면서 서태평양 지역의 패권을 추구하기 시작하였다. 미국이 중동에서의 지상전쟁에 매몰되어 수많은 인명과 국력을 소모하는 동안, 중국은 피 한 방울 흘리지 않고 드디어 세계 중심축의 하나로 우뚝 서고 미국 중심의 패권질서에 도전하고 있는 것이다.

무정부 상태인 국제체제에서 국가가 스스로의 생존과 힘을 극대화하는 것이 자연스런 현상이라 하지만, 불과 180년 전만해도 서구 열강과 일본으로부터의 침략과 수탈 속에서 반(半) 식민지 상태에 허덕이던 중국의 입장에서 보면 중국의 부활은 그야말로 엄청난 변화라고 평가하지 않을 수가 없다. 그 과정에서 유명무실한 상태에서 출발한 중국해군이 오늘날 서태평양에서 미 해군의 해양주도권에 도전하고 있는 강력한 존재로 등장한 것도 천지개벽할 만한 변화라 볼 수 있다. 아직 중국해군은 미 해군에 비해 질적으로 열세하다고 평가된다. 하지만 그것이 전략적으로 무력하다는 의미는 결코 아니다. 중국해군은 지역 내 해역에서 미 해군의 우세를 상쇄하고 유사시 개입 등 행동의 자유를 제한하기 위한 목적에 잘 부합하도록 설계되어 있으며 급속한 경제성장과 기술발전에 힘입어 조만간 질적인 면에서도 미 해군과 동등한 수준에 도달할 것으로 예상된다.

또 한편으로는 유일 초강대국 미국에 대항하여 힘의 균형을 모색하기 위해 중국·러시아 간의 전략적 연대가 자연스럽게 등장하였다. 냉전 당시와 달리, 이번에는 경제 초강대국으로 부상한 중국이 주도하고 러시아가 '주니어 파트너'로서 중국에 편승(band-wagoning)하는 형태이다. 유일 초강대국 미국의 이중봉쇄에 맞서 중국의 인구와 일대일로라는 국가적 플랫폼을 통해 러시아의 자원이 연대하면서 케난(George Kennan)이 경고했던 상황, 즉 유라시아에서 미국에 적대적인 패권국가 또는 세력의 출현 가능성이 다시 제기되는 상황이다. 물론, 현재 중·러 양국 관계는 미국의 이중봉쇄를 견제하려는 목적에 부합할 정도의 연대에 머무르고 있지만, 미국과의 패권경쟁의 향방에 따라 언제라도 하나의 적대세력처럼 기능할 수 있는 '사실상의 군사동맹' 수준으로 발전하고 있다.

이러한 전략상황에서 트럼프 대통령이 등장하여 대중(對中) 개입정책의 종식을 공식 선언하는 동시에, 중국과 대립정책을 개시하였다. 그러나 트럼프는 '미국우선'

정책을 추진하며 동맹 및 파트너를 경시하고, 보호주의 정책을 채택하며 통상의 자유를 침해하는 한편, UN 인권위원회(Human Rights Council)와 세계보건기구(WHO) 등에서 탈퇴하는 등 제2차 세계대전 종전 후 미국이 구축했던 세계적 리더십 역할에서 후퇴하는 전략적 우(愚)를 범하였다. 트럼프는 파리 기후변화 협약, 범태평양파트너십(TPP), 이란 핵 합의 등에서 철수하는 등 소위 '긴축(retrenchment)'을 추구했으나 미국이 남긴 힘의 공백을 중국·러시아가 채우는 공간만 제공한 격이 되었다. 이는 지난 20년간 지속된 중동 지상전 등 전략적 과잉으로 자초한 미 국력의 상대적 쇠퇴와 중국의 굴기로 인한 강대국 간의 세력 전이로 인해 발생한 불가피한 현상이라고 볼 수 있다.

냉전 승리 후 잠깐 진행되던 유일 초강대국 미국의 자유 국제주의(liberal internationalism) 노력은 결국 미국을 중동 지상전쟁의 수렁에 몰아넣으며 미국의 쇠퇴를 촉진하였다. 그 결과, '강대국 간의 경쟁'이 부활하자 미국은 대중(對中) 개입정책이라는 가면을 벗고 인도·태평양 전략이라는 이름하에 인도를 끌어들여 노골적으로 중국을 봉쇄하려는 의도를 드러낸다. 중국도 이에 대항하며 다시 세계무대의 중심에 서겠다는 웅대한 대전략, 즉 중국몽을 선포하고 이를 공세적으로 추진하는 상황에 이른 것이다.

트럼프 행정부 말기인 2021년 1월 5일 오브라이언(Robert O'Brien) 국가안보보좌관은 '미국의 인도태평양 전략 틀(US Strategic Framework for the Indo-Pacific)'이라는 전략문서를 공개하면서 중국은 공산당 정부가 지향하는 '인류 운명공동체(Community with shared future for mankind)'에 인도·태평양지역 국가들의 자유와 주권을 종속시키려고 점점 더 압박하고 있다고 주장하였다.[3] 이에 대해 국제관계 언론인 Pepe Escobar은 일대일로에 참여한 국가들은 중국의 압박이 아니라 교역 및 연결성, 즉 지속가능한 개발 때문에 참여한 것이기에 이는 미국의 잘못된 분석이라면서 결국 미국의 인도·태평양 전략은 1) 미국의 도전받지 않는 군사적 패권(primacy)을 유지하기 위해, 2) Quad를 진작시키고, 3) 지금은 실패했지만, 홍콩의 민주혁명(color revolution)

---

[3] U.S. Strategic Framework for the Indo-Pacific, *USNI News*, January 15, 2021. 인류 운명공동체란 중국정부가 글로벌 거버넌스를 촉진, 개선할 국제관계의 '새로운 틀'을 만드는 목표로 내건 슬로건이다. 서방측은 이를 제2차 세계대전 종전 이후 구축된 세계질서를 대체하기 위한 중국공산당의 이념으로 인식한다.

을 전적으로 지원하고, 4) 중국의 일대일로와 관련된 것은 모두 악마처럼 묘사하며 (demonize), 5) 인도의 굴기(崛起)에 투자하는 것이라고 분석한다.[4]

여기에 2014년 크리미아를 침공한 러시아가 서방의 제재 속에 중국에 편승하면서 유라시아 통합이라는 전혀 새로운 양상의 지정학적 대(大) 게임이 전개되고 있다. 특히 중국의 힘과 영향력이 빠르고 무섭게 확장되고 있다. 중국이 유라시아뿐만 아니라 아프리카, 남미 대륙까지 일대일로를 확장하고, 2025년경 중국의 GDP가 미국의 그것을 능가하여 세계 최대 경제대국으로 등장할 것으로 예상되면서 현재 미·중간의 힘의 역전이 진행되고 있다고 볼 수 있다.

2. 향후 전망

결국, 지난 40여 년 동안 중국이 괄목한 만한 경제성장으로 세계 초강대국으로 재(再)등장한 지정학적 현실을 결코 무시할 수가 없다. 2012년 키신저는 미국은 중국을 새로 '부상하는 강국(a rising power)'이라고 표현하지만, 중국 스스로는 중화(中華) 국가를 부활하기 위해 '회귀하는 강국(a returning power)'이라 부른다고 지적하며 중국의 부상 원인을 다음과 같이 진단하였다:

중국의 부상은 증가된 군사력의 결과보다는 미국 자신의 쇠퇴하는 경쟁적 위치, 즉 낙후된 기반체계, R&D에 대한 불충분한 관심, 역기능적(dysfunctional) 정부 과정 등 때문이다. 양국은 상대방의 활동을 경계해야 할 원인이 아니라 국제생활의 정상적인 부분으로 간주해야 하며 반드시 강대국 간의 경쟁관계를 거칠 필요는 없다.[5]

결국, 미국은 중국이 어느 정도 수용하고 수긍할 수 있는 투명하고 비(非) 강압적인 지역질서로의 재편이 필요하며 이를 통해 중국의 변화된 위상과 지위를 고려하

---

4) Pepe Escobar, "Trump's Not—So—secret Art of Containing China," *Asia Times*, January 14, 2021.

5) Henry A. Kissinger, "The Future of U.S.—Chinese Relations: Conflict Is a Choice, Not a Necessity," *Foreign Affairs*, vol. 91, no. 2 (March/April 2012), p. 55.

고 상호협력 가능한 경쟁(competition)의 틀을 만들어 나가야 하며, 이와 동시에, 미국은 스스로의 쇠퇴를 중단시키나 늦출 수 있는 내적 개혁을 조속히 추진해야 한다는 의미이다.

이런 측면에서 예일 대학의 Mira Rapp-Hooper와 미 해군대학의 Rebecca Friedman Lissner 교수는 냉전 승리 후 잠깐 지속되던 미국 단독의 비(非)경합된 주도권은 끝났다고 단언하며 현재 중국과 러시아 등 권위주의에 대항하여 하나의 민주국가 연합을 발전시키려는 미국의 노력과는 상이한 전략으로 '개방성에 기반한 전략(openness-based strategy)'을 다음과 같이 제안하였다:

인도·태평양지역을 개방된 상태로 유지하기 위해 미국은 동아시아에서 군사 현시를 유지하여 한국, 일본, 필리핀 등 동맹의 방위공약을 신뢰성 있게 준수하고 … 중국정부가 모색하고 있는 어떠한 규칙도 투명하고 비(非)강압적으로 결정되도록 보장하기 위해 다국적 연합과의 협력 및 지역외교에 헌신하고 … 지역국가들의 정치 자율성을 반드시 지원해야 한다.[6]

더 나아가 Rapp-Hooper와 Lissner는 다음을 제안한다:

미국은 국익을 증진하기 위해 반드시 세계를 주도할 필요는 없으며 권위주의적 강대국인 중국과 러시아도 세계 현안에 대해, 특히 그들의 지역 내에서 나름대로 영향력을 갖는다는 점을 인정해야 하며... 중국과 러시아가 어떤 형태이든 영향력을 갖는 것을 예방하려 하기 보다는 이들 비(非)자유적 강대국이 UN이나 WTO 등이 주도하는 기존 국계질서 내에서 계속 기능하는 조건으로 개방성과 독립의 원칙을 수용하도록 압력을 행사해야 한다. 미국은 아시아 지역 내 미국의 주도권에 도전하여 중국이 폭력적 시도를 하지 못하도록, 또 러시아는 유럽에서 현상(現狀)을 강제로 뒤집지 못하도록 억제하기 위한 군사력을 반드시 유지해야 하며, 국제법이 취약하거나 아예 존재하지 않는 AI, 생명공학, 사이버 공간 등 새로운 영역에서 비군사적 침공을 억제하도록 준비해야 한다.[7]

---

6) Mira Rapp-Hooper and Rebecca Friedman Lissner, "The Open World: What America Can Achieve After Trump," *Foreign Affairs*, vol. 98, no. 3(May/June 2019), p. 22.
7) Rapp-Hooper and Lissner, 상게서, p. 25.

한편 미 해병대 대학의 Mattew Flynn 교수는 미국은 제2차 세계대전 이후 세계 패권을 포용하면서 국제환경이 변함에 따라 궁극적으로 힘의 균형으로 이전해야 할 필요성을 망각했다며 다음과 같이 지적한다:

> 미국은 중국과의 전쟁위험에도 불구, 초강대국 지위를 추구하는 대신에 힘의 균형을 추구해야 하며 양국은 더 큰 포용을 함으로써 혜택을 받을 수 있다. 미국은 중국을 태평양에서 파트너로 받아들여야 하며 중국은 세계패권의 유혹을 거부하고 지역강국으로서 행동에 대한 책임을 받아들여야 한다. 이러한 방향 조정은 힘의 균형을 가능하게 하고 파괴적인 분쟁을 예방하도록 할 것이다.[8)]

미국은 지난 70여 년의 패권을 유지하려는 욕망을 버리고 중국이라는 새로운 강대국의 등장을 현실적으로 받아들이며 공존하는 가운데 미국의 국익을 보전하는 방안을 모색해야 한다는 뜻이다.

가. 향후 미국의 대중(對中) 전략

결국, 미국이 중국과 러시아의 힘과 영향력을 혼자 감당하기에는 너무 벅차다. 그렇다고 미국이 제2차 세계대전 종전 이후 지속되어온 자국의 패권질서를 쉽게 포기할 수도 없다. 그러나 미·중간의 무력분쟁은 누구에게도 도움이 되지 않으니 미국으로서는 중국과 러시아의 무력도발이나 더 이상의 팽창을 억제하는 가운데 더욱 치열한 전략적 경쟁을 추구할 수밖에 없는 현실이 된 것이다. 따라서 미국은 당분간 동맹 및 파트너와의 안보 네트워크를 강화하면서 중국과 러시아의 팽창을 견제하고 자국의 경제, 기술, 군사능력을 재건하는 일종의 전략적 조정기를 가질 수밖에 없다.

(1) 극심한 전략적 경쟁

최근 바이든(Joseph R. Biden) 행정부가 출범하기 전에 Atlantic Council은 익명의 전(前) 미국 고위관료가 쓴 것으로 1946년 케난(George Kennan)이 소련의 전략에 대해

---

8) Mattew Flynn, "What Napoleon Can Teach us about the South China Sea," *War on the Rocks*, April 12, 2021.

쓴 '장문의 전문(long telegram)'과 비견되는 대중(對中)전략 *The Longer Telegram:*
*Toward A New American China Strategy*를 발표하였는데[9] 향후 미국의 대중(對中)
전략으로 시사하는 점이 많다.

익명의 저자는 미국의 2017 국가안보전략(NSS)은 과거 케난의 대소(對蘇) 봉쇄전
략과 달리 하나의 선언일 뿐 실행 가능한 전략은 아니며 소련은 내부의 모순으로 결
국 붕괴했지만, 중국이 내부에서 붕괴하거나 9,100만 명의 당원으로 구성된 중국공산
당이 전복된다는 가정에서 출발하는 것은 전략적으로 오히려 문제를 키우는 것이라
고 진단한다.[10] 이제까지 미국의 대중(對中) 전략의 근본적 잘못은 중국을 통째로 비
방하거나 중국공산당을 무턱대고 공격하여 오히려 시진핑으로 하여금 중국 민족주의
와 중화문명의 자부심을 내세우며 중국을 단합하도록 만들었다고 지적하며 미국의
전략은 중국의 국내정치 및 시진핑의 리더십에서 발생하는 단층선(斷層線), 즉 내부
갈등요인에 지향해야 한다고 저자는 주문한다.[11]

특히 저자는 시진핑의 전략목적으로 1) 기술·경제 강국으로 미국을 대체하고,
2) 세계 기축통화로서 달러화의 위상을 흔들며, 3) 대만사태나 동·남중국해 유사 시
미국과 동맹의 개입을 억제할 만큼 충분한 군사적 주도권을 달성하고, 4) 현재 미국
에 편승해 있는 국가들이 중국으로 편향하도록 미국의 힘과 영향력, 신뢰성을 감소시
키며, 5) 서방의 압박을 격퇴하기 위한 전략적 파트너인 러시아와의 관계를 심화, 지
속하고, 6) 향후 중국 중심의 세계질서의 기초로서 일대일로를 지정학적·지경학적
블록으로 공고히 하는 한편, 7) 인권, 국제해양법 등과 같은 중국의 이익에 적대적인
구상, 표준, 규범을 전복시키고 부정(否定)하도록 국제기구 내에서 중국의 영향력을
이용하는 것으로 인식한다.[12]

따라서 미국의 대중(對中) 전략목표는 시진핑이 등장하기 이전인 2013년의 중국,
즉 전략적 현상유지를 희구하는 중국으로 되돌리는 것이 되어야 한다면서 이를 위해
미국은 무엇보다도 국력의 기초인 경제, 군사, 기술, 인적자원을 재건하고 중국이 넘
지 못할 일련의 레드라인(red lines)[13]을 설정하여 중국에 명확하게 전달하며 중국과

---

9) Anonymous, *The Longer Telegram: Toward A New American China Strategy* (Washington, DC: The Atlantic Council, Scowcroft Center for Strategy and Security, 2021).
10) *The Longer Telegram*, 상게서, p. 7.
11) *The Longer Telegram*, 상게서, p. 8.
12) *The Longer Telegram*, 상게서, p. 8.

의 전략적 경쟁을 벌여나가야 한다고 저자는 제안한다. 특히 저자는 중국은 미국과의 군사분쟁에서 결정적으로 승리하지 못할 경우, 시진핑의 몰락과 중국공산당 정부의 정당성이 붕괴될 우려가 있어 당분간 미국과의 군사분쟁은 회피할 것이며 무력분쟁 가능성이 사라지면 경제 실패만이 시진핑이 몰락하는 첩경이라고 주장했다. 이는 결국, 중국이 향후 당분간 군사력의 투사나 무력분쟁 등 모험보다는 경제나 교역에 더욱 집중할 것이므로 미국은 중국과의 장기(長期) 전략적 경쟁14)을 준비해야 한다는 주장이다.

　한편, 새로 출범한 미국의 바이든 행정부도 2021년 3월 발표한 '잠정 국가안보전략 지침(Interim National Security Strategic Guidance)'을 통해 대중(對中)정책으로 동맹 및 파트너와의 협력을 통한 다국적 접근방식으로 변화할 것임을 명확히 하였다.15) 중국이 일대일로를 통해 유라시아 대륙으로 영향력을 계속 확장하고 중·러간의 전략적 연대를 계속 심화시키는 것에 대응하여 바이든 대통령은 중국과의 관계가 향후 분쟁(conflict)보다는 지속적이고 안정된 전략적 경쟁(strategic competition)이 될 것이며 새로운 냉전(a new cold war)보다는 외교(diplomacy)를 앞세우고, 개발(development)과 경제정책(economic statecraft)을 주 대외정책 수단으로 하여 미국이 세계의 지도자적 위치와 가치를 수호해 나갈 것임을 천명했다.16)

---

13) 동(同) 전략은 레드 라인으로 다음을 제시한다: 중국이나 북한에 의한 미국 및 동맹에 대한 핵, 화학, 생물학무기 공격, 대만이나 대만 연안도서에 대한 군사공격과 대만의 기반체계나 기구에 대한 경제봉쇄나 사이버 공격, 동중국해에서 센카쿠열도나 그 주변 EEZ에서 일본자위대에 대한 중국의 공격, 남중국해에서 추가적 인공도서 영유권 주장 및 군사기지화 등 공공연한 적대행위나 미국과 동맹의 항행의 자유 작전을 예방하려는 행동, 미국의 조약 동맹국의 영토나 군사자산에 대한 공격이다. *The Longer Telegram*, 상게서, p. 12.

14) 동(同) 전략은 중국과의 전략경쟁 분야의 일환으로 미국은 러시아와의 관계를 안정화하고 Quad의 완전 운용화, TPP 재협상, 한·일 관계 정상화로 한국의 중국으로의 전략적 편향 예방 등을 제시하는 한편, 중국과 협력해야 할 분야로는 핵무기 통제, 북한 비핵화, 사이버전투 및 스파이 행위, 우주의 평화적 사용, AI 통제 자율무기의 제한에 대한 약정 등을 제안하였고 중국은 북한, 파키스탄, 러시아 외에는 동맹국이 없으므로 미국은 독특한 장점인 동맹 및 파트너국과의 긴밀한 조율 속에 대중(對中)전략을 추진해야 한다고 주문한다. *The Longer Telegram*, 상게서, pp. 13−6.

15) White House, *Interim National Security Strategic Guidance*, March 2021, p. 10.

16) 바이든 대통령은 중국과의 장기 전략경쟁에서 승리하고 미국의 이점을 강화하기 위한 가장 효과적인 방식은 미 국민, 경제, 민주주의에 투자하는 동시에, 미국의 동맹 및 파트너 네트워크를 강화하고 수호하는 것이라고 언급했다. White House, 상게서, pp. 20−1. 혹자는 이를 '차가운 평화' 경쟁이라 표현한다. Richard Javad Heydarian, "Biden signals a 'cold peace' contest with China," *Asia Times*, February 9, 2021.

향후 미국의 패권에 집착하고 이를 고집하기 보다는 중국과 공존(共存)하되, 전략적 경쟁을 통해 미국의 힘을 다시 비축하고 지금까지 유지해 온 미국 주도의 세계질서를 연장해 가겠다는 의지로 해석이 가능하다.[17] 결국, 중국과 경쟁하되 전쟁은 예방하는 정책(전략), 즉 관리된(managed) 전략적 경쟁[18]이 불가피하다는 의미이다.

(2) 서태평양 중심의 해양전략으로 회귀

그렇다면 미국의 서태평양 전략은 어떻게 변화할까? 특히 중국의 힘과 영향력이 급신장하면서 미국의 주도권에 대한 도전이 날로 심화되는 마당에 과연 미국은 자국의 지정학적 핵심이익, 즉 서태평양에서의 해양통제를 어떻게 유지할 수 있을까? 특히 중국의 해군력이 세계최대 규모로 증강되어 서태평양에 집중되어 이 지역을 사실상 중국의 영향권으로 기정사실화하고 있는데 국방예산의 제약 속에서 과연 미국이 이에 맞설 수 있는 해군력을 재건할 수 있을까? 또한 미 해군은 이러한 중국해군의 도전에 맞설 수 있을까?

이에 대해 미 해군 예비역 대령이자 역사가인 Jerry Hendrix는 미국은 더 이상 해양세력이면서 동시에 대륙세력이 될 수 없는 상황이라 단언하며 100여 년 전 영국의 해양전략가 콜벳(Julian Corbett)이 주장한 것과 같이 국가전략 초점의 재(再)조정과 해군력의 집중적인 재(再)건설을 주문한다.[19] 즉 중국의 힘과 영향력이 계속 팽창하는 상황에서 미국은 다시금 전략적 시각, 군사적 중점(重點), 산업 생산, 예술과 문화 등 국가의 초점을 의식적으로 해양전략으로 회귀함으로써 향후 수십 년 동안 전략적인 효과, 즉 미국의 주도적 위상을 유지할 수 있다는 의미이다.

Hendrix는 서태평양에서 미 해군이 중국해군과 지속적으로 경쟁하면서 공해상 자유, 통상의 자유 등 법과 규정에 기반한 해양질서를 유지하면 중국의 영향권을 격퇴할 수 있다고 제언한다. 특히 중국은 자급자족 경제(autarkic economy)가 아니고 자

---

17) 이는 '극도의 경쟁(extreme competition)'이라고 표현되기도 한다. Amanda Macias, "Biden says there will be 'extreme competition' with China, but won't take Trump approach," *CNBC*, February 7, 2021.

18) Kevin Rudd, "Short of War: How to Keep U.S.−Chinese Confrontation From Ending in Calamity," *Foreign Affairs*, vol. 100, no. 2 (March/April 2021), pp. 58−72.

19) Hendrix, *Provide and Maintain a Navy: Why Naval Primacy Is America's First, Best Strategy*, 전게서.

원은 호주, 남미, 아프리카에, 에너지는 중동에 의존하고 고부가가치 상품의 내수시장이 그리 크지 않아 미국이나 유럽 시장에 의존하므로 해상수송이 불가피하며 이 같은 중국의 해상교역을 미 해군이 차단하면 중국은 극히 불리한 상황에 빠진다고 그는 주장한다.[20]

그는 비록 현재 미 해군은 전시(戰時) 서태평양 제1도련 내 해역을 주도할 만큼 함대 규모가 크지는 않지만, 중국의 교역을 차단하는 것은 아직도 가능하다면서 미 해군은 현재 법에 기반한 해양질서를 지탱할 만큼 일상의 평화를 유지하고 중국이 전쟁 발발 시에는 이에 맞서 결정적으로 승리할 수 있을 정도로 규모가 큰 함대가 필요하며 미국은 더 이상 중동 등 해외에서 군사력을 투입하지 않고도 범세계적 이익을 보호하는, 새로운 대외전략의 군사적 구성요소(a military component)를 찾아야 하는데 그것이 바로 미 해군, 해병대, 그리고 공군이라고 주장한다.[21] 이들이야말로 지상으로 엄청난 파괴력을 투사할 수 있는 잠재력을 보유한 상태로 항상 준비되어 미국의 지속적인 군사력 현시를 제공 가능한 수단이며 현재 강대국 경쟁자인 중국, 러시아는 미국과 태평양, 대서양으로 분리되어 있어, 당연히 해군력이야말로 미국의 최상의 대응수단이라고 그는 주장한다.[22]

이러한 가운데 COVID-19 사태로 국방예산이 극도로 제한되는 상황 속에서 미 해군력의 빠른 증강을 요구하는 주장이 계속 이어지고 있다, Mark Milley 미 합참의장은 미국의 중요한 전략전환을 강조하면서 미국의 근본적인 방위와 전방 전력투사 능력은 항상 해군, 공군, 우주력이라고 지적하면서 미 국방부의 재원도 중국으로부터의 위협에 대응하기 위해 해군이 필요하다고 하는 수백 척의 함정을 건조할 필요가 있어 각 군간 예산을 둘러싼 많은 '유혈(bloodletting)'이 있을 것 같다고 언급했다.[23] 바이든 행정부의 오스틴(Lloyd Austin) 국방장관은 미 의회 인준 청문회에서 중국이 미국의 '주 위협(pacing threat)'이며 2018 국방전략(NDS)을 최신화(update)하겠다고 언급하며 향후 해군과 해병대를 중심으로 하는 해양전략으로 중국의 힘과 영향력의 확장

20) 그는 중국도 이런 점을 잘 알고 있으며 중국이 남중국해에 영해를 선포하고 폐쇄하면서 전쟁을 발발하면 오히려 미국에 유리한 상황이 전개된다고 주장한다. Hendrix, 상게서. David Larter, "Provide & Maintain," *The Drift*, Season III, Vol. I, 2021.
21) Larter, "Provide & Maintain," 상게서.
22) Larter, 상게서.
23) Paul McLeary, "CJCS Milley Predicts DoD Budget 'Bloodletting' To Fund Navy," *Breaking Defense*, December 03, 2020.

에 대한 신뢰할 만한 억제력을 제공할 것임을 시사하였다.[24]

특히 트럼프 행정부 말기에 미 국방부가 미래 해군력구조 연구(FNFS: Future Naval Force Study)에서 약 500척의 유·무인 함정으로 구성된 함정건조 계획을 발표했지만, 이는 향후 25년 후에나 달성 가능한 것이다. 따라서 미 해군의 증강은 향후 25년이 아닌 당장 수년 내 달성해야 할 시급한 문제로서 현 계획으로서는 FNFS의 목표를 달성하는 것이 절대 불가능하다. 과거 1940년 제2차 세계대전이 발발하자 미 의회가 역사상 최대 규모의 해군력 확장(70%) 계획을 통과시킨 '2개 대양해군 입법(The Two-Ocean Navy Act)'을 재현할 필요가 있다는 주장도 나왔다.[25] 결국 미국이 대서양과 태평양을 통제할 수 있는 압도적인 해군력을 신속하게 재건해야 한다는 요구이다.

또 한편으로 미 국방부는 중국의 증가하는 군사력에 맞서기 위해 태평양 지역 내에 '상설 해군 기동부대(a permanent naval task force)'를 창설하는 방안도 고려하고 있다. 즉, 냉전 기간 중 NATO가 시도했던 '상설 대서양 해군부대(the Standing Naval Forces Atlantic)'와 같은 형태로 미국 단독으로 또는 영국, 프랑스, 일본, 호주 등 동맹군 해군함정과 연합으로 구성된 해군 기동부대를 창설하고 이 부대가 수행해야 할 작전 명칭(a named military operation)을 정식으로 부여함으로써 추가적인 국방예산과 자원을 획득하고 중국으로부터의 안보위협에 대한 억제태세를 증강하려는 것이 목적이다.[26]

해군력의 증강과 함께, 향후 미국은 신(新) 고립주의와 제국주의 형태의 개입주의 사이의 접근방식으로서 더욱 엄격한 역외균형(off-shore balancing) 전략을 구사할 것으로 예상된다. 즉, 향후 테러전쟁은 미 본토로 한정하여 중동 아프가니스탄과 이라크에서 미군을 철수하고 이란과의 핵 합의로 복귀하며 중동 에너지 수송로는 주요 원유수입국, 즉 한국, 일본 등에 역할분담시킴으로써 중동에서의 군사소요를 대폭 경감하는 방안을 강구하자는 주장도 나오고 있다. 결국, 서태평양에서의 미국의 군사전

---

24) Mallory Shelbourne, "Acting SECNAV: Navy Shipbuilding Faces Review from Incoming Biden Officials," *USNI News*, February 2, 2021.

25) 이를 위해 함정건조 예산으로 100-150억 달러 정도를 증가하면 감당 가능한데 2020년 미국 정부는 코로나 대응을 위해 6조 달러를 할당하였다고 지적하며 미 의회가 결정하면 해군력의 신속한 증강도 얼마든지 가능하다는 주장도 있다. Christopher Lehman Sr., "We Need A Bigger Navy, Fast," *Breaking Defense*, January 27, 2021.

26) Lara Seligman, "Pentagon considering permanent naval task force to counter China in the Pacific," *POLITICO*, June 15, 2021.

략도 제2차 세계대전 종전 이후 유지되어 온 종전태세를 과감하게 재검토한 후 동맹 및 파트너와의 안보 네트워크를 강화하고 분산된 연안도서에 원격 정밀타격 네트워크를 구축하여 중국의 팽창을 서태평양에서 봉쇄하는 형태로 재편해 나갈 것으로 예상된다.

이는 미국이 중국과의 전략적 경쟁에 승리하려면 먼저 경제를 되살리고 압도적인 해군력을 신속하게 재건하며 동맹 및 파트너와의 안보 네트워크를 강화하는 동시에, 국력의 낭비, 즉 중동에서의 대(對)테러 및 지상전쟁과 같은 불필요한 해외분쟁에서 발을 떼야 한다는 의미이다.

나. 중국의 예상 반응

향후 미국의 대중(對中)전략이 무력분쟁은 예방하되 더욱 치열한 전략경쟁을 준비하는 방향으로 가는 것에 대해 중국은 과연 어떻게 반응할까? 중국도 당분간 미국과의 공존을 통해 중국의 경제, 기술수준을 더욱 발전시키며 미국을 대체하여 확실한 세계 중심국가로 부상하는 데 필요한 시간을 벌려고 모색할 것으로 보인다.

이와 관련 중국 칭화대학교 얀수에통(阎学通, Yan Xuetong) 교수는 미·중간 불가역(不可逆)적 공존의 시대, 즉 '불편한 평화의 시대(an era of uneasy peace)'[27]가 왔다고 주장한다. 그에 따르면 중국은 지난 40여 년간 미국의 대중(對中) 개입정책에 현명하게 대응하며 경제성장을 달성해 낼 수 있었다며 과거 19세기 말 또는 20세기 초에 패권국 영국이 독일의 도전에 전념하는 동안 새로운 강대국 미국의 출현을 봉쇄하지 못함으로써 신생 미국이 초강대국으로 부상했듯이 미국이 9.11 테러사건 이후 중동에서의 테러전쟁에 몰두해 있는 동안 신생 초강대국 중국의 출현을 봉쇄하지 못한 것이며 중국은 수출주도의 경제성장 여건을 유지하는 것이 아직 필요하므로 미국과의 공존이 긴요하다고 주장한다.[28]

얀수에통은 또한 중국은 국제질서의 근본원칙으로서 국제책임이나 규정보다는 국가주권에 기반해야 함을 강조하며 홍콩, 대만, 신장, 티베트 등 중국의 국내문제나

---

27) Yan Xuetong, "The Age of Uneasy Peace: Chinese Power in a Divided World," *Foreign Affairs*, vol. 98, no.1 (January/February 2019), pp. 40－46.
28) Yan Xuetong, 상게서, p. 43.

언론의 자유 및 인터넷 규정 등 예민한 문제에 미국이 개입하는 것을 경계한다며, 중국이 지향하는 것은 과거 중화(中華)질서 시대에서 주변국의 안보와 경제소요를 중국이 충족시켜 주는 대신, 주변국들은 중국의 주도에 복종하는, 소위 조공(朝貢)체계라고 제시하였다.[29]

     더 나아가 그는 향후 세계질서에 대해 중국이 주니어 초강대국으로 등장한 이상, 미국의 단독 주도는 더 이상 불가하다고 단언하며 미·중간의 전쟁위험은 적기 때문에 양강(兩强) 중심의 세계질서는 각국의 영향권으로 제한되며 확실한 이념노선을 따라 분리된 적대적인 블록보다는 유동적이며 현안에 따라 구성되는 다양한 동맹으로 구성될 것이라고 예측하였다. 그는 현재 대부분의 국가들이 어떤 이슈에 대해서는 미국과 연대하고 또 다른 이슈에 대해서는 중국과 연대하는 이른바 투 트랙(two-track) 대외정책을 채택하고 있으며 이는 양강 구도가 이미 많이 진전되었음을 보여주는 증거라며 미·중간 명확하게 세계 주도권을 위한 투쟁은 더 이상 불가하고 양국 간의 긴장과 치열한 경쟁은 일어나지만, 범세계적 대(大)재앙의 나락으로 떨어지는 무력분쟁은 없을 것이라고 예측하였다.[30]

     결국 그의 주장은 첫째, 중국이 주니어 초강대국으로 부상하면서 더 이상 미국 단독의 패권은 불가하고 중국도 경제발전을 위한 시간이 필요하므로 당분간 미국과 공존을 모색할 것이다. 둘째, 미·중을 중심으로 하는 양강 구도의 세계질서는 냉전시대와 같은 이념 중심의 적대 블록(bloc) 간의 대립보다는 국가들이 국익과 현안에 따라 협력하고 연대하는 유동적 체제가 될 것이라는 의미이다. 물론, 그가 중국공산당 당원임을 감안할 때, 그의 논리는 미국과의 무력분쟁 가능성을 의도적으로 낮추고, 미국이 중국에 비해 결정적으로 유리한 동맹 및 파트너와의 안보 네트워크의 가치를 의식적으로 평가 절하했을 수도 있다. 하지만, 이것이 중국공산당이 지향하는 향후 미·중 관계의 큰 틀이라고 볼 여지는 충분히 있다.

     결국 중국은 바깥세상이 어디로 가든 당분간 국내개발에 힘쓰고 일대일로를 통해 교역과 성장전략을 전(全)방위로 다변화하는 데 주력할 것이다. 이와 동시에 중국은 중국해군을 세계급 해군으로 증강시킴으로써 남중국해에서의 패권적 지위를 달성하며 초강대국이자 해양강국으로 우뚝 서고자 노력할 것이다. 중국은 세계민주 정상

29) Yan Xuetong, 상계서, p. 44.
30) Yan Xuetong, 상계서, p. 46.

회담, Quad 기구화 추진 등 미국의 대중(對中) 안보 네트워크 강화노력에 대해 예민하게 반응하면서 미 바이든 행정부가 출범하기 이전인 2020년 11월 인도, 대만, 북한을 제외한 한국, 일본, 호주, 뉴질랜드, ASEAN(10개국) 등 아시아·태평양지역 15개국과 역내 포괄적 경제 동반자협정(RCEP)을 체결하였고[31] 같은 해 12월 독일과 프랑스가 주도하는 EU와 새로운 투자협정(CAI)을 서둘러 체결하였다.

한편, 중국해군의 급부상은 미 해군이 서태평양 해역의 해양통제를 유지하는 능력에 큰 도전을 제기할 것이다. 미국 의회조사국(CRS)은 전투함정 척수에서 중국해군은 2020년 360척을 보유하는데 비해 미 해군은 297척을 보유하고 있으며 2030년까지 중국해군은 425척을 보유할 것으로 예상하고 있다.[32] 물론, 아직 미 해군이 중국해군보다 전투력이 훨씬 강하다는 반론도 만만치 않다. 따라서 중국해군의 규모는 미국이 공황에 빠질 요인은 아니지만, 그렇다고 안일하게 취급할 요소도 아니다.

특히 미사일 시대의 전쟁에서 함정 척수도 의미가 크다. 전쟁이 발생하면 어느 쪽이 더 많은 정밀화력, 즉 유도탄을 전장에 전개하느냐가 승패를 좌우한다. 중국 대함 탄도미사일 1발이 미 해군 항모를 격침시킬 수도 있는 상황이다. 또한 중국은 아·태지역이라는 홈팀(home team)의 입장에서 보다 집중력 있게 내선(內線)작전을 수행함으로써 미국보다 훨씬 유리한 위치에 있다. 미 해군 전력의 일부(一部)가 적대국 중국해군의 모든 전력에 대항하고 있는 것이 오늘날 서태평양에서 전개되고 있는 국지상황의 본질이다.[33]

여기에다 미국이 오랫동안 중동 대(對)테러 및 지상전쟁에 개입하여 있는 동안 미 해군도 장기간 전략적 일탈(逸脫)에 빠져 전투준비 태세가 의문시되고 있는 상황이다. 미 해군의 우세를 당연시 할 수 없다는 의미이다. 이에 따라 미 해군은 시급한 전력증강과 전비태세의 복구를 모색하고 있지만 중동 아프가니스탄과 이라크에서 지상전은 여전히 계속되고 있고[34] 중국의 빠른 추격으로 이마저 결코 만만치 않은 상

---

31) 중국이 RCEP 체결에 성공한 것은 미국의 인도·태평양전략을 매장시킨 것이라는 시각도 있다. Pepe Escobar, "Trump's Not-So-secret Art of Containing China," *Asia Times*, January 14, 2021.
32) CRS, "China Naval Modernization: Implications for U.S. Navy Capabilities: Background and Issues for Congress," *CRS Report*, December 3, 2020, p. 32.
33) Geoff Ziezulewicz, "China's navy has more ships than the US. Does that matter?," *Navy Times*, April 9, 2021.
34) 2021년 4월 14일 바이든 미 대통령은 늦어도 2021년 9월 11일 이전 아프가니스탄에서 미군

황이다. 또한 중국해군은 전력개발에 완전히 초점을 맞춘 조직이라는 점을 이해하는 것이 중요하다. 중국군은 다른 곳에서 이렇다 할 관심을 끄는 중요한 해외 전방현시 작전이 없다. 소말리아 아덴만에 대(對)해적 임무 함대를 파견하는 것이 유일한 해외 현시 임무이다.

한편 중국은 전략적 파트너로서 러시아와 실질적인 군사동맹 관계를 더욱 심화시키고 지속함으로써 미국이나 서방의 압박에 공동 대응하며 미국 주도의 국제질서를 교란하고 국제기구에서 양국의 영향력을 이용하여 인권이나 언론의 자유 등 '보편적 가치'를 부정하고 국제해양법과 같이 중국이나 러시아의 권위주의 체제 이익에 적대적인 규범을 계속 무력화시켜 나갈 것으로 예상된다.

러시아 푸틴 대통령도 중국과의 연대를 통해 NATO의 동진(東進)을 막아냄으로써 소련의 붕괴로 상실된 러시아의 전략종심(strategic depth)을 다시 보강하고 중국의 국가자본주의를 통해 경제성장을 모색하는 한편, 정권의 연장을 도모할 것이라고 예측된다. 미·중간의 힘의 격차는 러시아에게 기회의 창이 되고 있어 러시아는 이것이 닫히기 전에 경제문제를 해결하려고 시도할 것이다. 비록 중·러간의 반미(反美) 전략연대는 양국 간의 역사적 불신, 중·러간의 불평등한 관계, 국경지역의 인구격차 문제나 문화장벽, 서양국가로서의 러시아의 정체성, 또 미국의 이간(離間) 등으로 언제라도 변질될 가능성이 존재한다. 그러나 미국이 패권유지에 집착하고 있는 한, 중·러 양국 지도자들은 그 무엇보다 양국 간의 연대가 지속되고 진전되도록 중·러 관계를 신중하게 관리해 나갈 것이다.

다. 패권질서와 해군력

결국 미·중 패권경쟁은 강대국 간의 세력균형 전이과정에서 발생하는 국제정치상의 일상적인 현상이라 볼 수 있다. 미국의 국제정치 학자 월츠(Kenneth Waltz)가 이론으로 제시했듯이 국제정치 무대는 무정부상태로서 국가는 힘과 영향력을 극대화하면서 안보를 달성하려고 노력하며 이는 경쟁국에 의해 위협으로 인식되면서 안보 딜

을 완전 철수한다고 일방적으로 선언하여 철수가 진행 중이다. 더 나아가 바이든은 동년 7월 26일 Mustafa Al-Kadhimi 이라크 대통령의 요청에 의거 이라크에서 미군의 전투임무도 금년 말까지 정식으로 종료하겠다고 선언하였다.

레마를 유발하며, 패권적 위협에 직면한 국가는 다른 국가와 동맹을 체결함으로써 이를 상쇄하려고 한다.

향후 미국이 제2차 세계대전 종전 이후 패권을 유지할 것인지, 아니면 새로운 강대국 중국의 패권 시대(Pax Sinica)가 열릴 것인지 아직은 확실하게 예측할 수가 없다. 다만, 과거 강대국의 흥망의 역사를 돌이켜볼 때, 미국의 패권이 영속할 것이라고 예단할 수는 없다. 하지만, 미국은 세계 그 어느 국가보다 비옥한 토지와 기술, 내수시장, 인구학적 구성 등 자급자족 경제를 영위할 수 있는 환경과 다른 강대국과 대서양과 태평양으로 분리된 유리한 여건을 가지고 있어 단일국가로는 세계 최강의 위상을 유지하며 쉽게 몰락하지는 않을 것이다.

특히 미국이 핵심 안보이익, 즉 북대서양과 서태평양에 대한 해양통제를 유지하는 한 쉽게 쇠퇴하지는 않을 것이다. 결국 미국에게는 그 무엇보다도 해군주도(naval primacy)가 제일의, 최상의 대외정책 수단인 것이다.[35] 냉전 종식 후, 그리고 미국이 중동 지상전의 수렁에 빠진 후 미 해군력이 과거에 비해 상대적으로 감축되어 서태평양에서 중국해군의 거센 도전을 받고 있지만, 미국의 핵심 안보이익인 세계해역에 대한 해양통제는 결국 미국이 어떻게 해군력을 신속하고 효과적으로 증강시키고 동맹 및 파트너 해군과의 해양안보 네트워크를 내실 있게 구축하느냐에 달려 있다.

해군력을 재건하지 못하면 미국은 남중국해, 서태평양, 그리고 인도양을 시작으로 세계 최강 해양국가로서 주도권을 상실하며 미국 주도의 패권질서도 무너지게 될 것이다. 현재 미국지도부가 이러한 점을 냉정하게 인식하고 국가전략 초점을 전환하고 있어 향후 미·중간의 해양 패권경쟁의 단층선(斷層線)은 당분간 제1도련을 연한 해역이 될 것이라고 볼 수 있다.

한편 중국은 지속적인 경제성장과 기술 발전을 바탕으로 일대일로 등 공격적인 대외정책과 국가자본주의를 통해 힘과 영향력을 더욱 확장하고 러시아와의 연대를 지속함으로써 미국을 대체하는 새로운 패권국으로 등극할 수도 있을 것이다. 그러나 중국이 패권 장악 후 과거 조공(朝貢)체계와 같은 중화질서를 확립하고 얼마나 지속할 수 있을 지는 미지수이다. 현재와 같은 권위주의 체제하에서 주종(主從)서열이 뚜렷한 중화질서를 유지하는 것은 무정부 상태라는 국제관계의 특성상 결코 쉽지 않을

---

35) Henry J. Hendrix, *Provide and Maintain a Navy: Why Naval Primacy Is America's First, Best Strategy*, 전게서 참조.

것이다. 중국의 제한된 언론의 자유, 인터넷 통제, 홍콩 보안법, 그리고 신장과 티베트 지역에서의 분리주의 문제, 그리고 남중국해에서의 일방적 행동 등은 중국의 세계 통치 능력에 의문을 갖게 하는 요소들로 자주 거론된다.

2021년 3월 미국 Alaska Anchorage에서 있었던 미·중간의 2+2(안보, 외교장관) 회의에서 중국은 1) 미국이 세계를 대변하지 않으며, 2) 미국이 주창하는 민주, 인권 등 보편적 규범과 가치에 세계 대다수 국가가 찬성하는 것도 아니며, 3) 신장, 티베트, 홍콩 등 중국의 국내문제에 미국이 개입하는 것을 중국이 용납하지 않을 것이며, 4) 미국이 동맹 및 파트너를 통해 중국을 압박함으로써 오직 스스로를 해칠 것이며, 5) '법에 기반한 국제질서'는 미국이 만든 법과 질서보다는 UN을 기본으로 하는 국제질서와 국제법을 의미하며, 6) 과거와 달리, 더 이상 중국은 미국의 수치와 모욕을 용납하지 않을 것이며, 7) 미국은 경제적 이유로 중국을 필요로 하나, 중국은 현재 미국을 필요로 하지 않는다는 메시지를 미국에 전달하였다.[36]

이는 중국이 처음으로 미국의 패권에 공공연하게 도전하는 모습으로 해석되기도 하였다. 이제 중국이 자국의 정치체제를 유지하고 정당화하기 위해 필요한 경제, 정치·외교적 역량을 드디어 구비했다는 자신감을 표현한 것이라고 볼 수 있다. 결국 이것이 지난 40여 년간 시행했던 미국의 대중(對中) 개입정책의 최종산출물이다.

◇◇◇

미국은 지난 40년간 추진했던 개입정책으로 중국의 경제·사회 발전을 통해 미국과 정치·경제적으로 많이 닮은 중국이 되기를 희망했지만, 중국은 지금까지 세계 경제 체계에 편입된 후 주어진 모든 기회와 혜택을 잘 활용함으로써 세계최강 경제대국으로의 등극을 목전에 두고 있다. 중국의 엄청난 경제 규모와 성장속도는 중국군을 세계급 군사력으로 건설하면서 미국의 군사 주도권에 도전하고 미국이 구축해 온 자유 세계질서를 위협하고 있다.

따라서 향후 중국의 힘과 영향력은 더욱 확장하는 가운데, 미국은 이를 견제하며 미국 중심의 국제질서를 유지하려고 노력하는 형태의 장기(長期) 전략적 경쟁이

---

36) Bhim Bhurtel, "How China drew a red line in Anchorage," *Asia Times*, March 22, 2021.

전개될 가능성이 높다. 서태평양에서도 미국 주도의 패권질서는 막을 내리고 이제 미국과 중국은 각자의 영향권을 형성한 상태에서 공존하며 경쟁하는 상태가 될 것이다. 만약 미국이 국력 재건에 실패하여 유라시아 주변에 군사력을 전방 전개하지 못하거나 동맹체제를 유지할 수 없을 정도로 국력이 쇠퇴하면 중국의 힘과 영향력은 지역을 넘어 세계무대로 확장하고 중국은 세계패권을 차지할 수도 있을 것이다.

하지만, 분명한 것은 미국이 유일 초강대국으로서 자유 국제질서, 즉 미국 주도의 패권질서를 구축하고 유지하려고 노력할 때 중국과 러시아가 연대하여 이에 대항한 것처럼, 중국이 패권을 장악한 후 패도(霸道)정치를 추구하는 순간, 또 다른 반중(反中) 연대가 탄생할 것이라는 점이다. 특히 중국이 패권 달성 후 기존의 러시아와의 연대를 불필요한 것으로 인식하는 순간, 중·러간 또 다른 갈등의 씨앗이 잉태되며 미국은 이 기회를 이용하여 러시아를 중국으로부터 이탈시키려 끊임없이 노력할 것이다. 그 결과 국제질서에서 힘의 전이가 또 다시 발생할 것이다.

현재 중·러간의 전략적 연대에서 러시아가 분명히 주니어 파트너이다. 하지만 러시아는 언제라도 미국쪽으로 전략적 파트너를 전환할 수가 있다. 따라서 현재 중·러 연대의 열쇠(key)는 역설적으로 러시아가 쥐고 있다고 볼 수 있다. 만약 러시아가 미국에 편승하면 중국은 과거와 같이 북방의 지상위협과 미국의 해양위협에 동시에 맞서야 하는 불리한 상황으로 회귀할 수도 있다. 이러한 배경에서 러시아는 미·중간의 패권경쟁을 이용하여 중국과 연대를 무기로 자국의 안보와 경제문제를 해결하고 더 나아가 냉전 종식 후 구(舊)소련이 몰락하면서 상실한 러시아 주변의 안보 완충지역을 외곽으로 더욱 확장하려는 기회를 호시탐탐 노리고 있는 것이다.

이러한 이합집산(離合集散)과 합종연횡(合從連橫) 속에서 일어나는 국가들의 흥망성쇠의 반복을 통해 국가와 인류역사는 진보한다. 냉혹하게 계속되는 역사의 흐름 속에서 현명한 국가지도자가 나타나 국민통합을 이루며 국제정치의 소용돌이를 피해나갈 때, 그 국가와 민족은 생존하고 그렇지 못한 국가와 민족은 역사 속으로 사라질 뿐이다. 이것이 국제정치에서 불변의 이치이다.

제14장

미·중 해양 패권경쟁과 한·미 동맹

향후 아·태지역에서 미·중간의 패권경쟁이 전략적 경쟁의 형태로 장기화되고 서태평양에는 해양아시아와 대륙아시아 간의 분단구조가 발생할 것으로 예상된다. 그렇다면 양국 사이에 위치하고 있는 한국에게는 어떤 상황이 전개될까? 또 한국은 미·중간의 전략적 경쟁에 어떻게 대비해야 할까? 특히 서태평양 해역에서 미·중간의 해군주도권 경쟁이 심화될 것으로 예상되는 상황에서 한국의 해양안보는 어떻게 준비해야 할까?

한국은 1948년 정부수립 이후 최초로 강대국 간 세력전이 과정에서 스스로의 생존을 모색해야 하는 상황에 직면하고 있다. 한국은 동맹인 미국을 선택하느냐, 아니면 최대 교역상대인 중국을 선택해야 하느냐? 하는 딜레마에서 미·중간의 전략적 경쟁이 몰고 올 엄청난 압력에 견뎌야 하는 어려운 입장이 된 것이다. 특히 미국과 중국 간의 경제력은 역전되고 군사력마저 격차가 좁혀지면서 힘의 균형이 중국에 유리하게 변화하는 경우, 안보를 주로 미국에 의존해 왔던 한국에게 매우 곤혹스러운 상황이 장기화 될 수 있다.

특히, 무역국으로서 한국의 해상교통로가 통과하는 동·남중국해에서 미·중간의 우발적 무력충돌이 벌어지고 최악의 경우에는 중국이 지역 내 핵심 해상교통로를 통제하면서 한국은 중국의 강압에 취약해지는 상황이 생길 수 있다. 따라서 한국은 최악의 사태에 대비하여, 국제법에 기반한 원칙을 준수하되, 사안에 따라 유연성을 발휘하는 생존전략이 필요하다. 특히 한국은 무역국으로서 지금부터 해상교통의 안전을 확보하는 장기(長期)전략을 수립하여 준비해 나갈 필요가 있다.

1. 한국의 소극주의(passivism)

한국은 2019년 기준 세계 제9위의 무역국이다.[1] 한국은 무역의 99% 이상을 해상을 통해 수송하며 남중국해에의 의존도가 중국에 이어 2위라고 평가된다.[2] 그러므로 한국은 국가번영과 경제생존을 해상교역의 안전, 즉 지역 해양안보에 의존한다. 지금까지 한국은 해양안보를 당연시 해왔다. 세계 최강 미 해군이 법에 기반한 해양질서를 튼튼하게 지켜주었기 때문이다. 그런데 미국의 힘, 특히 해군력이 과거에 비해 약해지는 반면, 경제 초강대국 중국의 힘과 영향력이 급부상하면서 지역 해양안보가 불안해지고 있다. 최악의 경우, 중국이 미국의 해양주도권을 대체하며 지역 내 해양통제를 달성할 수도 있다.

그런데 한국은 미국의 인도·태평양 전략을 지원하기를 주저하고 남중국해에서 법에 기반한 해양질서의 유지 필요성을 인정하는 데에도 인색하다는 평가를 받는다.[3] 특히 미·중간의 전략적 경쟁이 심화되는 상황에서 이러한 한국의 소극성이나 전략적 모호성이 일본이나 호주 등 미국의 다른 동맹들과 비교될 때 더욱 현저하게 보인다. 과연 한국은 왜 이러한 소극적인 태도를 보이게 되었을까? 한국은 이제 중국의 영향권(sphere of Chinese influence) 내에 편입되어 미국의 지역 안보전략 구도에서 패싱(passing)되고 있는 것일까?

---

1) 세계무역기구(WTO)에 의하면 2019년 기준 한국은 상품 및 서비스 교역에서 세계 9위의 무역국이다. WTO, *World Trade Statistical Review 2020*, chapter 2, p. 15.
2) "How Much Trade Transits the South China Sea?," China Power Project, https://chinapower. csis.org/data/trade−flows−south−china−sea/
3) 빅터 차, "중국 앞에만 서면 달라도 너무 다른 한국과 호주,"『조선일보』2020년 10월 31일자.

가. 지정학적 취약성

한국은 강대국에 둘러싸여 세계에서 가장 어려운 지정학적 환경에 놓여 있다. 이는 통상 '강대국 고래 사이에 낀 새우(A geopolitical shrimp squeezed in between great power whales)'로 표현된다. 이러한 지정학적 특성은 한국의 대외정책 추진에 있어서 명확한 속박(束縛)으로 작용한다.

(1) 중국과의 지리적 근접성(geographical proximity)

한국은 유라시아 대륙의 동단, 소위 '중국 영향권' 내 위치하고 있어, 근본적으로 해양으로 분리된 도서국가에 비해 행동의 자유가 매우 위축된다. 한반도는 역사적으로 중국과 '순치(脣齒)의 관계'로 표현될 만큼 중국의 '주변 완충지대'에 위치하여 굴종적인 '조공관계(subservient tributary relationship)'를 상당 기간 유지해 왔다. 이러한 중국에의 지리적 종속성은 오늘날에도 한국의 대외정책에 많은 영향을 미치고 있다. 특히 중국은 육지로 접속한 북한과 동맹관계를 맺고 있고 미국의 동맹인 한국이 자국의 이익에 반하는 행동을 하는 것을 허용하지 않으며 그 어느 나라보다 예민하게 반응한다.

2017년 한국이 THAAD를 전개하기로 결정한 후 중국이 경제보복을 했던 것과 같이, 한국은 중국의 일방적인 강압행위, 소위 '핀란드화'에 매우 취약하다. 중국은 한국의 No. 1 교역상대라는 경제수단을 사용하여 한국에 대해 필요한 시간과 장소에서 고강도의 강압을 구사할 수 있다. 이는 한국을 표적으로 삼아 다른 주변국가에게 경고하는, 이른바 '살계해후(杀鸡骇猴)'이다. 이런 배경에서 '중국으로부터 지리적으로 멀리 떨어지면 떨어질수록, 중국은 더 좋은 이웃이 된다'는 이야기도 나온다.

한편 미국의 다른 동맹 및 파트너인 일본, 호주, 대만은 중국과 바다를 통해 격리되어 있어 중국으로부터 위협에 대응하는데 정도의 차이는 있지만, 거리, 시간, 방책 차원에서 좀더 많은 기동공간을 가질 수 있다. 이는 국가의 대외정책 수립에 있어서 매우 다른 심리적 효과를 가진다. 그럼에도 불구, 이들도 현재의 미·중 패권경쟁 구도 하에서 나름대로의 지정학적 제약 속에서 생존을 모색하고 있다.

예를 들어, 지역 내 경제 강국 일본은 지리상의 이유를 들어 중국·러시아 등 주변국과의 개입과 신뢰구축의 필요성을 강조하고 있다. 미국은 중국·러시아를 경쟁국이자 적대국으로 보고 있지만, 일본은 지리적으로 이들 국가들로 둘러싸여 상대할 수밖에 없기 때문이다. 즉, '미국은 원하면 떠날 수 있지만, 일본은 떠날 수 없다'는 이유 때문이다. 그 결과, 지역 내 미국의 핵심 동맹인 일본도 중국·러시아와 공존 (coexistence)을 생각하지 않을 수 없고, 이들 주변 강대국들과 일정 수준의 해양협력을 추구하고 있다.

(2) 북한에 대한 중국의 영향력

한편 중국은 북한의 조약상 동맹국이다. 중국은 한국의 국가생존을 위협하는 북한 핵·미사일 위협을 어느 정도 완화하거나 통제할 수 있는 외교, 경제적 수단을 보유하는 유일한 국가이다. 한국은 이러한 생존위협을 완화하기 위해 가용수단을 총 동원해서 한반도의 평화와 안정을 위해 중국이 남·북한 간 교량적 역할을 하도록 유도해야 할 입장이다. 한반도 통일은 먼 미래의 희망이라 할지라도, 한국은 당면한 절체절명의 생존위협으로부터 살아남기 위해 중국과의 관계를 신중하고 지혜롭게 관리하는 가운데 외교정책의 자율성을 극대화[4]하는 것이 불가피하다.

(3) 중국에의 경제 의존

이같이 유별나게 취약한 지정학적 장애에 추가하여 한국은 중국과의 교역량이 전체 GDP의 18.1%를 차지할 정도로 경제를 중국시장에 과도하게 의존하고 있다.[5] 이를 이용하여 중국은 2017년 THAAD 사태와 같이, 한국을 미(美) 동맹체제에서 가장 약한 고리(the 'weakest link')라 생각하며 한·미관계를 이간시키고 한국에 대한 미국의 힘과 영향력을 감소시켜 자국의 영향권으로 편입시키는 노력을 계속하고 있다. 한국에 대한 중국의 최소한의 전략목표는 미국과의 무력분쟁 시, 한국이 미 동맹측에 합류하지 않고 중립을 유지하도록 강요하고, 더 나아가 궁극적으로는 한국을 중국 진영에 합류(band-wagoning with China)하도록 만드는 것이다.

이러한 지경학적 요소들이 한국으로 하여금 미국의 동맹임에도 불구하고 인도·

---

4) Andrew Yeo, "South Korea and the Free and Open Indo-Pacific Strategy," *CSIS Newsletter*, July 20, 2020.
5) 2020년 전반기 Japan External Trade Organization(JETRO) 조사 자료에 의하면, 한국의 대중(對中) 수출액은 790억 달러, 수입액은 530억 달러로 총 1,320억 달러이며 한국의 GDP 중 해외교역이 차지하는 비율은 83%이며, 이 중 중국에의 수출은 전체 수출의 약 1/4이다. Takuya Matsuda and Jaehan Park, "Geopolitics Redux: Explaining the Japan-Korea Dispute and Its Implications for Great Power Competition," *War on the Rocks*, November 7, 2019.

태평양 전략이나 지역 해양안보 활동에 매우 수동적인 국가로 인식되도록 유도하는 요인들이다.

나. 불가피한 전략적 모호성

그 결과, 한국은 불가피하게 안보는 동맹국 미국에, 경제는 중국(시장)에 의존하면서 어느 쪽에도 치우칠 수 없는 숙명 속에서 국가생존과 번영을 추구해야 하는 난처한 상황에 놓여있다. 한국의 정치, 외교, 경제 그 어떤 결정도 미·중간의 경쟁 와중에서 자칫하면 '죽느냐?, 사느냐?'의 문제가 된다. 일종의 '선택하는 것은 지는 것(to choose is to lose)'이 된다. 따라서 한국의 입장은 '무(無)선택,' '무(無)결정,' '중립 표방'이거나 때로는 원칙적 입장만 반복하며 미온적인 자세를 견지하고 있다.[6] 결국 한국은 선(good)과 악(evil)의 선택이 아닌, 어떤 것이 조금 덜 나쁜 것인가를 선택(bad or less bad?)해야 하는 상황에 서 있다. 이것이 오늘날 한국이 살아가는 방식이 되었다.

지정학적, 지경학적 상황에서 불가피한 수동성(passivism)이 결국 한국의 생존과 진로를 위한 단기적 방책이 된 것이다. 미·중간의 소위 '샌드위치 딜레마(sandwich dilemma)'에 빠져 한국은 '전략적 모호성'이라는 이름하에 별도의 입장도 표명하지 않고 현상유지를 하며 어중간한 중립적 자세만 취하고 있는 모습으로 비춰진다.[7]

그 결과, 한미동맹 간 지역 내 현존 질서에 대한 수정주의적 위협을 억제하려는 연합노력에서 공백(空白), 소위 '도넛 구멍(donut hole)'[8]이 존재하고 있다. 중국의 입장을 감안하다 보니 한·일 관계도 좋아질 수가 없다. 여기에 위안부 문제나 강제노역 배상문제 등 과거사 문제로 인해 한·일 양국 관계는 최악의 상태에 놓여있다. 한국이 인도·태평양 전략이나 Quad Plus, 아시아의 NATO 등과 같은 새로운 안보구상을 공개적으로 찬성하거나 지원할 수 없게 되고 한·미동맹 차원에서 어떠한 '지정학

---

6) 이는 한국만의 문제가 아니다. 예를 들어 ASEAN도 지역 내 미·중간의 경쟁에서 일방을 선택하지 않고 강대국들의 압력에 공동으로 대처하여 역내에서 강대국 간의 전쟁을 예방해야 한다고 인식한다. S. Seah, et al., *The State of Southeast Asia: 2021* (Singapore: ISEAS- Yusof Ishak Institute, 2021).

7) 과거 한때 한국은 동북아에서 강대국 간의 균형자 역할을 해야 한다는 목소리가 나온 것도 이러한 배경에서 비롯된다.

8) Clint Work, "The US-South Korea Alliance and the China Factor," *The Diplomat*, August 26, 2020.

적 임무분담(a geopolitical division of labor)'에도 적극 참여할 수 없게 된 것이다.

한국의 입장에 대한 미·중의 시각은 상이하다. 미국은 혈맹인 한국이 북한의 도발을 억제하는 것은 물론, 한·미·일 3국간의 안보협력을 강화하며 중국을 견제하는데 적극 나서기를 희망한다. 미국이 희망하는 Quad plus에의 참여, 중국기업 화웨이(華爲)와의 거래 금지, 남중국해 항행의 자유 작전 등에 대한 지지 및 동참 요구 등이 이것을 대변한다. 한편 중국은 한·미간의 인식차를 악용하여 한국의 '핀란드화(finlandization)'를 관철하고, 한·미동맹을 이간하며, 한·미·일 3각 안보동맹을 차단하기 위해 변하지 않고 철저하게 행동한다.9)

그런데 사실 한국이 어느 편에 서느냐? 는 무의미한 질문이다. 본질적으로 한·미 상호안보조약 의거 한국 영토 내에 상당한 규모의 미군이 주둔하는 것은 한국이 미·중 지정학적 경쟁에서 어느 편에 서있는가를 보여주는 가장 단적인 증거이다. 무슨 설명이, 왜 더 필요할까? 중국과 러시아도 한국이 미국의 동맹이라는 사실을 잘 알고 있다. 최소한 국가안보 문제에 대해서는 한국정부는 자국의 입장을 당당하게 밝히면서 한·미동맹을 강화해 나가는 노력이 필요하다. 물론 말처럼 쉬운 일은 아니나, 가장 본질적인 안보이익을 한번 양보하면 돌이킬 수 없는 결과만 연속적으로 발생할 뿐이다. 한국정부가 중국의 부당한 요구에 굴복하면 그로서 끝나는 것이 아니다. 그후 끊임없이 새로운 요구와 간섭에 시달려야 한다.

2. 미국의 안보 네트워크로의 편입?

또 한국이 전략적 모호성을 앞세워 동맹관계에서 늘 소극적인 자세만 보일 수는 없다. 무엇보다도 북한 핵·미사일 위협은 더욱 심각해지고 한·미간의 긴밀한 공조는 물론, 한·미·일 3국간의 강화된 안보협력이 요구되기 때문이다. 최근 미국은 중국의 영향력을 견제하고 북한 핵위협에 대응하기 위해 지역 내 동맹 및 파트너와의 안보

---

9) 2021년 5월 한미 정상회담 후 중국의 영자지 Global Times지는 미국이 한·중 간의 기술관계를 분리하고 대중(對中) 연합전선을 형성하기 위한 노력을 하는데 이는 미국의 '소망성 사고'라고 평가했다. "US attempt to decouple China–S. Korea tech cooperation is doomed to fail: experts," *Global Times*, May 22, 2021; "Hyping Taiwan question is US' 'wishful thinking' in statement with South Korea: expert," *Global Times*, May 21, 2021.

네트워크를 강화하며 한국의 동참을 압박하고 있다.

그러나 지역 내 어떤 국가이든 이러한 반중(反中) 구상에 참가하는 것으로 알려지는 순간, 중국에 맞서는 최전선의 국가(a front-line state against China)가 되어 중국의 엄중한 보복에 직면하기 쉽다. 현재 호주가 미국 편을 들고 중국에게 COVID-19 기원에 대한 정식조사를 요구했다가 중국으로부터 가혹한 경제보복에 시달리고 있다. 이는 지역 내 힘의 전이가 중국에 유리한 방향으로 상당히 진행되고 있음을 의미한다. 그러나 호주는 중국의 노골적인 경제보복에 굴복하지 않기로 결정했다. 굴복하면 중국이 요구하는 위험한 질서에 항복하는 것을 의미하기 때문이다. 호주는 경제적 이익(economic interests)보다는 국가주권(sovereignty)과 기본가치(foundational values)를 선택하기로 결단한 것이다. 이를 통해 호주는 중국이 또 다시 이러한 카드를 사용할 것을 원천봉쇄할 뿐만 아니라 중국의 강압위협이 통하지 않을 수도 있다는 점을 대내·외에 과시한 것이다.[10]

2019년 미 국방부의 인도·태평양 전략보고서에서 주문한 대로 지역 내 대중(對中) 안보 네트워크의 강화도 중요하지만, 미국은 동맹이나 파트너들이 호전적인 중국에 대항하여 미국 편에 섰을 때 마주치게 될 위험을 어떻게 완화, 또는 상쇄시킬 것인가를 행동으로 보여주어야 한다. 그래야 동맹 및 파트너가 미국과 협력할 수 있다. 따라서 미국은 중국과의 전략적 경쟁과 관련하여 동맹 및 파트너와 상호 지원할 수 임무와 능력에 대해 더욱 긴밀한 소통을 해야 한다. 때로는 이들이 미국과 다른 선택을 하도록 허용함으로써 그들의 선택이 존중받도록 해야만 유사 시 동맹으로서 지정학적 역할분담을 자율적으로 수행할 수 있다.

한국의 입장에서는 '선택, 무선택'이 중요한 것이 아니다. 이제까지 안보와 경제를 분리할 수 있었지만, 앞으로 이것이 점점 더 불가능하다. 중국이 2025-2026년경 미국을 추월하여 세계 최대 경제국가가 되고 미·중간의 전략적 경쟁이 심화되면 될수록 정치와 경제는 분리하기가 더욱 어렵게 된다. 지금까지의 '전략적 모호성'은 더 이상 작동하지 않을 것이다. 한국의 설 자리가 점점 더 줄어들고 있는 것이다.

그런데 정말 곤란한 상황은 미·중간 패권경쟁 상황이 한국의 의지와 관계없이 어느 한 쪽을 선택하도록 강요할 때 발생한다. 한국이 미·중간의 무력분쟁에 어떠한

---

10) Matt Pottinger, "Beijing's American Hustle: How Chinese Grand Strategy Exploits U.S. Power," *Foreign Affairs*, vol. 100, no. 5 (September/October 2021), p. 114.

형태이든 불가피하게 연루될 수 있다는 의미이다. 과거 강대국 간의 세력전이(勢力轉移) 과정에서 발생했던 청·일 전쟁, 러·일 전쟁 등 지역 내 주요 전쟁은 거의 다 한반도에서 벌어졌다. 물론, 미·중은 핵(核) 강대국이라 양국 간 전면적인 무력분쟁은 발생할 가능성이 거의 없다. 하지만, 전략적 경쟁과정에서 대리전(proxy conflicts)과 같은 형태로 한반도에서 무력분쟁은 여전히 발생할 수 있다.

특히 이러한 상황이 전개될 때 핵무장한 북한은 어떻게 행동할까? 미국은 과연 북한 핵무기에 대한 핵우산을 제공하고 중국과 대항하며 한국의 방위를 끝까지 지원해 줄 것인지? 한국으로서는 정말 예측하기 어려운 최악의 상황이 될 수 있다.

현재 미국 내에는 한국의 수동적 자세와 전략적 모호성 하에서 한국의 전략적 가치와 역할에 대해 의문을 제기하는 시각이 많다. 특히 일부에서는 한국이 이미 중국의 영향권 내에 편입한 것으로 간주하기도 한다.[11] 요즘 미국이 서태평양 전략을 논하면서 한국의 역할에 대해 거의 언급하지 않는 점이 이를 반증한다. 그렇다고 한국이 중국의 영향권이라고 자처하거나 중국이 그렇게 인식하는 것도 아니다. 결국 한국은 현재 서태평양에서 벌어지고 있는 미·중 패권경쟁에서 일종의 힘의 공백 속에 위치하고 있는 격이다. 그만큼 한반도가 미·중간의 각축장, 즉 또 다시 전쟁터가 되기 쉽다는 뜻이다.

결국 북한 핵·미사일 위협 하 국가존망의 기로에서 한국이 기댈 수 있는 곳은 지역 내에서 영토욕심이 없는 미국 동맹뿐이다. 무엇보다도 미국의 핵우산과 확장억제가 여전히 불가결하다. 또한 한·미 연합방위 태세는 잠재하고 있는 주변국의 도발을 억제하는 가장 강력하고 중요한 요소이다.

따라서 향후 한국의 생존은 두 가지 요인에 의해 결정되기 쉽다. 첫째, 핵우산을 포함하여 미국의 방위공약을 계속 보장하는 것, 둘째, 한국의 자체 방위력을 증강하여 재래식 전력 간의 싸움에서 수평적 피해를 완충하며 스스로의 생존을 모색하는 것이다. 그러므로 한국은 미국에게 미·중 전략적 경쟁에서 한국이 중요한 가치와 능력을 보유하고 있음을 평시부터 확신시키는 동시에, 미·중간 전략적 경쟁에서 주권을

11) 미국의 현대 지정학자 Robert Kaplan은 한국은 지리적으로 중국의 영향권에 속하며 통일이 되면 과거 역사로 인해 반일 감정이 큰 일본보다 경제관계가 긴밀한 중국쪽으로 편향하며 주한미군을 유치할 이유가 없어진다고 예측했다. Robert D. Kaplan, "The Geography of Chinese Power: How Far Can Beijing Reach on Land and at Sea?," *Foreign Affairs*, vol. 89, no. 3 (May/June 2010), pp. 31−2.

스스로 지켜나가기 위한 자강(自彊, self-strengthening) 노력을 기울여야 한다.

가. 한국의 가치와 역할

미 육군대학 전략연구소(Strategic Studies Institute)는 한국은 독립적인 범태평양 안보전력이자 신뢰할 만한 미국의 동맹으로서 아시아 대륙에서나 한반도 외곽에서 발생하는 보다 광범위한 사태의 결과에 영향을 미칠 수 있는 엄청난 잠재력을 보유한다고 분석한다.[12] 한국은 아시아 대륙 내 중국의 A2AD 거품 안에서 서태평양 전구 전체로 확장 가능한 미국의 군사력을 투사하고 현시하는 기반이라는 뜻이다. 한편 미하원 군사위 미래방위 TF(Future of Defense Task Force)가 발표한 보고서(2020년 9월 23일)는 다음과 같이 제언한다:

> 경제, 정치적 영향력과 탄력적인 전방 군사력 현시를 보유한 세계적 민주국가로서 미국은 오랫동안의 지정학적 동맹을 강화하고 새로운 파트너와 관계를 맺어야 한다. 캐나다, 영국, 호주, 뉴질랜드와의 Five Eyes 정보 파트너십이나 NATO와의 강건한 유대 유지가 가장 중요하며 한국과 일본과의 관계 역시 똑같이 중요하다 … 상당한 역사적 수단을 보유한 한국, 일본과의 오랫동안의 양국 간 안보관계는 중국의 부상 와중에 선견지명이 있는 동맹으로 기능한다.[13]

미국의 입장에서 볼 때, 현재 중국 A2AD 능력의 비호 하에서 중국해군의 확장하는 영향력을 견제하고 기정사실화 기도를 거부하기 위해서 중국 가까이에 군사력을 주둔하는 능력(staying power)이 매우 중요하다. 그만큼 한·미동맹이 그 어느 때보다 중요하다는 뜻이다.

특히 한·미 동맹은 미국에게 중국이 대만이나 티베트, 신장, 남중국해와 같이 '핵심이익'이라 부르는 서해(황해)로의 접근을 용이하게 한다.[14] 한미동맹을 통해 미

---

12) Nathan P. Freier Mr., John Schaus, and William G. Braun III, *An Army Transformed: USINDOPACOM Hypercompetition and US Army Theater Design* (Carlisle: US Army War College Press, 2020), p. 82.

13) US House Armed Services Committee, *Future of Defense Task Force Report 2020*, September 23, 2020, pp. 15-16.

14) 전 세계 10대 항구 중 7개를 중국이 보유하고 있으며 중국의 10대 항구 중 6개(칭다오, 상하

국은 압도적인 재래식 전력을 중국의 핵심이익 해역에 전개할 수 있다. 이는 서태평양에서의 전쟁억제와 힘의 균형을 유지하는데 매우 중요한 고려요소이다. 미국이 중국의 기정사실화 기도를 거부하는데 필요한 재래식 전력을 대만 본토나 대만주변 해역에 전개할 수 없는 것과는 엄연히 대조된다.

미국의 인도·태평양 국방정책 전문가 헤르징거(Blake Herzinger)는 한반도에서 일본 섬과 대만을 거쳐 동남아시아로 연결되는 제1도련은 태평양에서 미군과 미 동맹을 방어하는 핵심 요소라고 주장한다.[15] 과거 한국전쟁 발생 후 재설정했던 미국의 태평양 방위선, 즉 애치슨 라인이 제1도련인 셈이다. 이를 통해 미국은 한국을 힘의 공백 속에 방치하지 않고 아시아 대륙에서 미국의 마지막 거점으로서 한국의 전략적 가치 및 잠재적 역할을 극대화할 수 있다는 의미이다.

한편 한국은 미·중간 전략적 경쟁이 장기간 진행되더라도 한·미 연합군사령부라는 일원화된 지휘도구(mechanism)를 활용하여 노력의 통일을 기하며 북한 위협은 물론, 중국의 강압기도에 대응할 수 있다. 따라서 한국은 지정학적 차원에서 무엇이 가능한지, 불가능한지를 사전에 미국과 명확하게 소통해야 한다. 이러한 원활한 전략소통을 통해 한·미동맹 내에서 심각한 '신뢰의 결손(trust deficit)'을 개선해 나가야 한다.

그렇다고 한·미동맹의 앞날에 긍정적인 요소만 있는 것도 아니다. 바이든 행정부 출범 후 현재 미군은 범세계적 전력태세를 재평가하고 있다. 특히 제2차 세계대전 종전 이후 대규모 미군 전력이 배치되어 온 한국, 일본, 괌이 중국의 A2AD 위협에 취약해지면서 역내 미군을 가능한 '더 적은 수의 기지에, 더 많은 장소(fewer bases, more places)'에 순환 배치하는 방안이 모색되고 있다. 이에 따라 주한미군의 배치도 변화될 가능성이 크다. 그렇다고 미국이 동맹국 한국의 방위를 포기할 것이라는 의미는 아니지만, 한·미동맹이나 주한미군의 존재가 결코 당연시 될 수 없다는 의미이다.[16] 따라서 한국은 한반도 평화와 안정은 물론, 지역 내 안정과 안보를 지원하기

이, 텐진 등)는 황해를 통해 접근 가능하다.

15) Blake Herzinger, Abandoning Taiwan Makes Zero Moral or Strategic Sense, *Foreign Policy*, May 3, 2021.

16) 2020.12. 3. Mark Milley 미 합참의장은 미국의 해외, 특히 영구적 군사 기반체계가 너무 많다고 지적하며 해외주둔 미군은 영구적, 고정배치보다는 순환식 또는 단편적으로 배치하는 선택식이 되어야 한다고 주장하였다. Robert Burns, "Milley urges 'relook' at permanent overseas basing of troops," *The Washington Post*, December 3, 2020.

위해 필요한 전력구조와 유사 시 역할분담 등에 대해 미국과 더욱 긴밀하게 협의해 나가야 한다.

나. 자강(自彊)의 노력

그러나 강대국 간 힘의 변화나 미국의 상대적 쇠퇴를 감안할 때, 한국의 안보를 미국에 과도하게 의존하는 것은 금물이다. 주변 강대국으로 둘러싸인 한국은 양(量)보다는 질적(質的)인 측면에서 독자적 국방역량을 꾸준히 강화해 나가야 한다. 그래야 주변강대국이 한국의 운명을 마음대로 결정하는 것을 막을 수 있다. 그렇다고 미국이나 중국·러시아 등 강대국이 추구하고 있는 파괴적(disruptive) 혁신무기를 한국이 개발하는 것은 국가경제, 과학·기술적 역량을 벗어나는 일이다.

따라서 어떠한 과학·기술혁신 장점이 한국의 작전환경 내에서 가장 훌륭한 효과를 발휘할 것인지를 선택하고 가용자원을 이곳에 집중해야 한다. 가용자원의 제한을 고려, 선택은 가능한 최소한이 되어야 심도 있는 혁신을 집중적으로 추진할 수 있다.

(1) 선택

이에 대한 해결은 무엇보다도 한국군이 '어떻게 싸울 것인가(how to fight)?'를 먼저 정립하는 것이다. 다시 말해 주권과 국가권익을 보호하기 위해 한국이 직면하고 있는 가장 심각한 안보위협을 특정(特定)하고 한국군이 우선적으로 해결해야 할 작전적 문제를 구체적으로 식별해내야 한다. 식별된 작전적 문제를 해결하기 위해 4차 산업혁명시대의 어떤 군사기술 혁신을 선택, 집중할 것인가? 이를 구체적인 국방 R&D 계획(programs)으로 발전시켜 묵묵히 추진해 나가는 것이 국방혁신이다. 이러한 혁신경쟁에서 한국은 주변 강대국을 앞서야만 국제무대에서 당당한 국가로서 생존해 나갈 수 있다.

각 군에 극복해야 할 잘 정의된 구체적인 작전문제, 즉 구체성(specificity)을 제공해야 이를 해결하기 위한 효과적이고 참신한 해결방안을 고안해 낼 수가 있다. 전(前)미 국방부 획득차관(Deputy Secretary of Defense) Bob Work는 미국이 중국, 러시아의 기정사실화 전략에 맞서 거부적 억제전략으로서 해양압박 전략을 준비하고 있지만, 이를 구현하는 군사혁신을 추진하기 위해서 예를 들어 대만 침공 직후 72시간 내 미 해군은 중국해군 함정 350척을 침몰시키고 러시아의 침공 직후 러시아 기갑차량 2,400대를 파괴하는 목표를 가지면 구체적인 작전계획(operational concepts)이 나올 수 있다고 주장했다.17) 또한 전(前) 미 국방부 정책차관보(Undersecretary of Defense for Policy) Michèle Flournoy도 만약 미군이 72시간 내 남중국해에 있는 중국 해군함정, 잠수함, 상선을 침몰시킬 능력이 있다면 중국지도자들은 대만을 봉쇄하거나 침공하기 전에 이것이 중국 전(全)함대를 위험에 빠뜨리는 모험을 할 만한 행동인지 다시한 번 고민할 것이라고 주장했다.18)

적(敵) 잠수함, 수상함 등 고가치 군사표적을 격멸하는 이러한 능력은 적(敵)의 침공 시 응징(punishment)에 의한 재래식 억제를 분명히 제고시킬 것이다. 즉, 작전문제에 집중하여 각 군에게 적(敵) 고가치 표적을 신속하게 타격함으로써 거부를 달성하도록 목표를 명시함으로써 기술혁신의 장벽을 타파하고 잠재위협이 현실화되는 것을 예방할 수 있으며 전략과 작전(구체적 행동)을 실질적으로 연동할 수 있게 된다는 의미이다.

그렇다면, 한국의 가장 심각한 안보위협은 무엇일까? 당연히 한국의 생존을 위협하는 북한 핵·미사일이다. 무엇보다도 날아오는 북한의 핵탄두 미사일을 조기에 요격하여 국가의 안전과 국민의 생명을 지켜내는 것이 한국군의 가장 중요한 책무이다. 이와 관련, 해결해야 할 작전문제는 미사일 방어 및 응징보복 능력의 구축이다. 북한 핵·미사일 위협에 대응함에 있어서 혹자는 유사시 미 증원전력에 의존하면 된다고 언급한다. 하지만 미군도 가용자산이 부족한 실정이라 우리가 필요한 시간과 장소에 항상 있을 수는 없다. 따라서 북한 핵미사일에 대응하는 전력은 당장 내일이라도 작전 가능한 상태로 유지되도록 서둘러서 전력을 건설해야 한다.

그 다음 안보위협은 잠재 적국의 도발을 거부해야 하며 이와 관련된 작전문제는 영토, 관할해역, 영공에 대한 방어능력이다. 여기에는 날로 심화되고 있는 미·중 패권경쟁이 무력분쟁으로 확전되는 상황도 포함된다. 즉 미·중간의 무력분쟁이 발생했

---

17) Evan Braden Montgomery, "Kill 'Em All?: Denial Strategies, Defense Planning, and Deterrence Failure," *War on the Rocks*, September 24, 2020 재인용.

18) 물론 이를 위해서는 핵전쟁으로 확전 가능성 속에서 신속한 타격을 시행할 수 있는 국가지도자의 강력한 의지(will), 감시·정찰, 타격, 군수능력 등 고도의 전비상태를 유지하는 지구력 (endurance), 침공세력에게 가용한 여러 방책 변화에도 효과성(relevance)이 충분히 있어야 한다. Montgomery, 상게서.

을 시, 또 이것이 장기화되어 한반도가 다시 이들의 각축장(角逐場)이 되는 것을 막는 일이다. 이를 위해서는 한반도에 힘의 공백이 생기는 것을 예방하는 자주 국방력이 필요하다.

이는 결국 국가가 관할하는 영역에 대한 반(反)접근/지역거부 즉, 한국의 독자적 A2/AD 능력을 어떻게 구축하느냐의 문제라 할 수 있다. 소위 '고슴도치'라 불리는 이러한 전비태세를 구축하면 한국은 외세의 눈치를 보지 않고도 어느 정도 외부도발을 억제할 수 있다. 즉 강대국 간 패권경쟁에서 잠재적국이 한국을 침공하려 할 때 그 비용을 높임으로써 침공을 억제하는 자주국방 능력을 구축하는데 국방혁신이 집중 추진되어야 한다. 이것이 국가운명을 남에게 맡기지 않고 한국 스스로 결정하기 위해 반드시 필요한 유능한 안보, 즉 열강 속에서 당당한 주권국가가 되기 위한 자주 국방력이다.

이렇게 자구적인 노력을 기울여야 미국도 한국의 가치를 불가결한 동맹으로 인정하고 북한 핵·미사일 위협이 고조될 때, 또는 미·중간 무력충돌이 발생해도 한국의 방위를 기꺼이 지원하려 할 것이다. 잠재위협에 대응하는 능력은 좀더 긴 호흡을 가지고 AI, 빅데이터, 로봇, 실시간 네트워크 등으로 초연결되는 4차 산업혁명 기술에 부합하는 미래 전력으로 구축해 나갈 필요가 있다.

(2) 집중

따라서 한국이 국방혁신을 추진함에 있어서 집중해야 할 방향은 먼저 북한 핵·미사일 위협 대응능력 구축으로서 ① 장거리 정밀화력, ② kill-chain 구축에 필수적인 네트워크중심 작전환경(NCOE), ③ 한국형 미사일 방어(KAMD)이다. 특히 육상·해상·해저, 공중 등 다양한 영역에서의 장거리 정밀화력으로 북한의 고가치 표적을 정밀 타격할 수 있는 능력을 중복되게 갖추는 것이 억제력의 근간이다. 여기에 추가하여 AI 기술 능력구축 및 활용을 위한 ④ 디지털 데이터 기반, 즉 국방 cloud computing 환경 및 합동 AI센터의 창설이 최우선적으로 추진되어야 한다. 이들 대부분은 국방부차원에서 중점 추진되어야 할 혁신과제이며 필요시 정부차원, 즉 과기정통부와 산업자원부 등과의 협업이 필요하다.

한편 각 군의 혁신중점은 오늘밤 싸워 이기는 작전적 전비태세를 유지한 가운데 한국의 독자적 A2/AD 능력을 구축하는 것이다. 이를 위해 육군은 ① 지상기반 이동 장거리(대지, 대함, 대공) 정밀화력, ② Soldier Lethality(워리어 플랫폼)와 Dronebots, 해군은 ① 해상기반 장거리(대지, 대함, 대공) 정밀화력, ② USV, UUV 등 해상무인체계(UMS)와 유인 플랫폼 간의 협업을 통한 관할해역 통제(수상전, 대잠전/기뢰전), 여기에 추가하여 해병대는 유사 시 국가상비 즉응전력으로서 신속대응능력을 집중 구축해 나가야 한다. 그리고 공군은 ① 공중기반 장거리(대지, 대함) 정밀화력, ② 유·무인항공기 통합 관할공역 통제를 중점적으로 추진하는 것이 바람직하다. 이에 추가하여 분쟁의 장기화에 대비한 국가전쟁 역량(capacity)의 확충 차원에서 육군은 ③ 향토방위를 위한 예비전력의 내실화, 해군은 ③ 해군－해경 상호운용성 증진, 공군은 ③ 유·무인항공기 관제체계 구축을 중점 추진해야 한다.

이러한 관점에서 볼 때, AI, 빅데이터, 실시간의 C4ISR을 구현하는 핵심 기반체계 구축에 대한 종합적 청사진이 없는 가운데 현재 각 군별로 자군의 우선순위 의거 독단적(stove－piped)으로 추진되고 있는 군사혁신이 오히려 나중에 체계통합이나 플랫폼의 초연결을 저해하는 방해요소 즉, 또 다른 기존체계(legacy systems)가 되어 오히려 국방혁신의 발목을 잡을 수 있다.[19] 각 군에서의 다양한 혁신노력도 중요하지만, 군 전체적으로 핵심 기반체계의 설계 및 구축이 훨씬 시급하며 중요하다. 각 군의 혁신노력을 선도(先導)하기 위한 하나의 공통 프레임워크(a common framework)가 먼저 구축되어야 한다.

특히 4차 산업혁명시대 전장에서의 핵심기술인 AI와 무인체계(로봇) 관련 기술은 한국군이 그 작전요구성능(ROC)이나 획득절차를 정비하기도 전에 무서운 속도로 발전하고 있다. 따라서 무엇보다 이들 기술과 관련된 기본추진전략, 기술표준, 공통통제체계 등 기본골격(architectures)을 마련하고 기반 플랫폼 체계, 즉 cloud 컴퓨팅 환경 구축과 합동 AI센터의 설치, 그리고 모든 유·무인 플랫폼과 시스템의 통합을 위한 합동 네트워크 환경 구축을 위한 로드맵이 지체 없이 신속하게 수립, 추진되어야 한다. 이것이 선행되어야 비로소 4차 산업혁명 시대의 국방혁신이 시작되는 것이다.

(3) 무역국으로서 해양안보 능력

마지막으로 한국은 무역국가로서 무엇보다도 해양 분야의 자강(自彊) 노력이 중요하다. 이제까지 미 해군이 지역 해양안보를 제공해 왔다. 그 덕분에 한국민들은 지

---

19) 정호섭, "'스마트 국방혁신'의 과제: 핵심 기반구조 구축이 우선이다," 『KIMS Periscope』, 제171호 2019년 9월 21일.

역 해양안보를 공기와 같이 마치 당연한 것으로 간주해 왔다. 그런데 미·중 해양패권 경쟁으로 인해 이를 더 이상 당연한 것으로 간주할 수 없다. 지역 내 핵심 해상교역로 상에 우발적 무력분쟁이 발생하여 해상수송이 끊기면 전쟁도 하기 전(前)에 국가 생존 그 자체가 위태롭게 된다. 또 중국이 미 해군을 대체하여 지역 내 해상교역로를 통제하는 상황이 올 수도 있다. 그럴 경우 한국은 중국의 정치, 경제, 군사적 강압에 매우 취약해진다. 경제생존, 해양권익은 물론, 국가 주권 및 기본적 가치(자유, 민주)를 지키는 것도 쉽지 않게 된다. 만일의 경우에 대비하여 무엇보다도 해상교통의 안전을 보장할 수 있는 가시적인 노력이 있어야 한다.

이런 면에서 경(輕)항모 건조 결정은 상당히 의미 있는 일이라 볼 수 있다. 그런데 '한국이 왜 항모가 필요 하냐?'라고 생각하는 이들이 의외로 많다. 물론, 해상교통로는 너무 방대하여 어느 나라 해군이라도 혼자 방어할 수 없다. 오직 억제가 기능할 뿐이다. 해상에서 위협세력이 도발을 하려 할 때 주변이 한국해군의 영향권이라고 인식되면 도발을 주저하게 된다. 이것이 억제력이자, 해군의 현시능력이다.

해군함정은 이동하는 해상 영토로서 그 영토의 영향력이 클수록 억제력은 커진다. 함정은 탑재하고 있는 무장과 센서로 그 영향력이 결정된다. 구축함이나 호위함도 가공할 파괴력을 보유하나 항모는 탑재 항공기의 작전반경만큼 영향력이 확장되고 여기에 항공기가 보유한 센서의 탐지거리만큼 감시영역(영향권)이 늘어난다. 이러한 해상 영토가 한국의 생명선 바닷길을 따라 국가의 힘과 영향력을 현시(顯示)하면서 국가번영과 경제생존을 보장하는 것이다. 또 이러한 해군력은 해양 전구(戰區)인 아·태지역 내에서 힘의 공백을 예방함으로써 전쟁억제 및 지역 해양안보에도 기여할 수 있다. 결국, 한국의 경항모는 점점 불확실해지는 지역 해양안보 환경 속에서 무역국가로서 한국이 경제발전과 번영은 물론, 국가 주권과 자유·민주라는 국가 정체성을 스스로 지켜나려는 의지와 능력의 상징이라 볼 수 있다.

만약 이 같은 가시적 국가수단이 없으면 무역국가 한국은 해상교통의 안전을 외세에 100% 의존해야 한다. 또한 이 같은 국가수단은 단기간 내에 구비될 수가 없다. 관련 기술이 있어야 하고 수많은 시행착오를 거쳐야 국가가 요구할 때 제 기능을 발휘하는 해군력을 건설할 수 있는 것이다.

◇◇◇

　　한국은 중국과 지리적으로 근접한 지정학적 현실과 남·북한 대치 상황, 그리고 중국 시장에 과도하게 의존하는 국가경제를 고려할 때, 종종 '핀란드화'라는 용어로 표현되는 중국의 강압행위에 매우 취약할 수밖에 없는 불가피한 면이 있다. 그렇다고 중국의 부당한 강압행위에 굴복하면 안 된다. 물론 중국의 적지 않은 보복행위가 예상되지만, 한국은 이를 피하려 하지 않고 극복해야 주권국가로서 살아남을 수 있다.

　　한국이 중국의 부당한 강압에 굴복하면 향후 한국은 현재와 매우 다른 환경에서 생존해야 한다. 사실상 과거 중국의 조공국(朝貢國)의 상태로 돌아가는 것이다. 과연 국민들은 이러한 상태에서 생존하는 것을 달가워할까? 또 한국이 중국으로 편향된 노선을 선택할 시, 미국이 과연 북한의 핵·미사일 위협에 대항하는 확장억제를 제공하고 또 북한이나 중국의 도발 시 과연 핵전쟁의 위험 속에서 한국을 방어하기 위해 지원하려고 할까?

　　그러나 반대로 만약 한국이 당당하고 솔직하게 원칙을 표방하고 부당한 강압에 굴복하지 않으면 중국은 한국과 협상하려고 접근할 것이다. 한국은 국제법에 기반한 원칙을 준수하되, 사안에 따라 현실을 고려하여 유연성을 발휘하며 '핀란드화'를 극복하는 안보전략을 추진해야 한다. 문제는 한국이 과연 그러한 의지가 있느냐? 이다.

　　결국 향후 지속될 중국의 중국몽 추진, 미·중 전략적 경쟁이나 국가생존을 위협하는 북한 핵·미사일 위협 속에서 한국이 생존과 번영을 보장할 수 있는 방책은 한·미동맹 체제를 현 상황에 맞게 보강하고 스스로의 국방역량을 강화하는 것이다. 이를 위해서는 무엇보다도 주변 안보현실을 꿰뚫어 보고 원칙을 표방하면서도 국익을 위해 유연하게 난관을 헤쳐 나가려는 국가지도자들의 비전과 리더십, 국가적 어려움을 극복하려는 국민들의 슬기롭고 단합된 힘, 그리고 군(軍)의 실전적이고 유능한 전비태세 유지와 끊임없는 미래전력 발전 노력이 그 어느 때보다 필요하다.

참고문헌

＊ 국문

- 강효백 저, 『중국의 습격』(서울: Human & Books, 2012).
- 김인승, "한국형 항공모함 도입계획과 6.25 전쟁기 해상항공작전의 함의," 『국방정책연구』 제
  35권 제4호 (2019년 겨울호).
- 김종민, 정호섭 공역, Julian S. Corbett 저, 『해양전략론(*Some Principles of Maritime Strategy*)』
  (서울: 한국해양전략연구소, 2009).
- 김주식 역, George W. Baer 저, 『미국해군 100년사(*One Hundred Tears of Sea Power: The
  US Navy 1890−1990*)』(서울: 한국해양전략연구소, 2005).
- ──────, 알프레드 마한 著, 『해양력이 역사에 미치는 영향 1, 2』(서울: 책세상, 2010).
- 김현기, 『현대해양전략사상가』(서울: 한국해양전략연구소, 1998).
- 라종일, "70년전 1월 30일… 스탈린은 전쟁을 허락했다," 『조선일보』, 2020년 2월 1일.
- 마이클 맥데빗, "중국의 해군력 증강과 동아시아에서 미 해군의 전략적 함의," 한국해양전략연
  구소 편, 『중국 해군의 증강과 한·미 해군협력』(서울: 한국해양전략연구소, 2009년).
- 박명림, "박명림의 한국전쟁 깊이 읽기, ④ 현대 동아시아 국제질서와 한국전쟁."
- 박병화, 이두영 옮김, John Toland 著, 『일본제국 패망사(*The Rising Sun: The Decline and
  Fall of the Japanese Empire, 1936−1945*)』(서울: 글 항아리, 2019).
- 윤석준 역, Toshi Yoshihara and James R. Holmes 공저, 『태평양의 붉은 별(*China's Rise and
  the Challenge to US Maritime Strategy*)』(서울: 한국해양전략연구소, 2010).
- 이근욱 지음, 『왈츠이후: 국제정치 이론의 변화와 발전』(서울: 한울, 2009).
- 이민효 저, 『무력분쟁과 국제법』(서울: 연경문화사, 2008).
- 이숙연, "국제정치에서의 '정치적인 것': 사상과 이론의 통찰," 『전략논단』 제31호 (2020년).
- 이용빈 옮김, 아마코 사토시(天兒慧) 著, 『중국과 일본의 대립(日中對立)』(서울: 한울 아카데
  미, 2013).
- 이춘근 역, Bernard D. Cole 저, 『아시아태평양 국가들의 해양전략(Asian Maritime Strategies:
  Navigating Troubled waters)』(서울: 한국해양전략연구소, 2014).
- 이홍표 역, Michael D. Swaine, Ashley J. Tellis 공저, 『중국의 대전략: 과거, 현재, 미래
  (Interpreting China's Grand Strategy: Past, Present and Future)』(서울: 한국해양전략연구소,
  2007).
- 임인수 역, 세르게이 고르시코프 著, 『국가의 해양력』(서울: 한국해양전략연구소, 2012).

- 정호섭, "'스마트 국방혁신'의 과제: 핵심 기반구조 구축이 우선이다," 『KIMS Periscope』 제171 호 2019년 9월 21일.

- ──────, "4차 산업혁명 기술을 지향하는 미 해군의 분산해양작전," 『국방정책연구』 제35권 제2호 (2019년 여름).

- ──────, "강대국 간의 경쟁시대를 맞는 미 해군의 재건노력", 『Strategy 21』 제21권, 제2호, 2018.

- ──────, "반접근·지역거부 대(對) 공·해전투 개념: 미·중 패권경쟁의 서막?", 『Strategy 2 1』 제14권, 제2호, 2011.

- ──────, 『海洋力과 미·일 안보관계: 미국의 對日統制手段으로서 本質』 (서울: 한국해양전 략연구소, 2001).

- ──────, "우주항공력, 해양력, 합동작전의 측면에서 본 걸프전," 『국방정책연구』 1999년 가을.

- 정호섭, 임인수 공역, Colin S. Gray 著, 『역사를 전환시킨 해양력: 전쟁에서 해군의 전략적 이 익(The Leverage of Sea Power: The Strategic Advantage of Navies in war)』 (서울: 한국해 양전략연구소, 1998).

- 빅터 차, "중국 앞에만 서면 달라도 너무 다른 한국과 호주," 『조선일보』 2020년 10월 31일.

- 한승동 옮김, 마이클 타이(Michael Tai) 저, 『동·남중국해, 힘과 힘이 맞서다(China and Her Neighbors: Asian Diplomacy from Ancient History to the Present)』 (서울: 메디치, 2020).

- 홍지수 옮김, 조지 프리드만 저, 『다가오는 폭풍과 새로운 미국의 세기』 (서울: 김앤김북스, 2020).

- 대한민국 해군, 한국해양전략연구소, 해양경비안전본부, 『해군·해경 간 상호운용성 증진 세미 나 발표논문집』 (서울: 한국해양전략연구소, 2015).

* 日文

- 後瀉桂太郎, 『海洋戰略論』 (東京: 勁草書房, 2019)
- 下平拓哉, 『日本安全保障 : 海洋安全保障と地域安全保障』 (東京: 成文堂, 2018)
- 中內康夫, 藤生 將治, 高藤奈央子, 加地良太 共著, 『日本領土問題と海洋戰略』 (埼玉: 株式會社 朝陽會, 2012)
- 阿部三郎, 『わが帝國海軍の興亡』 (東京: 光人社, 2005)
- 森 史朗, 『運命の夜明け: 眞珠灣攻擊 全 眞相』 (東京: 光人社, 2003)
- 福山隆, "中国海軍今日までの歩み(前半)," 戰略檢討フォーラム 2015年12月4日.

* 中文

- 季长空, "毛主席三次为人民海军题词,背后还有这样的故事," 『解放軍報』, 2021年 5月 7日.

* 영문

- Anonymous, "The Longer Telegram: Toward a new American China strategy," Washington, DC: The Atlantic Council, Scowcroft Center for Strategy and Security, 2021.
- Allen, Craig H., *International Law for the Seagoing Officers*, 6th ed., Annapolis, MD: Naval Institute Press, 2014.
- Allison, Graham, "The New Spheres of Influence: Sharing the Globe With Other Great Powers," *Foreign Affairs*, vol. 99, no. 2 (March/April 2020).
- ─────, "China and Russia: A Strategic Alliance in the Making," *The National Interest*, December 14, 2018.
- Armstrong, Benjamin F., *21st Century Mahan: Sound Military Conclusions for the Modern Era*, Annapolis, Maryland: Naval Institute Press, 2013.
- Asada, Sadao, *From Mahan to Pearl Harbor: The Imperial Japanese Navy and the United States*, Annapolis, MD: US Naval Institute, 2006.
- Azuma, Hidetoshi, "China's War on the Law of the Sea Treaty and Implications for the US," *American Security Project*, September 4, 2015.
- Babones, Salvatore, "Friday's Quad Summit Will Show if It's Just a Talking Shop," *Foreign Policy*, March 10, 2021.
- Baker, Rodger, "Revisiting the Geopolitics of China," *Stratfor*, March 15, 2016.
- Bergman, Judith, "China Aims to Become the World's Leading Space Power by 2045," *Gatestone Institute*, May 9, 2021.
- Bhadrakumar, MK, "The China─Iran pact is a game─changer," *Asia Times*, April 2, 2021.
- ─────, "India's China fears put to rest in Sri Lanka," *Asia Times*, March 19, 2021.
- ─────, "Russia and China cementing an enduring alliance," *Asia Times*, October 11, 2020.
- ─────, "The factors drawing Putin and Xi together," *Asia Times*, October 5, 2020.
- ─────, "China and Russia wary of Japanese militarism," Asia Times, September 30, 2020.
- ─────, "India gains nothing from an 'Asian NATO'," *Asia Times*, September 4, 2020.
- Bhurtel, Bhim, "How China drew a red line in Anchorage," *Asia Times*, March 22, 2021.
- ─────, "Morrison digging a grave for Australia," *Asia Times*, September 22, 2020.
- Biddle, Stephen and Ivan Oelrich, "Future Warfare in the Western Pacific: Chinese Anti─access/Area Denial, U.S. AirSea Battle, and Command of the Commons in East Asia," *International Security*, vol. 41, no. 1 (2016).
- Black, Benjamin, "The South China Sea Disputes: A clash of international law and historical claims," *jlia Blog*, March 22, 2018.
- Blackley, Andrew, "The Enduring Legacy of the War of Jiawu," *Naval History Magazine*,

Vol. 35, No. 2 (April 2021).

− Blanchette, Jude, "Ideological Security as National Security," Center for Strategic and International Studies, December 2020.

− Brake, Jeffrey D., "Quadrennial Defense Review (QDR): Background, Process, and Issues," *CRS Report for Congress*, June 21, 2001.

− Brattberg, Erik, and Ben Judah, "Forget the G−7, Build the D−10," *Foreign Policy*, June 10, 2020.

− Bromund, Ted R., and James Jay Carafano, and Brett D. Schaefer, "7 Reasons US Should Not Ratify UN Convention on the Law of the Sea," *The Heritage Foundation*, June 4, 2018.

− Brose, Christian, "The New Revolution in Military Affairs: War's Sci−Fi Future," *Foreign Affairs*, May/June 2019, pp. 122−134.

− Brzezinski, Zbigniew, *The Grand Chessboard: American Primacy And Its Geostrategic Imperatives*, (New York: Basic Books, 1997).

− Bryen, Stephen, *Recommendations on How the United States Can Stop China from Invading Taiwan*, A Report for the Center for Security Policy, January 25, 2021.

−−−−−−, "Why the US withdrew its bombers from Guam" *Asia Times*, April 28, 2020.

− Buderi, Robert, *Naval Innovation for the 21st Century: The Office of Naval Research since the End of the Cold War*, Maryland: Naval Institute Press, 2013.

− Cai, Xia, "The Party That Failed: An Insider Breaks With Beijing," *Foreign Affairs*, vol. 100, no. 1 (January/February 2021).

− Campbell Kurt M., and Rush Doshi, "How America Can Shore Up Asian Order: A Strategy for Restoring Balance and Legitimacy," *Foreign Affairs*, January 12, 2021.

− Campbell, Kurt M., and Ely Ratner, "The China Reckoning: How Beijing Defied American Expectations," *Foreign Affairs*, vol. 97, no. 2 (March/April 2018).

− Chari, P. R., "Indo−Soviet Military Cooperation: A Review," *Asian Survey*, Vol. 19, No. 3 (March 1979).

− Chatzky, Andrew, and James McBride, "China's Massive Belt and Road Initiative," *Council on Foreign Relations*, January 28, 2020.

− Cheng, Dean, "The Complicated History of U.S. Relations with China," *The Heritage Foundation*, October 11, 2012.

− Clark, Bryan, and Timothy A. Walton, *Taking Back The Seas: Transforming the US Surface Fleet for Decision−Centric Warfare*, Center for Strategic and Budgetary Assessments, 2019.

− Clark, Bryan, and Timothy A. Walton, and Adam Lemon, *Strengthening the U.S. Defense Maritime Industrial Base: A Plan to Improve Maritime Industry's Contribution to National Security*, CSBA, February 2020.

− Clawson, Patrick, "Dual Containment: Revive It or Replace It?," *The Washington Institute for Near East Policy*, December 18, 1997.

— Cliff, Roger, and Mark Burles, Michael Chase, Derek Eaton, and Kevin Pollpeter, *Entering the Dragon's Lair; Chinese Anti−access Strategies and Their Implications for the United States*, (Santa Monica: RAND Corporation, 2007).

— Cohen, Ariel, "China And Iran Approach Massive $400 Billion Deal," *Forbes*, July 17, 2020.

— Colby, Elbridge, "How to Win America's Next War," *Foreign Policy*, May 5, 2019.

— Cole, B. D., *The Great Wall at sea: China's Navy in the twenty−first century*, (Annapolis, MD: Naval Institute Press, 2010).

— Cole, J. Michael, "Chinese analyst calls for war in South China Sea," *Taipei Times*, September 30, 2011.

—————, "The Third Taiwan Strait Crisis: The Forgotten Showdown Between China and America," *The National Interest*, March 10, 2017.

— Colin, Sebastien, "China, the US, and the Law of the Sea," *China Perspective*, No. 2016/2.

— Conley, Heather A. et al., "The Return of the Quad: Will Russia and China Form Their Own Bloc?," *Center for Strategic and International Studies*, April 6, 2021.

— CRS, "China Naval Modernization: Implications for U.S. Navy Capabilities: Background and Issues for Congress," *CRS Report*, December 3, 2020.

— Anders Corr, ed., *Great Powers, Grand Strategies: the New Game in the South China Sea*, Annapolis, Maryland: Naval Institute Press, 2018.

— CSIS, Asia Maritime Transparency Initiative, "Remote Control: Japan's Evolving Senkaku Strategy," July 29, 2020.

— CSIS, Missile Defense Project, "Missiles of China," *Missile Threat, Center for Strategic and International Studies*, June 14, 2018.

— Cutler, Thomas J. ed., *Naval Strategy*, Maryland: Naval Institute Press, 2015.

— Dahm, Michael, "China's Desert Storm Education," *Proceedings*, Vol. 147, No. 3 (March 2021).

— Dale, Catherine, and Pat Towell, "In Brief: Assessing the January 2012 Defense Strategic Guidance (DSG)," *Congressional Research Service*, August 13, 2013.

— Davis, Daniel, "How A War Against China Could Cripple The United States," *1945*, March, 2021.

— Deptula, David, "Moving further into the information age with Joint All−Domain Command and Control," *C4ISRNET*, July 9, 2020.

— Donegan, Don, "Redefine the Strike Group," *Proceedings*, vol. 144, no. 10 (October 2018).

— Dougherty, Christopher M., "The Pentagon needs a plan to get punched in the mouth," *C4ISRNet*, May 20, 2021.

— Dueck, Colin, "The Return of Geopolitics," *Foreign Policy*, July 27, 2013.

— Dutton, Peter (ed), "A Maritime or Continental Order for Southeast Asia and the South China Sea?," *Naval War College Review*, vol. 69, no. 3 (Summer 2016).

—————, *Military Activities in the EEZ: A U.S.−China Dialogue on Security and*

International Law in the Maritime Commons, China Maritime Studies Institute, U.S. Naval War College, Study No. 7, December 2010.

─ ─ ─ ─ ─ ─, (ed), Steven D. Vincent, "China and the United Nations Convention on the Law of the Sea: Operational Challenges," U.S. Naval War College, May 18, 2005.

─ Engel, Eliot L., and James G. Stavridis, "The United States Should Ratify The Law Of The Sea Convention," *Huffpost*, July 12, 2017.

─ Everstine, Brian W., "PACAF Surveyed Every 'Piece of Concrete' in the Pacific for Agile Combat Employment," *Air Force Magazine*, November 25, 2020.

─ Eyer, Kevin, and Steve McJessy, "Operationalizing Distributed Maritime Operations," *Center for International Maritime Security*, March 5, 2019.

─ Escobar, Pepe, "Birth of a new geopolitical paradigm," *Asia Times*, March 29, 2021

─ ─ ─ ─ ─ ─, "For Leviathan, its so cold in Alaska," *Asia Times*, March 18, 2021.

─ ─ ─ ─ ─ ─, "Russia holds the key to German sovereignty," *Asia Times*, February 17, 2021.

─ ─ ─ ─ ─ ─, "Why Russia is driving the West crazy," *Asia Times*, February 10, 2021.

─ ─ ─ ─ ─ ─, "Trump's Not−So−secret Art of Containing China," *Asia Times*, January 14, 2021.

─ ─ ─ ─ ─ ─, "Definitive Eurasian Alliance Is Closer than You Think," *Asia Times*, August 26, 2020.

─ European Council on Foreign Relations, "Absorb and conquer: An EU approach to Russian and Chinese integration in Eurasia," 9 June 2016.

─ Fanell, James E., "China's Global Navy: Today's Challenge for the United States and the U.S. Navy," *Naval War College Review*, vol. 73, no. 4, 2020.

─ Faturechi, Robert, and Megan Rose and T. Christian Miller, "Years of Warnings, Then Death and Disaster: How the Navy failed its sailors," *Propublica*, February 7, 2019.

─ Filipof, Dmitry, "A Navy Astray: Remembering How the Fleet Forgot to Fight," *CIMSEC*, September 9, 2019.

─ ─ ─ ─ ─ ─, "How the Fleet Forgot to Fight, PT. 2: Firepower," CIMSEC, September 24, 2018.

─ Flynn, Mattew, "What Napoleon Can Teach us about the South China Sea," *War on the Rocks*, April 12, 2021.

─ Ford, John, "The Pivot to Asia Was Obama's Biggest Mistake," *The Diplomat*, January 21, 2017.

─ Freier, Nathan P., John Schaus, and William G. Braun III, *An Army Transformed: USINDOPACOM Hypercompetition and US Army Theater Design*, Carlisle: US Army War College Press, 2020.

─ French, Howard W., and Ian Johnson, Jeremiah Jenne, Pamela Kyle Crossley, Robert A. Kapp and Tobie Meyer−Fong, "How China's History Shapes, and Warps, its Policies Today," *Foreign Policy*, March 22, 2017.

─ Friedman, George, "The Unlikelihood of War With China and Russia," *Geopolitical Futures*,

April 14, 2021.

ー ー ー ー ー ー, "Obama, Trump and the Wars of Credibility," *Geopolitical Futures*, October 29, 2019.

ー ー ー ー ー ー, "The People's Republic of China at 70: Of Opium and 5G," *Geopolitical Futures*, October 1, 2019.

ー ー ー ー ー ー, "The Geopolitics of the United States, Part 1: The Inevitable Empire," *Stratfor*, July 4, 2016.

ー Gao, Charlie, "The War That Made China's Military Into a Superpower," *The National Interest*, March 11, 2021.

ー Garrett, Geoffrey, "G2 in G20: China, the United States and the World after the Global Financial Crisis," *Global Policy*, Vol. 1, Issue 1, January 27, 2010.

ー Garrett ー Glaser, Brian, "China's Military Revolution: Smarter, Better, Faster, Smaller." *The Cipher Brief*, March 8, 2018.

ー Gehrke, Joel, "China and Russia plan to 'deepen' cooperation against US," *Washington Examiner*, December 11, 2020.

ー Gertz, Bill, "State Department Policy Leader Unfairly Criticized as Racist, Supporters Say," *Free Beacon*, May 7, 2019.

ー Gewirtz, Julian, "China Thinks America Is Losing," *Foreign Affairs*, vol. 99, no. 6 (November/December 2020).

ー Gilboy, George J., and Eric Heginbotham, "China's Coming Transformation," *Foreign Affairs*, vol. 80, no. 4 (July/August 2001).

ー Gill, Chris, "Chinese miffed after 'ally' Putin sells fighter jets to India," *Asia Times Financial*, July 03, 2020.

ー Girard, Bonnie, "US Targets China's Quest for 'Military ー Civil Fusion'," *The Diplomat*, November 30, 2020.

ー Glaser, Bonnie S., and Richard C. Bush, Michael J. Green, *Toward a Stronger U.S. ー Taiwan Relationship*, A Report of the CSIS Task Force on U.S. Policy Toward Taiwan, Center for Strategic and International Studies, October 2020.

ー Glaser, Bonnie S., and Michael J. Mazarr, Michael J. Glennon, Richard Haass and David Sacks, "Dire Straits: Should American Support for Taiwan Be Ambiguous?," *Foreign Affairs*, September 24, 2020.

ー Goldman, David P., "China shows it too can play rough in the Middle East," *Asia Times*, March 27, 2021.

ー ー ー ー ー ー, "A Pax Sinica takes shape in the Middle East," *Asia Times*, February 4, 2021.

ー Goldstein, Lyle J., "Beijing has a plethora of military options against Taiwan after 2022," *The Hill*, March 10, 2021.

ー ー ー ー ー ー, "China's 'Long March' to a Credible Nuclear Attack Submarine," *The National Interest*, April 30, 2019.

- Grattan, Michelle, "Australia rethinks China's 99−year Darwin Port lease," Asia Times, MAY 8, 2021.
- Grau, Lester W., and Jacob W. Kipp, "Bridging the Pacific", *Military Review*, July−August 2000.
- Greenert, Jonathan W., and Tetsuo Kotani, Tomohisa Takei, John P. Niemeyer, and Kristine Schenck, "Roundtable: Navigating Contested Waters: U.S.−Japan Alliance Coordination in the East China Sea," *Asia Policy*, vol.15, no. 3 (July 2020).
- Greer, Tanner, "American Bases in Japan Are Sitting Ducks," *Foreign Policy*, September 4, 2019.
- Gregson, Wallace C. Jr., and Jefrfrey W. Hornung, "The US Considers Reinforcing its 'Pacific Sanctuary'," *War on the Rocks*, April 12, 2021.
- Grossman, Derek, "America Is Betting Big on the Second Island Chain," *The Diplomat*, September 5, 2020.
- Halloran, Richard, "AirSea Battle", *Air Force Magazine*, August 2010.
- Hammes, T. X., "Offshore Control: A Proposed Strategy," *Infinity Journal*, vol. 2, no. 2, Spring 2012.
- Harner, Stephen, "The Xi−Putin Summit, China−Russian Strategic Partnership, and The Folly Of Obama's 'Asian Pivot'," *Forbes*, March 24, 2013.
- Hartung, William D., "America's Military Is Misdirected, Not Under−funded," *Defense One*, November 1, 2019.
- Heginbotham, Eric et al., *The U.S.−China Military Scorecard: Forces, Geography, and the Evolving Balance of Power, 1996−2017*, Santa Monica, CA: Rand Corporations, 2015.
- Heiduk, Felix, and Gudrun Wacker, *From Asia−Pacific to Indo−Pacific: Significance, Implementation and Challenges*, SWP Research Paper 9, July 2020.
- Hendrix, Jerry, *Provide and Maintain a Navy: Why Naval Primacy Is America's First, Best Strategy*, Annapolis, MD: Focsle LLP, December 19, 2020.
- ──────, *Retreat from Range: The Rise and Fall of Carrier Aviation*, Center for a New American Security, October 19, 2015.
- Heritage, Anisa, and Pak K. Lee, "'Global Britain': The UK in the Indo−Pacific," *The Diplomat*, January 8, 2021.
- Herzinger, Blake, "Abandoning Taiwan Makes Zero Moral or Strategic Sense," *Foreign Policy*, May 3, 2021.
- ──────, "Give the U.S. Navy the Army's Money," *Foreign Policy*, April 28, 2021.
- ──────, and Elee Wakim, "The Assumption of Access in the Western Pacific," *CIMSEC*, June 2, 2020.
- Heydarian, Richard Javad, "Biden signals a 'cold peace' contest with China," *Asia Times*, February 9, 2021.
- ──────, "Biden and Xi fire hot first salvos over Taiwan," *Asia Times*, January 25, 2021.

──────, "Quad gains traction as unified anti-China front," *Asia Times*, October 6, 2020.

──────, "Germany wades into the Indo-Pacific fray," *Asia Times*, September 5, 2020.

──────, "Duterte bans exercises with US in South China Sea," *Asian Times*, August 4, 2020.

— Hickman, Kennedy, "World War II: The Liberty Ship Program," ThoughtCo, July 21, 2019.

— Hicks, Kathleen H., and Joseph Federici, Seamus P. Daniels, Rhys McCormick, and Lindsey R. Sheppard, "Getting to Less? The Minimal Exposure Strategy," *CSIS Briefs*, February 6, 2020.

— Hildebrand, James, and Harry W. S. Lee, Fumika, Mizuno, Miyeon Oh, and Monica Michiko Sato, "Build an Atlantic-Pacific Partnership," in *NATO 20/2020*, Atlantic Council, October 2020.

— Ho, Ben, and Wendy He, "HMS Queen Elizabeth's Indo-Pacific Deployment," *Proceedings*, vol. 147, no. 3 (March 2021).

— Holmes, James, "America's Maritime Army: How the US Military Would Fight China?", *1945*, March, 2021.

──────, "Great Responsibility Demands a Great Navy," *Proceedings*, vol. 147, no. 2 (February 2021).

──────, "The U.S. Navy Has Forgotten What It's Like to Fight," *Foreign Policy*, November 13, 2018.

— Hooper, Charles W., Going Nowhere Slowly: U.S.-China Military Relations, 1994-2001, Weatherhead Center for International Affair, Harvard University, Cambridge, July 7, 2006.

— Hornung, Jeffrey W., "The United States and Japan should Prepare for War with China," *War on the Rocks*, February 5, 2021.

— Ikenberry, G. John, "Between the Eagle and the Dragon: America, China, and Middle State Strategies in East Asia," *Political Science Quarterly*, vol. 20, no. 20, 2015.

— Iriye, Akira, *Power and Culture: the Japanese-American War, 1941-1945*, Cambridge, Mass.: Harvard University. Press, 1981.

— Isachenkov, Vladimir, "Putin: Russia-China military alliance can't be ruled out," *AP News*, October 23, 2020.

──────, "Russian, Chinese leaders hail burgeoning ties," *AP News*, June 6, 2019.

— Jackson, John E. (ed)., *Naval Innovation*, Annapolis, MD: Naval Institute Press, 2015.

— Jackson, Van, "America's Indo-Pacific Folly," *Foreign Affairs*, March 12, 2021.

— Jencks, Harlan W., "Chinese Evaluations of 'Desert Storm': Implications for PRC Security," *The Journal of East Asian Affairs*, vol. 6, no. 2 (Summer/Fall 1992).

— Jung, Ho-sub, "ROK-US-Japan Naval Cooperation in the Korean Peninsula Area: Prospects for Multilateral Security Cooperation," *International Journal of Korean Studies*, spring/summer, 2012.

— Kan, Shirley A., "U.S.-China Military Contacts: Issues for Congress," *Congressional Research*

Service, 7-5700, October 27, 2014.

- Kania, Elsa B., and Lorand Laskail, "A Sharper Approach to China's Military-Civil Fusion Strategy Begins by Dispelling Myths," *Defense One*, February 4, 2021.

- Kaplan, Robert D., "The Return of Marco Polo's World and the U.S. Military Response," *CNAS*, MAY 2017.

- -----, "Why the South China Sea is so crucial," *Business Insider*, Briefing, February 20, 2015.

- -----, *The Revenge of Geography : What the Map Tells Us About Coming Conflicts and the Battle Against Fate*, Random House, 2013.

- -----, "The Geography of Chinese Power : How Far Can Beijing Reach on Land and at Sea?," *Foreign Affairs*, vol. 89, no. 3 (May/June 2010).

- -----, *Monsoon: The Indian Ocean and the Future of American Power*, New York: Random House, 2010.

- Kaufman, Alison Adcock, "The 'Century of Humiliation,' Then and Now: Chinese Perceptions of the International Order," *Pacific Focus*, Vol. 25, Issue 1 (April 2010).

- Keliher, Macabe, "Anglo-American Rivalry and the Origins of U.S. China Policy," *Diplomatic History*, vol. 31, no. 2 (April 2007).

- Kissinger, Henry A., "The Future of U.S.-Chinese Relations: Conflict Is a Choice, Not a Necessity," *Foreign Affairs*, vol. 91, no. 2 (March/April 2012).

- Krepinevich, Andrew F. Jr., How to Deter China: The Case for Archipelagic Defense, *Foreign Affairs*, vol. 94, no. 2 (March/April 2015).

- -----, *Why Air Sea Battle?*, Center for Strategic and Budgetary Assessments, 2010.

- Kroger, John R., "Esper's Fantasy Fleet," *Defense One*, October 13, 2020.

- C. A. Kupchan, "Isolationism Is Not a Dirty Word," *The Atlantic*, September 28, 2020.

- Lambert, Andrew ed., *21st Century Corbett : Maritime Strategy and Naval Policy for the Modern Era*, Annapolis, Maryland: Naval Institute Press, 2017.

- Lalwani Sameer, and Liv Dowling, "Take Small Steps to Advance the US-India Relationship," *Defense One*, December 21, 2017.

- Lanteigne, Marc, "Who Benefits From China's Belt and Road in the Arctic?," *The Diplomat*, September 12, 2017.

- Larter, David, "Provide & Maintain," *The Drift*, Season III, Vol. I, 2021.

- Lasater, Martin L., Arming the Dragon: How Much U.S. Military Aid to China?," *The Heritage Lectures*, no 53, March 14, 1986.

- Laskai, Lorand, "Civil-Military Fusion: The Missing Link Between China's Technological and Military Rise," *Council on Foreign Relations*, January 29, 2018.

- Lehman, Christopher Sr., "We Need A Bigger Navy, Fast," *Breaking Defense*, January 27, 2021.

- Lowenthal, Richard, Russia and China: Controlled Conflict, *Foreign Affairs*, Vol. 49, No. 3

(April 1971).

— Lukin, Artyom, "Russia and the Balance of Power in Northeast Asia," *Pacific Focus*, Vol. 27, Issue 2, August 9, 2012.

— ─ ─ ─ ─ ─, "Russia and China March Together and Eye a Common Adversary, the US," *HUFFPOST*, August 09, 2015, December 6, 2017.

— Mackinder, Halford, "The Geographical Pivot of History," *The Geographical Journal*, Vol. 23, No. 4 (April 1904).

— Mahan, Alfred T., *Mahan on Naval Strategy: Selections from the Writings of Rear Admiral Alfred Thayer Mahan*, Annapolis, MD: US Naval Institute, 1991.

— Mahbubani, Kishore, "Why Attempts to Build a New Anti−China Alliance Will Fail," *Foreign Policy*, January 27, 2021.

— Mahnken, Thomas G., and Travis Sharp, Billy Fabian, Peter Kouretsos, *Tightening The Chain: Implementing a Strategy of Maritime Pressure in the Western Pacific*, CSBA, 2019.

— Manuel, Anja, and Kathleen Hicks, "Can China's Military Win the Tech War?: How the United States Should, and Should Not, Counter Beijing's Civil−Military Fusion," *Foreign Affairs*, July 29, 2020.

— Manyin, Mark E. et al., "Pivot to the Pacific?: The Obama Administration's 'Rebalancing' Toward Asia," *CRS Report*, March 28, 2012.

— Martinage, Robert, "Toward A New Offset Strategy: Exploiting U.S. Long−term Advantages to Restore U.S. Global Power Projection Capability," Center for Strategic and Budgetary Assessments (CSBA), 2014.

— Martinson, Ryan D., "Counter−intervention in Chinese naval strategy," *Journal of Strategic Studies*, 2020.

— ─ ─ ─ ─ ─, "Deciphering China's 'World−class' Naval Ambitions," *Proceedings*, vol. 146, no. 8 (August 2020).

— ─ ─ ─ ─ ─, "The Role of the Arctic in Chinese Naval Strategy," *China Brief*, Jamestown Foundation, vol. 19, no. 22, December 20, 2019.

— Martinson, Ryan D., and Katsuya Yamamoto, "How China's Navy Is Preparing to Fight in the 'Far Seas'," *The National Interest*, July 18, 2017.

— ─ ─ ─ ─ ─, "Three PLAN Officers May Have Just Revealed What China Wants in the South China Sea," *The National Interest*, July 9, 2017.

— Mastro, Oriana S., "How China is bending the rules in the South China Sea," *The Interpreter*, Lowy Institute, February 17, 2021.

— Matsuda, Takuya, and Jaehan Park, "Geopolitics Redux: Explaining the Japan−Korea Dispute and Its Implications for Great Power Competition," *War on the Rocks*, November 7, 2019.

— Mazza, Michael, "Why Taiwan Matters," *The Diplomat*, June 24, 2019.

— McDevitt, Michael A., *China as a Twenty First Century Naval Power*, Annapolis MD, Naval

Institute Press, 2020.

ーーーーー, *Great Power Competition in the Indian Ocean: The Past As Prologue?*, Washington DC, Center for Naval Analysis, March 2018.

- McIntyre, Jamie, "What US war with China about Taiwan would look like," *Washington Examiner*, March 11, 2021.

- McLeary, Paul, "How Much Sealift Does US Have For Crisis? It's Not Sure," *Breaking Defense*, August 12, 2019.

- McMaster, H. R., "The Retrenchment Syndrome: A Response to "Come Home, America?" *Foreign Affairs*, vol. 99, no 4 (July/August 2020).

ーーーーー, "How China Sees the World," *Defense One*, April 25, 2020.

- McReynolds, Joe, and Peter Wood, "Keeping up with China's Evolving Military Strategy," *War on the Rocks*, May 4, 2016.

- Mead, Walter Russell, "The Return of Geopolitics: The Revenge of the Revisionist Powers," *Foreign Affairs*, May/June 2014.

- Mearsheimer John J., and Stephen M. Walt, "The Case for Offshore Balancing: A Superior U.S. Grand Strategy," *Foreign Affairs*, vol. 95, no. 4 (July/August 2016).

- Meliksetian, Vanand, "Russia Eyes Another Massive Gas Pipeline To China," *Oilprice.com*, July 8, 2020.

- Miller, Edward S., *War Plan Orange: The US Strategy to Defeat Japan, 1897-1945*, Annapolis MD: Naval Institute Press, 1991.

- Minnick, Wendell, "China Ramps up Missile Threat with DF-16", *Defense News*, March 21, 2011.

- Mitter, Rana, "The World China Wants: How Power Will—and Won't—Reshape Chinese Ambitions," *Foreign Affairs*, vol. 100. no 1 (January/ February 2020).

- Mizokami, Kyle, "Harpoon Missiles Are Returning to Navy Subs After a 25-Year Hiatus," *Popular Mechanics*, February 11, 2021.

ーーーーー, "This 1996 Taiwan Crisis Shows Why China Wants Aircraft Carriers so Badly: Beijing says never again," *The National Interest*, January 31, 2020.

ーーーーー, "In 1999, NATO Blew up the Chinese Embassy in Belgrade," *National Interest*, September 25, 2019.

ーーーーー, "The B-1 Bomber Has a New Mission," *Popular Mechanics*, August 22, 2017.

- Moak, Ken, "Why US Indo-Pacific strategy will fail," *Asia Times*, August 20, 2020.

- Montgomery, Evan Braden, "Kill 'Em All? Denial Strategies, Defense Planning, and Deterrence Failure," *War on the Rocks*, September 24, 2020.

- Moran, Bill, "Status Report-One Year Later," *Proceedings*, July 2018.

- Morse, Ronald A., and Edward A Olsen, "Japan's Bureaucratic Edge", *Foreign Policy*, no. 52 (Fall 1983).

- Nair, Adithyan, "US-Maldives Defense Agreement: New Dynamics of Indo-Pacific in South

Asia," *International Affairs Review*, November 20, 2020.

— Nankivell, K. L., and J. Reeves, and R. P. Pardo (ed.), *The Indo−Asia− Pacific's Maritime Future: A Practical Assessment of the State of Asian Seas*, A Maritime Security Community of Interest Publication, London: The Policy Institute at King's, March 2017.

— Nardelli, Alberto, and Isabel Reynolds, "G−7 insecure as Boris Johnson floats D−10 with India, S. Korea, Australia to counter China," *The Print*, January 19, 2021.

— Nixon, Richard M., "Asia After Viet Nam," *Foreign Affairs*, vol. 46, no. 1 (October 1967).

— Nouwens, Meia, "China and India: competition for Indian Ocean dominance?," *IISS Military Balance Blog*, 24 April 2018.

— O'Hanlon, Michael E., *The Senkaku Paradox: Risking Great Power War Over Small Stakes*, Washington, DC: Brookings Institution Press, 2019.

— Orchard, Phillip, "Singapore Wants Nothing to Do With a New Cold War," *Geopolitical Futures*, August 7, 2020.

— O'Rourke, Ronald, *China Naval Modernization : Implications for US Navy Capabilities− Background and Issues for Congress*, Congressional Research Service, February 3, 2011.

— Ott, Marvin, The South China Sea in Strategic Terms, *Wilson Center*, May 14, 2019.

— Paret, Peter ed., *Makers of Modern Strategy : from Machiavelli to the Nuclear Age*, Oxford : Clarendon Press, 1986.

— Giuseppe, Paparella, "What Comes After COVID−19? Political Psychology, Strategic Outcomes, and Options for the Asia−Pacific "Quad−Plus"," *The Strategy Bridge*, July 21, 2020.

— Parameswaran, Prashanth, "US Kicks Off New Maritime Security Initiative for Southeast Asia," *The Diplomat*, April 10, 2016.

— Pawlyk, Oriana, "How the Air Force Will Expand Its Pacific Island− Hopping Campaign in 2021," *Military.com*, December 22, 2020.

— Peck, Michael, "Problems Facing The US Navy, According To A New GAO Audit," *The National Interest*, December 19, 2018.

— Pedrozo, Raul "Pete," "The U.S. Freedom of Navigation Program: South China Sea Focus," in The National Institute for Defense Studies, *Maintaining Maritime Order in the Asia−Pacific*, NIDS International Symposium on Security Affairs 2017.

— Peniston, Bradley, "State of the Navy," in "State of Defense 2021," *Defense One*, April 29, 2021.

— Petras, George, and Karina Zaiets and Veronica Bravo, "Exclusive: US counterterrorism operations touched 85 countries in the last 3 years alone," *USA Today News*, February. 25, 2021.

— Pham, Tuan N., "Envisioning a Dystopian Future in the South China Sea," *CIMSEC*, May 10, 2021.

— Poling, Gregory B., "China's Military Power Projection and U.S. National Interests," Statement before the U.S.−China Economic and Security Review Commission, February 20, 2020.

− Poling, Gregory B., and Conor Cronin, "The Dangers of Allowing U.S.− Philippine Defense Cooperation to Languish," *War on the Rocks*, May 17, 2018.

− Pomfret, John, "China Has Begun to Shape and Manage the US, Not the Other Way Around," *Defense One*, October 16, 2019.

−−−−−−, "What America Didn't Anticipate About China," *The Atlantic*, October 16, 2019.

− Pournelle, Phillip, "When The U.S. Navy Enters The Next Super Bowl, Will It Play like The Denver Broncos?," *War on the Rocks*, January 30, 2015.

− Quang, Nguyen Minh, "The Bitter Legacy of the 1979 China−Vietnam War," *The Diplomat*, February 23, 2017.

− Raaymakers, Steve, "China Is Expanding Its Island−Building Strategy into the Pacific," *The National Interest*, September 14, 2020.

− Rapp−Hooper, Mira, "Saving America's Alliances: The United States Still Needs the System That Put It on Top," *Foreign Affairs*, vol. 99, no 2 (March/April 2020).

− Rapp−Hooper, Mira, and Rebecca Friedman Lissner, "The Open World: What America Can Achieve After Trump," *Foreign Affairs*, vol. 98, no. 3 (May/June 2019).

− Riker, William H., *The Theory of Political Coalitions*, New Haven, CT: Yale Univ. Press, 1962.

− Robinson, Thomas W., "The Sino−Soviet Border Dispute: Background, Development, and the March 1969 Clashes," RAND Corporation RM−6171−PR, August 1970.

− Roblin, Sebastien, "The Sino−Vietnamese War: This 1979 Conflict Forever Changed Asia," *The National Interest*, December 12, 2020.

−−−−−−, "How Did China Acquire Its First Aircraft Carrier?," *The National Interest*, September 26, 2020.

− Ross, Robert S., "The 1995−1996 Taiwan Strait Confrontation: Coercion, Credibility, and Use of Force," *International Security*, vol. 25, no. 2 (Fall 2000).

− Rowlands, Kevin ed., *21st Century Gorshkov: The Challenge of Sea Power in the Modern Era, Annapolis*, Maryland: Naval Institute Press, 2017.

− Rudd, Kevin, "Short of War: How to Keep U.S.−Chinese Confrontation From Ending in Calamity," *Foreign Affairs*, vol. 100, no. 2 (March/April 2021).

− Saleh, Alam, and Zakiyeh Yazdanshenas, "Iran's pact with China is bad news for the West," *Foreign Policy*, August 9, 2020.

− Salmon, Andrew, "Suga, Biden affirm 'ironclad' alliance, take aim at China," *Asia Times*, April 17, 2021.

− Schadlow, Nadia, "The End of American Illusion: Trump and the World as It Is," *Foreign Affairs*, vol. 99, no. 5(September/October 2020), pp. 35−45.

− Schell, Orville, "The Death of Engagement," *The Wire China*, June 7, 2020.

− Scott, David, "Naval Deployments, Exercises, and the Geometry of Strategic Partnerships in the Indo−Pacific," *CIMSEC*, July 8, 2019.

— Seah, S. et al., *The State of Southeast Asia: 2021*, Singapore: ISEAS−Yusof Ishak Institute, 2021.

— Sevunts, Levon, "China's Arctic Road and Belt gambit," *Radio Canada International, Eye on the Arctic*, Tuesday, October 3, 2017.

— Shibusawa, Masahide, "Japan and Its Region," *Asian Pacific Community*, no. 29 (Summer 1985).

— Shugart, Thomas, and Javier Gonzalez, "First Strike: China's Missile Threat to US Bases in Asia," *Center for a New American Security*, June 2017.

— Smith, Jeff, "UNCLOS: China, India, and the United States Navigate an Unsettled Regime," *Heritage Foundation*, April 30, 2021.

— Smith, Paul J., "The Senkaku/Diaoyu Island Controversy a Crisis Postponed," *Naval War College Review*, vol. 66, no. 2 (Spring 2013).

— Spykman, Nicholas J., "Geography and Foreign Policy II," *American Political Science Review*, vol. 32, no. 2 (April 1938).

— Standish, Reid, "China's Central Asian Plans Are Unnerving Moscow: On the Kazakh border, a new city grows," *Foreign Policy*, December 23, 2019.

— Stashwick, Steven, "China's South China Sea Militarization Has Peaked," *Foreign Policy*, August 19, 2019.

— − − − − − −, "US Navy and Marine Corps Preparing for Combat in the Littoral," *The Diplomat*, April 28, 2017.

— Strating, Rebecca, *Defending the Maritime Rules−Based Order: Regional Responses to the South China Sea Disputes*, East−West Center, Policy Studies 80, 2020.

— Straub, Daniel, and Patrick Cronin, "Course Correction: The Navy Needs to Invest in People, Not Just Platforms," *War on the Rocks*, September 1, 2017.

— Sutter, Robert G. et al., "Balancing Acts: The U.S. Rebalance and Asia−Pacific Stability," Sigur Center for Asian Studies, The George Washington University, August 2013.

— Swaine, Michael D., "Creating an Unstable Asia: the U.S. 'Free and Open Indo−Pacific' Strategy," *Foreign Affairs*, March 2, 2018.

— Swift, Scott, "Fleet Problems Offer Opportunities," *US Naval Institute Proceedings*, vol. 144, no. 3 (March 2018).

— Takei, Tomohisa, "The New Time and Space, Dimensions of a Maritime Defense Strategy," *Naval War College Review*, Vol. 70, No. 4 (Autumn 2017).

— Tangredi, Sam J., Anti−Access Warfare: Countering A2AD Strategies, *Annapolis*, Maryland: Naval Institute Press, 2013.

— Tanner, Murray Scot, "Beijing's New National Intelligence Law: from Defense to Offense," *Lawfare*, July 20, 2017.

— Tkacik, John J., "Hegemony, Alliances and Power Transition in Asia: China's rise, America's

"Pivot" and Taiwan's Choice," *World United Formosans for Independence.*

‒ Tol, Jan van, and Mark Gunzinger, Andrew F. Krepinevich, Jim Thomas, "AirSea Battle: A Point‒of‒Departure Operational Concept," Center for Strategic and Budgetary Assessments, May 2010.

‒ Treisman, Daniel, "Why Putin Took Crimea: The Gambler in the Kremlin," *Foreign Affairs*, Vol. 95, No. 3 (May/June 2016).

‒ Valencia, Mark J., "US 'picking and choosing' from the Law of the Sea," *East Asia Forum*, August 17, 2018.

‒ Varrall, Merriden, "Chinese World views and China's Foreign Policy," *Lowy Institute*, November 26, 2015.

‒ Walt, Stephen. M., *The Origin of Alliance*, Ithaca: Cornell Univ Press, 1987.

‒‒‒‒‒‒, The United States Forgot Its Strategy for Winning Cold Wars, *Foreign Policy*, May 5, 2020.

‒ Walton, Timothy A., and Ryan Boone, Harrison Schramm, *Sustaining the Fight Resilient Maritime Logistics for A New Era*, Center for Strategic and Budgetary Assessment, 2019.

‒ Waltz, Kenneth N., *Theory of International Politics*, London: Cambridge University Press, 1979.

‒ Wang, Helen H., "'Century Of Humiliation' Complicates U.S.‒China Relationship," *Forbes*, September 17, 2015.

‒ Washington, Bushrod, "Strategic Readiness Review: The Navy is at a Breaking Point," *The Federalist Papers*, December 15, 2017.

‒ Watts, Robert C. IV, "Origins of a "Ragged Edge": U.S. Ambiguity on the Senkakus' Sovereignty," *Naval War College Review*, Vol. 72, No. 3, 2019.

‒ Weiss, Jessica Chen, "The Stories China Tells: The New Historical Memory Reshaping Chinese Nationalism," *Foreign Affairs*, vol. 100, no. 2 (March/April 2021).

‒ Wicker, Roger, and Jerry Hendrix, "How to Make the U.S. Navy Great Again," *The National Interest*, April 18, 2018.

‒ Wiegand Krista E., and Hayoun Jessie Ryou‒Ellison, "U.S. and Chinese Strategies, International Law, and the South China Sea," Journal of Peace and War Studies, 2nd Edition (October 2020).

‒ Williams, Daniel, "Merkel's 'Germany First' ignores Biden's wishes," *Asia Times*, January 25, 2021.

‒ Wittman, Rob, "Military sealift is America's Achilles' heel," *Navy Times*, June 30, 2020.

‒ Wong, Edward, "China Hedges over Whether South China Sea Is a 'Core Interest' Worth War," *The New York Times*, March 30, 2011.

‒ Work, Clint, "The US‒South Korea Alliance and the China Factor," *The Diplomat*, August 26, 2020.

‒ Wright, Thomas, "The Folly of Retrenchment: Why America Can't Withdraw From the

World," *Foreign Affairs*, vol. 99, no 2 (March/April 2020).

- WTO, *World Trade Statistical Review 2020*.
- X, "The Sources of Soviet Conduct," *Foreign Affairs*, Vol. 25, no. 4 (1947).
- Yan, Xuetong, "The Age of Uneasy Peace: Chinese Power in a Divided World," *Foreign Affairs*, vol. 98, no.1 (January/February 2019).
- Yeo, Andrew, "South Korea and the Free and Open Indo−Pacific Strategy," *CSIS Newsletter*, July 20, 2020.
- Yergin, Daniel, "The World's Most Important Body of Water," *The Atlantic*, December 15, 2020.
- Yoshihara, Toshi, "China as a Composite Land−Sea Power: A Geo−strategic Concept Revisited," *CIMSEC*, January 6, 2021.
- You, Ji, *The Evolution of China's Maritime Combat Doctrines and Models: 1949−2001*, Institute of Defence and Strategic Studies Singapore, May 2002.
- Zhang, Tuosheng, "US should respect law of sea," *China Daily*, November 26, 2010.
- Zhang, Xunchao, "A U.S.−China War in Asia: Could America Win by Blockade?," *The National Interest*, November 25, 2014.
- Zheng Wang, "China and UNCLOS: An Inconvenient History," *The Diplomat*, July 11, 2016.
- Ziezulewicz, Geoff, "China's navy has more ships than the US. Does that matter?," *Navy Times*, April 9, 2021.
- Ziezulewicz, Geoff, and David Larter, "Twilight of the flattop?" *Navy Times*, May 6, 2019.

* 공문서

● 미국

- White House, *Interim National Security Strategic Guidance*, March 2021.
- Headquarters, Department of the Army, *Army Multi−Domain Transformation: Ready to Win in Competition and Conflict*, Chief of Staff Paper #1, March 16, 2021.
- State Department, "Secretary Blinken's Call with Philippine Secretary of Foreign Affairs Locsin," Readout, January 27, 2021.
- US Navy, "Chief of Naval Operations 2021 NAVPLAN," January 11, 2021.
- Office of The Secretary of Defense, *Military and Security Developments involving the People's Republic of China 2020*, Annual Report to Congress, 2020 (Washington DC, September 2020).
- House Armed Services Committee, *Future of Defense Task Force Report 2020*, September 23, 2020.
- DoD, "The Maldives and U.S. Sign Defense Agreement," September 11, 2020.
- US Army Pacific, "Defender Pacific 2020 Expands Across Breadth of the Theater," September

10, 2020.

- Department of State, "Deputy Secretary Biegun Remarks at the U.S.−India Strategic Partnership Forum," August 31, 2020.

- White House, "US Strategic Approach to the PRC," May 20, 2020.

- The US Navy, the US Marine Corps, and the US Coast Guard, Naval Doctrine Publication (NDP) 1, *Naval Warfare*, April 2020.

- The Department of Defense, *Indo−Pacific Strategy Report: Preparedness, Partnerships, and Promoting a Networked Region*, June 1, 2019.

- White House, "Remarks by Vice President Pence at NATO Engages: The Alliance at 70," April 2019.

- Commission on the National Defense Strategy, *Providing for the Common Defense: The Assessments and Recommendations of the National Defense Strategy Commission*, United States Institute of Peace, November 13, 2018.

- DoD, *Summary of the 2018 National Defense Strategy of the US: Sharpening the American Military's Competitive Edge*, January 2018.

- *National Security Strategy of the United States of America*, December 2017.

- Secretary of the Navy, *Strategic Readiness Review 2017*, December 3, 2017.

- Commander, Naval Surface Forces, US Navy, Surface Force Strategy: Return to Sea Control, 2017.

- US Joint Chiefs of Staff, *The National Military Strategy of the United States of America 2015: The United States Military's Contribution To National Security*, June 2015.

- Secretary of Defense, "Memorandum, Defense innovation Initiative," November 15, 2014.

- Air−Sea Battle Office, *Air−Sea Battle: Service Collaboration to Address Anti−Access & Area Denial Challenges*, May 2013.

- DoD, "Sustaining U.S. Global Leadership: Priorities for 21st Century Defense," January 2012.

- DoD, *Quadrennial Defense Review Report, February 2010.*

- White House, Office of the Press Secretary, "U.S.−China Joint Statement," November 17, 2009.

- DoD, *Annual Report to Congress: Military Power of the People's Republic of China, 2006.*

- DOD, *Annual Report to Congress: Military Power of the People's Republic of China 2005*, (Washington DC: 2005).

- Department of the Navy, *Naval Transformation Roadmap: Power and Access ... From the Sea*, Washington, D.C., 2003.

- Office of International Security Affairs, DoD, *United States Security Strategy for the East Asia−Pacific Region*, February 27, 1995.

- William S. Cohen, *Report of the Quadrennial Defense Review*, (Washington, DC: DoD, May 1997).

- DoD, *United States Security Strategy for the East Asia−Pacific Region*, February 1995.

— Secretary of Defense William J. Perry, "US−China Military Relationship," *memorandum for Secretaries of the Military Departments*, Washington, DC, August 1994.

— Department of the Navy, "...From the Sea: Preparing the Naval Service for the 21st Century," Washington DC., September 1992.

— National Security Decision Memorandum 13, Washington, May 28, 1969. *Foreign Relations of the United States, 1969−1976*, Volume XIX, Part 2, Japan, 1969−1972.

● 중국

— 『2010年 中國的國防』(北京: 中華人民共和國 國務院 新聞辦公室, 2011年), 4−5쪽.

— Ministry of National Defense, the People's Republic of China, *White Paper 2008*, April 11, 2017.

— The State Council Information Office of the People's Republic of China, "China's Military Strategy," Chapter 4, May 2015.

— *Summary of the Position Paper of the Government of the People's Republic of China on the Matter of Jurisdiction in the South China Sea Arbitration Initiated by the Republic of the Philippines*, December 7, 2014.

— Ministry of Foreign Affairs of the People's Republic of China, "China's Position Paper on the New Security Concept," July 31, 2002.

● 일본

— 日本外務省, 安倍総理の訪中(全体概要), 2018年10月26日.

— Subcommittee for Defense Cooperation, *Guidelines for Japan−U.S. Defense Cooperation*, November 27, 1978.

● 기타

— Directorate for Asia and Oceania, *French Strategy in the Indo−Pacific: For an Inclusive Indo−Pacific*, Paris 2020.

— French Ministry for the Armed Forces, *France's Defence Strategy in the Indo−Pacific*, May 2019.

— Parliament UK, "A brave new Britain? The future of the UK's international policy," September 2020.

— Joint Doctrine Publication 0−10 (JDP 0−10) (5th Edition), *UK Maritime Power*, dated October 2017.

— *Foreign Policy White Paper*, Australian Government, 2017.

— Organization for Investment, Economic and Technical Assistance of Iran.

— NATO, *NATO 2030: United for a New Era*, November 25, 2020.

— −−−−−, "London Declaration," December 4, 2019.

- United Nations, Note Verbale, UK NV No. 162/20, New York, 16 September 2020.
- ──────, United Nations Convention on the Law of the Sea, 10 December 1982.
- International Court of Justice, *Statute of the International Court of Justice*.

찾아보기

사항색인

영문색인

저자 약력

정 호 섭

1958년 1월 서울에서 태어나 해군사관학교에서 조선공학 학사와 국방대학교에서 안전보장 석사를 마쳤으며, 1994년 영국 Lancaster 대학교에서 미·일 안보관계를 주제로 국제정치 박사학위를 받았다. 해군에서 근무하면서 충남함, 이리함 함장, 합참의장 보좌관, 2함대 전투전단장, 한미연합사 인사참모 부장, 해본 인사참모부장, 국방정보본부 해외정보부장, 교육사령관, 작전사령관, 참모차장, 참모총장을 역임했다.

현재 KAIST 문술미래전략대학원에서 '해양전략'과 '미·중 해양 패권경쟁'을 가르치고 있다.
저서로는 해양력과 미·일 안보관계: 미국의 대일(對日) 통제수단으로서의 본질(서울: 한국해양전략연구소, 2001년), 21세기 군사혁신과 한국의 국방비전(서울: 국방연구원, 1998년, 공저), 역사를 전환시킨 해양력: 전쟁에서 해군의 전략적 이익(서울: 한국해양전략연구소, 1998년, 공역), 해양전략론(서울: 한국해양전략연구소, 2009년, 공역)과 그 외 논문 약 90여 편이 있다.

한국해양전략연구소 총서 93

미·중 패권경쟁과 해군력

초판 발행	2021년 9월 10일
중판 발행	2021년 10월 25일

지은이	정호섭
펴낸이	안종만·안상준

편 집	우석진
기획/마케팅	이영조
표지디자인	벤스토리
제 작	고철민·조영환

펴낸곳	(주) **박영사**
	서울특별시 금천구 가산디지털2로 53, 210호(가산동, 한라시그마밸리)
	등록 1959. 3. 11. 제300-1959-1호(倫)
전 화	02)733-6771
f a x	02)736-4818
e-mail	pys@pybook.co.kr
homepage	www.pybook.co.kr
ISBN	979-11-303-1374-0 93390

정 가 23,000원